Aufgaben
aus der
Technischen Mechanik

Graphische Statik, Festigkeitslehre, Dynamik

Von

Rudolf Sonntag

Dr.-Ing., o. Professor an der Technischen Hochschule Karlsruhe

Mit 324 Abbildungen

Springer-Verlag

Berlin / Göttingen / Heidelberg

1955

Alle Rechte, insbesondere das der Übersetzung in fremde Sprachen vorbehalten.
Ohne ausdrückliche Genehmigung des Verlages ist es auch nicht gestattet,
dieses Buch oder Teile daraus auf photomechanischem Wege
(Photokopie, Mikrokopie) zu vervielfältigen.
Copyright 1955 by Springer-Verlag OHG., Berlin/Göttingen/Heidelberg.
Softcover reprint of the hardcover 1st edition 1955
ISBN-13: 978-3-642-92660-0   e-ISBN-13: 978-3-642-92659-4
DOI: 10.1007/ 978-3-642-92659-4

Vorwort.

Mit diesem Buche wende ich mich in erster Linie an die Hörer
meiner Vorlesungen sowie an die Studierenden der Ingenieurwissen-
schaften an den Technischen Hochschulen. Ihnen möchte ich an Hand
einer Reihe neuer, größtenteils aus der technischen Praxis stammen-
der Aufgaben zeigen, daß selbst der durchschnittlich Begabte — sofern er nur mit wirklichem Interesse und Lerneifer bei der Sache ist —
keine Scheu zu haben braucht vor der dem Anfänger gewiß nicht
leicht fallenden Anwendung der verhältnismäßig einfachen Lehren der
Mechanik auf bestimmte praktische Fragestellungen; ja, daß es gerade
die dabei auftretenden, selbständig zu überwindenden Denkschwierig-
keiten sind, die erst jene reizvolle Spannung, jenes höhere als nur
rein praktische Interesse erzeugen, ohne das die Lösung einer solchen,
auch noch so interessant erscheinenden Aufgabe zu einer recht trocke-
nen Angelegenheit herabsinken würde.

Als Techniker, der selbst lange Zeit in der Praxis tätig war, habe
ich bei der Auswahl der Aufgaben auch an diejenigen, im Berufsleben
stehenden Ingenieure gedacht, die sich von der Technischen Mechanik
angezogen fühlen oder die sich auf Grund eigener Erfahrung davon
überzeugen konnten, welch scharfes und wertvolles Werkzeug sie in
der Hand des wissenschaftlich gründlich vorgebildeten Ingenieurs zu
sein vermag. Ihnen dürften diejenigen Aufgaben, die größere An-
sprüche an die Denkfähigkeit stellen, manche willkommene Anregung
bieten.

Der kundige Leser wird schon bei der flüchtigen Durchsicht dieses
Buches bemerken, daß der Verfasser ein Schüler des Altmeisters der
Technischen Mechanik AUGUST FÖPPL ist, dessen Geburtstag in diesem
Jahr zum hundertsten Male wiederkehrte und der als einer der
ersten die große Bedeutung sorgfältig ausgewählter Übungsbeispiele
für den Erfolg des Hochschulunterrichts in der Technischen Mechanik
erkannte. Die zahlreichen Aufgaben, die er in die ersten vier Bände
seines Lehrbuches aufnahm und die zu vermehren er ständig bemüht
blieb, rechnete er stets zu dessen wichtigsten Bestandteilen; und wenn
sein um die Jahrhundertwende entstandenes Werk auch heute noch
eine unverminderte Anziehungskraft auf Studenten und Ingenieure
ausübt, so nicht zuletzt dank dieser Aufgaben, ihrer Wirklichkeitsnähe
und ihrer mit unübertrefflicher Meisterschaft dargestellten und kom-
mentierten Lösungen.

I*

Wer die Herausgabe einer Aufgabensammlung plant, kann ihr nach Festlegung des Buchumfangs, je nach persönlicher Neigung, zwei grundverschiedene Aspekte geben:

Wenn ihm vor allem daran liegt, eine möglichst große Zahl von Aufgaben darin unterzubringen, so wird er sich entsprechend kurz zu fassen haben, wird den Lösungsweg nur andeuten können und auf manche, für das Verständnis wichtige Abbildungen verzichten müssen.

Legt er dagegen Wert auf eine möglichst präzise, jeden Zweifel ausschließende Aufgabenformulierung sowie auf gründlich durchgearbeitete Lösungen oder hält er es für angezeigt, manche Aufgaben sogar auf verschiedene Arten zu behandeln, so muß er sich mit einer Auswahl begnügen, die er noch nach sehr verschiedenen Gesichtspunkten treffen kann.

Auf den Verfasser konnte nur die zweite Alternative einen Reiz ausüben. Die in das Buch aufzunehmenden Aufgaben sollten vor allem zum selbständigen Denken anregen und daher möglichst von solcher Art sein, daß Routine oder Rezept zu ihrer Lösung nicht ausreichen. In der Hauptsache waren sie als Musterbeispiele für die Anwendung gewisser Sätze und Methoden der Technischen Mechanik gedacht, die — wie etwa das Prinzip von D'ALEMBERT, die Sätze von CORIOLIS und CASTIGLIANO, die Schnitt- und Freimachungsmethoden — dem Anfänger erfahrungsgemäß größere Schwierigkeiten bereiten. Auch sollte die Auswahl der Aufgaben, wenigstens nach Möglichkeit, so getroffen werden, daß sie erlaubte, gewissermaßen einen Längsschnitt durch die Technische Mechanik fester Körper zu legen und ihre Bedeutung als eine der Grundwissenschaften der Technik hervortreten zu lassen.

Zum Zwecke des so notwendigen Hinweises der Studierenden auf die Wichtigkeit der Technischen Mechanik, insbesondere der Festigkeitslehre, für die wissenschaftlich fundierte Konstruktion sollten schließlich noch einige Sonderprobleme des neuzeitlichen Maschinen-, Elektromaschinen- und Apparatebaus berührt werden, deren Klärung durch die Mechanik für die Verwirklichung neuartiger konstruktiver Gedanken unerläßliche Voraussetzung war.

Sämtliche Aufgaben habe ich nur denjenigen Stoffgebieten entnommen, die in den Grundvorlesungen für Maschineningenieure und größtenteils auch in denjenigen für Elektro- und Bauingenieure an der Technischen Hochschule in Karlsruhe (Fakultät für Maschinenwesen) vorgetragen werden. Weitaus die meisten von ihnen wurden in der Vorprüfung gestellt und dann als Übungsbeispiele verwendet, während die schwierigeren, durch einen Stern gekennzeichneten Aufgaben, die von den Studierenden noch nicht mit eigenen Kräften bewältigt werden können, als Ergänzung der Vorlesung vorgetragen wurden.

Die manchem Benutzer des Buches vielleicht als zu weitgehend erscheinende Ausführlichkeit, mit der die Mehrzahl der Aufgaben behandelt wurde, hielt der Verfasser auf Grund seiner langjährigen Lehrerfahrung für geboten. Sie erschien ihm besonders dort am Platz, wo der didaktische Zweck im Vordergrund stand und wo der Schwierigkeitsgrad oder die Neuartigkeit einer Aufgabe verlangte, den Text lehrbuchartigen Charakter annehmen zu lassen.

Meine Assistenten, Herr Dr.-Ing. W. REIDELBACH und die Herren Diplom-Ingenieure J. BERGER, H. KIHM und W. ROTH haben mich mit unermüdlichem Arbeitseifer bei der Niederschrift des Manuskripts, der Durchführung der Rechnungen und der Anfertigung der Reinzeichnungen nach meinen Skizzen unterstützt. Der Erstgenannte hat außerdem die Lösungen verschiedener Aufgaben ausgearbeitet, das Manuskript durchgesehen und mir mit manchem wertvollen Rat gedient. Ihnen allen möchte ich auch an dieser Stelle meinen Dank für ihre gewissenhafte und verständnisvolle Mitarbeit sagen.

Schließlich ist es mir eine angenehme Pflicht, dem Springer-Verlag und seinen Mitarbeitern aufrichtig zu danken für die sorgfältige und rasche Drucklegung des Buches und für die bereitwillige Erfüllung meiner Wünsche.

Karlsruhe, im Herbst 1954.

Rudolf Sonntag.

Inhaltsverzeichnis.

Graphische Statik.

Festigkeitslehre.

X   Inhaltsverzeichnis.

---

* Aufgaben oder Fragen, deren Nummer mit einem Stern versehen ist, sind
von größerem Schwierigkeitsgrad. Der Versuch, sie selbständig zu lösen, möge
daher nur von Fortgeschrittenen unternommen werden, die bereits über eine
größere Gewandtheit in der Anwendung der Mechanik auf praktische Probleme
verfügen. Der Lösungsgang dieser Aufgaben ist jedoch mit einer solchen Ausführlichkeit dargestellt, daß ihm auch die weniger Geübten zu folgen vermögen.
Diesen wird aber angelegentlichst empfohlen, die Lösung der anderen, größtenteils leichteren Aufgaben mit eigenen Kräften zu versuchen.

Vorbemerkung.

Die benutzten Fachausdrücke, Buchstabenbezeichnungen, Schreibweisen und Vorzeichenregeln sind dieselben, die auch in den „Vorlesungen über Technische Mechanik" von A. Föppl verwendet wurden. Verweise auf dieses Werk, von dessen sechs Bänden hier nur die vier ersten in Betracht kommen, brauchten deshalb im Text nicht vorgenommen zu werden. Im Zweifelsfalle schlage man die betreffenden Kapitel dort nach. Das gleiche gilt für die Herkunft von Formeln, die im Lösungstext nicht abgeleitet wurden.

Zu beachten ist, daß Vektoren, die das statische Moment einer Kraft oder eines Kräftepaares bzw. eine Winkelgeschwindigkeit nach Größe und Richtung darstellen, in Übereinstimmung mit A. Föppl nach der Linksschraubenregel orientiert sind, d. h. der Drehsinn des Momentes einer Kraft oder eines Kräftepaares bzw. derjenige eines rotierenden Körpers ist der Uhrzeigersinn, wenn man von der Spitze des Momenten- bzw. Winkelgeschwindigkeitsvektors nach seinem Fußpunkt blickt. In skalaren Gleichungen wird daher das Moment eines rechtsdrehenden Kräftepaares mit dem positiven Vorzeichen versehen. Auf Grund dieser Festsetzung lauten die in vektorieller Form geschriebenen Ausdrücke für das Moment $\mathfrak{M}$ einer Kraft $\mathfrak{P}$:

$$\mathfrak{M} = [\mathfrak{P}\,\mathfrak{r}] \quad \text{(Abb. 1)}$$

und für die Geschwindigkeit $\mathfrak{v}$ eines Körperpunktes, herrührend von der Drehung des Körpers um eine Achse mit der Winkelgeschwindigkeit $\mathfrak{u}$:

$$\mathfrak{v} = [\mathfrak{r}\,\mathfrak{u}] \quad \text{(Abb. 2)}$$

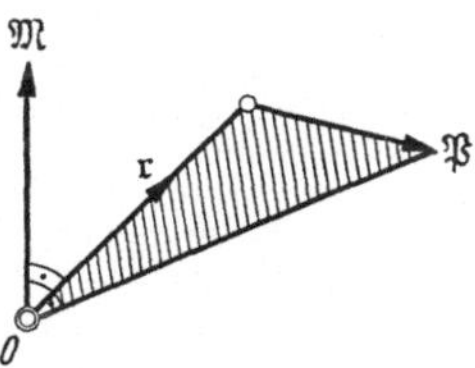

Abb. 1.

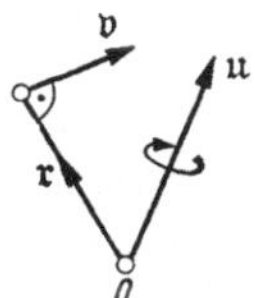

Abb. 2.

Graphische Statik.

1. *Über eine drehbar gelagerte Rolle vom Halbmesser R ist ein Seil geschlungen, an dessen beiden Enden zwei gleiche Gewichte P hängen. Während das rechte Seilstück lotrecht herabhängt, wird das linke durch eine lose Rolle vom Halbmesser r und vom Gewicht G abgelenkt, so daß es die feste Rolle in schräger Richtung verläßt. Die lose Rolle ist drehbar befestigt am unteren Ende einer gewichtslosen Stange von der Länge l, die an ihrem oberen Ende an die Achse der festen Rolle angelenkt ist.*

Man bestimme:

1. den Winkel α, den die Stange in ihrer Gleichgewichtslage mit der Lotrechten bildet, rechnerisch und graphisch mit Hilfe des Seilecks.

2. die Zugkraft Z in der Stange graphisch.

$$P_l = P_r = P = 10\,kg; \quad G = 4\,kg; \quad R = 4\,cm;$$
$$r = 3\,cm; \quad l = 10\ cm.$$

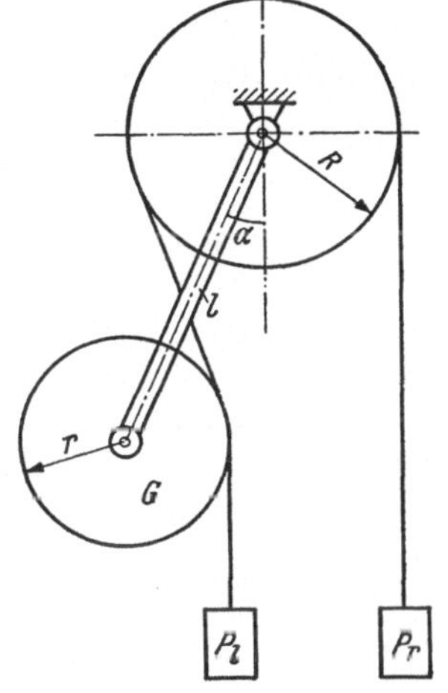

1. Rechnerische Lösung. An dem System greifen die folgenden vier äußeren Kräfte an: links das Gewicht P_l und das Gewicht G der losen Rolle, rechts das Gewicht P_r und in O die Lagerkraft A, die lotrecht nach aufwärts gerichtet und gleich $2P + G$ sein muß, Abb. 1.1. Zuerst ermittelt man die Lage der Resultierenden $R_2 = P + G$, deren Wirkungslinie im Abstand x von O_1 liegt, der aus der Momentengleichung

$$G\,x = P(r - x)$$

zu

$$x = \frac{P}{P + G}\,r$$

folgt.

Das Momentengleichgewicht bezüglich O als Momentenpunkt verlangt

$$R_1\,y = P\,R,$$

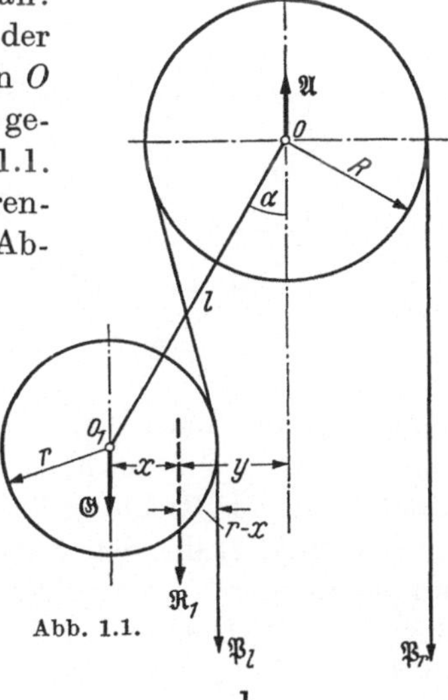

Abb. 1.1.

woraus der unbekannte Abstand zwischen R_1 und der Lotrechten durch O zu

$$y = \frac{P}{R_1}\, R = \frac{P}{P+G}\, R$$

folgt. Die Lage des Mittelpunktes O_1 der losen Rolle läßt sich jetzt bestimmen; denn O_1 liegt im Schnittpunkt der im Abstand

$$x + y = \frac{P}{P+G}\,(r + R)$$

von der Lotrechten durch O gezogenen Vertikalen mit dem um O geschlagenen Kreisbogen vom Halbmesser l.

Damit folgt der Winkel α aus der Beziehung

$$\sin\alpha = \frac{x+y}{l}\,.$$

$$x + y = \frac{10}{14}\cdot 7 = 5 \text{ cm}; \quad \sin\alpha = \frac{5}{10} = \frac{1}{2}; \quad \alpha = 30°.$$

Graphische Lösung. Man beginnt wieder an der losen Rolle und stellt durch Seileckkonstruktion die Lage der Resultierenden $\Re_1$ relativ zur losen Rolle fest (Abstand x von O_1). Ihren unbekannten Abstand y von der Lotrechten durch O findet man mit Hilfe des Seilecks an der festen Rolle, die unter $\Re_1 = \Pr_l + \mathfrak{G}$, $\Pr_r$ und $\mathfrak{A} = -(\Re_1 + \Pr_r)$ im Gleichgewicht sein muß, wie folgt:

Im Lageplan, Abb. 1.2, trägt man die bekannten Richtungslinien von $\mathfrak{A}$ und $\Pr_r$ ein, die den Abstand R voneinander besitzen, und zeichnet den Kräfteplan, Abb. 1.3, indem man auf der Lastlinie $\Re_1 = \Pr_l + \mathfrak{G}$ und

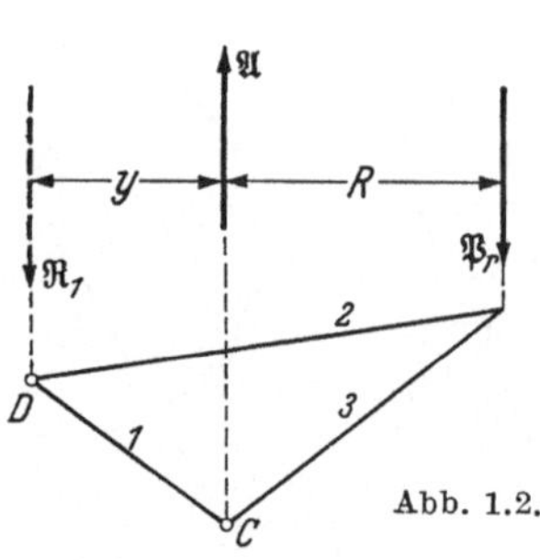
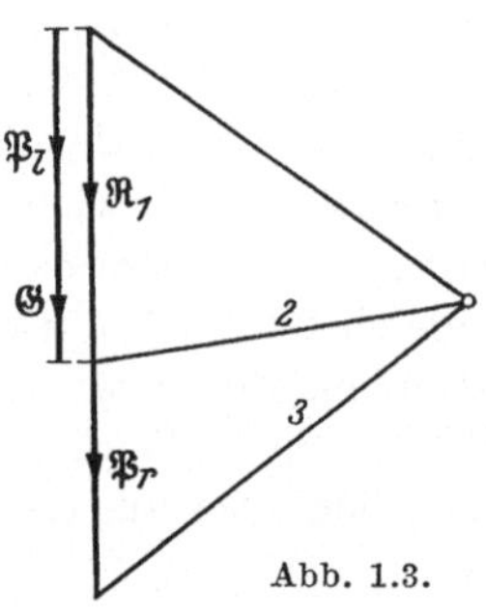

Abb. 1.2.   Abb. 1.3.

$\Pr_r$ aufträgt und nach Wahl eines beliebigen Pols die Polstrahlen *1, 2, 3* zieht. Im Lageplan zeichnet man zunächst die Seilstrahlen *3* und *2*, bringt *3* mit der Richtungslinie von $\mathfrak{A}$ zum Schnitt und zieht durch C den Seilstrahl *1*, der den Seilstrahl *2* im Punkt D schneidet. Durch D muß somit die Richtungslinie von $\Re_1$ hindurchgehen. Damit ist deren Abstand y von O gefunden. Den Mittelpunkt O_1 der losen Rolle und damit den Winkel α findet man dann auf die Weise, wie oben beschrieben.

2. An der frei gemachten losen Rolle halten sich die vier Kräfte $\mathfrak{G}, \mathfrak{P}_l, \mathfrak{S}, \mathfrak{Z}$ das Gleichgewicht, Abb. 1.4. $\mathfrak{S}$ ist die Seilkraft im schrägen Seilstück, $\mathfrak{Z}$ die gesuchte Stangenkraft. Es muß also sein:

$$\mathfrak{G} + \mathfrak{P}_l + \mathfrak{S} + \mathfrak{Z} = 0\,.$$

Da α bekannt ist und $S = P$ sein muß, kann man das Krafteck, Abb. 1.5, zeichnen. Man zieht durch a eine Gerade, die gegen die Lotrechte um den Winkel $\alpha = 30°$ geneigt ist, und schlägt um c einen Kreisbogen mit dem Halbmesser $S = P$, der die genannte Gerade in d schneidet. Man findet: $Z = 5,2$ kg.

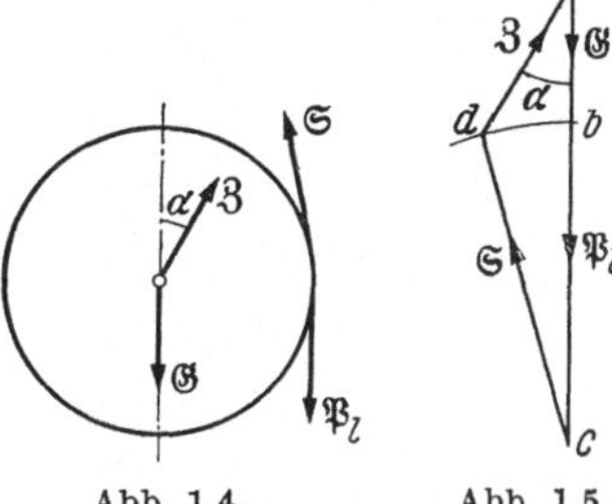

Abb. 1.4.   Abb. 1.5.

2a) *Man bestimme graphisch die durch die Umfangskraft $P = 4000$ kg in den drei Speichen hervorgerufenen Stabkräfte nach Größe und Vorzeichen. Die Speichen sind gelenkig an Kranz und Nabe angeschlossen.*

Erklärung zur Abbildung:

Wäre das Rad frei und die Kraft P allein vorhanden, so würde sie eine Verschiebung und eine Drehung des Rades bewirken. Gegen erstere wehrt sich die fest gelagerte Welle mit der entgegengesetzt gleichen Kraft P'. Beide Kräfte bilden ein Kräftepaar, dessen Drehwirkung durch ein widerstehendes Kräftepaar von entgegengesetzt gleichem Moment M_W

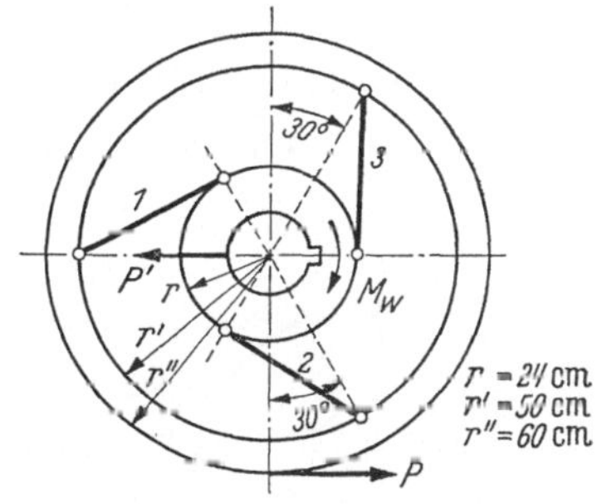

aufgehoben wird, das die Welle auf die Radnabe überträgt. In dieser Lage befindet sich z. B. das gebremste oder angetriebene Rad eines Wagens.

Man betrachte das Gleichgewicht des frei gemachten Kranzes (Abb. 2.1), an dem außer $\mathfrak{P}$ noch die drei von den Speichen auf den Kranz ausgeübten Kräfte $\mathfrak{S}_1, \mathfrak{S}_2, \mathfrak{S}_3$ angreifen, von denen man nur die Wirkungslinien *1, 2, 3* kennt. Faßt man die vier Kräfte paarweise, etwa wie folgt, zusammen:

$$\mathfrak{S}_3 + \mathfrak{P} = \mathfrak{R}_1, \qquad (1)$$
$$\mathfrak{S}_1 + \mathfrak{S}_2 = \mathfrak{R}_2, \qquad (2)$$

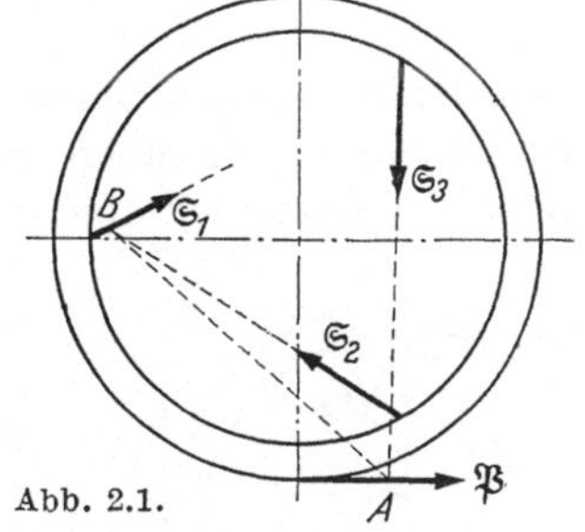

Abb. 2.1.

so muß $\mathfrak{R}_1$ durch A, $\mathfrak{R}_2$ durch B gehen. Also ist A—B die CULMANNsche Gerade (Wirkungslinie der beiden Teilresultierenden $\mathfrak{R}_1$ und $\mathfrak{R}_2$). Das Gleichgewicht verlangt:

$$\mathfrak{S}_3 + \mathfrak{P} + \mathfrak{S}_1 + \mathfrak{S}_2 = 0, \qquad (3)$$

d. h. nach (1) und (2)

$$\Re_1 + \Re_2 = 0 \quad \text{oder} \quad \Re_2 = -\Re_1.$$

Zieht man im Kräfteplan (Abb. 2.2) durch die Endpunkte a, b von $\mathfrak{P}$

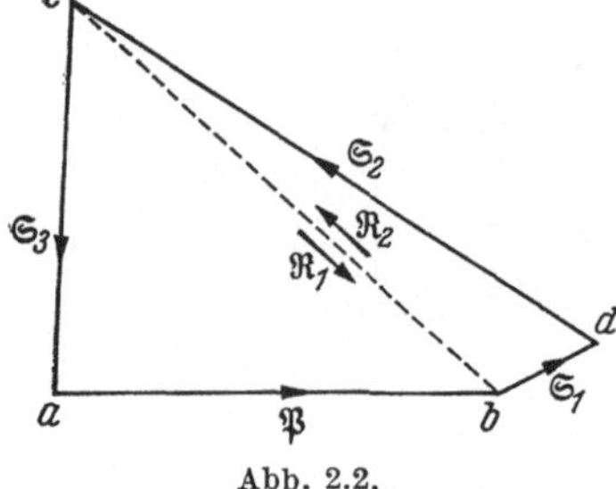

Abb. 2.2.

Parallele zu 3 und $A—B$ (Abb. 2.1), so findet man $\mathfrak{S}_3$ und $\Re_1$:

$$\overrightarrow{c\,a} = \mathfrak{S}_3, \quad \overrightarrow{c\,b} = \Re_1.$$

Damit ist auch $\Re_2 = -\Re_1 = \overrightarrow{b c}$ bekannt. An das erste Kräftedreieck $a\,b\,c$ gemäß Gl. (1) schließt sich das zweite gemäß Gl. (2) an, aus dem man $\mathfrak{S}_1$ und $\mathfrak{S}_2$ findet:

$$\mathfrak{S}_1 = \overrightarrow{b\,d}, \quad \mathfrak{S}_2 = \overrightarrow{d\,c}.$$

$\mathfrak{S}_1$, $\mathfrak{S}_2$, $\mathfrak{S}_3$ sind die von den Speichen auf den Kranz übertragenen Kräfte. Entgegengesetzt gleich sind die vom Kranz auf die Speichen ausgeübten Kräfte. Sämtliche Speichen sind hier auf Zug beansprucht:

$$S_1 = +1050 \text{ kg}, \quad S_2 = +5670 \text{ kg}, \quad S_3 = +3550 \text{ kg}.$$

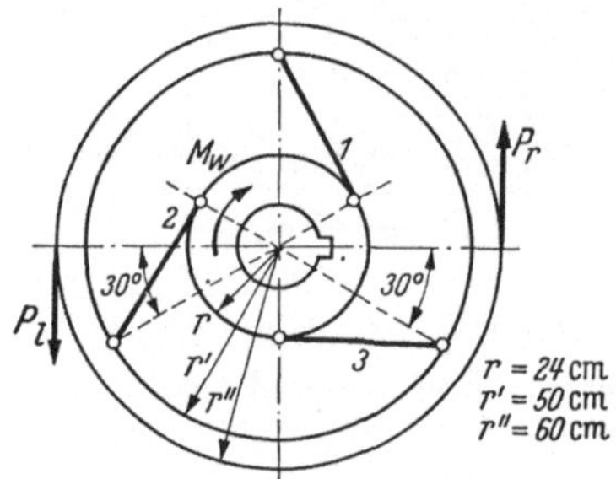

2 b) *Man bestimme graphisch die durch die beiden Umfangskräfte P_l und P_r ($P_l = P_r = 3000$ kg) in den drei Speichen hervorgerufenen Stabkräfte nach Größe und Vorzeichen. Die Speichen sind gelenkig an Kranz und Nabe angeschlossen. Unter den beiden Umfangskräften stelle man sich z. B. die durch eine Doppelbackenbremse ausgeübten Reibungskräfte vor.*

Man denke sich den Kranz von den Speichen gelöst und an Stelle der Speichen die von ihnen auf den Kranz ausgeübten Stabkräfte angebracht, von denen man nur die Wirkungslinien 1, 2, 3 kennt (Abb. 2.3).

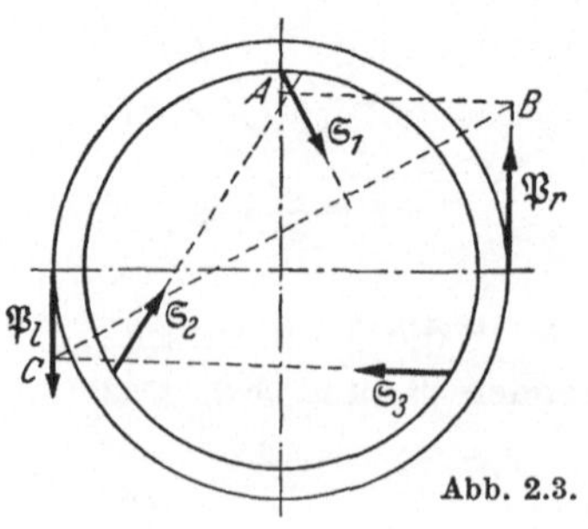

Abb. 2.3.

Das Gleichgewicht der am Kranz wirkenden fünf Kräfte $\mathfrak{P}_l$, $\mathfrak{P}_r$, $\mathfrak{S}_1$, $\mathfrak{S}_2$, $\mathfrak{S}_3$ läßt sich hier auf das von vier Kräften zurückführen, da $\mathfrak{P}_l$ und $\mathfrak{P}_r$ ein Kräftepaar bilden. Denkt man sich nämlich zwei der Speichenkräfte, etwa $\mathfrak{S}_1$ und $\mathfrak{S}_2$, durch ihre Resultierende $\mathfrak{T} = \mathfrak{S}_1 + \mathfrak{S}_2$ ersetzt, so muß diese zusammen mit $\mathfrak{S}_3$ wieder ein Kräftepaar bilden, dessen Moment dem des gegebenen, aus $\mathfrak{P}_l$ und $\mathfrak{P}_r$ bestehenden Kräftepaares entgegengesetzt gleich ist. Die Wirkungslinie von $\mathfrak{T}$ ist demnach die durch den Schnittpunkt A von *1* und *2* gehende, zu *3* parallele Gerade.

Faßt man die vier Kräfte paarweise zu je einer Teilresultierenden zusammen, z. B. wie folgt:

$$\mathfrak{P}_r + \mathfrak{T} = \mathfrak{R}_1, \tag{1}$$

$$\mathfrak{P}_l + \mathfrak{S}_3 = \mathfrak{R}_2, \tag{2}$$

so muß $\mathfrak{R}_1$ durch B, $\mathfrak{R}_2$ durch C gehen. Also ist $B—C$ die CULMANNsche Gerade. Im Kräfteplan (Abb. 2.4) zieht man durch die Endpunkte a, b von $\mathfrak{P}_r$ Parallele zur CULMANNschen Geraden $B—C$ und zu $\mathfrak{T}$. Das so entstehende Kräftedreieck $a\,b\,c$ liefert $\mathfrak{T} = \overrightarrow{b\,c}$, $\mathfrak{R}_1 = \overrightarrow{a\,c}$. Da sich die vier Kräfte das Gleichgewicht halten entsprechend der Gleichung

$$\mathfrak{P}_r + \mathfrak{T} + \mathfrak{P}_l + \mathfrak{S}_3 = 0, \tag{3}$$

so ist nach Gl. (1) und Gl. (2) auch

$$\mathfrak{R}_1 + \mathfrak{R}_2 = 0 \quad \text{oder} \quad \mathfrak{R}_2 = -\mathfrak{R}_1,$$

also stellt $\overrightarrow{c\,a}$ die Teilresultierende $\mathfrak{R}_2$ dar.

In dem sich an das erste anschließenden zweiten Kräftedreieck $a\,c\,d$ sind zwei Kräfte, $\mathfrak{R}_2$ und $\mathfrak{P}_l$, vollständig bekannt. Folglich muß die dritte Seite $\overrightarrow{d\,a} = \mathfrak{S}_3$ von selbst parallel zur Richtung der Speiche *3* gehen. Die Zerlegung von $\mathfrak{T} = \mathfrak{S}_1 + \mathfrak{S}_2$ ergibt:

$$\overrightarrow{b\,e} = \mathfrak{S}_2, \quad \overrightarrow{e\,c} = \mathfrak{S}_1.$$

Sämtliche Speichen sind auf Zug beansprucht:

$$S_1 = S_2 = S_3 = +5000 \text{ kg.}$$

Hier ist ein Kräftepaar nach drei Richtungslinien zerlegt worden.

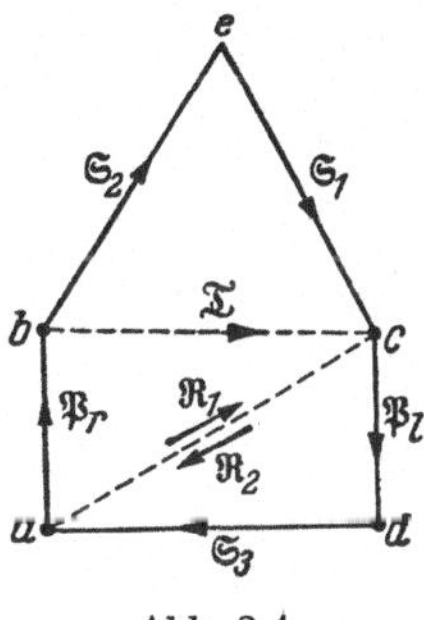

Abb. 2.4.

3. *Gegeben ist eine Fahrzeugfeder, bestehend aus den beiden Federblättern 1, den Einspannstücken 2 und den Laschen 3. Gesucht sind die Kräfte (nach Größe, Richtung, Lage und Angriffspunkt), durch die jedes der genannten Teile beansprucht wird:*

$P = 400 \ kg;$

$\varphi = 30°;$

$\dfrac{a}{b} = 1{,}6.$

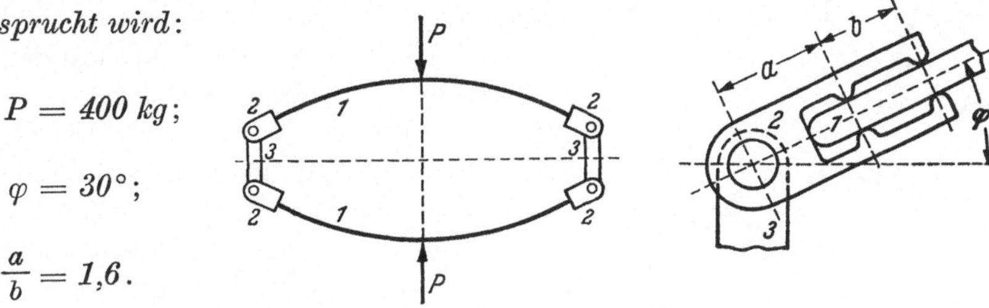

Infolge der Symmetrie ist jede Lasche, jedes Einspannstück und jedes Federblatt in genau derselben Weise beansprucht. Es genügt deshalb, nur je eines dieser Teile zu betrachten. Um die Kräfte zu finden, die ein solches Teil beanspruchen, muß man es aus dem Zusammenhang lösen. Der so frei gemachte Teil muß dann im Gleichgewicht sein unter den auf ihn einwirkenden Kräften, die teils von außen her, teils von den unmittelbar ihm benachbarten Teilen auf ihn übertragen werden.

Hier muß man diese Betrachtung zunächst an der Lasche anstellen, die von den beiden Gelenkbolzen nur Kräfte in Richtung ihrer senkrechten Mittellinie erfahren kann. Diese Kräfte $\mathfrak{G}$ und $\mathfrak{G}'$ sind offenbar Druckkräfte von der Größe $\frac{1}{2}P$ (Abb. 3.1). Damit kennt man auch die von der Lasche über die Gelenkbolzen auf die Einspannstücke ausgeübten Kräfte, die den ersteren entgegengesetzt gleich sein müssen.

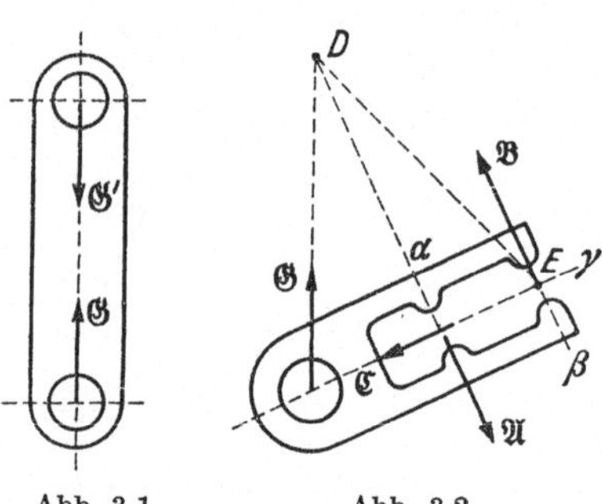

Abb. 3.1.   Abb. 3.2.

Das Einspannstück (Abb. 3.2) erhält außerdem noch Kräfte vom Federblatt her, die an den Berührungsstellen übertragen werden. Setzt man die Oberfläche des Federblattes als vollkommen glatt voraus, so müssen die Wirkungslinien dieser Kräfte die in den Berührungspunkten normal zur Oberfläche des Federblattes gezogenen Geraden α, β, γ sein. Das Federblatt überträgt also drei Kräfte $\mathfrak{A}$, $\mathfrak{B}$, $\mathfrak{C}$, von denen nur die Wirkungslinien α, β, γ bekannt sind. Da von außen her keine Kraft auf das Einspannstück wirkt, müssen sich die vier Kräfte nach der Gleichung:

$$\mathfrak{G} + \mathfrak{A} + \mathfrak{B} + \mathfrak{C} = 0$$

das Gleichgewicht halten. Faßt man die vier Kräfte paarweise, etwa wie folgt, zusammen:

$$\mathfrak{G} + \mathfrak{A} = \mathfrak{R}_1; \quad \mathfrak{B} + \mathfrak{C} = \mathfrak{R}_2,$$

so ist D—E die CULMANNsche Gerade. Aus dem Kräfteplan (Abb. 3.3) entnimmt man:

$$A = 450 \text{ kg}, \quad B = 280 \text{ kg}, \quad C = 100 \text{ kg}.$$

Da diese Kräfte nur Druckkräfte sein können, so sind auch ihre Angriffspunkte auf den vier Wirkungslinien bekannt.

Auf das Ende des Federblattes werden vom Einspannstück die drei Kräfte $-\mathfrak{A}$, $-\mathfrak{B}$, $-\mathfrak{C}$ übertragen, welche die Reaktionen von $\mathfrak{A}$, $\mathfrak{B}$, $\mathfrak{C}$ sind, Abb. 3.4.

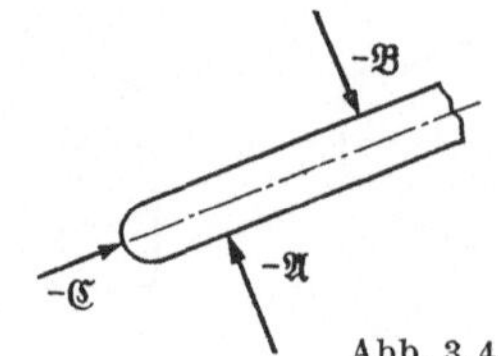

Abb. 3.3.   Abb. 3.4.

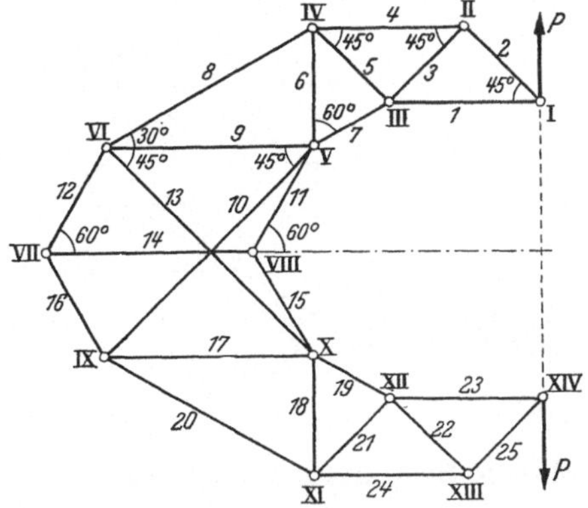

4. *Die Stabkräfte sämtlicher Stäbe des hakenförmigen Fachwerks, hervorgerufen durch die in der Zeichnung angegebene Belastung, sind nach Größe und Vorzeichen für P = 1000 kg graphisch zu bestimmen.*

Das Fachwerk enthält eine Grundfigur, durch die sich kein RITTER-scher Schnitt legen läßt, und zwar ein Sechseck mit den drei Hauptdiagonalen, gebildet aus den neun Stäben *9* bis *17*, so daß sich zunächst nur die Stabkräfte der übrigen Stäbe ermitteln lassen. Wenn es gelingt, die Stabkraft eines Stabes der Grundfigur zu bestimmen, so lassen sich die Stabkräfte der acht anderen Stäbe mit Hilfe eines Kräfteplans finden.

Das Gleichgewicht des Fachwerks wird nicht gestört, wenn der Symmetriestab *14* durch die beiden Kräfte $\mathfrak{S}_{14}$ und $\mathfrak{S}_{14}' = -\mathfrak{S}_{14}$, die er auf die Gelenkbolzen *VII* bzw. *VIII* ausübt, ersetzt wird. Man nehme diese Kräfte als Zugkräfte von beliebiger Größe an und zeichne die Kräftedreiecke für die Bolzen *VII* und *VIII* (Abb. 4.1),

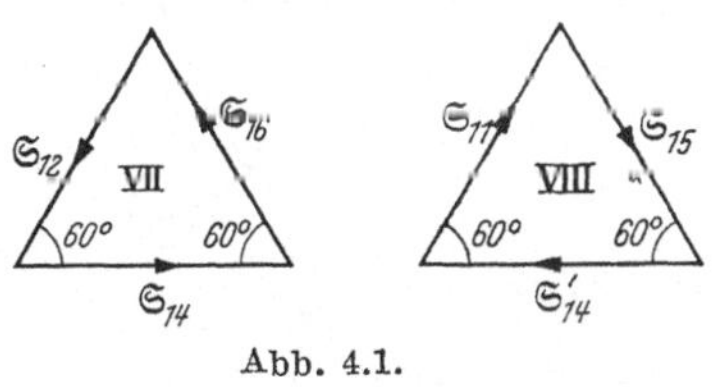

Abb. 4.1.

die kongruent sind. Aus ihnen ergibt sich: $\mathfrak{S}_{12} = -\mathfrak{S}_{11}$ und $\mathfrak{S}_{16} = -\mathfrak{S}_{15}$. Die Stabkräfte $\mathfrak{S}_{11}$ und $\mathfrak{S}_{12}$ bzw. $\mathfrak{S}_{15}$ und $\mathfrak{S}_{16}$ bilden daher je ein Kräftepaar.

Legt man jetzt einen Schnitt durch die Grundfigur, der die vier Stäbe *10* bis *13* trifft, und betrachtet man das oberhalb dieses Schnittes gelegene Fachwerkteil, so muß es unter der Last $\mathfrak{P}$ und den Stabkräften der vier vom Schnitt getroffenen Stäbe, die an den Schnittstellen als quasi-äußere Kräfte anzubringen sind, im Gleichgewicht sein (Abb. 4.2). Dazu gehört, daß:

$$\mathfrak{P} + \mathfrak{S}_{11}' + \mathfrak{S}_{12}' + \mathfrak{S}_{10}' + \mathfrak{S}_{13}' = 0$$

ist. Wegen $\mathfrak{S}_{12}' = -\mathfrak{S}_{11}'$ muß

$$\mathfrak{P} + \mathfrak{S}_{10}' + \mathfrak{S}_{13}' = 0 \quad \text{sein.}$$

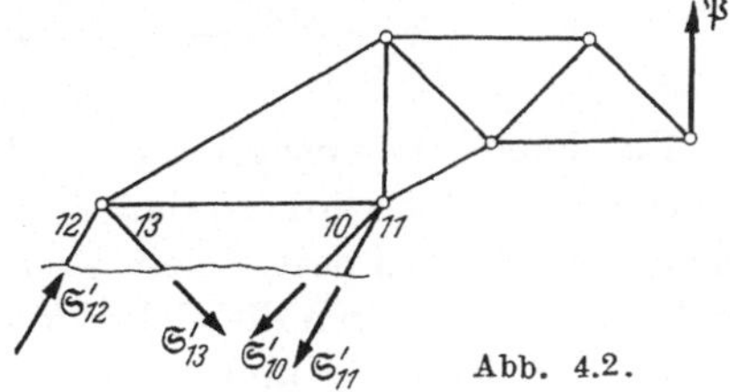

Abb. 4.2.

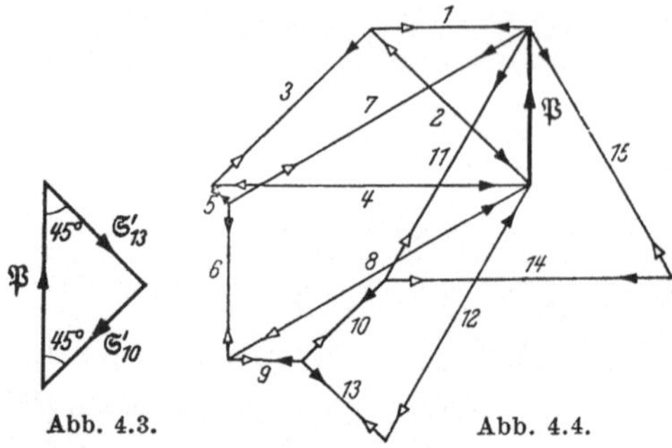

Abb. 4.3.   Abb. 4.4.

Diese drei Kräfte müssen daher ein Kräftedreieck bilden (Abb. 4.3), durch das die Stabkräfte der beiden Grundfigurstäbe *10* und *13* bekannt werden.

Im CREMONA-Plan (Abbildung 4.4), der wegen der Symmetrie nur für eine Hälfte des Fachwerks gezeichnet zu werden braucht, ist die graphische Bestimmung der Stabkräfte durchgeführt, die nachfolgend in kg angegeben werden.

$$S_1 = S_{23} = +1000 \qquad S_2 = S_{25} = -1414 \qquad S_3 = S_{22} = +1414$$
$$S_4 = S_{24} = -2000 \qquad S_5 = S_{21} = +140 \qquad S_6 = S_{18} = +1000$$
$$S_7 = S_{19} = +2200 \qquad S_8 = S_{20} = -2200 \qquad S_9 = S_{17} = +480$$
$$S_{10} = +707 \qquad S_{11} = S_{15} = +1845 \qquad S_{12} = S_{16} = -1845$$
$$S_{13} = +707 \qquad S_{14} = +1845$$

Die Aufgabe läßt sich auch, jedoch umständlicher, nach der Methode von HENNEBERG lösen. Hierbei vertausche man zweckmäßig, um die Symmetrie aufrechtzuerhalten, Stab *14* mit dem die Knotenpunkte V und X verbindenden Ersatzstab.

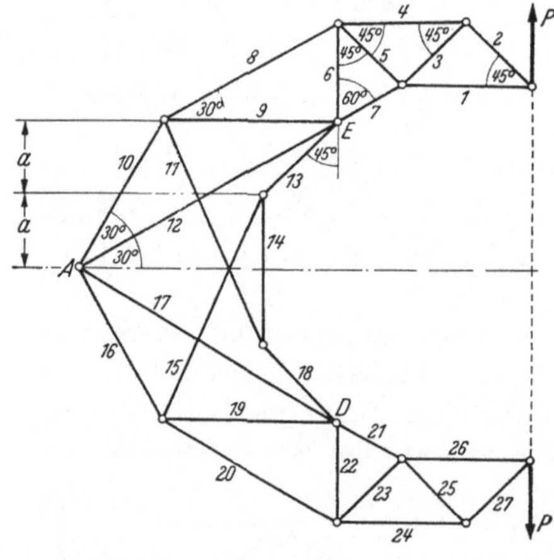

5. *Die Stabkräfte sämtlicher Stäbe des hakenförmigen Fachwerks, hervorgerufen durch die in der Zeichnung angegebene Belastung, sind nach Größe und Vorzeichen für* $P = 1000$ *kg graphisch zu bestimmen.*

Das Fachwerk zeichnet sich durch eine merkwürdige Eigenschaft aus. Stab 14 stellt sich nämlich als gedrückt heraus, obwohl in einem vollwandigen Biegungskörper von ähnlicher Gestalt gerade an der Stelle des Stabes 14 die größte Zugspannung herrscht.

Das Fachwerk enthält eine 7-eckige Grundfigur, die aus den Stäben *9* bis *19* gebildet wird, so daß es darauf ankommt, die Stabkraft eines dieser elf Stäbe zu bestimmen. Hierzu entferne man den Gelenkbolzen A und ersetze ihn durch die Gelenkkräfte $\mathfrak{G}$ und $\mathfrak{G}' = -\mathfrak{G}$, die er auf die Augen der Stäbe *10* und *12* bzw. *16* und *17* ausübt. Aus Symmetriegründen muß deren gemeinsame Richtungslinie vertikal sein. Legt man jetzt einen Schnitt durch die Grundfigur, der die Stäbe *11* und *13* trifft, so zerfällt das Fachwerk — da der Gelenkbolzen A herausgenommen worden ist — in zwei Teile. Betrachtet man das oberhalb des Schnittes liegende Teil, so muß es unter der Last $\mathfrak{P}$, den Stabkräften der Stäbe *11* und *13*, die an den Schnittstellen in Richtung der Stäbe als quasi-äußere Kräfte anzubringen sind, und dem Gelenkdruck $\mathfrak{G}$ in A im Gleichgewicht sein (Abb. 5.1).

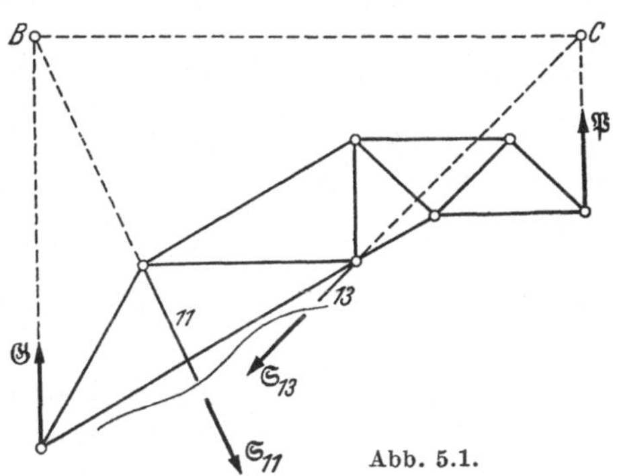

Abb. 5.1.

Da die Richtungslinien der drei letzten Kräfte gegeben sind, führt das CULMANNsche Verfahren zur Bestimmung ihrer Größe und ihrer Pfeilrichtung zum Ziel. Hierzu fasse man etwa $\mathfrak{P}$ und $\mathfrak{S}_{13}$ sowie $\mathfrak{G}$ und $\mathfrak{S}_{11}$ zu je einer Teilresultierenden, die auf der CULMANNschen Geraden $B—C$ liegt, zusammen und zeichne das Krafteck, Abbildung 5.2, in dem die Pfeile in dem von $\mathfrak{P}$ angegebenen Sinne aufeinanderfolgen.

Alle übrigen Stabkräfte ergeben sich sodann aus einem CREMONA-Plan, der mit Hilfe von $\mathfrak{S}_{11}$ oder $\mathfrak{S}_3$ gezeichnet werden kann (Abb. 5.3).

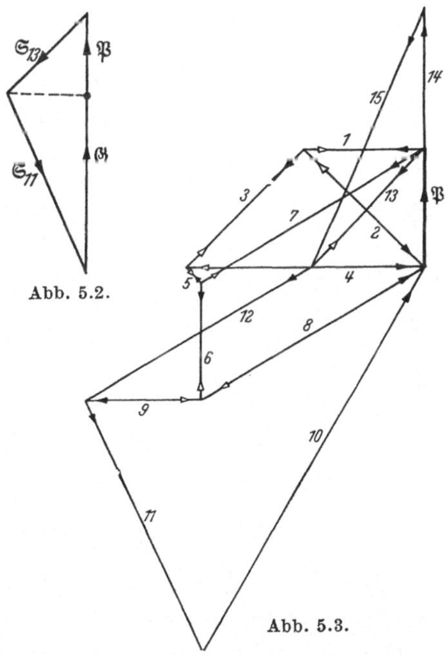

Abb. 5.2.

Abb. 5.3.

Stabkräfte in kg.

$$S_1 = S_{26} = +1000$$
$$S_2 = S_{27} = -1414$$
$$S_3 = S_{25} = +1414$$
$$S_4 = S_{24} = -2000$$
$$S_5 = S_{23} = +\;140$$
$$S_6 = S_{22} = +1000$$
$$S_7 = S_{21} = +2200$$
$$S_8 = S_{20} = -2200$$
$$S_9 = S_{19} = -1000$$
$$S_{10} = S_{16} = -3700$$
$$S_{11} = S_{15} = +2500$$
$$S_{12} = S_{17} = +2200$$
$$S_{13} = S_{18} = +1414$$
$$S_{14} = \qquad -1290$$

Wenn man die Methode von HENNEBERG zur Lösung der Aufgabe anwenden will, so ersetze man Stab *14* durch den die Knotenpunkte D und E verbindenden Ersatzstab.

6. *Die Abbildung zeigt einen dreiachsigen Wagen, dessen Fahrgestell aus einem von acht Stäben gebildeten Stabgerüst besteht und dessen drei Räder zwischen zwei waagrechten Schienen geführt sind.*

Eine Scheibe vom Gewicht Q kg, die auf dem Gelenkbolzen VI sitzt, bildet die Belastung des Wagens. Am Gelenkbolzen V ist ein Seil befestigt,

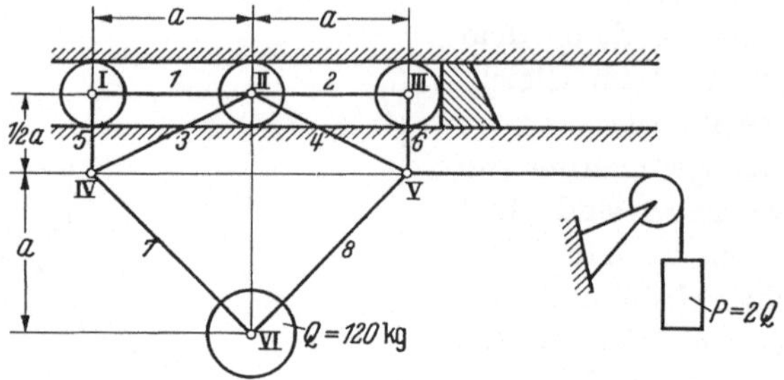

das in waagrechter Richtung verläuft, durch eine Rolle in die lotrechte Richtung umgelenkt wird und an seinem freien Ende ein Gewicht P = 2 Q trägt. Die durch den Seilzug angestrebte Verschiebung des Wagens nach rechts wird durch einen festen Block verhindert, der vor dem rechten Rade steht.

Man ermittle graphisch die drei lotrechten Raddrücke D_I, D_{II}, D_{III}, die von den Schienen auf die Räder ausgeübt werden, nach Größe und Richtung, sowie die Stabkräfte sämtlicher Stäbe nach Größe und Vorzeichen[1].

Zunächst werden die äußeren Kräfte festgestellt, die auf die Gelenkbolzen des frei gemachten Fahrgestells wirken (Abb. 6.1). An *VI* greift das Gewicht der Scheibe 𝔔 vertikal nach unten an und an *V* der Seilzug 𝔓 horizontal nach rechts.

Außerdem wirken als unbekannte äußere Kräfte die von den Rädern auf die Bolzen *I, II, III* ausgeübten Raddrücke $\mathfrak{D}_I$, $\mathfrak{D}_{II}$, $\mathfrak{D}_{III}$, von denen nur bekannt ist, daß ihre Richtungslinien vertikal verlaufen, sowie die vom Block auf das rechte Rad und damit auch auf Bolzen *III* ausgeübte Blokkierungskraft 𝔙 horizontal nach links.

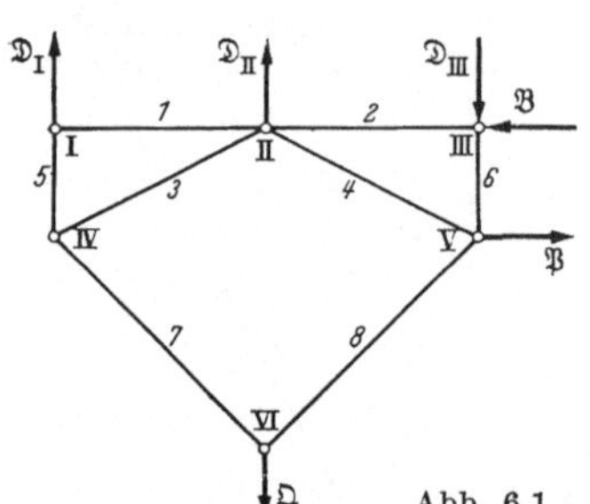

Sämtliche genannten äußeren Kräfte müssen sich an dem Fahrgestell das Gleichgewicht halten.

Das Stabgerüst besitzt bei $k = 6$ Knotenpunkten nur $s = 8$ Stäbe, d. h. einen Stab weniger als für einen starren Stabverband notwendig

---

[1] Siehe auch Aufg. 64, die eine Fortsetzung der Aufg. 6 ist.

wäre. Dafür ist aber die Zahl der unbekannten Auflagerkraft-Komponenten $p = 4$ (D_I, D_II, D_III und B), so daß die Zahl der Unbekannten $s + p = 12 = 2k$ derjenigen eines statisch bestimmten Fachwerkträgers entspricht.

Die Größe von $\mathfrak{B}$ läßt sich sofort aus $\sum H = 0$ zu $B = P$ angeben, doch wird sie sich aus dem für den Gelenkbolzen *III* zu zeichnenden, geschlossenen Krafteck von selbst ergeben.

Um die Größen und Pfeilrichtungen der vier Auflagerkraftkomponenten graphisch zu bestimmen, zeichnet man die geschlossenen Kräftepolygone der Reihe nach für die frei gemachten Bolzen *VI, IV, I, V, II, III*, die das Gleichgewicht der an ihnen angreifenden Kräfte zum Ausdruck bringen und durch die jeweils zwei unbekannte Kräfte nach Größe und

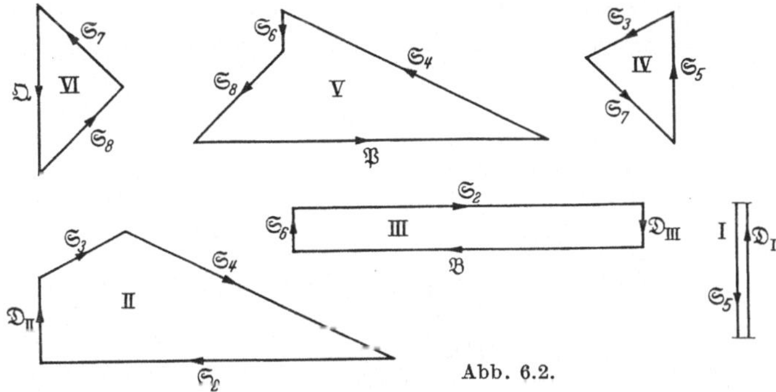

Abb. 6.2.

Richtung bestimmt werden (Abb. 6.2). Man findet der Reihe nach: $\mathfrak{S}_7$ und $\mathfrak{S}_8$, $\mathfrak{S}_3$ und $\mathfrak{S}_5$, $\mathfrak{D}_\mathrm{I}$ und $\mathfrak{S}_1$, $\mathfrak{S}_4$ und $\mathfrak{S}_6$, $\mathfrak{D}_\mathrm{II}$ und $\mathfrak{S}_2$, $\mathfrak{D}_\mathrm{III}$ und $\mathfrak{B}$ ($B = P$). Während die Pfeile von $\mathfrak{D}_\mathrm{I}$ und $\mathfrak{D}_\mathrm{II}$ nach oben weisen, zeigt der Pfeil von $\mathfrak{D}_\mathrm{III}$ nach unten, d. h. Rad *III* empfängt den Raddruck von der oberen Schiene.

Ergebnis:

$$D_\mathrm{I} = 90 \text{ kg}, \quad D_\mathrm{II} = 60 \text{ kg}, \quad D_\mathrm{III} = 30 \text{ kg}.$$

Kontrolle:

$$D_\mathrm{I} + D_\mathrm{II} - D_\mathrm{III} = Q = 120 \text{ kg}.$$

In der Tabelle sind die Stabkräfte in kg nach Größe und Vorzeichen angegeben:

S_1	S_2	S_3	S_4	S_5	S_6	S_7	S_8
0	-240	-67	$+202$	$+90$	-30	$+85$	$+85$

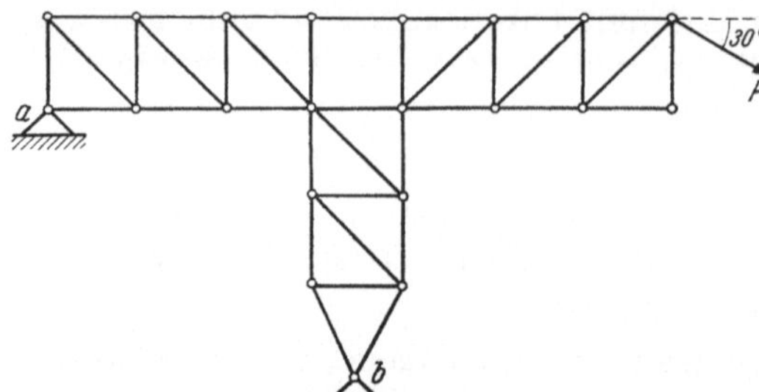

7. *Der gezeichnete Fachwerkträger ist bei a und b gelenkig und unverschieblich gelagert. Man ermittle graphisch die Auflagerkräfte $\mathfrak{A}$ und $\mathfrak{B}$ nach Größe und Richtung, die durch die Last $\mathfrak{P}$ in a und b hervorgerufen werden.*

Man trenne den in Abb. 7.1 dargestellten rechten Teil ab, der mit dem verbleibenden Hauptteil (Abb. 7.2) durch drei Stäbe zusammenhängt. Deren Stabkräfte $\mathfrak{S}_1$, $\mathfrak{S}_2$, $\mathfrak{S}_3$, die als die Stützkräfte für den abgetrennten Teil angesehen werden können, lassen sich mit Hilfe des CULMANNschen Verfahrens (e—f CULMANNsche Gerade) ermitteln (Kräfteplan Abb. 7.3).

$$\mathfrak{P} + \mathfrak{S}_1 + \mathfrak{S}_2 + \mathfrak{S}_3 = 0.$$

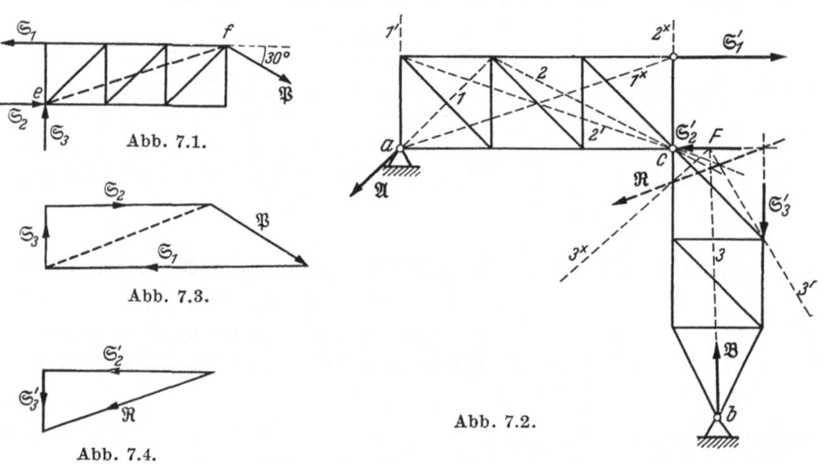

Von den auf den Hauptteil wirkenden Gegenkräften $\mathfrak{S}_1' = -\mathfrak{S}_1$, $\mathfrak{S}_2' = -\mathfrak{S}_2$, $\mathfrak{S}_3' = -\mathfrak{S}_3$ faßt man zweckmäßig $\mathfrak{S}_2'$ und $\mathfrak{S}_3'$ nach Abb. 7.4 zur Resultierenden $\mathfrak{R}$ zusammen. Wie man aus Abb. 7.2 erkennt, stellt der Hauptteil einen Dreigelenkträger dar, bestehend aus zwei im Mittelgelenk c zusammenhängenden Fachwerken, von denen das obere durch $\mathfrak{S}_1'$, das untere durch $\mathfrak{R} = \mathfrak{S}_2' + \mathfrak{S}_3'$ belastet ist.

Die graphische Ermittlung der Auflagerkräfte $\mathfrak{A}$ und $\mathfrak{B}$ gelingt am einfachsten durch Konstruktion desjenigen zu den Lasten $\mathfrak{S}_1'$ und $\mathfrak{R}$ gehörigen Seilecks, dessen drei Seilstrahlen durch die drei Gelenkpunkte a, c, b hindurchgehen. Hierzu zeichnet man zunächst zwei be liebige Seilecke, so jedoch, daß sie durch die Gelenkpunkte a und c hindurchgehen. Die Seilstrahlen des ersten Seilecks sind mit *1′*, *2′*, *3′*, die des zweiten mit *1**, *2**, *3** bezeichnet. Die Schnittpunkte je zweier entsprechender Seilstrahlen liegen im Lageplan (Abb. 7.2) auf der Geraden a—c, die parallel ist zur Verbindungsgeraden der beiden Pole *0′*

und *0** im Kräfteplan (Abb. 7.5). Verbindet man im Lageplan den auf der
Geraden a—c liegenden Schnittpunkt
F der beiden nicht durch den vor-
geschriebenen Gelenkpunkt b hin-
durchgehenden Seilstrahlen *3′* und *3**
mit b durch eine Gerade, so stellt
diese den Seilstrahl *3* des gesuchten
Seilecks dar, das durch a, c, b hindurchgeht. Im Kräfteplan zieht man

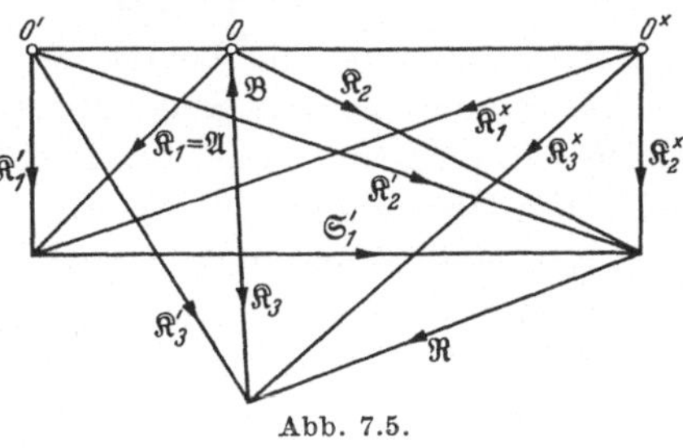

Abb. 7.5.

durch den Endpunkt von $\Re$ den zum Seilstrahl *3* parallelen Polstrahl *3*,
dessen Schnittpunkt mit der Geraden *0′*—*0** der Pol *0* des gesuchten
Seilecks ist; denn die Pole aller durch a und c gehenden Seilecke, und
daher auch derjenige des durch a, c und b gehenden, müssen auf der Geraden *0′*—*0** liegen.

Aus dem Kräfteplan (Abb. 7.5) liest man ab:

$$\Re_1 + \mathfrak{S}_1' + \Re = \Re_3 \quad \text{oder} \quad \Re_1 + \mathfrak{S}_1' + \Re - \Re_3 = 0 .$$

Da $\Re_1$ durch a und $-\Re_3$ durch b hindurchgeht, so stellt $\Re_1$ die Auflagerkraft $\mathfrak{A}$ und $-\Re_3$ die Auflagerkraft $\mathfrak{B}$ dar. Es ist:

$$\mathfrak{A} + \mathfrak{S}_1' + \Re + \mathfrak{B} = 0 .$$

Wegen

$$\mathfrak{S}_1' + \Re = \mathfrak{S}_1' + \mathfrak{S}_2' + \mathfrak{S}_3' = \mathfrak{P} \quad \text{ist} \quad \mathfrak{A} + \mathfrak{P} + \mathfrak{B} = 0 .$$

8. *Das aus den Stäben 1 bis 11 bestehende Fachwerk ist in a gelenkig
und unverschieblich festgehalten und außerdem mit den festen Punkten c*

und d durch die Stäbe 12
bis 18 nach Art einer Hänge-
brücke verbunden. Die Be-
lastung besteht in einer ver-
tikalen Kraft P = 1000 kg
in b. Man bestimme zu-
nächst graphisch die Auf-
lagerkräfte und sodann die
Stabkräfte sämtlicher Stäbe
nach Größe und Vorzei-
chen.

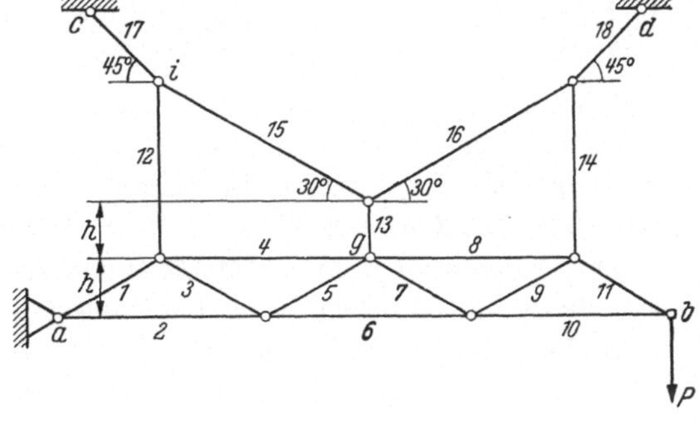

Die Stäbe *17* und *18* sind als Stützstäbe des aus den Stäben *1* bis *16* bestehenden Stabverbandes anzusehen, dem zur Aussteifung ein Stab fehlt, etwa der Stab, der die Knotenpunkte i, g verbindet. Dafür sind ihm vier (statt drei) Auflagerbedingungen vorgeschrieben, da das feste Drehlager bei a zwei Auflagerbedingungen entspricht. Die Auflagerkräfte sind daher die in a übertragene Lagerkraft $\mathfrak{A}$ von unbekannter Größe und Richtung und die beiden Stabkräfte der Stützstäbe *17* und *18* ($\mathfrak{C}$ und $\mathfrak{D}$), die aber aus Symmetriegründen nach Größe und Vorzeichen gleich sein müssen, so daß ihre Resultierende $\mathfrak{F} = \mathfrak{C} + \mathfrak{D}$ mit der Stabachse des Hängeeisens *13* zusammenfällt.

Da sowohl $\mathfrak{P}$ als auch $\mathfrak{F}$ vertikale Richtungslinien haben, so muß wegen $\mathfrak{P} + \mathfrak{A} + \mathfrak{F} = 0$ auch $\mathfrak{A}$ vertikal gerichtet sein. Die Größen und Pfeile von $\mathfrak{A}$ und $\mathfrak{F}$ — und damit auch diejenigen von $\mathfrak{C}$ und $\mathfrak{D}$ — findet man graphisch mit Hilfe des Seilecks, Abb. 8.1 und 8.2, indem man die Seilstrahlen *1* und *2* willkürlich zieht und den Seilstrahl *3* so, daß er sich mit *1* auf der Wirkungslinie von $\mathfrak{P}$ schneidet.

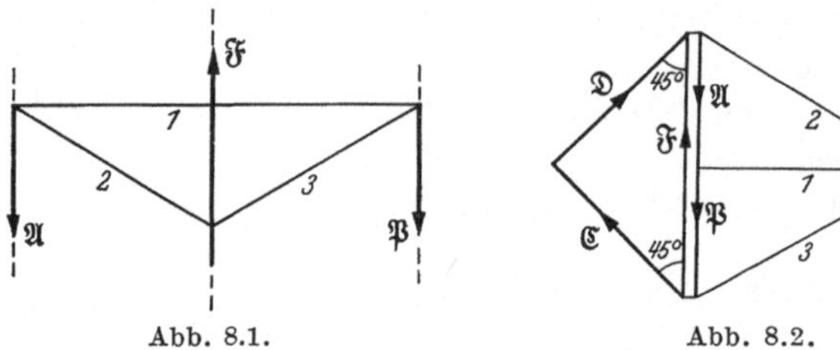

Abb. 8.1.   Abb. 8.2.

Nachdem die Auflagerkräfte bekannt sind, lassen sich die Stabkräfte S_1 bis S_{16} graphisch bestimmen, wobei man am Knotenpunkt i beginnt, zunächst $S_{12} = S_{14}$, $S_{15} = S_{16}$ und S_{13} ermittelt und sodann — bei a beginnend — die Stabkräfte aller übrigen Stäbe nach Größe und Vorzeichen findet.

ν	1	2	3	4	5	6	7	8	9
S_ν kg	+2000	−1730	−1160	+2730	+1160	−3730	+1160	+2730	−1160

ν	10	11	12	13	14	15	16	17	18
S_ν kg	−1730	+2000	+ 420	+1160	+ 420	+1160	+1160	+1414	+1414

9. *Die gezeichnete Hängebrücke ist bei a, b, c, d durch je einen Stützstab gelenkig mit der Erde verbunden.*

I. Man ermittle graphisch die durch die vertikale Last P = 10 t hervorgerufenen Stützkräfte $\mathfrak{A}$, $\mathfrak{B}$, $\mathfrak{C}$, $\mathfrak{D}$ nach Größe und Richtung.

1. Die Aufgabe ist nach der Methode von Henneberg *zu lösen, indem man einen Stützstab durch einen Fachwerkstab ersetzt.*

2. Auf welche Weise läßt sich die Aufgabe einfacher lösen? Was ist an der Lösung als erstaunlich, weil unerwartet, zu bezeichnen?

3. Was tritt ein, wenn der Neigungswinkel des Stützstabes bei a nicht 45°, sondern 60° betragen würde?

II. Schließlich ermittle man graphisch die Stabkräfte der Kettenstäbe und der Hängeeisen nach Größe und Vorzeichen.

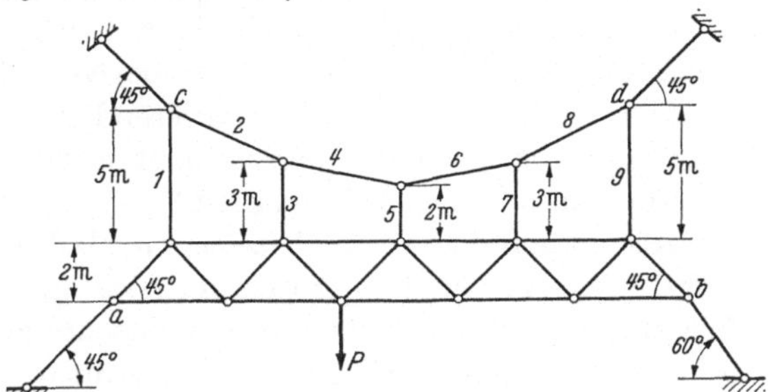

I. 1. Man beseitige etwa den Stützstab bei c und ersetze ihn durch einen geeigneten Fachwerkstab e (Ersatzstab), z.B. den, der die Knotenpunkte g und i verbindet (Abb. 9.1). Die von $\mathfrak{P}$ hervorgerufenen Stützkräfte $\mathfrak{A}_1$, $\mathfrak{B}_1$, $\mathfrak{D}_1$ bzw. die Stützkräfte $\mathfrak{A}_2$, $\mathfrak{B}_2$, $\mathfrak{D}_2$, welche die in c — in Richtung des herausgenommenen Stützstabes — anzubringende Einheitslast hervorbringt, lassen sich leicht mit Hilfe der CULMANNschen Methode ermitteln (CUL-MANNsche Geraden g_1 und g_2). In Abb. 9.2 (Kräfteplan T) und Abbildg. 9.3 (Kräfteplan u) ist die Lösung nach dem Verfahren von HENNE-BERG durchgeführt.

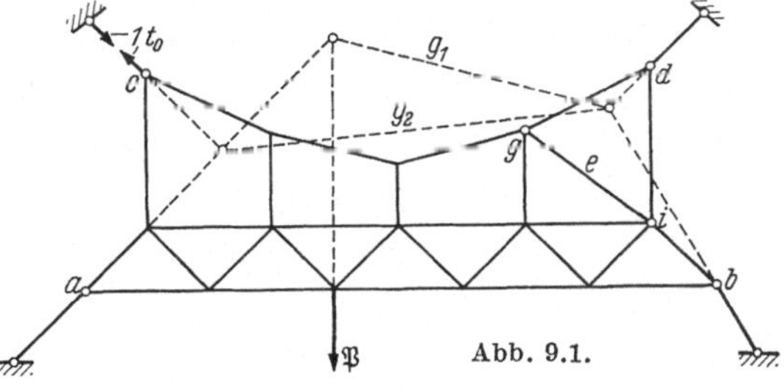

Abb. 9.2.

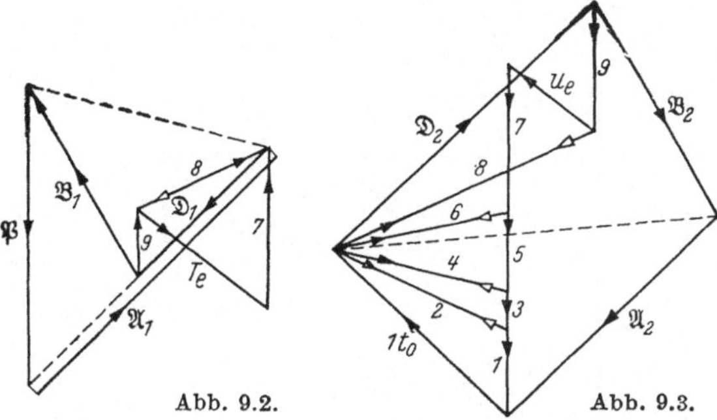

Abb. 9.3.

Mit $T_e = 5{,}5$ t und $u_e = -0{,}45$ wird die Stabkraft des Stützstabs bei c:

$$C = -\frac{T_e}{u_e} = +12{,}2 \text{ t.}$$

Die anderen Stützstabkräfte werden:

$A = +3{,}7$ t,

$B = +5{,}3$ t,

$D = C = +12{,}2$ t.

Sämtliche Stützstäbe sind gezogen.

2. Aus der Symmetrie der Ketten- und Hängestäbe bezüglich der Trägermitte folgt, daß $D = C$ sein muß, so daß die Richtungslinie der

Resultierenden $\mathfrak{F} = \mathfrak{C} + \mathfrak{D}$ die Symmetrievertikale der zwischen a, b, c, d liegenden Trägerfigur ist. Die Aufgabe ist damit auf die viel einfachere zurückgeführt, drei Kräfte $\mathfrak{A}$, $\mathfrak{B}$, $\mathfrak{F}$ mit bekannten Wirkungslinien zu ermitteln, die mit der gegebenen Kraft $\mathfrak{P}$ Gleichgewicht halten. (CULMANNsche Methode, Kräfteplan Abb. 9.4, wobei $\mathfrak{P}$ und $\mathfrak{A}$ sowie $\mathfrak{B}$ und $\mathfrak{F}$ zu je einer Teilresultierenden auf der im Lageplan Abb. 9.1 nicht eingezeichneten CULMANNschen Geraden zusammengefaßt wurden.)

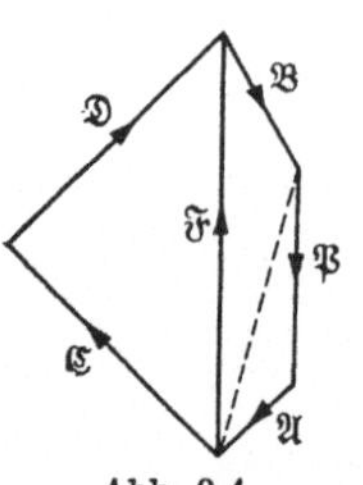

Abb. 9.4.

Als erstaunlich ist zu bezeichnen, daß die unteren Stützstäbe bei a und b gezogen und nicht gedrückt sind.

3. Wenn der Neigungswinkel des Stützstabs bei a ebenso groß ist wie der des Stützstabs bei b, d. h. wenn auch diese beiden Stützstäbe symmetrisch zur Trägermitte angeordnet werden, liegt ein Ausnahmefall vor. Denn dann schneiden sich die Wirkungslinien von $\mathfrak{A}$, $\mathfrak{B}$ und $\mathfrak{F} = \mathfrak{C} + \mathfrak{D}$ in einem Punkt. Die in Abb. 9.4 gestrichelt eingetragene Parallele zur CULMANNschen Geraden verläuft dann parallel zu $\mathfrak{A}$, so daß die vier Stützkräfte und damit auch sämtliche Stabspannungen unendlich groß werden. Die Hängebrücke ist in diesem Fall nicht mehr tragfähig. Trotz der ausreichenden Zahl von Stäben besitzt sie keine Steifigkeit mehr, da schon eine geringfügige Last eine große Gestaltänderung herbeiführt.

II. In Abb. 9.5 ist die graphische Ermittlung der Stabkräfte der Kettenstäbe und Hängeeisen durchgeführt.

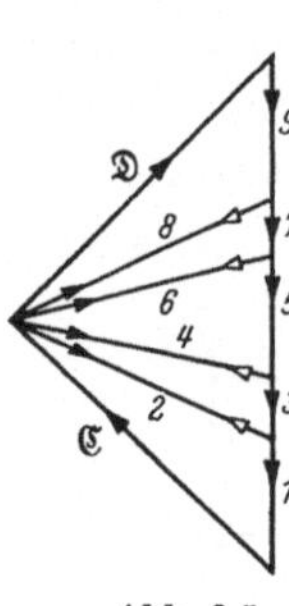

Abb. 9.5.

$$S_2 = S_8 = +9{,}7\ \text{t}, \qquad S_4 = S_6 = +8{,}9\ \text{t},$$
$$S_1 = S_9 = +4{,}4\ \text{t}, \qquad S_3 = S_7 = +2{,}2\ \text{t},$$
$$S_5 = +4{,}4\ \text{t}.$$

10. *Das gezeichnete Traggerüst besteht aus zwei Türmen, zwischen die ein Träger eingehängt ist.*

Man bestimme graphisch die Stabkräfte der fünf Stützstäbe 1 bis 5 nach Größe und Vorzeichen für die beiden folgenden Belastungsfälle:

a) An den Gelenkbolzen I und II hängen die Lasten

$$P_1 = 5\ t$$

und $\quad P_2 = 10\ t$.

b) Die Last P_1 ist allein vorhanden.

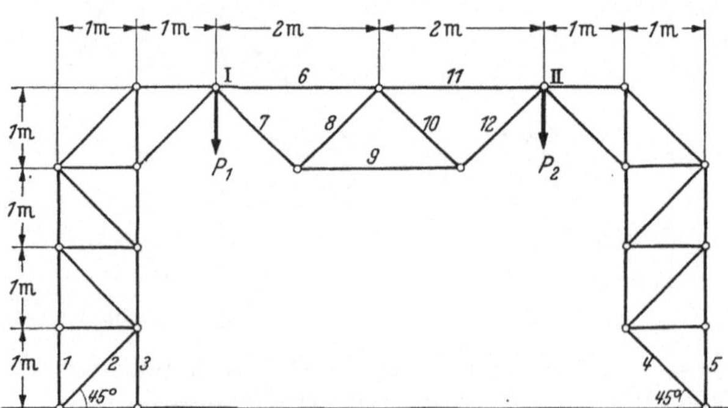

a) Man mache den Mittelträger frei, indem man ihn von den Gelenkbolzen I, II abzieht, die an den Türmen verbleiben (Abb. 10.1).

Da er keine Lasten trägt, müssen die unbekannten Gelenkdrücke $\mathfrak{G}_l$ und $\mathfrak{G}_r$, welche die Bolzen I und II auf seine Endknotenpunkte ausüben, entgegengesetzt gleich sein: $\mathfrak{G}_l = -\mathfrak{G}_r$. Ihre gemeinsame Wirkungslinie kann daher nur die waagrechte Verbindungsgerade der beiden Endknotenpunkte sein.

Darauf betrachte man das Gleichgewicht des frei gemachten rechten Turms, der ebenfalls nur in seinen beiden Endknotenpunkten II, V Kräfte empfängt. Am Bolzen II greift außer der an ihm

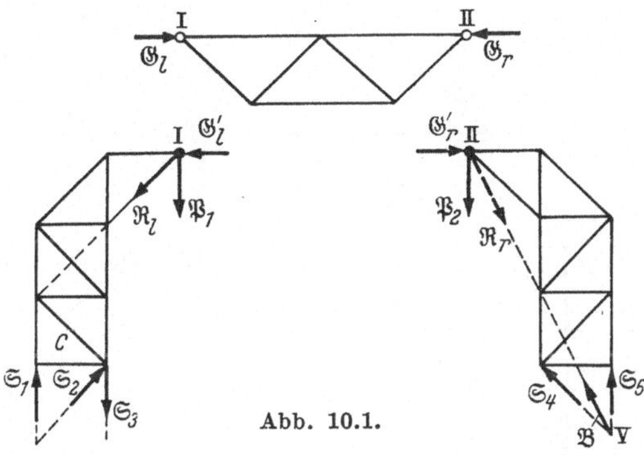
Abb. 10.1.

hängenden Last $\mathfrak{P}_2$ die Gegenkraft $\mathfrak{G}_r' = -\mathfrak{G}_r$ an. Die Resultierende dieser beiden Kräfte $\mathfrak{R}_r = \mathfrak{P}_2 + \mathfrak{G}_r'$ muß als Wirkungslinie die Verbindungsgerade $II-V$ haben, ebenso wie die vom Erdboden auf den Gelenkbolzen des Auflagerknotenpunktes V übertragene Auflagerkraft $\mathfrak{B}$, die ihr entgegengesetzt gleich sein muß:

$$\mathfrak{B} = -\mathfrak{R}_r = \mathfrak{S}_4 + \mathfrak{S}_5.$$

Aus dem Krafteck Abb. 10.2 ($\mathfrak{P}_2 + \mathfrak{G}_r' + \mathfrak{S}_5 + \mathfrak{S}_4 = 0$) wird außer $\mathfrak{S}_4$ und $\mathfrak{S}_5$ auch der Gelenkdruck $\mathfrak{G}_r'$ bekannt.

Die Belastung des frei gemachten linken Turms besteht aus den beiden am Gelenkbolzen I angreifenden Kräften $\mathfrak{P}_1$ und $\mathfrak{G}_l' = -\mathfrak{G}_r'$, deren nach Größe und Richtung bekannte Resultierende $\mathfrak{R}_l = \mathfrak{P}_1 + \mathfrak{G}_l'$ (Abb. 10.3) mit den gesuchten Stützkräften $\mathfrak{S}_1$, $\mathfrak{S}_2$, $\mathfrak{S}_3$ im Gleichgewicht stehen muß. Faßt man nach dem CULMANNschen Verfahren $\mathfrak{R}_l$ und $\mathfrak{S}_1$ sowie $\mathfrak{S}_2$ und $\mathfrak{S}_3$ zu je einer Teilresultierenden zusammen (CULMANNsche Gerade c), so läßt sich das Kräfteviereck, Abb. 10.3 ($\mathfrak{R}_l + \mathfrak{S}_3 + \mathfrak{S}_2 + \mathfrak{S}_1 = 0$) zeichnen, aus dem sich die drei Stützkräfte nach Größe und Richtung ergeben.

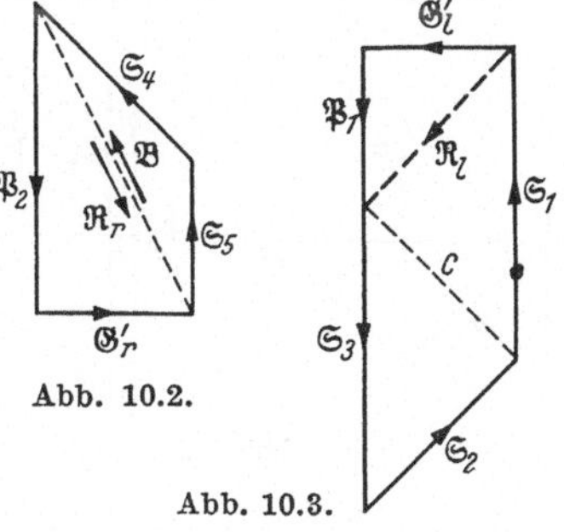
Abb. 10.2.

Abb. 10.3.

$$S_1 = -10 \text{ t}, \quad S_2 = -7{,}1 \text{ t}, \quad S_3 = +10 \text{ t},$$
$$S_4 = -7{,}1 \text{ t}, \quad S_5 = -5 \text{ t}.$$

Wenn man zugleich mit dem Mittelträger auch die Bolzen I und II herausnimmt und diese zum Mittelträger gehörig betrachtet, Abb. 10.4, verläuft die Lösung folgendermaßen: Am Mittelträger lassen sich die beiden, jetzt an ihm hängenden Lasten zur Resultierenden $\mathfrak{P} = \mathfrak{P}_1 + \mathfrak{P}_2$ vereinigen, die mit den von den beiden Türmen auf die Gelenkbolzen I, II übertragenen, unbekannten Gelenkdrücken $\mathfrak{G}_r$ und $\mathfrak{G}_l$ Gleichgewicht halten muß.

Die Wirkungslinie von $\mathfrak{G}_r$ findet man am rechten Turm. Denn da dieser auf den Mittelträger wie ein Stützstab wirkt, der zwischen den beiden Endknotenpunkten II, V verläuft, so muß die Wirkungslinie von $\mathfrak{G}_r$ mit der Richtung dieses gedachten Stützstabes zusammenfallen.

Bringt man sie mit $\mathfrak{P}$ in D zum Schnitt, so muß durch D auch die Wirkungslinie des linken Gelenkdrucks $\mathfrak{G}_l$ hindurchgehen.

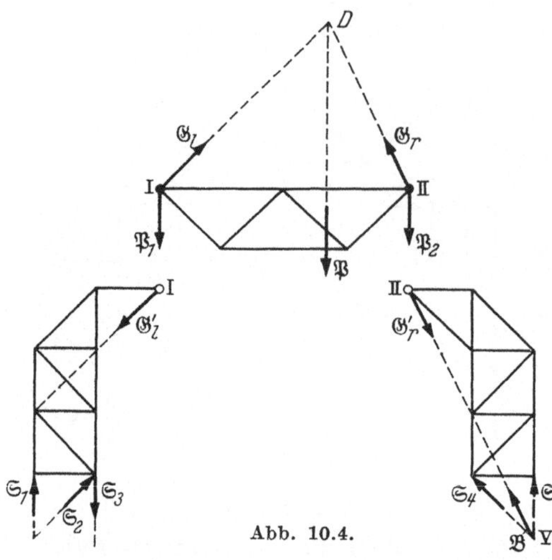

Abb. 10.4.

Die Belastung des linken Turms besteht jetzt nur in der bekannten Kraft $\mathfrak{G}_l' = -\mathfrak{G}_l$ in I. Die Bestimmung der drei linken Stützkräfte gelingt ähnlich wie zuvor mit Hilfe des CULMANNschen Verfahrens, während sich die beiden rechten Stützkräfte durch Zerlegung von $\mathfrak{B} = \mathfrak{G}_r$ nach den Richtungen der Stäbe 4 und 5 ergeben. Der rechte Turm ist unter den Kräften $\mathfrak{G}_r'$ und $\mathfrak{B} = \mathfrak{S}_4 + \mathfrak{S}_5$ im Gleichgewicht.

b) Wenn $\mathfrak{P}_2$ fehlt, so ist nach Abb. 10.4 wegen $\mathfrak{P} = \mathfrak{P}_1$ jetzt $\mathfrak{G}_l = -\mathfrak{P}_1$ und $\mathfrak{G}_r = 0$. Sämtliche Stäbe des Mittelträgers und des rechten Turms sind spannungslos, daher $\mathfrak{S}_4 = \mathfrak{S}_5 = 0$. Der linke Turm ist in I durch $\mathfrak{G}_l' = \mathfrak{P}_1$ belastet. Die 3 linken Stützkräfte lassen sich hier nicht nach dem CULMANNschen Verfahren bestimmen. Da aber $\mathfrak{P}_1$, $\mathfrak{S}_1$, $\mathfrak{S}_3$ vertikal gerichtet sind, muß der schräge Stützstab 2 spannungslos sein ($\mathfrak{S}_2 = 0$). Mit Hilfe des Seilecks Abb. 10.5 ($\mathfrak{S}_1 + \mathfrak{P}_1 + \mathfrak{S}_3 = 0$) findet man:

$$S_1 = +5 \text{ t},$$
$$S_3 = -10 \text{ t}.$$

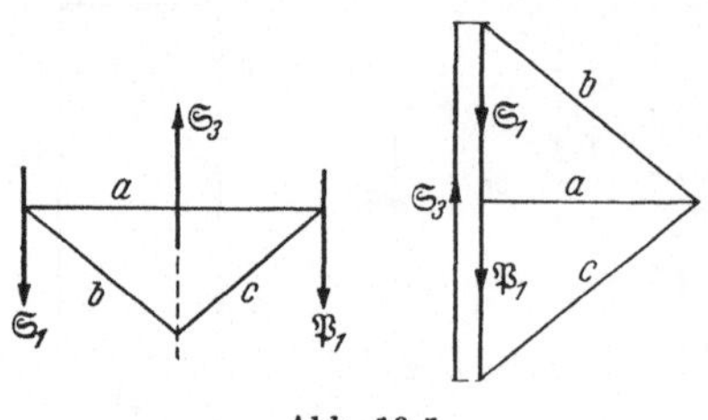

Abb. 10.5.

11. *Ein an seinen Enden bei a und b aufgelagerter Träger ist in seiner Mitte bei c durch ein Gelenk unterbrochen und durch ein aus drei Stäben bestehendes Spannwerk wieder tragfähig gemacht.*

1. Man ermittle graphisch die durch die Last P in den Stäben 1, 2, 3 hervorgerufenen Stabkräfte nach Größe und Vorzeichen sowie Größe und Richtung der Kraft C_1, die der Balken a—c, und der Kraft C_2, die der Balken c—b auf den Gelenkbolzen c ausübt.

2. Man zeichne die Momentenfläche des Gelenkträgers.

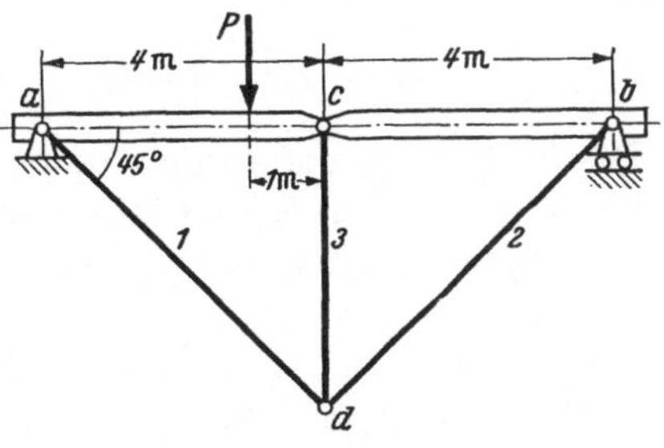

Zunächst müssen die beiden Auflagerkräfte ermittelt werden. Da nur eine lotrechte Last vorhanden ist und die vom Rollenlager bei b auf den Träger übertragene Auflagerkraft $\mathfrak{B}$ nur lotrecht nach aufwärts gerichtet sein kann, muß dasselbe auch auf die vom Drehlager bei a herrührende Auflagerkraft $\mathfrak{A}$ zutreffen. Mit Hilfe des Seilecks oder aus zwei Momentengleichungen mit b und a als Momentenpunkten findet man

$$A = \tfrac{5}{8}P, \qquad B = \tfrac{3}{8}P.$$

1. Betrachtet man die rechte, unbelastete Trägerhälfte, d. h. den Balken c—b, so erkennt man sofort, daß er die Rolle eines Fachwerkstabes spielt und daher durch einen solchen ersetzt werden könnte. Da er also nur eine Längskraft weiterleiten kann, so muß die Resultierende $\mathfrak{R}$ der beiden auf sein rechtes Ende mittels des Gelenkbolzens b auf ihn ausgeübten Kräfte, nämlich der bekannten Auflagerkraft $\mathfrak{B}$ und der unbekannten Stabkraft $\mathfrak{S}_2$ in seine Längsachse fallen, d. h. waagrecht gerichtet sein.

$$\mathfrak{B} + \mathfrak{S}_2 = \mathfrak{R}.$$

Diese nach links gerichtete Kraft leitet der Balken nach dem Gelenkbolzen c weiter, also ist sie identisch mit der gesuchten Kraft $\mathfrak{C}_2$ (Abb. 11.1). Aus dem Kräfteplan, Abb. 11.2 (Kräftedreieck efg, durch

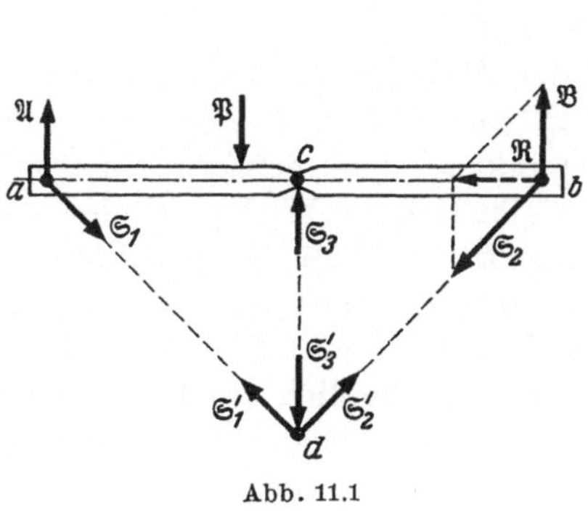

Abb. 11.1

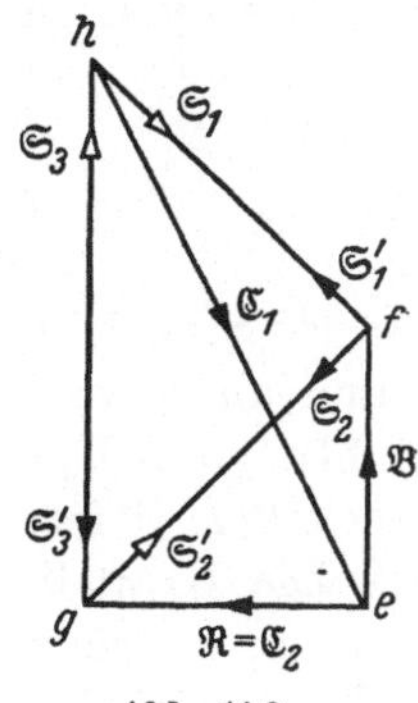

Abb. 11.2.

das auch Größe und Vorzeichen von $\mathfrak{S}_2$ bekannt werden), entnimmt man

$$R = C_2 = B = \frac{3}{8}\,P,\qquad S_2 = +\,\frac{3\,\sqrt{2}}{8}\,P.$$

Die Stabkräfte der beiden anderen Stäbe *1* und *3* ergeben sich am Bolzen *d*, der unter den an ihm angreifenden Stabkräften $\mathfrak{S}_2' = -\mathfrak{S}_2$, $\mathfrak{S}_1'$ und $\mathfrak{S}_3'$ im Gleichgewicht sein muß (Kräftedreieck *gfh*: $\mathfrak{S}_2' + \mathfrak{S}_1' + \mathfrak{S}_3' = 0$).

$$S_1 = S_2,\qquad S_3 = -\tfrac{3}{4}\dot{P}.$$

Schließlich mache man den Bolzen *c* des Trägergelenks frei (Abb. 11.3), an dem die beiden bekannten Kräfte $\mathfrak{C}_2$ und $\mathfrak{S}_3 = -\mathfrak{S}_3'$ mit der gesuchten Kraft $\mathfrak{C}_1$ Gleichgewicht halten müssen ($\mathfrak{C}_2 + \mathfrak{S}_3 + \mathfrak{C}_1 = 0$). Aus dem Kräftedreieck *egh* (Abb. 11.2) ergeben sich Größe und Pfeilrichtung von $\mathfrak{C}_1$,

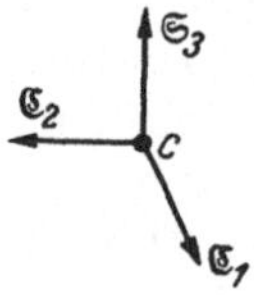

$$C_1 = \frac{\sqrt{45}}{8}\,P = 0{,}84\,P.$$

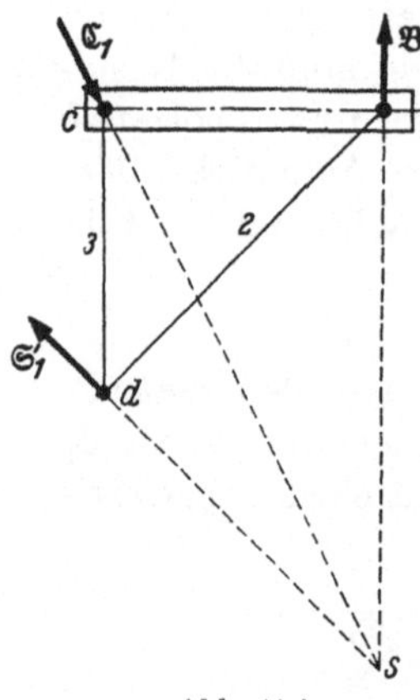

Abb. 11.3.

Die Aufgabe läßt sich auch auf Grund der folgenden Überlegung lösen:

Man betrachte den in Abb. 11.4 dargestellten, aus dem Verband gelösten rechten Teil der Konstruktion, bestehend aus dem Balken *c—b* einschließlich des Rollenlagers und des Gelenkbolzens *c* sowie den Stäben *2* und *3*. Er muß unter den folgenden Kräften im Gleichgewicht sein:

1. der bekannten Auflagerkraft $\mathfrak{B}$, die von der Führungsbahn des Rollenlagers auf dieses übertragen wird,

2. der vom entfernten Stab *1* auf den Bolzen *d* ausgeübten Stabkraft, von der man nur die Wirkungslinie kennt,

3. der gesuchten Kraft $\mathfrak{C}_1$ (vom linken Balken auf den Gelenkbolzen *c* ausgeübter Gelenkdruck).

Abb. 11.4.

Aus der Bedingung, daß sich diese drei Kräfte in einem Punkt schneiden müssen (Schnittpunkt *s* der rechten Auflager-Vertikalen mit der Stabrichtung *1*), ergibt sich die Wirkungslinie *c—s* der Kraft $\mathfrak{C}_1$, und aus dem Kräftedreieck *ikl* (Abb. 11.5) werden Größe und Pfeilrichtung von $\mathfrak{C}_1$ und $\mathfrak{S}_1'$ bekannt. Das sich daran anschließende Kräftedreieck *klm* liefert die Stabkräfte $\mathfrak{S}_2'$ und $\mathfrak{S}_3'$ nach Größe und Vorzeichen. Die Kraft $\mathfrak{C}_2$ findet man schließlich am frei gemachten Gelenkbolzen *c*, wo sie zusammen mit den beiden bekannten Kräften $\mathfrak{C}_1$ und $\mathfrak{S}_3 = -\mathfrak{S}_3'$ Gleichgewicht herstellen muß ($\mathfrak{S}_3 + \mathfrak{C}_1 + \mathfrak{C}_2 = 0$).

Der Gelenkdruck $\mathfrak{C}_1$ läßt sich auch am linken Balken a—c finden, wenn man erkannt hat, daß der rechte Balken wie ein Druckstab wirkt, der über den Gelenkbolzen c auf den linken Balken eine waagrechte Kraft $\mathfrak{C}_2$ nach links vom Betrag $C_2 = \frac{3}{8} P$ ausübt. Hierzu betrachte man, siehe Abb. 11.6, den vom Gelenkbolzen c und vom Stab 1 frei gemachten linken Balken einschließlich des Drehlagers, auf das von der Erde die bekannte Auflagerkraft $\mathfrak{A}$ übertragen wird und an dessen Bolzen a die Stabkraft $\mathfrak{S}_1$ angreift, von der man nur die Wirkungslinie kennt. Da nun der unbelastete rechte Balken keine Querkraft übertragen kann, so muß der entfernte Gelenkbolzen c — außer der bekannten Kraft $\mathfrak{C}_2$ — die gesamte vom Stab 3 auf ihn ausgeübte, nach Größe und Vorzeichen unbekannte Stabkraft $\mathfrak{S}_3$ auf den linken Balken übertragen, so daß die Resultierende dieser bei en Kräfte die Gegenkraft $\mathfrak{C}_1'$ der gesuchten Kraft $\mathfrak{C}_1$ sein muß ($\mathfrak{C}_2 + \mathfrak{S}_3 = \mathfrak{C}_1' = -\mathfrak{C}_1$).

Größe und Vorzeichen von $\mathfrak{S}_3$ findet man aus einer Momentengleichung mit a als Momentenpunkt; und da die waagrechte Komponente der Stabkraft $\mathfrak{S}_1$ entgegengesetzt gleich der Kraft $\mathfrak{C}_2$ sein muß, wird schließlich auch $\mathfrak{S}_1$ nach Größe und Vorzeichen bekannt ($S_1 = + \sqrt{2}\, C_2$).

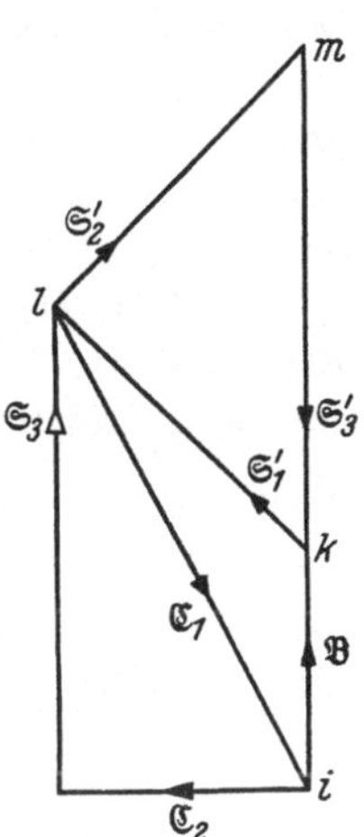

Abb. 11.5.

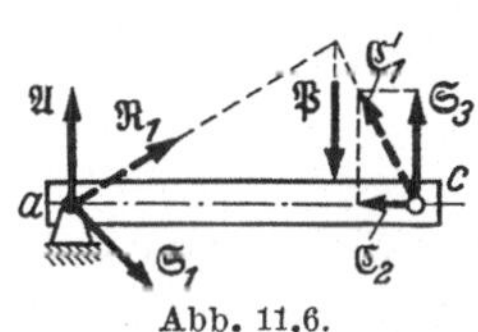

Abb. 11.6.

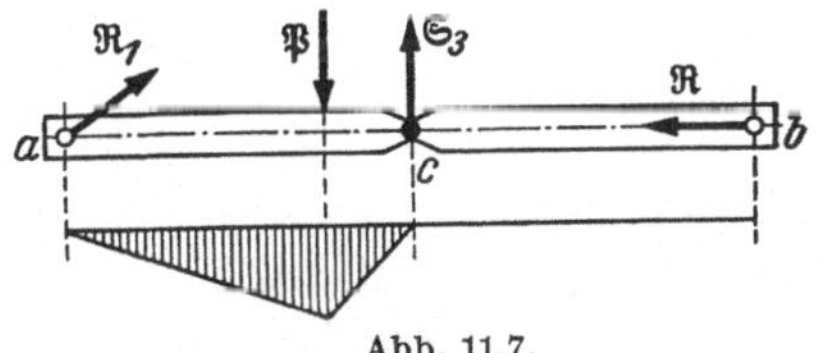

Abb. 11.7.

Man könnte auch so vorgehen, daß man $\mathfrak{S}_1$ mit $\mathfrak{A}$ zur Resultierenden $\mathfrak{R}_1$ vereinigt und deren Richtungslinie mit der Last $\mathfrak{P}$ zum Schnitt bringt. Durch diesen Schnittpunkt muß auch die Wirkungslinie der gesuchten Kraft $\mathfrak{C}_1'$ gehen, die sich dann aus $\mathfrak{R}_1 + \mathfrak{P} + \mathfrak{C}_1' = 0$ ergibt.

2. In Abb. 11.7 ist die Momentenfläche des Gelenkträgers gezeichnet.

12*. *Die Abbildung stellt den elektrischen Antrieb der Mahlwalze eines Holländers dar (Maschine zur Papiererzeugung). Die vom Motor angetriebene Mahlwalze M, deren Gewicht unmittelbar vom Boden bzw. von dem unter ihr wegfließenden Papierstoff aufgenommen wird, führt im Betriebszustand unregelmäßige, durch die veränderliche Beschaffenheit des Rohstoffs bedingte Auf- und Abwärtsbewegungen aus. Da diese von der waagrechten Antriebswelle W_1 und damit auch vom gesamten Antrieb mitgemacht werden müssen, ist das Lager L der Welle W_1 auf einen um A drehbaren Träger T befestigt. Der Elektromotor E ist an ein um die Achse W_1 drehbares Gehäuse G angeschraubt (für die drehbare Lagerung wird der als Zapfen ausgebildete Lagerkörper L benutzt). Durch den in C gelenkig angeschlossenen Stützstab ist das Gehäuse mit einem festen Punkt D verbunden. Der Motor treibt über das auf seiner Welle W_2 sitzende kleine*

Zahnrad Z_2 das auf W_1 aufgekeilte große Zahnrad Z_1 und damit die Walze M an, wobei das von ihm ausgeübte Drehmoment M_E das an der Walze angreifende, widerstehende Drehmoment M_W überwinden muß. Da das Walzengewicht unmittelbar vom Boden aufgenommen und die waagrechte Reibungskraft am Umfang der Walze durch eine Führung abgefangen wird, greift an der Antriebswelle W_1 nur das Drehmoment M_W an. Die Momente der Eigengewichte (mit Ausnahme des Walzengewichts) bezüglich der Drehachsen A und W_1 sind durch Gegengewichte Q und Q' ausgeglichen.

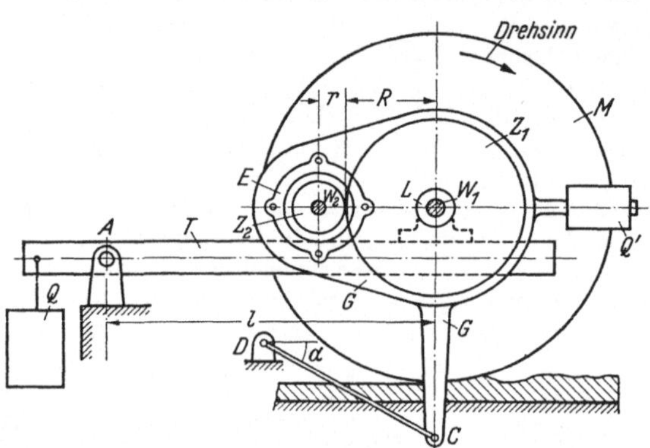

Die Aufgabe lautet:

Wohin ist der feste Punkt D zu legen, damit der Träger und mit ihm der gesamte Antrieb widerstandslos einer Auf- und Abwärtsbewegung der Mahlwalze zu folgen vermag, so daß der Druck zwischen Walze und Mahlgut stets mit dem Walzengewicht übereinstimmt?

Anleitung zur Lösung: 1. Man denke sich vorübergehend den Träger T in der gezeichneten, horizontalen Lage in der Nähe seines rechten Endes auf ein Rollenlager gesetzt und bestimme für eine zunächst beliebig angenommene Lage des Punktes D graphisch die Kräfte, die durch das als gegeben zu betrachtende Moment M_W an den folgenden, der Reihe nach frei zu machenden Teilen des Mechanismus hervorgerufen werden:

Teil I: Mahlwalze M, Welle W_1 und Zahnrad Z_1, die zusammen einen starren Körper bilden.

Teil II: Rotor des Elektromotors mit Motorwelle W_2 und Zahnrad Z_2, die zusammen ebenfalls einen starren Körper bilden.

Teil III: Gehäuse G mit angeschraubtem Stator des Elektromotors.

Teil IV: Träger T mit angeschraubtem Lagerkörper L.

2. Sodann bestimme man denjenigen Winkel α_1, unter dem der Stützstab bei horizontaler Trägerlängsachse gegen die Horizontale geneigt sein muß, damit die von dem Rollenlager auf den Träger ausgeübte Auflagerkraft verschwindet, das Rollenlager also entfernt werden kann, ohne daß zur Erhaltung des Gleichgewichts eine zusätzliche Kraft vom

Mahlgut auf die Walze ausgeübt werden müßte. Hierauf läßt sich die gestellte Frage leicht beantworten.

1. Gleichgewicht des Teils I (Abb. 12.1). Das widerstehende Moment $\mathfrak{M}_W$ — mit deutschem Buchstaben geschrieben, um den Drehsinn einzuschließen —, das sich bei Verlegung der vom Mahlgut auf die Walze übertragenen Reibungskraft nach ihrem Mittelpunkt ergibt, wird ausgeglichen durch ein Kräftepaar, bestehend aus dem Zahndruck $\mathfrak{Z}$ (vom Elektromotor über das kleine Zahnrad Z_2 gelieferte Antriebskraft) und der vom Lager L auf die Welle W_1 ausgeübten Lagerkraft $\mathfrak{P}$.

$$Z = P, \quad Z\,R = M_W,$$

$$Z = P = \frac{M_W}{R}. \tag{1}$$

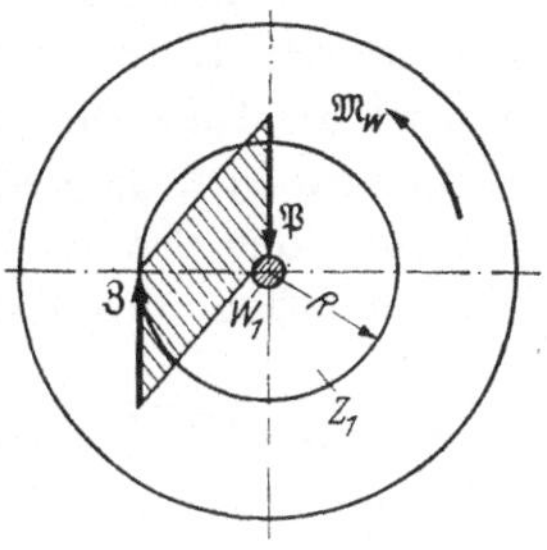

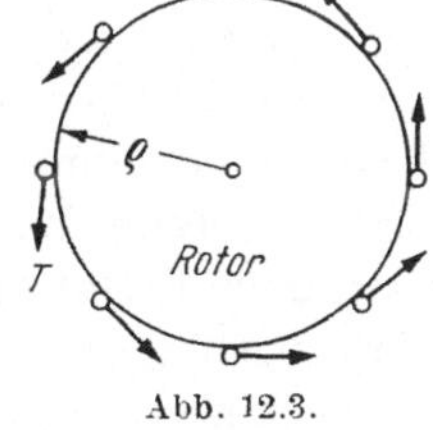

Abb. 12.1.

Gleichgewicht des Teils II (Abb. 12.2). Das vom Stator auf den Rotor übertragene elektromagnetische Antriebsmoment $\mathfrak{M}_E$ wird im Gleichgewicht gehalten durch ein Kräftepaar, gebildet aus dem Zahndruck $\mathfrak{Z}' = -\mathfrak{Z}$ und der von ihm hervorgerufenen Lagerkraft $\mathfrak{E}$, die von den beiden Lagern der Motorwelle W_2 auf diese übertragen wird.

$$E = Z' = Z = P,$$

$$M_E = Z\,r = M_W\,\frac{r}{R}. \tag{2}$$

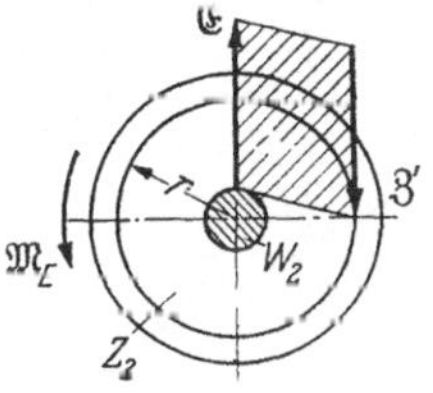

Abb. 12.2.

M_E resultiert aus vielen kleinen, tangentialen Kräften T, die als Folge der elektrodynamischen Vorgänge auf jeden der am Rotorumfang gleichmäßig verteilten elektrischen Leiter einwirken und die je paarweise ein kleines Kräftepaar $2T\varrho$ bilden (Abb. 12.3). Das resultierende Kräftepaar vom Moment $M_E = \sum 2T\varrho$ denken wir uns — statisch gleichwertig — ersetzt durch ein Kräftepaar, gebildet aus zwei entgegengesetzt gleichen vertikalen Kräften $\mathfrak{F}$ und $\mathfrak{K}$, die den Abstand r besitzen (Abb. 12.4). Vektoriell:

Abb. 12.3.

$$\mathfrak{M}_E \triangleq \left| \begin{array}{c} \xleftarrow{\quad r \quad} \ \mathfrak{K} \\ \downarrow \mathfrak{F} \end{array} \triangleq \text{Kräftepaar } \mathfrak{F}, \mathfrak{K}; \right\} \tag{3}$$

$$M_E = F\,r = K\,r,$$

so daß wegen der Gl. (1) und (2):

$$F = K = E = Z' = Z = P = \frac{M_W}{R}. \tag{4}$$

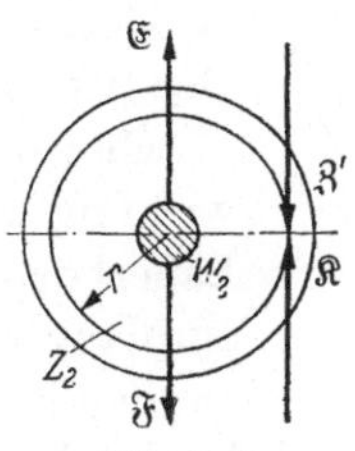

Abb. 12.4.

Das Kräftepaar $\mathfrak{F}$, $\mathfrak{K}$ werde so orientiert (Abb. 12.4), daß $\mathfrak{F}$ auf die Wirkungslinie von $\mathfrak{E}$ fällt. Dann fällt $\mathfrak{K}$ auf die Wirkungslinie von $\mathfrak{Z}'$. Von den vier bekannten Kräften der Abb. 12.4, unter denen Teil *II* im Gleichgewicht ist, werden die 3 Kräfte $\mathfrak{E}$, $\mathfrak{F}$, $\mathfrak{K}$ (wobei das Kräftepaar $\mathfrak{F}$, $\mathfrak{K}$ nur als ein Ersatz für das Moment $\mathfrak{M}_E$ zu betrachten ist) vom Stator auf den Rotor ausgeübt. Da sich aber $\mathfrak{E}$ und $\mathfrak{F}$ gegenseitig aufheben, ist die Resultierende dieser 3 Kräfte bzw. der Kraft $\mathfrak{E}$ und des Kräftepaares $\mathfrak{F}$, $\mathfrak{K}$ die gedachte Kraft $\mathfrak{K}$, die somit die gesamte statische Einwirkung des Stators auf den Rotor und damit auf Teil *II* darstellt.

Gleichgewicht des Teils *III* (Abb. 12.5), der in Wechselwirkung mit den Teilen *II* und *IV* sowie mit dem Stützstab steht. Teil *II* übt auf *III* die Gegenkraft $\mathfrak{K}'$ der Kraft $\mathfrak{K}$ aus, die daher auch nur eine gedachte Kraft ist. Denn sie ist die Resultierende der von der Motorwelle W_2 des Teils *II* auf die — zum Stator (Teil *III*) gehörenden — Motorwellenlager übertragenen Lagerkraft $\mathfrak{E}' = -\mathfrak{E}$ und des vom Rotor auf den Stator ausgeübten elektromagnetischen Moments $\mathfrak{M}'_E = -\mathfrak{M}_E$ (Abb. 12.6). Die von Teil *IV* und dem Stützstab auf Teil *III*

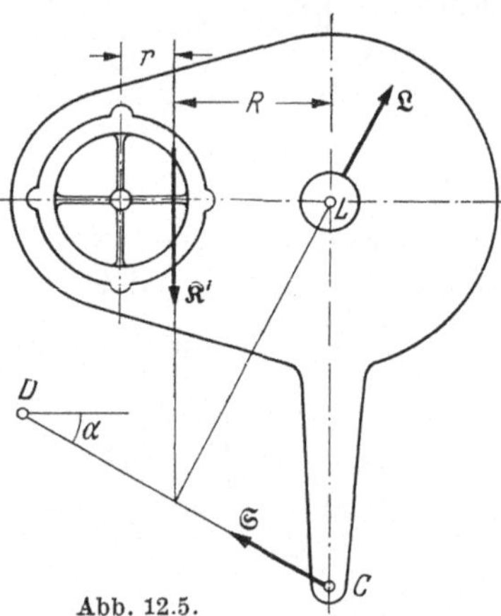

Abb. 12.5.

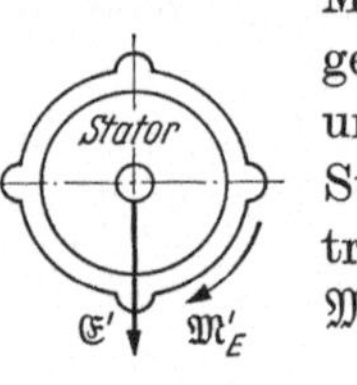

Abb. 12.6.

übertragenen Kräfte sind unbekannt. Um sie zu finden, bedenke man, daß das Gehäuse eine Scheibe ist, die durch ein unverschiebliches Drehlager — seine Achse ist der als Zapfen ausgebildete Lagerkörper *L* — und einen Stützstab statisch bestimmt aufgelagert ist und an der als einzige Last die bekannte Kraft $\mathfrak{K}'$ wirkt. Die von ihr hervorgerufenen Auflagerkräfte $\mathfrak{L}$ (vom Lagerkörper *L*) und $\mathfrak{S}$ (von Stützstab) müssen sich daher in einem Punkt auf der Wirkungslinie der Last $\mathfrak{K}'$ schneiden, womit die Wirkungslinie von $\mathfrak{L}$ bekannt wird. An dem frei gemachten Teil *III*

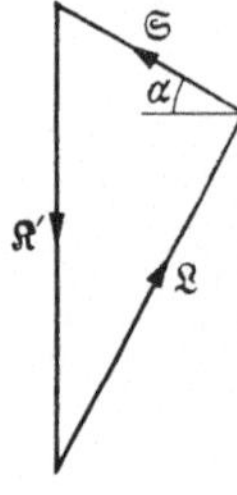

Abb. 12.7.

halten sich also die drei Kräfte $\mathfrak{K}'$, $\mathfrak{L}$, $\mathfrak{S}$ das Gleichgewicht ($\mathfrak{K}' + \mathfrak{L} + \mathfrak{S} = 0$). Aus dem Kräfteplan (Abb. 12.7) sind die Größen und Pfeile der Lagerkräfte $\mathfrak{L}$ und $\mathfrak{S}$ zu entnehmen. Der Stützstab ist auf Zug beansprucht.

Gleichgewicht des Teils *IV* (Abb. 12.8), der in Wechselwirkung mit den Teilen *I* und *III* steht, von denen er die am Lagerkörper *L* angreifenden Kräfte $\mathfrak{P}' = -\mathfrak{P}$ und $\mathfrak{L}' = -\mathfrak{L}$ empfängt, die zur Resultierenden $\mathfrak{R} = \mathfrak{L}' + \mathfrak{P}'$ zusammengefaßt werden können (Kräfteplan Abb. 12.9). Aus dem Vergleich der beiden Kräftedreiecke (Abb. 12.7 und 12.9), die offenbar kongruent sind, da sie in zwei Seiten ($L = L'$, $K' = P'$) und den Winkeln übereinstimmen, folgt:

$$\Re = \Im. \tag{6}$$

Die resultierende Belastung $\Re$ des statisch bestimmt gelagerten Trägers T ruft die Auflagerkräfte $\mathfrak{A}$ (vom Gelenkbolzen A) und $\mathfrak{B}$ (von der

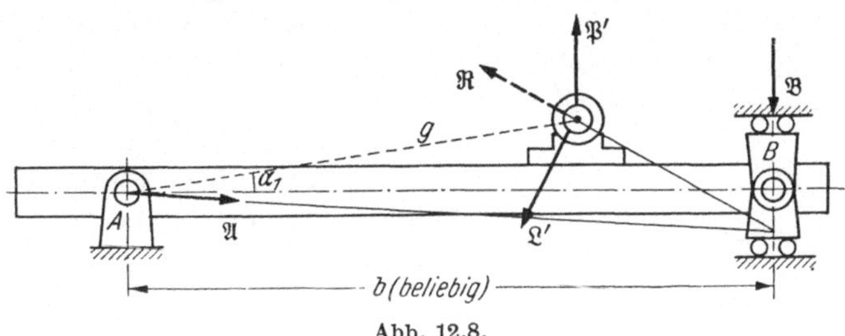

Abb. 12.8.

Rollenlagerbahn) hervor, die sich in einem Punkt auf der Richtungslinie von $\Re$ schneiden müssen, womit die Wirkungslinie von $\mathfrak{A}$ bekannt wird. Größe und Pfeile der beiden Auflagerkräfte sind aus dem Kräfteplan, Abb. 12.10, zu entnehmen. Der frei gemachte Träger, Teil IV, ist unter $\Re$, $\mathfrak{A}$, $\mathfrak{B}$ im Gleichgewicht:

$$\Re + \mathfrak{A} + \mathfrak{B} = 0. \tag{7}$$

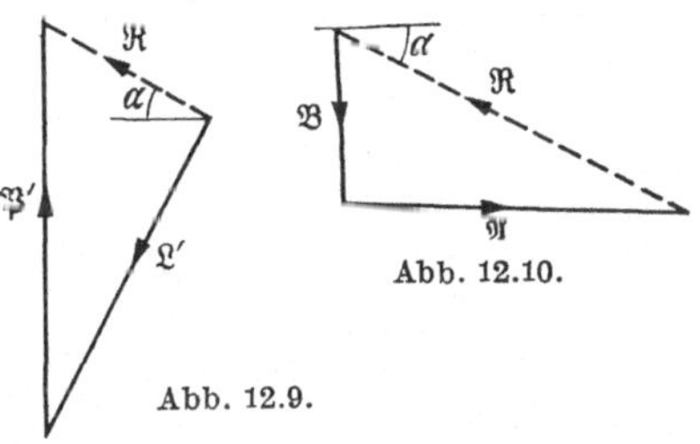

Abb. 12.9.

Damit sind sämtliche äußeren und inneren Kräfte, die an bzw. in dem Mechanismus wirken, bekannt für den Fall, daß das rechte Ende des horizontalen Trägers auf einem Rollenlager sitzt und der feste Punkt D eine beliebig angenommene Lage besitzt. Die äußeren Kräfte, die ein Gleichgewichtssystem bilden müssen, bestehen aus dem Kräftepaar vom Moment M_W, das bei Verlegung der Reibungskraft am Umfang der Mahlwalze nach deren Mittelpunkt entsteht, und den Auflagerkräften $\mathfrak{A}$, $\mathfrak{B}$, $\mathfrak{S}$. Die erste der beiden vektoriellen Gleichgewichtsbedingungen verlangt, daß die geometrische Summe aller äußeren Kräfte verschwindet:

$$\mathfrak{A} + \mathfrak{B} + \mathfrak{S} = 0.$$

Da nach Gl. (7) $\mathfrak{A} + \mathfrak{B} = -\Re$ und nach Gl. (6) $\Re = \mathfrak{S}$ ist, so ist diese Bedingung in der Tat erfüllt.

Die zweite Bedingung, wonach die geometrische Summe der statischen Momente aller äußeren Kräfte für jeden beliebigen Momentenpunkt verschwinden muß, ist ebenfalls erfüllt: Die Gleichung $\mathfrak{A} + \mathfrak{B} = -\Re = -\mathfrak{S}$ zeigt, daß die Resultierende $-\Re$ aus $\mathfrak{A}$ und $\mathfrak{B}$ der Stangenkraft $\mathfrak{S}$ entgegengesetzt gleich ist. Da $-\Re$ durch den Lagermittelpunkt L geht, $\mathfrak{S}$ hingegen im Gelenkpunkt C angreift, da also $-\Re$ und $\mathfrak{S}$ nicht eine gemeinsame, sondern zwei parallele Wirkungslinien haben, bilden die Auflagerkräfte ein Kräftepaar. Stellt man $\mathfrak{M}_W$ ebenfalls als Kräftepaar dar, so läßt sich mit Hilfe eines Seilecks nachweisen, daß die statischen Momente der beiden Kräftepaare entgegengesetzt gleich sind; das Seileck schließt sich nämlich.

2. $\mathfrak{B} = 0$ verlangt nach Gl. (7)

$$\mathfrak{R} + \mathfrak{A} = 0.$$

Die beiden Kräfte müssen daher als gemeinsame Wirkungslinie die Gerade g haben (Verbindungslinie der Mittelpunkte der beiden Drehlager A und L (Abb. 12.8). Da nach Gl. (12.6) $\mathfrak{S} = \mathfrak{R}$ ist, muß $\mathfrak{S} \parallel \mathfrak{R}$ sein, d. h. der

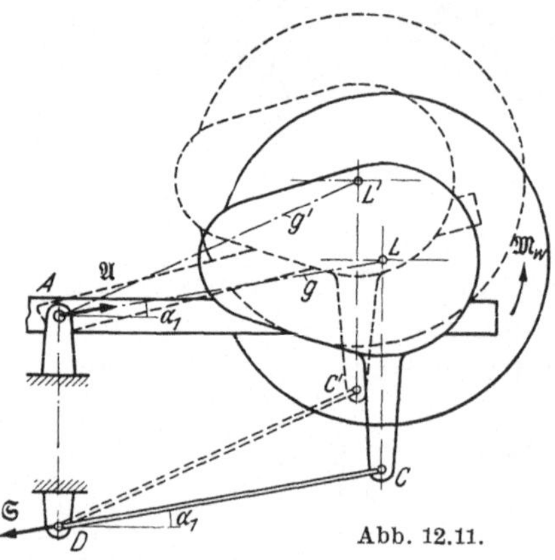

Stützstab DC muß parallel zur Geraden g verlaufen. Damit ist der Winkel α_1 bekannt und bei gegebenen Abmessungen berechenbar.

Damit nun auch bei einer beliebigen Drehung des Trägers und damit auch der Geraden g um das Lager A der Stützstab stets parallel zu g bleibt, muß der feste Punkt D senkrecht unter A im Abstand $AD = LC$ angeordnet werden. Das Viereck $ADCL$ ist dann ein Gelenkparallelogramm, dessen Seiten sich bei jeder beliebigen Drehung um A par-

Abb. 12.11.

allel bleiben (Abb. 12.11). Als äußere Kräfte wirken an dem gesamten System das Kräftepaar $\mathfrak{M}_W$ und die beiden ebenfalls ein Kräftepaar bildenden Auflagerkräfte $\mathfrak{A}$ und $\mathfrak{S}$. Die beiden Kräftepaare halten sich stets das Gleichgewicht.

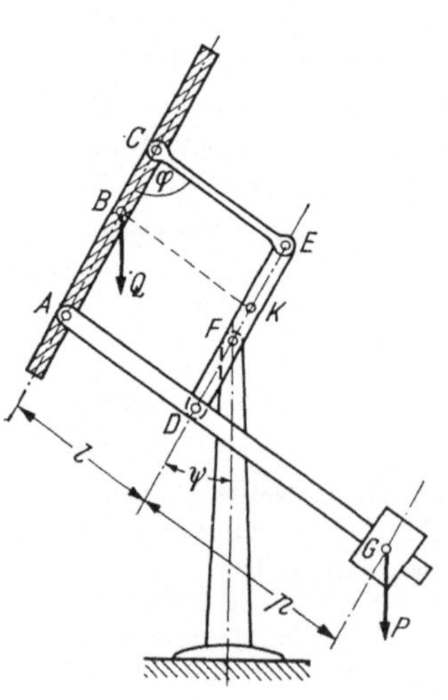

13*. *Ein Zeichenbrett vom Gewicht Q kann durch ein einziges, unverschiebliches Gegengewicht P in jeder beliebigen Lage, d. h. bei beliebigen Winkeln ψ und φ im Gleichgewicht gehalten werden, so daß es mühelos in jede neue Lage gebracht werden kann.*

Der Mechanismus besteht aus drei biegungssteifen Balken, nämlich dem Zeichenbrett selbst, den Balken A—G und D—E, die untereinander gelenkig verbunden sind, sowie dem Lenker C—E, einem Zug- oder Druckstab, der stets parallel zum Balken A—G gerichtet ist. Im Punkt G sitzt das Gegengewicht. F ist ein festes Drehlager, um das sich der ganze Mechanismus wie ein starrer Körper drehen kann. Balken und Lenker sollen als gewichtslos betrachtet werden.

Man bestimme die Größe des Gegengewichtes P und seines Abstandes p vom Punkt D. Lösung mit Hilfe des Prinzips der virtuellen Arbeiten.

Es handelt sich hier um einen Mechanismus mit zwei Freiheitsgraden, dessen augenblickliche Gestalt durch die beiden voneinander unabhängigen Winkel ψ und φ beschrieben werden kann. Das Gleichgewicht zwischen den Kräften Q und P für jede beliebige Stellung des Mechanismus verlangt daher die Erfüllung von zwei Gleichungen, aus denen sich die Unbekannten P und p ergeben. Diese beiden Gleichungen erhalten wir, wenn wir nacheinander zwei beliebige, unendlich kleine, virtuelle Lagenänderungen vornehmen; z. B. die beiden folgenden:

1. Drehung des ganzen Mechanismus um F (Drehwinkel $\delta\psi$) bei festgehaltenem Winkel φ ($\varphi = $ const). Die Kraftangriffspunkte B und G beschreiben hierbei Kreisbögen um F.

2. Veränderung des Parallelogrammwinkels φ um $\delta\varphi$ bei festgehaltenem Balken D—E ($\psi = $ const). Hierbei beschreibt G einen Kreisbogen um D mit dem Radius p, B einen Kreisbogen um K mit dem Radius l. Die Gerade B—K ist stets parallel zu A—D bzw. C—E.

Beide geometrisch möglichen Bewegungen sind voneinander unabhängig.

1. Bei einer *Lagenänderung* $\delta\psi$ (kleine Drehung des ganzen, in sich starr gedachten Systems um F im Uhrzeigersinn, Abb. 13.1) wird B um $\delta s_Q = h\,\delta\psi$, G um $\delta s_P = k\,\delta\psi$ verschoben. Dabei ist die Arbeit der Kraft Q: $-Q\cos\alpha\,\delta s_Q = -Q\,h\cos\alpha\,\delta\psi$; die Arbeit der Kraft P: $P\cos\beta\,\delta s_P = P\,k\cos\beta\,\delta\psi$.

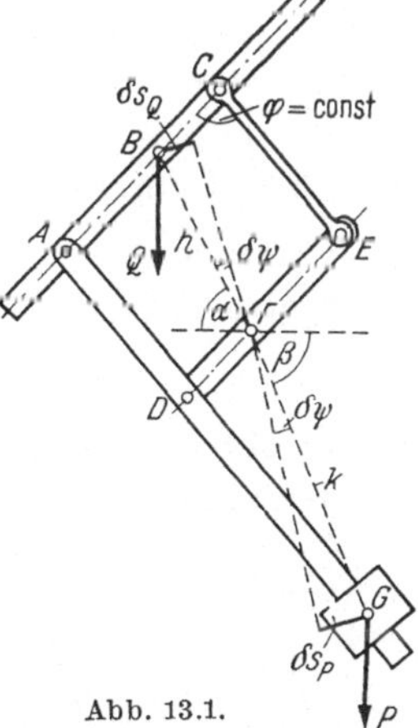

Abb. 13.1.

Herrscht Gleichgewicht, dann muß die Summe dieser beiden Arbeiten verschwinden:

$$P\,k\cos\beta\,\delta\psi - Q\,h\cos\alpha\,\delta\psi = 0\,.$$

Daraus folgt:

$$\frac{P}{Q} = \frac{h\cos\alpha}{k\cos\beta}\,. \qquad (1)$$

Da h und k Festwerte sind, kann das Verhältnis P/Q nur dann von ψ unabhängig sein, wenn der von ψ abhängige Quotient $\dfrac{\cos\alpha}{\cos\beta}$ ebenfalls für jede Stellung ψ des Mechanismus einen Festwert darstellt. *Das ist nur für $\alpha = \beta$ der Fall: dann also, wenn B, F und G auf einer Geraden liegen.* Dann wird:

$$\frac{P}{Q} = \frac{h}{k}\,. \qquad (2)$$

2. Bei einer Lagenänderung $\delta\varphi$ (kleine Änderung des Parallelogrammwinkels φ bei festgehaltenem Balken D—E; $\psi = $ const; Abb. 13.2) wird B um $\delta s_Q = l\,\delta\varphi$, G um $\delta s_P = p\,\delta\varphi$ verschoben.

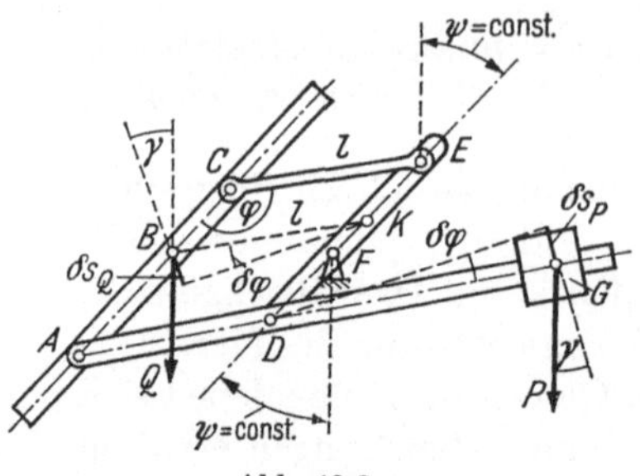

Abb. 13.2.

Arbeit der Kraft Q:

$$Q \cos\gamma \; \delta s_Q = Q \, l \cos\gamma \; \delta\varphi;$$

Arbeit der Kraft P:

$$-P \cos\gamma \; \delta s_P = -P \, p \cos\gamma \; \delta\varphi.$$

Im Gleichgewichtsfall muß sein:

$$Q \cos\gamma \, l \, \delta\varphi - P \cos\gamma \, p \, \delta\varphi = 0;$$

also:

$$\frac{P}{Q} = \frac{l}{p}. \tag{3}$$

Das Ergebnis ist hier bereits unabhängig von dem augenblicklichen Parallelogrammwinkel φ, weil die Wirkungslinien der beiden Kräfte und die Verschiebungen δs ihrer Angriffspunkte den gleichen Winkel γ miteinander einschließen und deshalb der Faktor $\cos\gamma = \cos(\varphi - \psi - \pi/2)$ aus der Arbeitsgleichung herausfällt. Das rührt aber daher, daß die Gerade B—K parallel zur Geraden D—G verläuft; oder mit anderen Worten, daß G auf der Geraden A—D liegt.

Wie schon vorausgesagt, bestehen also die beiden Bedingungsgleichungen (1) und (3) für die Anordnung des Gegengewichtes, d. h. für die Unbekannten P und p, die voneinander unabhängig sind. Aus (1) folgt: Punkt G muß auf der Geraden B—F liegen. Aus (3) folgt: Punkt G muß zugleich auf der Geraden A—D liegen. Dann ist P/Q unabhängig von ψ und φ; und ein einziges Gegengewicht $P = Q\dfrac{l}{p} = Q\dfrac{h}{k}$ stellt stets Gleichgewicht her, wenn nur

$$\frac{l}{p} = \frac{h}{k} \qquad\qquad \text{ist.}$$

Wie Abb. 13.3 zeigt, ist stets $l/p = h/k$, wenn G nach den obigen Vorschriften in den Schnittpunkt der Geraden B—F und A—D gelegt wird.

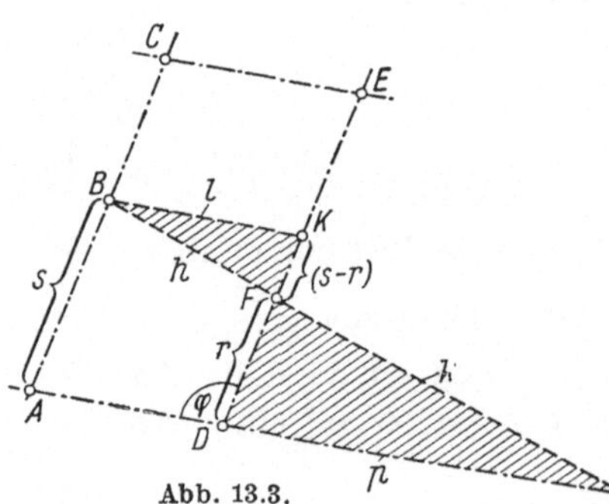

Abb. 13.3.

Man beachte, daß diese zwei Geraden von zwei Parallelen A—C und D—E geschnitten werden und man sofort den Strahlensatz anwenden oder auch die schraffierten, ähnlichen Dreiecke zur Aufstellung der Proportion

$$\frac{l}{p} = \frac{h}{k}$$

verwenden kann. Außerdem ist:

$$\frac{s-r}{r} = \frac{l}{p},$$

und da l, r und s bekannt sind, folgt aus der letzten Gleichung:

$$p = \frac{l\,r}{s-r} \quad \text{so daß:} \quad P = Q\,\frac{s-r}{r}.$$

14. *Eine quadratische Scheibe A von der Seitenlänge a ist durch sechs in ihren Eckpunkten gelenkig befestigte Stäbe mit einer zu ihr parallelen Wand W verbunden, die von der Scheibe den Abstand $l = a\sqrt{3}$ besitzt. An der Scheibe wirkt in ihrer Ebene ein Kräftepaar vom Moment Pa. Die von diesem Drehmoment in den sechs Stäben hervorgerufenen Stabkräfte sind nach Größe und Vorzeichen zu bestimmen.*

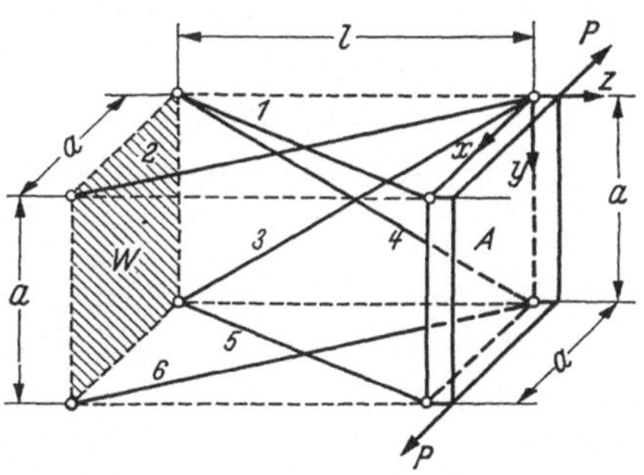

Die frei gemachte Scheibe muß im Gleichgewicht sein unter den beiden, ein Kräftepaar bildenden äußeren Kräften sowie den Kräften, welche die sechs Stäbe auf sie ausüben (S_1 bis S_6). Unter Zugrundelegung des in die Abbildung eingetragenen Koordinatensystems und nach Projektion des räumlichen Kräftesystems auf die drei Koordinatenebenen ergeben sich aus den sechs Gleichgewichtsbedingungen für Kräfte im Raum die folgenden sechs Gleichungen zur Bestimmung der sechs unbekannten Stabkräfte, die zunächst sämtlich als Zugkräfte angenommen werden:

$$1. \quad \sum X_i \quad = 0: S_2 + S_6 - S_1 - S_5 = 0,$$
$$2. \quad \sum Y_i \quad = 0: S_3 - S_4 = 0,$$
$$3. \quad \sum Z_i \quad = 0: S_1 + S_2 + S_3 + S_4 + S_5 + S_6 = 0,$$
$$4. \quad \sum M_i(x) = 0: S_4 + S_5 + S_6 = 0,$$
$$5. \quad \sum M_i(y) = 0: S_1 + S_5 = 0,$$
$$6. \quad \sum M_i(z) = 0: P + \tfrac{1}{2}(S_6 - S_5) = 0.$$

Daraus folgen:

$$S_1 = -P, \quad S_2 = +P, \quad S_3 = 0,$$
$$S_4 = 0, \quad S_5 = +P, \quad S_6 = -P.$$

Festigkeitslehre.

15. *Ein Elektromotor E treibt mittels eines Riemens eine Dynamomaschine D an (etwa Wechselstrommotor und Gleichstromdynamo). Beide Riemenscheiben haben den gleichen Außenhalbmesser r_0, die Dicke des Riemens ist δ. Der Riemen überträgt bei einer Drehzahl von n U/min eine Leistung $L = M\omega$ kg cm/sek. Bei der angenommenen Drehrichtung ist die Zugkraft S_1 im oberen Riementrum größer als diejenige S_2 im unteren.*

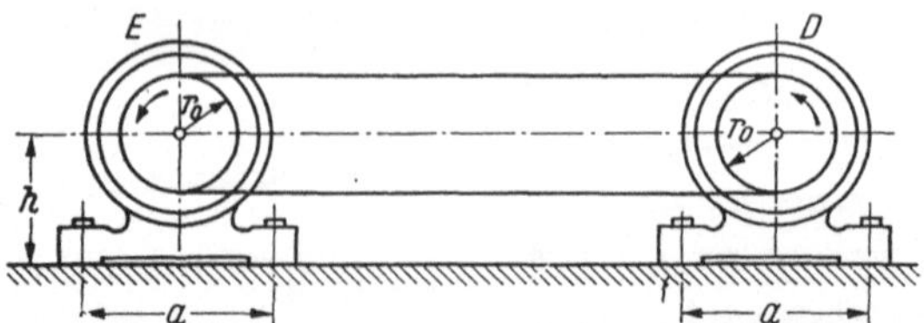

1. Mit welcher Zugkraft S_0 muß der Riemen mindestens vorgespannt werden, damit er im Betriebszustand relativ zu den Scheiben nicht rutscht, und wie groß sind in diesem Fall die Zugkräfte S_1 und S_2, wenn die Reibungszahl der Ruhe zwischen Riemen und Scheibe μ_0 ist? Welche Breite b muß der Riemen mindestens haben, wenn seine zulässige Zugspannung σ_{zul} beträgt?

Beide Maschinen sind mit vier Schrauben (je zwei auf jeder Seite) auf dem Fundament befestigt. Mit welcher Zugkraft Z ist jede der beiden äußeren Schrauben beansprucht?

$$r_0 = 14{,}8 \text{ cm}, \quad \delta = 0{,}4 \text{ cm}, \quad r_0 + \tfrac{1}{2}\delta = r = 15 \text{ cm}, \quad \mu_0 = 0{,}35,$$
$$n = 500 \text{ U/min} \,(\omega \approx 50 \text{ sek}^{-1}), \quad L = 100 \text{ PS}, \quad e^{\mu_0 \pi} = 3{,}00,$$
$$\sigma_{zul} = 150 \text{ kg/cm}^2, \qquad\qquad a = 50 \text{ cm}, \qquad h = 30 \text{ cm}.$$

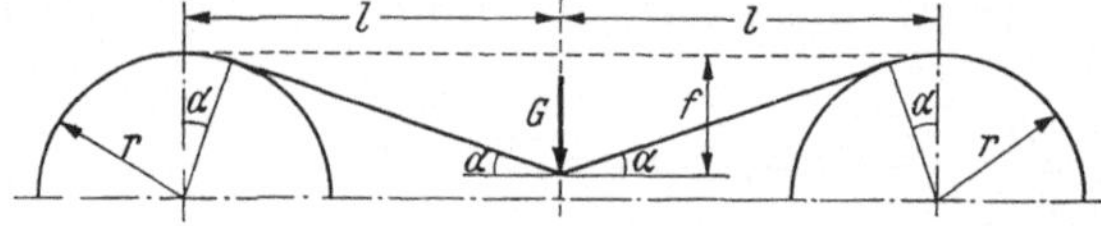

2. Durch ein Gewicht G (etwa das einer Spannrolle) wird im Stillstand die Mitte des oberen Riementrums belastet. Gefragt wird nach der Senkung f der Laststelle sowie nach dem Betrag ΔS_0, um den die bereits vorhandene Zugkraft S_0 dadurch vergrößert wird. Die Aufgabe ist allgemein zu lösen. Man stelle zunächst f und ΔS_0 als Funktionen des Winkels α dar und leite sodann die transzendente Gleichung zur Bestimmung von α ab. Der Riemen befolge das HOOKEsche Gesetz.

1. Man schneide den Riemen oben und unten durch und betrachte das Momentengleichgewicht des Rotors des Elektromotors mit der Riemenscheibe und den beiden linken Riemenstücken (Abb. 15.1):

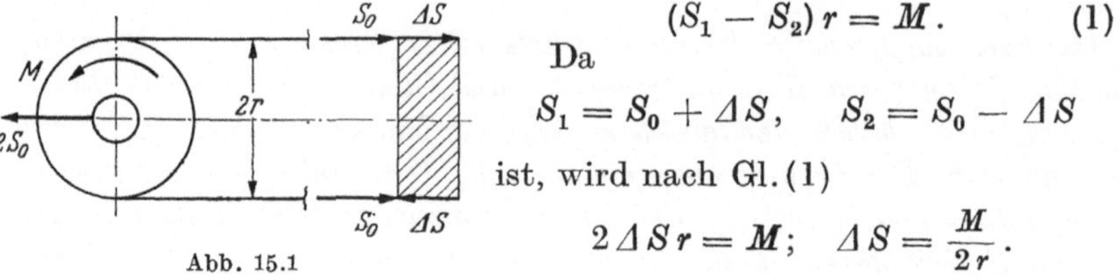

Abb. 15.1

$$(S_1 - S_2)\, r = M. \tag{1}$$

Da

$$S_1 = S_0 + \Delta S, \qquad S_2 = S_0 - \Delta S$$

ist, wird nach Gl. (1)

$$2 \Delta S\, r = M; \qquad \Delta S = \frac{M}{2r}.$$

Nach der Lehre von der Reibung bei Umschlingung ist

$$S_1 \geqq S_2\, e^{\pi \mu_0}.\tag{2}$$

Hier gilt das Gleichheitszeichen, da der Grenzfall zwischen Ruhe und Bewegung untersucht werden soll.

Aus Gl. (1) und Gl. (2) folgen mit der Abkürzung $e^{\pi \mu_0} = k$

$$S_1 = \frac{M\,k}{(k-1)\,r}, \qquad S_2 = \frac{M}{(k-1)\,r}$$

und damit:

$$S_0 = \frac{S_1 + S_2}{2} = \frac{M\,(k+1)}{2\,(k-1)\,r},$$

$$M = \frac{L}{\omega} = \frac{75 \cdot 10^4}{50} = 15000 \ \text{kg/cm}.$$

Damit wird:

$$S_1 = \frac{15000 \cdot 3}{2 \cdot 15} = 1500 \ \text{kg},$$

$$S_2 = \frac{15000}{2 \cdot 15} = 500 \ \text{kg},$$

$$S_0 = \frac{S_1 + S_2}{2} = 1000 \ \text{kg}.$$

Die Riemenbreite b folgt aus $\sigma_{\text{zul}} = \dfrac{S_1}{b\,\delta}$ zu

$$b = \frac{S_1}{\sigma_{\text{zul}}\,\delta} = \frac{1500}{150 \cdot 0{,}4} = 25 \ \text{cm}.$$

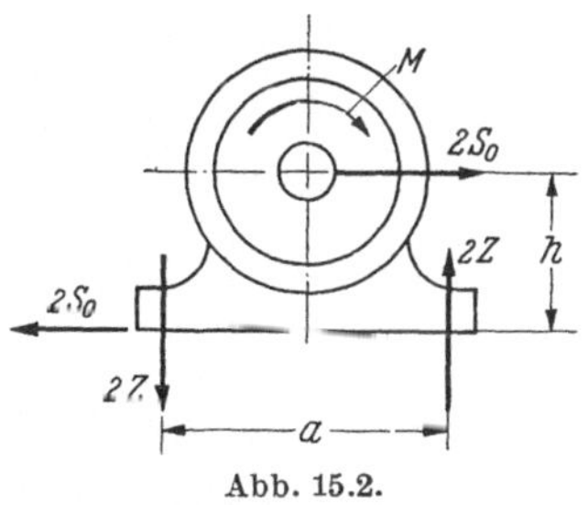

Abb. 15.2.

Zur Berechnung von Z betrachte man das Gleichgewicht des Stators des Elektromotors (ohne den Rotor), Abb. 15.2:

$$2Z\,a = M + 2\,S_0\,h,$$

$$Z = \frac{1}{2\,a}\,(M + 2\,S_0\,h) = \frac{1}{100}\,(15000 + 2000 \cdot 30) = 750 \ \text{kg},$$

2. Nach Abb. 15.3 ist

$$f = (l - r\sin\alpha)\,\operatorname{tg}\alpha +$$
$$+\ r\,(1 - \cos\alpha).$$

Durch Aufbringen des Gewichtes G auf das obere Riementrum wird der mit S_0 vorgespannte Riemen noch weiter gedehnt. Seine Zugkraft erhöht sich in jedem seiner Querschnitte um $\varDelta S_0$, so daß er jetzt mit $S_0 + \varDelta S_0$ vorgespannt ist.

Aus dem Gleichgewicht der Spannrolle (Abb. 15.4)

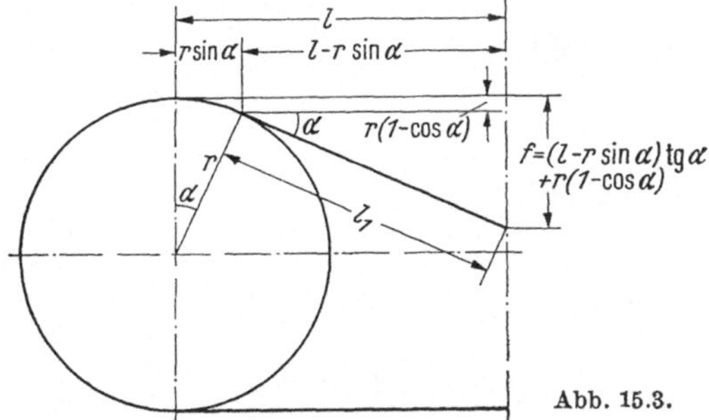

Abb. 15.3.

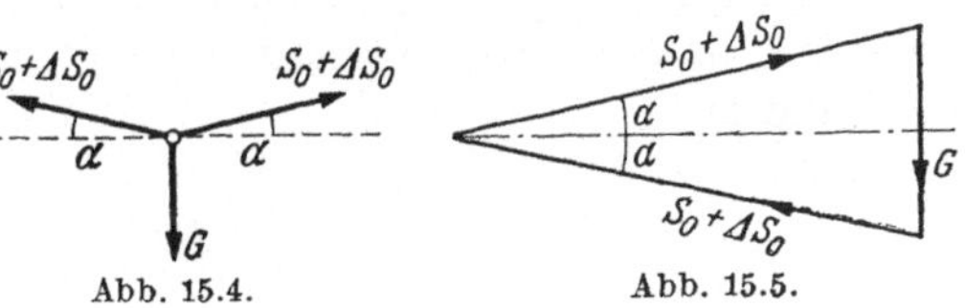

Abb. 15.4.   Abb. 15.5.

folgt nach dem Kräfteplan (Abb. 15.5):

$$S_0 + \Delta S_0 = \frac{G}{2 \sin \alpha},$$

$$\Delta S_0 = \frac{G}{2 \sin \alpha} - S_0. \tag{3}$$

Vor dem Aufbringen von G hat der halbe Riemen die Länge

$$L_0 = 2l + r\pi$$

und danach die größere Länge (s. Abb. 15.3)

$$L = l + r\pi + r\alpha + l_1.$$

Daher beträgt seine elastische Verlängerung:

$$\Delta L = r\alpha + l_1 - l.$$

Andererseits ist nach dem Hookeschen Gesetz

$$\Delta L = \frac{\Delta S_0 (2l + r\pi)}{EF}.$$

Beide Ausdrücke für ΔL einander gleichgesetzt und durch l dividiert, ergibt:

$$\frac{r}{l}\alpha + \frac{l_1}{l} - 1 = \frac{\Delta S_0}{EF}\left(2 + \frac{r\pi}{l}\right). \tag{4}$$

Um l_1/l in α auszudrücken, betrachte man die Identität

$$\frac{l}{l_1} \equiv \frac{r \sin \alpha}{l_1} + \frac{l - r \sin \alpha}{l_1} \equiv \frac{l}{l_1}\frac{r}{l} \sin \alpha + \frac{l - r \sin \alpha}{l_1}.$$

Nach Abb. 15.3 ist

$$\frac{l - r \sin \alpha}{l_1} = \cos \alpha,$$

so daß

$$\frac{l}{l_1} = \frac{l}{l_1}\frac{r}{l} \sin \alpha + \cos \alpha.$$

Daraus folgt

$$\frac{l}{l_1} = \frac{\cos \alpha}{1 - \frac{r}{l} \sin \alpha}$$

und schließlich

$$\frac{l_1}{l} = \frac{1}{\cos \alpha} - \frac{r}{l} \operatorname{tg} \alpha.$$

Damit wird Gl. (4) unter Beachtung von Gl. (3)

$$\frac{1}{\cos \alpha} - 1 + \frac{r}{l}(\alpha - \operatorname{tg}\alpha) = \frac{1}{EF}\left(\frac{G}{2 \sin \alpha} - S_0\right)\left(2 + \frac{r\pi}{l}\right).$$

Für Winkel unter $15°$ kann man $\operatorname{tg}\alpha \approx \alpha$ setzen, so daß das dritte Glied der linken Seite wegfällt. Damit vereinfacht sich die vorige Gleichung zu:

$$\frac{1}{\cos \alpha} - 1 = \frac{1}{EF}\left(\frac{G}{2 \sin \alpha} - S_0\right)\left(2 + \frac{r\pi}{l}\right)$$

oder, mit $\cos\alpha$ multipliziert,

$$1 - \cos\alpha = \frac{1}{E\,F}\left(\frac{G}{2}\,\mathrm{ctg}\,\alpha - S_0\cos\alpha\right)\left(2 + \frac{r\,\pi}{l}\right).$$

Aus dieser transzendenten Gleichung findet man α und damit ΔS_0 und f.

16. *Ein dampfbeheizter Wasservorwärmer besteht aus einem zylindrischen Mantel (mittlerer Radius R, Wandstärke s) und n Rohren (mittlerer Radius r, Wandstärke d), die in die beiden Rohrböden B eingewalzt und dadurch fest mit dem Mantel verbunden sind. Das vorzuwärmende Wasser strömt durch die Rohre, der Heizdampf durch den Raum zwischen Mantel und Rohren. Die Temperatur des Mantels ist im Betrieb 50° C höher als die der Rohre*[1].

Welche Spannungen werden durch diesen Temperaturunterschied im Mantel und in den Rohren hervorgerufen, wenn die Einwalzböden B als vollkommen unnachgiebig angesehen werden und wenn

    a) Mantel und Rohre aus Flußeisen,

    b) der Mantel aus Flußeisen, die Rohre aus Kupfer bestehen?

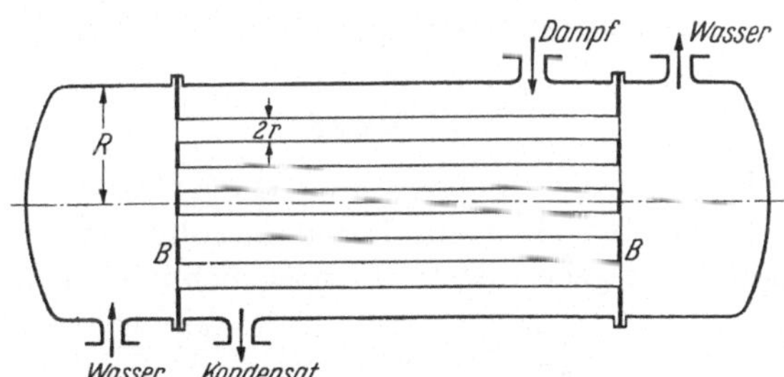

Herstellungstemperatur des Apparates $t_1 = 20°\,C,$
Betriebstemperatur des Mantels $t_M = 130°\,C,$
Betriebstemperatur der Rohre $t_R = 80°\,C,$

$$E_{Eisen} = 2{,}1\cdot 10^6\ kg/cm^2, \qquad E_{Kupfer} = 1{,}15\cdot 10^6\ kg/cm^2,$$
$$\alpha_{Eisen} = 1{,}17\cdot 10^{-5}\ 1/{}^\circ C. \qquad \alpha_{Kupfer} = 1{,}65\cdot 10^{-5}\ 1/{}^\circ C.$$
$$R = 400\ mm;\quad s = 8\ mm;\quad r = 16\ mm;\quad d = 2{,}5\ mm;\quad n = 270.$$

Infolge vollkommener Unnachgiebigkeit der Böden muß die Mantellänge zwischen den Böden stets gleich der Rohrlänge sein. Die verschieden großen Wärmedehnungen, welche die unterschiedlichen Betriebstemperaturen bei Abwesenheit der Böden bewirken würden, werden durch elastische Dehnungen derart verändert, daß die gesamte Dehnung ε_M des Mantels stets mit derjenigen der Rohre, ε_R, übereinstimmt:

$$\varepsilon_M = \varepsilon_R. \tag{1}$$

---

[1] KIRSCHBAUM, E.: Z. VDI 1940, Beiheft Verfahrenstechnik.

Bezeichnet σ_M die Längsspannung im Mantel und σ_R diejenige in den Rohren (beide als Zugspannungen angenommen), so ist

$$\varepsilon_M = \alpha_M(t_M - t_1) + \frac{\sigma_M}{E_M}, \tag{2}$$

$$\varepsilon_R = \alpha_R(t_R - t_1) + \frac{\sigma_R}{E_R}. \tag{3}$$

Abb. 16.1 zeigt den dicht links vom rechten Rohrboden abgetrennten, rechten Teil des Apparates. Die Resultierende aller Spannungen σ_M, die

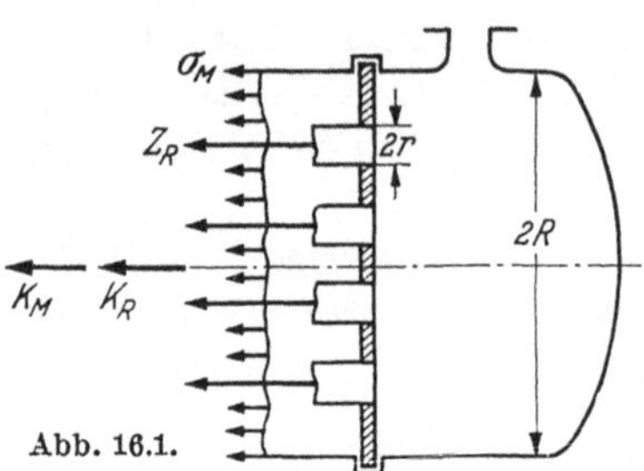

Abb. 16.1.

über den Mantelumfang gleichmäßig verteilt sind, ist

$$K_M = \sigma_M\, 2\,\pi\, R\, s\,.$$

Die Rohrspannungen σ_R resultieren zunächst zur Längskraft $Z_R = \sigma_R 2\pi r d$ pro Rohr und weiterhin zur Gesamtkraft

$$K_R = n\, Z_R = n\, \sigma_R\, 2\,\pi\, r\, d\,.$$

Da der in Abb. 16.1 gezeichnete Apparateteil nur dann im Gleichgewicht sein kann, wenn $K_M + K_R = 0$ ist, muß

$$\sigma_R = -\,\sigma_M\,\frac{R\,s}{n\,r\,d} \tag{4}$$

sein.

Führt man die Gleichgewichtsbedingung Gl. (4) zunächst in Gl. (3) und sodann die Gl. (2) und (3) in die Formänderungsbedingung Gl. (1) ein, so erhält man die folgende Bestimmungsgleichung für σ_M:

$$\alpha_M(t_M - t_1) + \frac{\sigma_M}{E_M} = \alpha_R(t_R - t_1) - \frac{\sigma_M}{E_R}\,\frac{R\,s}{n\,r\,d}\,,$$

$$\sigma_M = E_M\,\alpha_M\,\frac{\dfrac{\alpha_R}{\alpha_M}(t_R - t_1) - (t_M - t_1)}{1 + \dfrac{E_M}{E_R}\,\dfrac{R\,s}{n\,r\,d}}\,. \tag{5}$$

a) Bestehen Mantel und Rohre aus Flußeisen, so ist $\frac{\alpha_R}{\alpha_M} = 1$ und $\frac{E_M}{E_R} = 1$. Damit wird nach Gl. (5)

$$\sigma_M = -950 \ \text{kg/cm}^2$$

und nach Gl. (4)

$$\sigma_R = -0{,}296 \cdot (-950) = +282 \ \text{kg/cm}^2.$$

b) Bestehen der Mantel aus Flußeisen, die Rohre aus Kupfer, so ist

$$\frac{\alpha_R}{\alpha_M} = \frac{1{,}65}{1{,}17} = 1{,}41\,, \qquad \frac{E_M}{E_R} = \frac{2{,}1}{1{,}15} = 1{,}83\,.$$

Damit wird

$$\sigma_M = -405 \ \text{kg/cm}^2,$$
$$\sigma_R = +120 \ \text{kg/cm}^2.$$

In beiden Fällen entstehen im Mantel Druck-, in den Rohren Zugspannungen.

17. *Ein Flacheisen, an dessen Enden die Zugkräfte P angreifen, ist auf eine Länge l verstärkt durch zwei symmetrisch angeordnete Flachstäbe aus Kupfer 2, 2', welche durch Stirnschweißnähte mit dem Flacheisen verbunden sind.*

1. Welcher Anteil X der gesamten Zugkraft P wird durch jeden der beiden angeschweißten Flachstäbe übertragen und welche elastische Längenänderung erfahren sie?

$$h = 5\ cm; \quad s = 2\ cm; \quad P = 10\ t; \quad l = 100\ cm.$$

$$E_1 = E_{Fe} = 2,1 \cdot 10^6\ kg/cm^2; \quad E_2 = E_{Cu} = 1,0 \cdot 10^6\ kg/cm^2.$$

2. Man isoliere eine der vier Stirnschweißnähte — z. B. die linke oben — und gebe die in den Schnittflächen A—B und B—C auftretenden Spannungsresultanten an, unter der Voraussetzung, daß die angeschweißten Flachstäbe ohne Zwischenraum an dem Flacheisen anliegen.

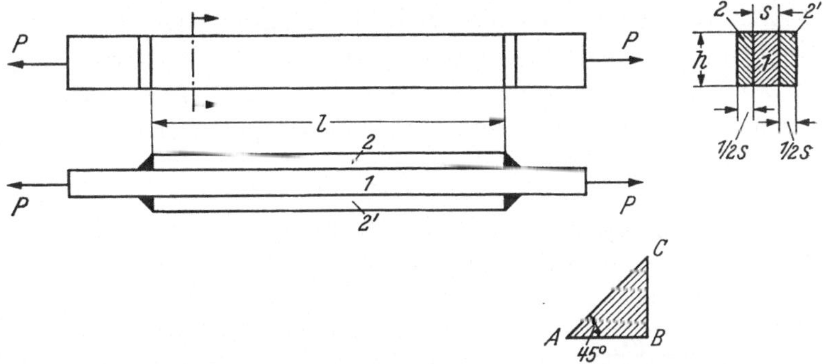

1. Abb. 17.1 zeigt die Lasten, die an dem von den angeschweißten Kupferstäben frei gemachten Flacheisen 1 angreifen. Die elastische Längenänderung des mittleren Teils des Flacheisens von der Länge l, in dem die Zugkraft $P - 2X$ herrscht, ist

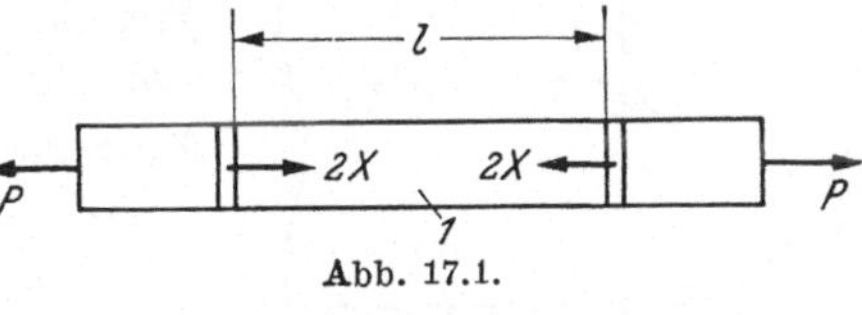

Abb. 17.1.

$$(\Delta l)_1 = \frac{(P - 2X)\,l}{E_1 F_1}.$$

Ebenso groß muß die elastische Längenänderung jedes der angeschweißten Kupferstäbe 2, 2' sein:

$$(\Delta l)_2 = \frac{X\,l}{E_2 F_2}.$$

Aus $(\Delta l)_1 = (\Delta l)_2$ folgt die statisch unbestimmte Kraft X, die für den Stabverband eine innere Kraft ist, zu

$$X = \frac{P}{2 + \dfrac{E_1 F_1}{E_2 F_2}} = \frac{10000}{2 + 2,1 \cdot 2} = \frac{10000}{6,2} = 1610\ \text{kg}.$$

Damit wird

$$(\Delta l)_1 = (\Delta l)_2 = 0,32\ \text{mm}.$$

2. Wenn die Stäbe *2, 2'* ohne Zwischenraum am Flacheisen anliegen, können sie sich nicht verbiegen. Daher kann Stab *2* auf die senkrechte Begrenzungsfläche *B—C* der Schweißnaht kein Moment ausüben. Denn andernfalls wäre dessen Reaktionsmoment am Stirnquerschnitt *B'—C'* des Stabes *2* für diesen ein Biegungsmoment. Die vom Stab *2* auf die Schweißnaht ausgeübte Zugkraft *X* muß deshalb in der Achse des

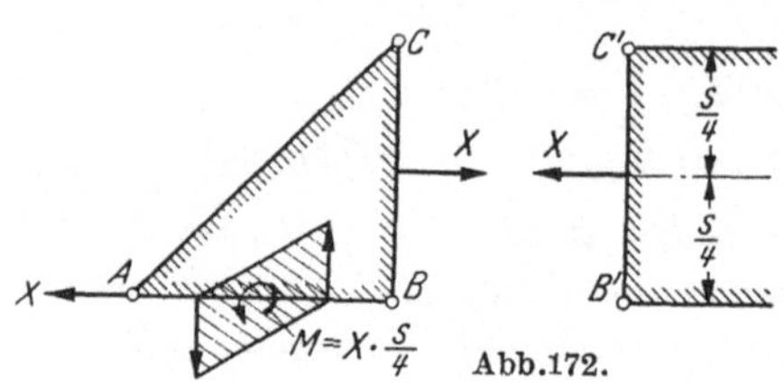

Stabes *2* liegen (Abb. 17.2). Sie bildet mit der in der waagrechten Begrenzungsfläche *A—B* der Schweißnaht liegenden und ihr entgegengesetzt gleichen Schubkraft *X*, die vom Flacheisen *1* ausgeübt wird, ein rechts drehendes Kräftepaar vom statischen Moment $X\frac{s}{4}$, das durch ein links drehendes Biegungsmoment *M* von gleicher Größe ausgeglichen wird, welches vom Flacheisen auf die Fläche *A—B* der Schweißnaht übertragen wird. In deren linkem Teil müssen daher Zugspannungen und in deren rechtem Teil Druckspannungen auftreten, die dieses Moment ergeben.

18. *Ein dünnwandiger zylindrischer Kessel vom Halbmesser r ist durch angeschweißte halbkugelförmige Böden abgeschlossen. In dem Kessel herrscht ein innerer Überdruck von p atm.*

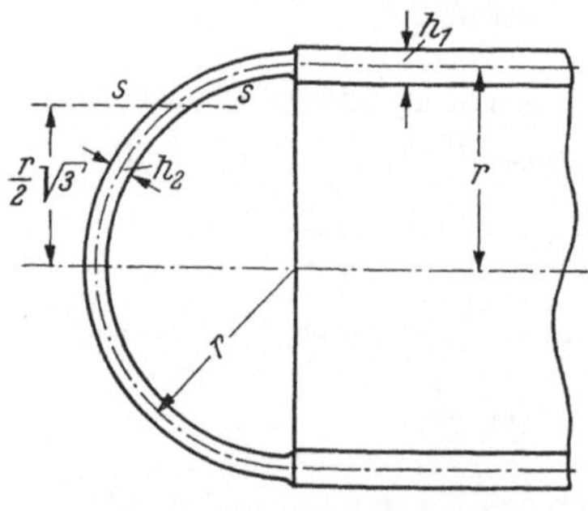

1. In welchem Verhältnis muß die Wandstärke h_1 des Zylinders zur Wandstärke h_2 des Bodens stehen, damit am Übergang des Zylinders in den Boden keine Biegungsspannungen auftreten? Zylinder und Böden bestehen aus dem gleichen Material (m = 4).

2. Durch den halbkugelförmigen Boden wird ein waagrechter Schnitt s—s im Abstand $\frac{r}{2}\sqrt{3}$ von der Kesselachse gelegt.

Welche Spannungen σ und τ wirken in dieser Schnittfläche? Man trage die Pfeile von σ und τ in die Schnittfläche ein. Die Spannungen senkrecht zur Kesselwand können vernachlässigt werden.

$$p = 10\ atm;\quad r = 50\ cm;\quad h_2 = 0,5\ cm.$$

1. Eine Verbiegung der Kesselwand in der Umgebung des Übergangs vom Zylinder zum Boden wird dann vermieden, wenn die durch den Innendruck bewirkte elastische Vergrößerung *Δr* des Halbmessers *r* für beide Teile dieselbe ist. Nach dem HOOKEschen Gesetz für den ebenen

Spannungszustand ist die Umfangsdehnung des Zylinders

$$(\varepsilon_t)_1 = \frac{(\varDelta r)_1}{r} = \frac{1}{E}\left(\sigma_t - \frac{1}{m}\,\sigma_a\right) = \frac{p\,r}{E\,h_1}\left(1 - \frac{1}{2\,m}\right) = \frac{7}{8}\,\frac{p\,r}{E\,h_1}$$

und diejenige der Kugelschale

$$(\varepsilon_t)_2 = \frac{(\varDelta r)_2}{r} = \frac{p\,r}{2\,E\,h_2}\left(1 - \frac{1}{m}\right) = \frac{3}{8}\,\frac{p\,r}{E\,h_2}\;.$$

Aus der Gleichsetzung beider Werte ergibt sich

$$\frac{h_1}{h_2} = \frac{2\,m-1}{m-1} = \frac{7}{3} = 2{,}33\;.$$

2. Die waagrechte Schnittfläche s—s bildet mit der Normalen zur Kugelfläche den Winkel $\varphi = 60°$. Denkt man sich an der Schnittstelle ein unendlich kleines Rechtkant aus der Kugelschale herausgeschnitten, dessen Schnittflächen vier Durchmesserebenen angehören und dessen Kanten daher den Achsen x, y, z des in Abb. 18.1 eingetragenen Koordi-

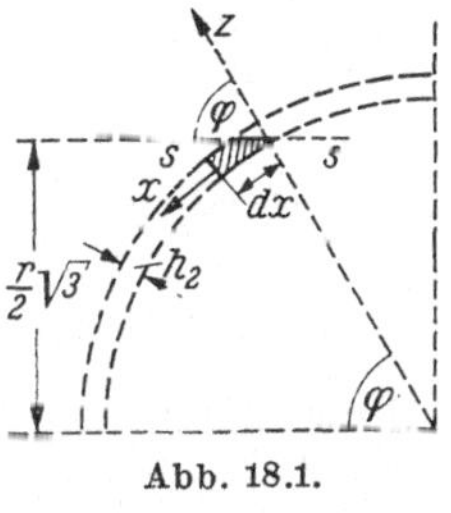

Abb. 18.1.

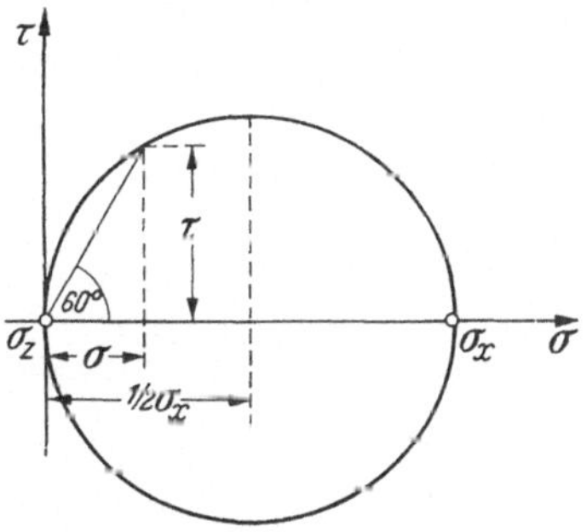

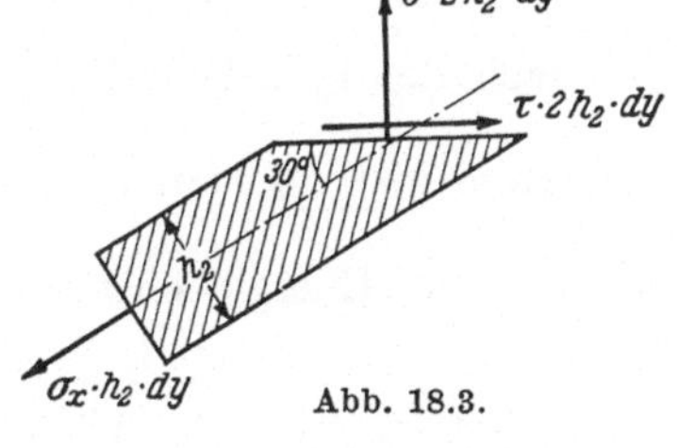

Abb. 18.2.

natensystems parallel sind, so steht der Schnitt s—s senkrecht auf der x—z-Ebene und bildet mit der z-Achse den Winkel $\varphi = 60°$. Die Hauptspannungen sind

$$\sigma_x = \sigma_y = \frac{p\,r}{2\,h_2} = 500\ \text{kg/cm}^2, \quad \sigma_z \approx 0\;.$$

Zieht man im MOHRschen Spannungskreis für die x—z-Ebene (Abb. 18.2) durch den Punkt σ_z eine unter 60° gegen die σ-Achse geneigte Gerade, so stellen die Koordinaten ihres Schnittpunktes mit dem Kreis die gesuchten Spannungskomponenten σ und τ in der Schnittfläche dar:

$$\sigma = \frac{\sigma_x}{2} - \frac{\sigma_x}{2}\cos 60° = \frac{\sigma_x}{4}$$
$$= +125\ \text{kg/cm}^2,$$
$$\tau = \frac{\sigma_x}{2}\sin 60° = \frac{\sigma_x}{4}\sqrt{3}$$
$$= 216{,}5\ \text{kg/cm}^2.$$

Abb. 18.3.

Aus dem Gleichgewicht des Elements (Abb. 18.3) in x-Richtung erkennt man, daß der Pfeil von τ in der Schnittfläche nach rechts gerichtet ist.

19. *Ein durch Deckel abgeschlossenes, kreiszylindrisches Rohr vom mittleren Halbmesser r steht unter einem inneren Überdruck von p atm. Außerdem wirken auf die beiden Deckel zwei entgegengesetzt gleiche, zentrische Druckkräfte P.*

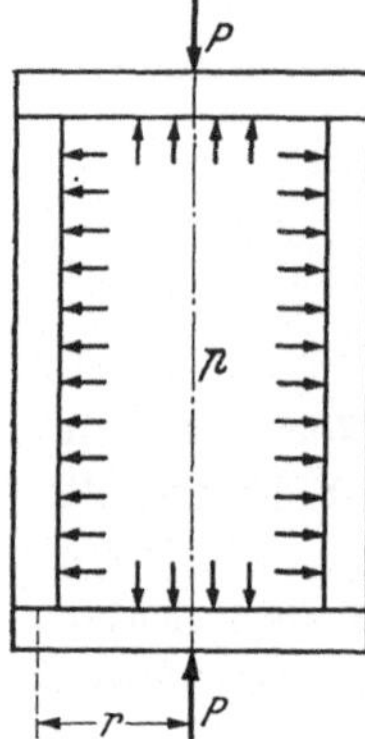

1. Welche Stärke muß die Rohrwand erhalten, wenn die Anstrengung des Materials in größerem Abstand von den Deckeln den zulässigen Wert $\sigma_{zul} = 1300\ kg/cm^2$ nicht überschreiten soll,

a) nach der ε_{max}-Theorie,
b) nach der τ_{max}-Theorie,
c) nach der Energie-Theorie?

$$r = 20\ cm; \qquad p = 25\ atm; \qquad P = 50\ t; \qquad m = 10/3$$

2. Wie groß ist die Anstrengung des Materials nach diesen drei Festigkeitstheorien, wenn das Rohr außer durch p und P noch auf Torsion mit einer Torsionsspannung $\tau = 400\ kg/cm^2$ beansprucht wird und die Wandstärke des Rohres $h = 5\ mm$ beträgt?

Die Spannungen senkrecht zur Rohrwand können vernachlässigt werden.

1. Die drei Hauptspannungen σ_x, σ_y, σ_z ($\sigma_x > \sigma_y > \sigma_z$) sind hier

$$\sigma_x = \sigma_{max} = \sigma_t = p\,\frac{r}{h} = +\,\frac{500}{h}\ \text{kg/cm}^2 \qquad \left\{\begin{array}{l}\text{in tangentialer Rich-}\\\text{tung,}\end{array}\right.$$

$$\sigma_y \approx 0 \qquad \left\{\begin{array}{l}\text{in Richtung senk-}\\\text{recht zur Rohrwand,}\end{array}\right.$$

$$\sigma_z = \sigma_{min} = \sigma_a = p\,\frac{r}{2h} - \frac{P}{2\pi r h} = -\,\frac{148}{h}\ \text{kg/cm}^2 \left\{\text{in axialer Richtung.}\right.$$

Wegen $\sigma_y \approx 0$ liegt in der Rohrwand ein ebener Spannungszustand vor. Die Vergleichsspannung, die ein Maß für die Anstrengung des Materials darstellt, wird

a) nach der ε_{max}-Theorie:

$$\sigma_{red} = \sigma_x - \frac{1}{m}\,(\sigma_y + \sigma_z) = \sigma_t - \frac{1}{m}\,\sigma_a = \frac{1}{h}\left[p\,r\left(1 - \frac{1}{2m}\right) + \frac{1}{m}\,\frac{P}{2\pi r}\right],$$

b) nach der τ_{max}-Theorie:

$$\sigma_{Mohr} = \sigma_x - \sigma_z = \sigma_{max} - \sigma_{min} = \sigma_t - \sigma_a = \frac{1}{h}\left[\frac{p\,r}{2} + \frac{P}{2\pi r}\right],$$

c) nach der Energie-Theorie (Energie hier $\triangleq$ Gestaltänderungsarbeit GA):

$$\sigma_{GA} = \sqrt{\tfrac{1}{2}\left[(\sigma_x - \sigma_y)^2 + (\sigma_x - \sigma_z)^2 + (\sigma_y - \sigma_z)^2\right]}$$

$$= \sqrt{\sigma_t^2 - \sigma_t\sigma_a + \sigma_a^2} = \frac{1}{h}\sqrt{\frac{3}{4}\,(p\,r)^2 + \frac{P^2}{4\pi^2 r^2}}\ .$$

Setzt man diese Vergleichsspannungen gleich $\sigma_{zul} = 1300$ kg/cm², so erhält man aus den drei Gleichungen der Reihe nach die folgenden Werte für die Wandstärke h:

$$h_a = 0,42 \text{ cm}, \quad h_b = 0,5 \text{ cm}, \quad h_c = 0,45 \text{ cm}.$$

2. Das Hinzutreten der Torsionsspannung τ hat zur Folge, daß $\sigma_x = \sigma_t$ und $\sigma_z = \sigma_a$ keine Hauptspannungen mehr sind. Bezeichnet man die Hauptspannungen jetzt mit σ_I, σ_{II}, σ_{III} ($\sigma_I > \sigma_{II} > \sigma_{III}$), so ist auch hier die mittlere $\sigma_{II} = \sigma_y \approx 0$, und die beiden Hauptspannungen des ebenen Spannungszustandes werden

$$\sigma_{I, III} = \frac{\sigma_x + \sigma_z}{2} \pm \frac{1}{2} \sqrt{(\sigma_x - \sigma_z)^2 + 4\tau^2}$$

$$= \frac{\sigma_t + \sigma_a}{2} \pm \frac{1}{2} \sqrt{(\sigma_t - \sigma_a)^2 + 4\tau^2}.$$

Mit $h = 0,5$ cm wird $\sigma_t = 1000$ kg/cm², $\sigma_a = -296$ kg/cm². Damit ist

$$\sigma_I = 1113 \text{ kg/cm}^2, \quad \sigma_{III} = -411 \text{ kg/cm}^2.$$

Diese Werte lassen sich auch graphisch mit Hilfe des Mohrschen Spannungskreises (Abb. 19.1) bestimmen. Die Anstrengung des Materials ist bei diesem ebenen Spannungszustand

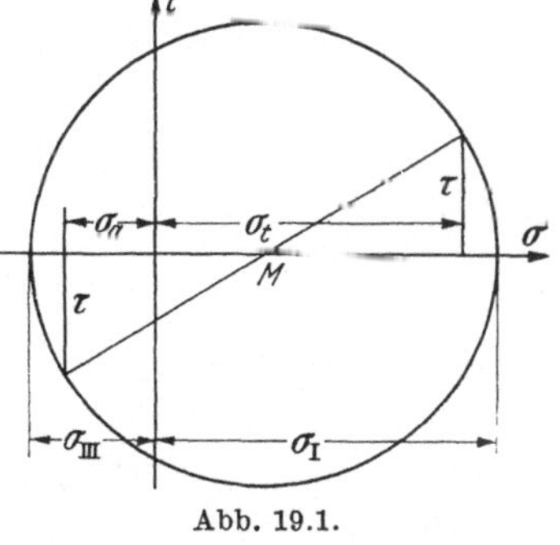
Abb. 19.1.

a) $\quad \sigma_{red} = \sigma_I - \dfrac{1}{m} \sigma_{III}$

$\qquad = 1236 \text{ kg/cm}^2,$

b) $\quad \sigma_{Mohr} = \sigma_I - \sigma_{III}$

$\qquad = 1524 \text{ kg/cm}^2,$

c) $\quad \sigma_{GA} = \sqrt{\sigma_I^2 - \sigma_I \sigma_{III} + \sigma_{III}^2}$

$\qquad = 1370 \text{ kg/cm}^2.$

20. *Ein dünnwandiger Profilträger ist am linken Ende fest eingespannt und am rechten, freien Ende durch eine Kraft P belastet.*

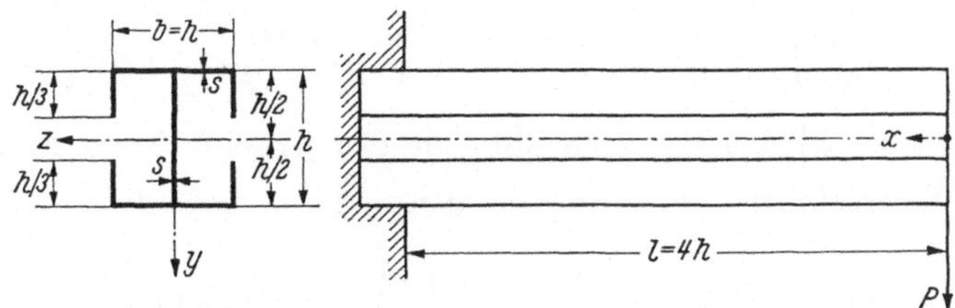

1. Wie groß sind σ_{max} und τ_{max}?

2. Wie groß müßte das Verhältnis l/h sein, damit das Material nach der Theorie von Mohr durch τ_{max} ebenso stark angestrengt wird wie durch σ_{max}?

3. Man bestimme graphisch mit Hilfe des Mohrschen Spannungskreises für einen Punkt des Steges mit den Koordinaten $x = 3h$, $y = -h/4$ die Hauptspannungen σ_I und σ_{II} ($\sigma_I > \sigma_{II}$) und trage das Hauptachsenkreuz in den Aufriß ein unter Angabe des Winkels φ, den die Hauptrichtung II mit der Querschnittsebene bildet.

Die überall gleiche Wandstärke s des dünnwandigen Trägers ist gegenüber h als vernachlässigbar klein anzusehen, d.h. s^2 ist gegen h^2 zu vernachlässigen.

1. Da $s \ll h$ sein soll, wird das Trägheitsmoment J_z des Querschnitts nach dem STEINERschen Satz:

$$J_z = \frac{s\,h^3}{12} + 2\,b\,s\,\frac{h^2}{4} + 4\left[\frac{s\left(\dfrac{h}{3}\right)^3}{12} + s\,\frac{h}{3}\left(\frac{h}{3}\right)^2\right] = 0{,}746\,s\,h^3\;.$$

Daraus folgt das Widerstandsmoment $W_z = 1{,}492\,s\,h^2$. Damit wird

$$\sigma_{\max} = \frac{P\,l}{W_z} = \frac{P\,l}{1{,}492\,s\,h^2}$$

an der Einspannstelle.

$\tau_{\max} = \dfrac{P\,S_z}{s\,J_z}$ tritt in Stegmitte ($y = 0$) auf. S_z, das statische Moment einer Querschnittshälfte bezüglich der z-Achse, ist

$$S_z = \frac{h}{2}\,s\,\frac{h}{4} + b\,s\,\frac{h}{2} + 2\,\frac{h}{3}\;\frac{h}{3} = 0{,}846\,s\,h^2\;.$$

Damit wird

$$\tau_{\max} = 1{,}13\,\frac{P}{s\,h}\;.$$

2. Nach MOHR ist $\tau_{\mathrm{zul}} = \tfrac{1}{2}\,\sigma_{\mathrm{zul}}$, d. h. hier $\tau_{\max} = \tfrac{1}{2}\,\sigma_{\max}$:

$$1{,}13\,\frac{P}{s\,h} = \frac{1}{2}\,\frac{P\,l}{1{,}492\,s\,h^2}\;.$$

Daraus folgt

$$\frac{l}{h} = 2\cdot 1{,}13\cdot 1{,}492 = 3{,}37\;.$$

3. Im Punkt $x = 3h$; $y = -h/4$ des Steges wird:

$$\sigma = \left(-\frac{P\,3h}{J_z}\right)\left(-\frac{h}{4}\right) = \frac{3}{4}\,\frac{P\,h^2}{J_z} = \frac{3}{4}\,\frac{P\,h^2}{0{,}746\,s\,h^3} = 1{,}01\,\frac{P}{s\,h}\;,$$

$\tau = \dfrac{P\,S_z'}{s\,J_z}$, wobei S_z' das statische Moment des jenseits dieses Punktes liegenden Querschnittsteils bezüglich der z-Achse bedeutet, das sich berechnet zu

$$S_z' = s\,\frac{h}{4}\,\frac{3}{8}\,h + b\,s\,\frac{h}{2} + 2\,\frac{s\,h}{3}\,\frac{h}{3} = 0{,}817\,s\,h^2\;.$$

Damit wird

$$\tau = 1{,}1\,\frac{P}{s\,h}\;.$$

Aus dem MOHRschen Spannungskreis (Abb. 20.1), der durch die gegebenen Punkte mit den Koordinaten σ, τ bzw. $\sigma = 0, \tau$ geht, findet man

$$\sigma_I = 1{,}71\,\frac{P}{s\,h}\,,$$

$$\sigma_{II} = -\,0{,}72\,\frac{P}{s\,h}\,.$$

Der gesuchte Winkel φ folgt aus der Beziehung

$$\sin 2\varphi = \frac{\tau}{r} = \frac{\tau}{\tfrac{1}{2}(\sigma_I - \sigma_{II})}$$

$$= \frac{1{,}1}{\tfrac{1}{2}(1{,}71 + 0{,}72)} \approx \frac{1{,}1}{1{,}21} = 0{,}91$$

zu $\quad 2\varphi = 65^\circ, \quad \varphi = 32{,}5^\circ.$

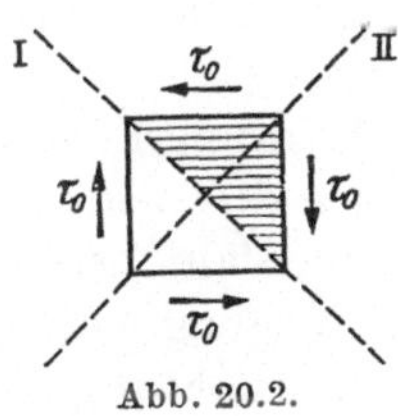

Abb. 20.1.

In der gezogenen Außenfaser $y = -h/2$ steht die Hauptrichtung II senkrecht auf ihr, in der gedrückten Außenfaser $y = +h/2$ fällt sie mit ihr zusammen. In der Stabachse $y = 0$ verläuft sie, unter 45° gegen diese geneigt, von links unten nach rechts oben, wie man aus der Gleichgewichtsbetrachtung der schraffierten Hälfte eines an dieser Stelle herausgeschnittenen kleinen Würfels erkennt, auf dessen Seitenflächen nur Schubspannungen τ_0 wirken (Abb. 20.2). Die Hauptrichtung II

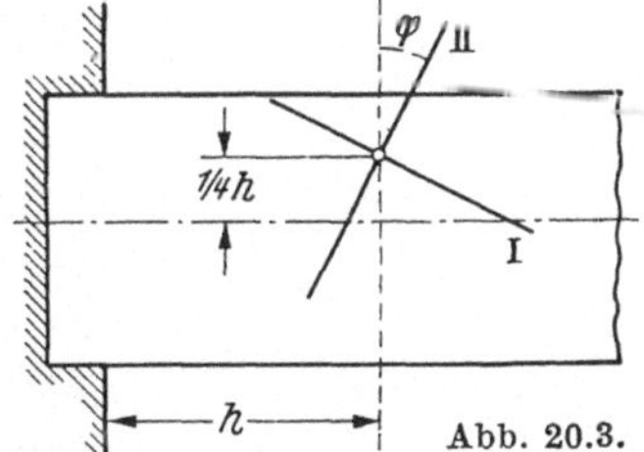

Abb. 20.2.

Abb. 20.3.

dreht sich demnach, wenn man längs der Querschnittshöhe von oben nach unten fortschreitet, im Uhrzeigersinn, so daß sie im Stegpunkt $x = 3h$; $y = -h/4$ die in Abb. 20.3 eingezeichnete Richtung haben muß.

21. *Die Figur stellt den Querschnitt eines Stabes dar, der aus einem dünnen Blech von der Stärke s auf der Abkantpresse hergestellt ist ($s = 0{,}3\,cm$, $a = 10\,cm$, s^2 darf gegen a^2 vernachlässigt werden).*
   Gesucht:
   1. Lage des Hauptachsenkreuzes η, ζ; Angabe des Winkels α, den die η-Achse mit der y-Achse bildet.
   2. Die Hauptträgheitsmomente J_η, J_ζ.
Der Stab von der Länge l sei an einem Ende fest ein-

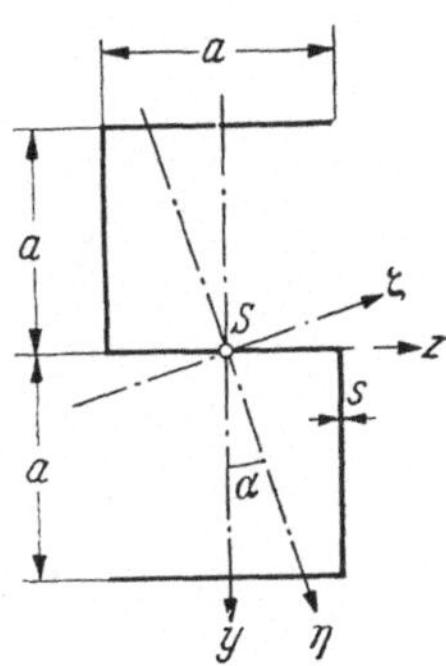

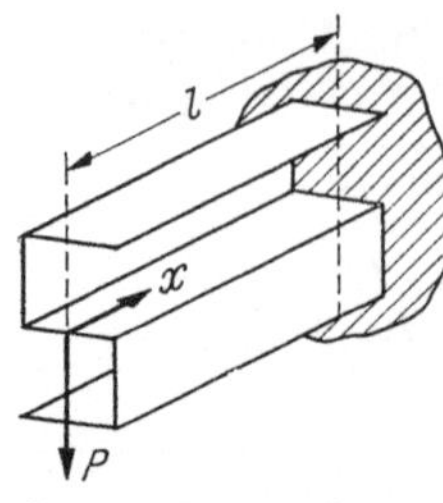

$l = 200$ cm, $P = 3000$ kg
$E = 2{,}1 \cdot 10^6$ kg/cm²

gespannt und am anderen, freien Ende durch eine in Rich-
tung der $+\,y$-Achse gehende Kraft P belastet.

Gesucht:

3. Größe und Richtung des Biegungspfeils f (Win-
kel γ, den er mit der y-Achse bildet).

4. Lage der Nullinie im Querschnitt (Winkel φ, den
sie mit der z-Achse einschließt).

5. Größe und Pfeil der im Schwerpunkt des Quer-
schnitts $x = 0$ zusätzlich anzubringenden waagrechten
Kraft K, damit die z-Achse zur Nullinie wird.

1.
$$\operatorname{tg} 2\alpha = \frac{2\,\Phi_{yz}}{J_z - J_y}, \qquad J_y = \tfrac{3}{4}\,a^3\,s = 225 \text{ cm}^4,$$

$$\alpha = 13{,}8^\circ, \qquad J_z = \tfrac{8}{3}\,a^3\,s = 800 \text{ cm}^4,$$

$$\Phi_{yz} = \tfrac{1}{2}\,a^3\,s = 150 \text{ cm}^4.$$

2.
$$J_\eta = \frac{J_z + J_y}{2} - \sqrt{\left(\frac{J_z - J_y}{2}\right)^2 + \Phi_{yz}^2} = 188 \text{ cm}^4,$$

$$J_\zeta = \frac{J_z + J_y}{2} + \sqrt{\left(\frac{J_z - J_y}{2}\right)^2 + \Phi_{yz}^2} = 837 \text{ cm}^4.$$

Die Fragen 1 und 2 sind auch graphisch mit Hilfe des MOHRschen
Trägheitskreises zu beantworten, aus dem die Gleichungen für $\operatorname{tg} 2\alpha$
und für J_η, J_ζ unmittelbar abzulesen
sind (Abb. 21.1).

3. Da die Wirkungslinie der Last
nicht mit einer der beiden Haupt-
achsen zusammenfällt, liegt der Fall
der schiefen Biegung vor. Wird P
nach den Hauptrichtungen zerlegt
(Abb. 21.2), so ist

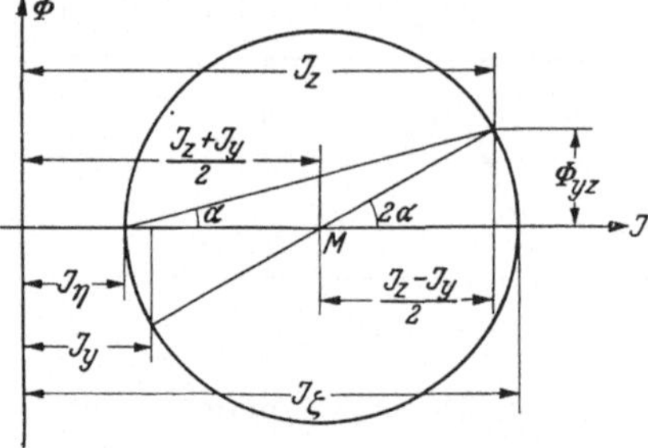

Abb. 21.1.

$$f_\eta = \frac{P \cos \alpha\, l^3}{3\,E\,J_\zeta}; \qquad f_\zeta = \frac{P \sin \alpha\, l^3}{3\,E\,J_\eta};$$

$$f = \sqrt{f_\eta^2 + f_\zeta^2} = 6{,}5 \text{ cm.}$$

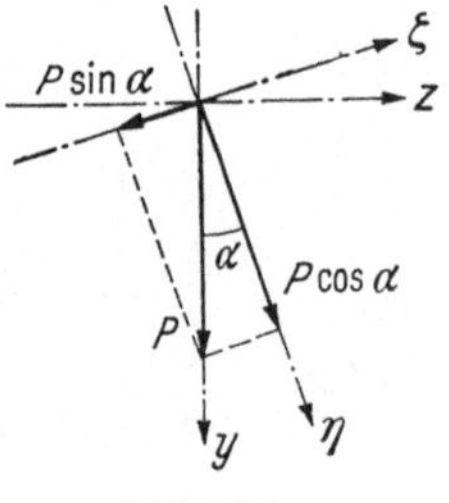

Abb. 21.2.

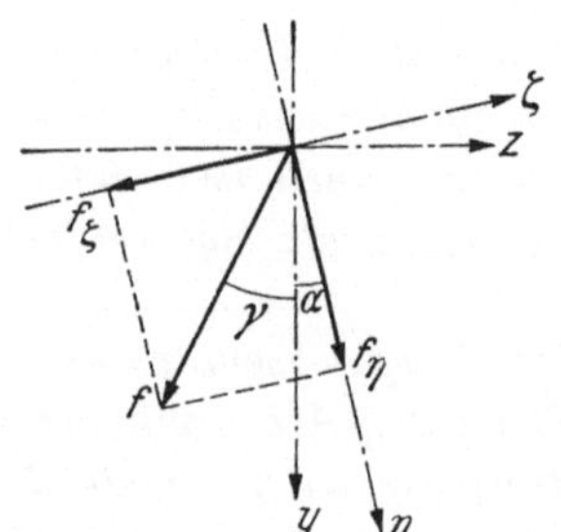

Abb. 21.3.

Nach Abb. 21.3 ist

$$\operatorname{tg}(\gamma + \alpha) = \frac{f_\zeta}{f_\eta} = \frac{J_\zeta}{J_\eta}\operatorname{tg}\alpha = \frac{837}{188}\,0{,}246 = 1{,}09\,,$$

$$\gamma + \alpha = 47{,}5°\,,$$

$$\gamma = 33{,}7°\,.$$

4. $$\operatorname{tg}\varphi = \frac{\Phi_{yz}}{J_y} = \frac{150}{225} = \frac{2}{3}\,;\quad \varphi = 33{,}7° = \gamma\,,$$

wie es sein muß, da der Biegungspfeil stets senkrecht auf der Nullinie steht.

5. Wenn die z-Achse Nullinie ist, so befolgen die Biegungsspannungen σ in einem Querschnitt im Abstand x vom freien Ende das Gesetz

$$\sigma = -\frac{P\,x\,y}{J_z}\,.$$

Im oberen Flansch ist

$$\sigma = +\frac{P\,x}{W_z}\,.$$

Im unteren Flansch ist

$$\sigma = -\frac{P\,x}{W_z}\,.$$

Man bestimme zunächst Größe und Pfeil der in den Querschnitt, Abb. 21.4, eingetragenen Schubkräfte H_a und H_0 in waagrechter Richtung, die in jedem Querschnitt dieselben sind.

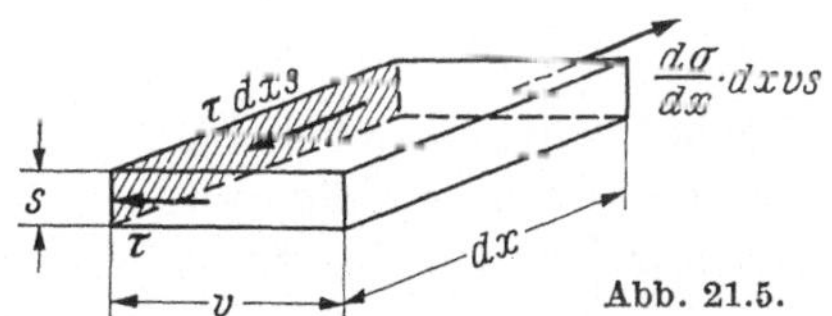

Abb. 21.5.

Das Gleichgewicht des aus dem oberen Flanschrechteck herausgeschnittenen Elements (Abb. 21.5) verlangt:

$$\tau\,dx\,s = \frac{d\sigma}{dx}\,dx\,v\,s\,,\quad \text{woraus}$$

$$\tau(v) = \frac{d\sigma}{dx}\,v = \frac{P\,v}{W_z} \qquad (1)$$

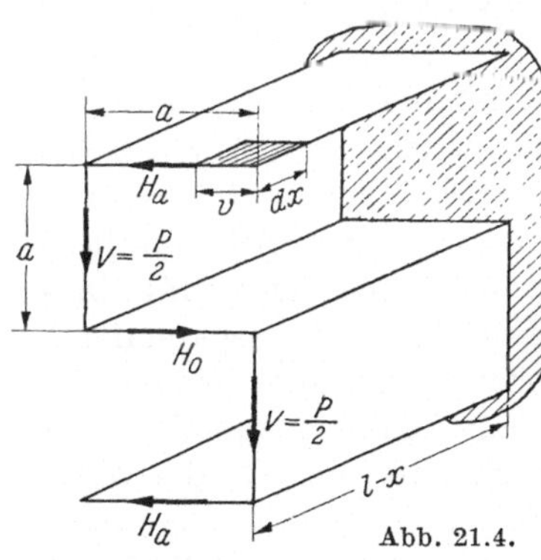

Abb. 21.4.

folgt. Damit wird

$$H_a = \int_0^a \tau(v)\,s\,dv = \frac{P\,a^2\,s}{2\,W_z} \text{ (Pfeil nach links).} \qquad (2)$$

Im unteren Flanschrechteck hat H_a dieselbe Größe und Richtung. Auf ähnliche Weise findet man die Schubkraft im mittleren Rechteck zu

$$H_0 = 3H_a \text{ (Pfeil nach rechts).}$$

Die Resultierende aller H liegt in der z-Achse

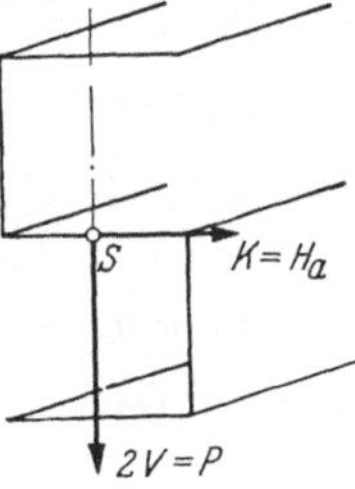

Abb. 21.6.

(Abb. 21.6) und hat die Größe

$$K = H_a = \frac{P\,a^2\,s}{2\,W_z} = 560 \text{ kg (Pfeil nach rechts)}.$$

Diese Kraft K ist daher im Schwerpunkt des Querschnitts $x = 0$ als zusätzliche Last in waagrechter Richtung nach rechts anzubringen, wenn die z-Achse zur Nullinie werden soll.

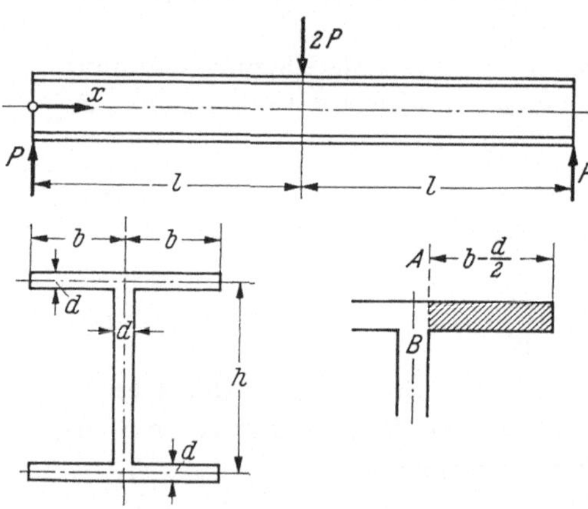

22*. *Ein dünnwandiger I-Träger ($2b = h$, $d \ll h$) ist an seinen Enden frei drehbar aufgelagert und in der Mitte seiner Länge $2l$ durch eine Kraft $2P$ belastet. Man denke sich durch einen vertikalen Längsschnitt A—B den oberen, rechten Halbflansch von der Breite $b - \dfrac{d}{2} \approx b$ abgetrennt und stelle die inneren Kräfte (Normal- und Schubkräfte) fest, die in dieser Schnittfläche übertragen werden.*

Man betrachte einen beliebigen Trägerquerschnitt, Abb. 22.1, die einen solchen, dem rechten Trägerteil zugehörigen, zwischen $x = 0$ und $x = l$ gelegenen zeigt. Die im Stegquerschnitt vertikal gerichteten Schubspannungen lassen sich zu einer Schubkraft V und die in den Querschnitten der 4 Halbflanschen horizontal gerichteten Schubspannungen zu je einer Schubkraft H zusammenfassen, die in den oberen Halbflanschen nach außen, in den unteren nach innen gerichtet ist. Da die vertikalen Schubspannungen in den dünnen Flanschen vernachlässigbar klein sind, wird die Querkraft, die zwischen $x = 0$ und $x = l$ gleich der linken Auflagerkraft P ist, nur vom Steg aufgenommen, so daß $V = P$ wird.

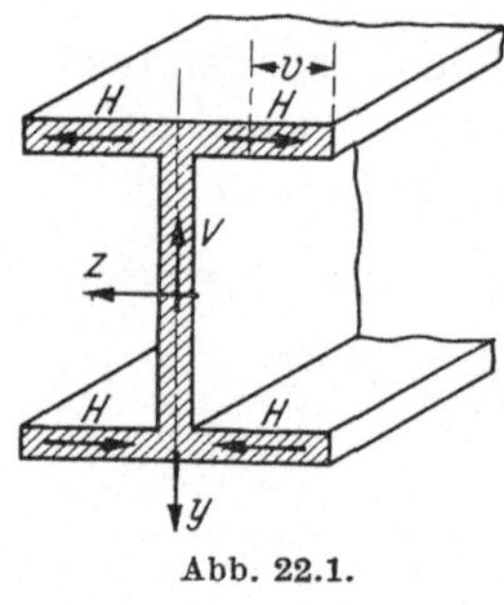

Abb. 22.1.

Wie aus Gl. (1) in der Lösung der vorhergehenden Aufgabe hervorgeht, wachsen die horizontalen Schubspannungen in den Flanschen linear mit dem Abstand v vom freien Flanschende an, so daß, wenn ihr Größtwert im Abstand $v = b - \dfrac{d}{2} \approx b$ mit τ_1 bezeichnet wird,

$$H = \tfrac{1}{2}\tau_1\,b\,d \tag{1}$$

ist. Die Größe von H berechnet sich nach Gl. (2) der vorhergehenden
Aufgabe zu

$$H = \frac{P\,b^2\,d}{2\,W_z}\,.\tag{2}$$

Mit $W_z \approx \frac{7}{6}\,d\,h^2$ (Widerstandsmoment des Trägerquerschnitts bezüglich
der z-Achse, die Nullinie ist) und $b = \frac{h}{2}$ wird

$$H = \frac{3}{28}\,P\tag{3}$$

und damit nach Gl. (1)

$$\tau_1 = \frac{2H}{b\,d} = \frac{3}{14}\,\frac{P}{b\,d}\,.\tag{4}$$

In jedem Trägerquerschnitt zwischen $x = l$ und $x = 2\,l$ sind dieselben Schubkräfte V und H, jedoch mit umgekehrten Pfeilen, vorhanden.

Nach dem Satz von der Gleichheit der einander zugeordneten Schubspannungen muß in der Längsschnittfläche des abgetrennten Halbflansches die konstante, horizontale Schubspannung τ_1 herrschen, und
zwar in der linken Hälfte mit dem Pfeil nach rechts, in der rechten
Hälfte mit dem Pfeil nach
links (Abb. 22.2). Pro cm
Länge wird also in dieser
Schnittfläche eine Schub-
kraft $\tau_1\,d = \frac{3}{14}\,\frac{P}{b}$ [nach
Gl. (4)] übertragen.

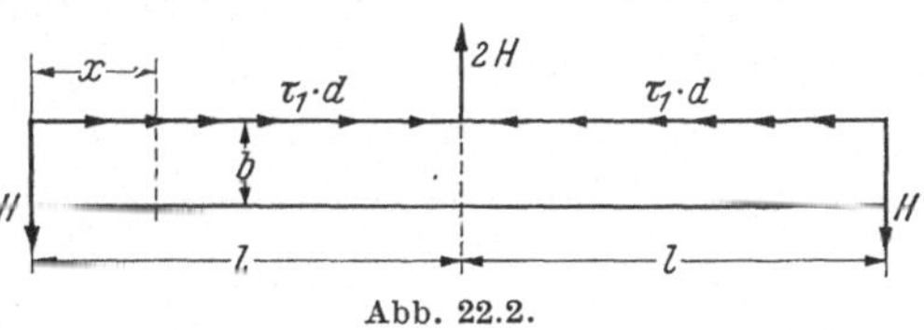

Abb. 22.2.

Die nach außen gerichteten Schubkräfte H in den Endquerschnitten
des Halbflansches haben Zugspannungen in der Schnittfläche zur
Folge, die ihnen das Gleichgewicht halten und deren Resultierende
daher gleich $2\,H$ sein muß. Zur Kenntnis ihrer Verteilung über die
Länge $2\,l$ verhilft die Bedingung, daß sich der Halbflansch wegen seines
Zusammenhangs mit dem gerade bleibenden Steg nicht verbiegen kann
und daß daher in jedem seiner Querschnitte das Biegungsmoment gleich
Null sein muß.

Bildet man dieses für einen beliebigen Querschnitt im Abstand x
vom linken Ende, so ist der von H und den gleichmäßig über die Länge
der Schnittfläche verteilten Schubkräften $\tau_\perp d = \frac{2H}{b}$ [nach Gl. (1)] gelieferte Beitrag

$$-H\,x + \tau_1\,d\,x\,\frac{b}{2} = -H\,x + \frac{2H}{b}\,\frac{b}{2}\,x = 0\,.$$

Da dieser Beitrag für jedes x verschwindet, so folgt, daß der von den
Zugspannungen in der Schnittfläche herrührende Beitrag ebenfalls für
jedes x gleich Null sein muß, was nur dann der Fall ist, wenn diese

überall außer in der Mitte verschwinden, wo sie sich zu einer Zugkraft von der Größe $2H = \frac{3}{14} P$ [nach Gl. (3)] konzentrieren müssen (Abb. 22.2), an deren Stelle in Wirklichkeit eine Spannungsverteilung über einen engen Bereich tritt.

In den beiden Stirnquerschnitten des Trägers wirken die Schubkräfte V und H mit den gleichen Pfeilrichtungen wie in Abb. 22.1. Die Kräfte $V = P$ kann man als die Auflagerkräfte ansehen, wenn man sich diese nicht wie üblich als konzentrierte Einzelkräfte, sondern in Form von vertikalen Außenschubspannungen, die sich über die Stirnquerschnitte des Steges parabelförmig verteilen, am Träger angebracht denkt.

Anders verhält es sich dagegen mit den Schubkräften H, die an den freien Stirnquerschnitten des Trägers in Wirklichkeit nicht vorhanden sind. Um dieser Tatsache Rechnung zu tragen, muß man sie beseitigen, d. h. man muß sie durch Anbringung von entgegengesetzt gleichen, äußeren Kräften H aufheben und die zusätzlichen Spannungen feststellen, die durch diese kompensierenden Kräfte im Träger hervorgerufen werden.

In Abb. 22.3 sind die zu überlagernden Kräfte H in den Endquerschnitten des abgetrennten Halbflansches angebracht. Die ihnen das

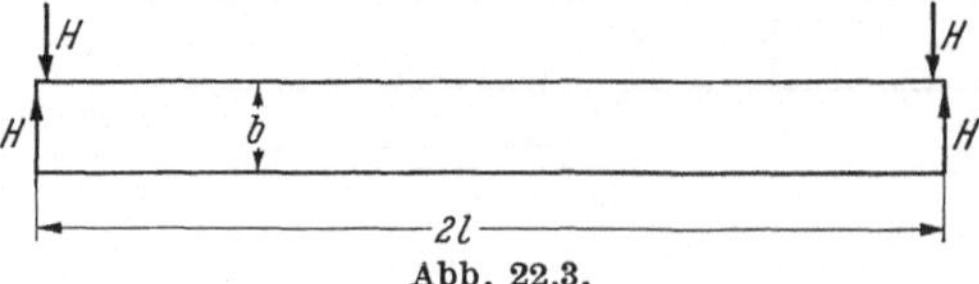

Abb. 22.3.

Gleichgewicht haltenden Druckspannungen in der Längsschnittfläche unterliegen hinsichtlich ihrer Verteilung wiederum der Bedingung, daß das Biegungsmoment in jedem Flanschenquerschnitt gleich Null sein muß, da die Flanschen sich nicht verbiegen können. Diese Bedingung ist nur dann erfüllt, wenn die Druckspannungen längs der ganzen Länge der Schnittfläche mit Ausnahme ihrer Enden verschwinden, in deren unmittelbarer Nachbarschaft sie sich zu je einer Druckkraft von der Größe $H = \frac{3}{28} P$ verdichten müssen.

In Abb. 22.4 sind die gefragten, auf die Längsschnittfläche wirkenden, inneren Normal- und Schubkräfte eingetragen. Die Bestimmung der

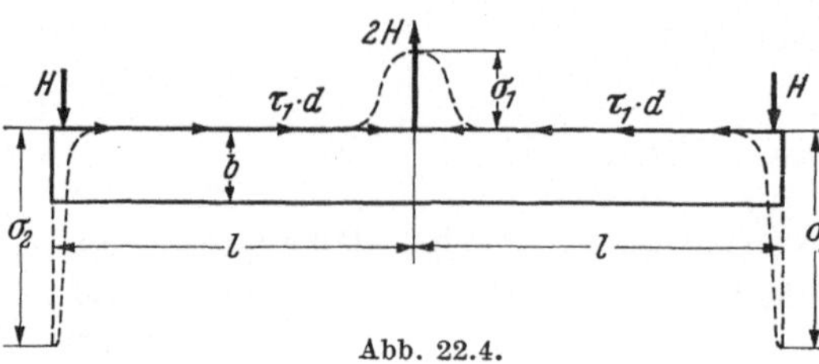

Abb. 22.4.

Verteilung der in der Mitte und an den Enden über jeweils enge Bereiche zusammengedrängten Normalspannungen — in Abb. 22.4 gestrichelt eingetragen — sowie ihrer Größtwerte

(σ_1 in der Mitte und σ_2 an den Enden, Abb. 22.4) ist eine Aufgabe der Elastizitätstheorie. Deren Lösung ergibt für $\dfrac{b}{h} = \dfrac{1}{2}$ die Näherungswerte

$$\sigma_1 = 0{,}2\,\frac{P}{b\,d}\,, \qquad \sigma_2 = 0{,}6\,\frac{P}{b\,d}\,.$$

Für $\dfrac{b}{h} = 1$ sind die Maximalspannungen etwa doppelt so groß.

23. *In der Abbildung ist der untere Teil einer Abkantpresse im Auf- und Seitenriß schematisch dargestellt. Die zwischen den beiden Seitenständern S verlaufende Unterwange W von rechteckigem Querschnitt (hb) ist beim Preßvorgang durch den über die Länge L = 2 l als gleichförmig verteilt anzunehmenden Druck q (kg/cm) belastet. Um ihre Durchbiegung zu verringern, ist die Unterwange nicht direkt mit den Ständern verbunden, sondern indirekt mittels der beiden Traversen T, die auf den an den Ständern befestigten Bolzen A aufgelagert sind, während sie selbst mittels der beiden Bolzen B in den Traversen gelagert ist, deren Abstand von den Bolzen A gleich l/4 ist.*

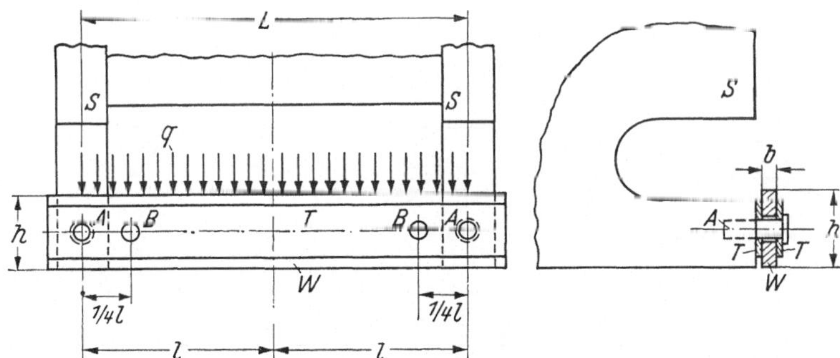

Um wieviel Prozent wird der Biegungspfeil der Unterwange (Durchsenkung ihrer Mitte gegenüber ihren Enden bei A) durch die indirekte Auflagerung herabgesetzt?

(Bei der Berechnung der Biegungspfeile ist auch der von den Schubkräften gelieferte Beitrag zu berücksichtigen.)

$$l = 200\ cm, \quad h = 100\ cm, \quad m = 4\,.$$

Mit $\dfrac{l}{h} = 2$ wird der Biegungspfeil

a) bei direkter Auflagerung $f_0 = 11{,}5\,\dfrac{q\,l^2}{E\,h\,b}$,

b) bei indirekter Auflagerung $f = 4{,}87\,\dfrac{q\,l^2}{E\,h\,b}$.

Durch die indirekte Auflagerung wird daher der Biegungspfeil um

$$\frac{f_0 - f}{f_0}\,100 = \frac{663}{11{,}5} \approx 58\,\% \qquad \text{herabgesetzt.}$$

24. *1. Gegeben ist ein waagrechter, an seinen Enden frei drehbar gestützter Träger von der Spannweite l und der Biegungssteifigkeit E J. Er ist belastet durch eine lotrechte Kraft P in Trägermitte und außerdem durch zwei entgegengesetzt gleiche Kräftepaare vom Moment M_0 an seinen Enden.*

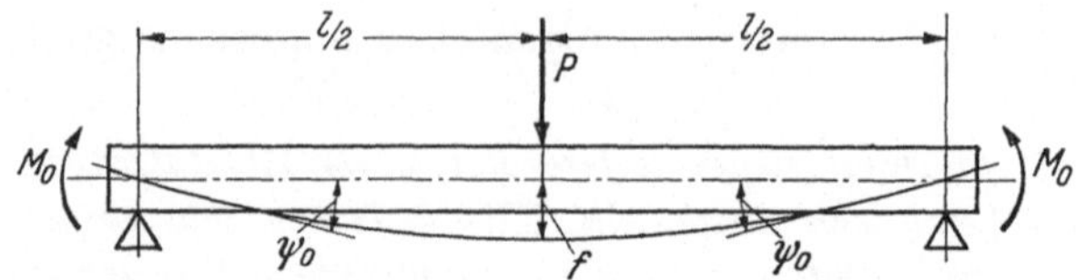

Gesucht ist der Biegungspfeil f und der Neigungswinkel ψ_0 der Endtangenten an die elastische Linie gegen die Waagrechte.

2. Zwei ebenso gestützte, gleiche I-Träger von der Biegungssteifigkeit E J und der Spannweite l sind parallel zueinander im Abstand b angeordnet und an ihren Enden durch je ein Stahlrohr von der Verdrehungssteifigkeit GJ_d fest miteinander verbunden, so daß ein Verbundträger entsteht. Er ist belastet durch eine lotrechte Kraft P, die in der Mitte des einen der beiden I-Träger angreift.

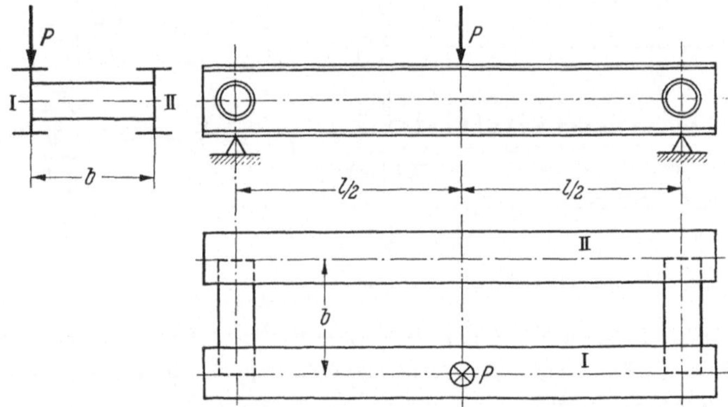

Man bestimme das größte Biegungsmoment und den Biegungspfeil für beide I-Träger.

$$\frac{l}{b} = 10,4; \quad \frac{J_d}{J} = \frac{1}{4}; \quad m = \frac{10}{3}.$$

1. Von P allein herrührend:

$$f_1 = \frac{P\,l^3}{48\,E\,J}, \quad (\psi_0)_1 = \frac{P\,l^3}{16\,E\,J};$$

von M_0 allein herrührend:

$$f_2 = \frac{M_0\,l^2}{8\,E\,J}, \quad (\psi_0)_2 = \frac{M_0\,l}{2\,E\,J}.$$

Insgesamt:

$$f = f_1 + f_2, \quad \psi_0 = (\psi_0)_1 + (\psi_0)_2.$$

2. Infolge der festen Kopplung beider Träger wird auch der durch keine äußere Kraft belastete Träger *II* verbogen, und zwar durch End-

biegungsmomente M_0, die der Träger *I* auf ihn mittels der Rohre überträgt. Dabei werden die Rohre auf Torsion beansprucht, so daß also die Momente M_0 Torsionsmomente für die Rohre sind. Aus Abb. 24.1 ist die Belastung der beiden von den Rohren frei gemachten Träger ersichtlich. Die am Träger *II* angreifenden End-

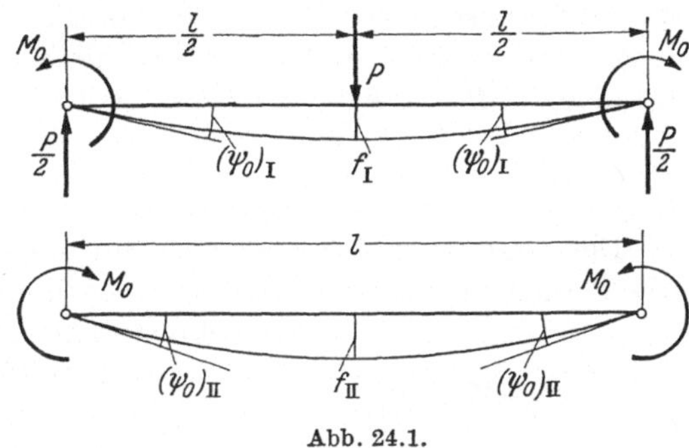

Abb. 24.1.

momente M_0 sind die auf ihn vom Träger *I* übertragenen, dessen Durchbiegung durch die an seinen Enden angreifenden entgegengesetzt gleichen Reaktionsmomente gehemmt wird.

Die Größe der Endmomente M_0, die für den Verbundträger innere Momente sind, ergibt sich aus der Formänderungsbedingung, wonach die Differenz der Neigungswinkel der Endtangenten beider Träger gleich dem Verdrehungswinkel ϑ der Rohre sein muß:

$$(\psi_0)_\mathrm{I} - (\psi_0)_\mathrm{II} = \vartheta\,.$$

Wendet man die oben unter 1. erhaltenen Ergebnisse sinngemäß auf die beiden Träger an, so ist

$$(\psi_0)_\mathrm{I} = \frac{P\,l^2}{16\,E\,J} - \frac{M_0\,l}{2\,E\,J}\,, \quad (\psi_0)_\mathrm{II} = \frac{M_0\,l}{2\,E\,J}\,.$$

Ferner ist

$$\vartheta = \frac{M_0\,b}{G\,J_d}\,.$$

Damit geht die Formänderungsbedingung über in

$$\frac{P\,l^2}{16\,E\,J} - \frac{2\,M_0\,l}{2\,E\,J} = \frac{M_0\,b}{G\,J_d}\,,$$

woraus mit

$$G = \frac{m\,E}{2\,(m+1)}$$

folgt:

$$M_0 = \frac{P\,l}{16}\,\frac{1}{1 + \dfrac{2\,(m+1)}{m}\,\dfrac{b}{l}\,\dfrac{J}{J_d}} = \frac{P\,l}{32}\,,$$

$$(M_{\max})_\mathrm{I} = \frac{P\,l}{4} - M_0 = \frac{7}{32}\,P\,l\,, \quad (M_{\max})_\mathrm{II} = M_0 = \frac{1}{32}\,P\,l\,,$$

$$f_\mathrm{I} = \frac{P\,l^3}{48\,E\,J} - \frac{M_0\,l^2}{8\,E\,J} = \frac{13}{768}\,\frac{P\,l^3}{E\,J}\,, \qquad f_\mathrm{II} = \frac{M_0\,l^2}{8\,E\,J} = \frac{1}{256}\,\frac{P\,l^3}{E\,J}\,.$$

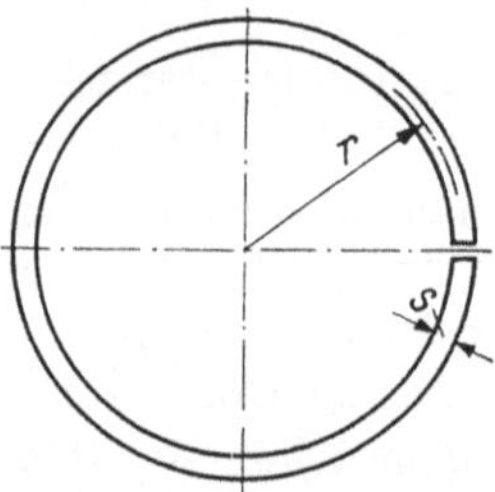

25. *Für den Querschnitt eines dünnwandigen, der Länge nach geschlitzten Kreisrohres vom mittleren Halbmesser r und der Wandstärke s soll der Schubmittelpunkt T bestimmt werden.*

Der Schwerpunkt S des Querschnitts ist sein Mittelpunkt, die durch die Schlitzstelle gehende z-Achse ist die Symmetrieachse des Querschnitts (Abb. 25.1).

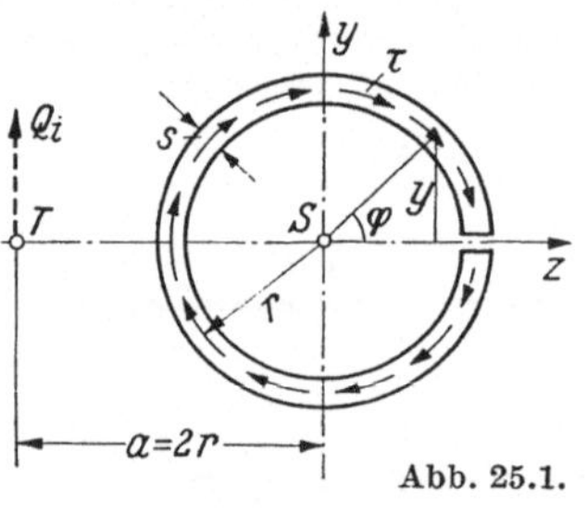

Abb. 25.1.

Der betrachtete Querschnitt — im beliebigen Abstand x von einem Rohrende — werde beansprucht:

1. durch ein äußeres Biegungsmoment $M(x)$, dessen Ebene den Querschnitt in einer zur y-Achse parallelen, sonst zunächst noch beliebigen Geraden schneidet, so daß die Nullinie mit der z-Achse zusammenfällt,

2. durch eine äußere Querkraft $Q(x) = \dfrac{dM(x)}{dx}$, die in der Ebene von M liegt und daher ebenfalls parallel zur y-Achse ist.

Würde die Spur dieser Lastebene im Querschnitt die y-Achse selbst sein, so wäre das Rohr zusätzlich auf Torsion beansprucht, wie sich zeigen wird. Nur dann, wenn diese Spur durch den jedenfalls auf der Symmetrieachse liegenden Schubmittelpunkt T geht, ist das Rohr torsionsfrei; nur dann sind im Querschnitt die Biegungsnormalspannungen $\sigma = \dfrac{M(x)\,y}{J_z}$, die zum inneren Biegungsmoment führen, und die Biegungsschubspannungen τ vorhanden, die durch die Veränderlichkeit von σ mit x bedingt sind und deren Resultierende die innere Querkraft Q_i ist.

Bestimmung von T:

Im unendlich nahe benachbarten Querschnitt $x + dx$ ist die Biegungsspannung um das Differential

$$d\sigma = \frac{dM}{dx}\,dx\,\frac{y}{J_z} = \frac{Q\,dx}{J_z}\,y = \frac{Q\,dx}{J_z}\,r\sin\varphi \tag{1}$$

größer als im Querschnitt x. Zwecks Bestimmung der Biegungsschubspannung τ an der beliebigen Stelle $\varphi = \alpha$ schneide man von dem durch die Querschnitte x und $x + dx$ begrenzten Rohrelement mittels eines unter dem Winkel α gegen die z-Achse geführten Längsschnitts das in Abb. 25.2 dargestellte Teil ab. Dann verlangt das Gleichgewicht gegen Verschieben in x-Richtung, daß die im Längsschnitt wirkende Schubkraft $\tau_\alpha\,s\,dx$ gleich sein muß der Summe aller im vorderen Querschnitt

$x + dx$ vorhandenen, mit dF mul-
tiplizierten Spannungsdifferentiale
$d\sigma$:

$$\tau_\alpha\, s\, dx = \int\limits_0^\alpha d\sigma\, dF\,. \qquad (2)$$

Mit Gl. (1) und mit $dF = r\, d\varphi\, s$
folgt aus Gl. (2) nach Kürzung mit
$s\, dx$ die Schubspannung τ_α im
Längsschnitt

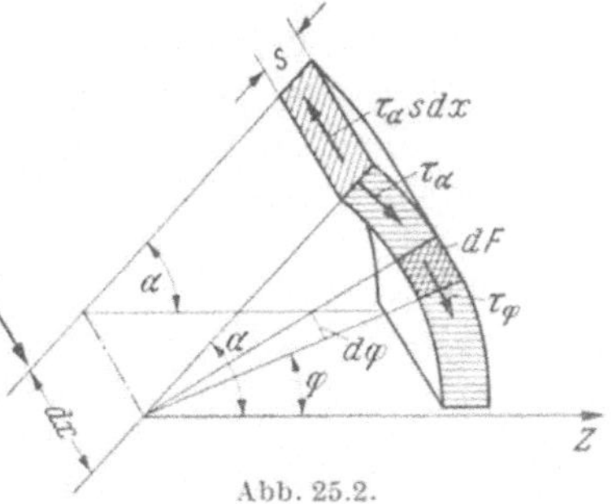

Abb. 25.2.

$$\tau_\alpha = \frac{Q\,r^2}{J_z} \int\limits_0^\alpha \sin\varphi\, d\varphi = \frac{Q\,r^2}{J_z}\,(1 - \cos\alpha)\,. \qquad (3)$$

Nach dem Satz von der Gleichheit der einander zugeordneten Schubspannungen ist damit auch die Querschnittsschubspannung τ_α an der
Stelle $\varphi = \alpha$ bekannt (Abb. 25.2). An der Schlitzstelle ($\alpha = 0$) ist nach
Gl. (3) $\tau_0 = 0$, wie es sein muß; an der ihr gegenüberliegenden Stelle
($\alpha = \pi$) ist:

$$\tau_\pi = \frac{2Q\,r^2}{J_z} = \tau_{\max}\,.$$

Die z-Komponenten aller τ heben sich gegenseitig auf. Die y-Kom-
ponenten ergeben eine Resultierende in $+y$-Richtung, welche die innere
Querkraft $\big(Q_i = Q(x) = Q\big)$ darstellt. Zur Bestimmung ihrer Lage im
Querschnitt verhilft der Momentensatz. Wird ihr unbekannter Abstand
von der y-Achse mit a bezeichnet, so muß mit S als Momentenpunkt sein:

$$Q\,a = \int \tau_\alpha\, dF\, r = \frac{Q\,r^4\,s}{J_z} \int\limits_0^{2\pi} (1 - \cos\alpha)\, d\alpha = \frac{Q\,r^4\,s}{J_z}\,2\pi\,,$$

woraus mit $J_z = \tfrac{1}{2} J_p = r^3\,\pi\,s:\quad a = 2\,r\quad$ folgt.

Da die Momente aller τ im Uhrzeigersinn drehen, muß dasselbe auch
auf das Moment ihrer Resultierenden Q zutreffen, so daß die innere
Querkraft auf der der Schlitzstelle entgegengesetzten Seite im Abstand
$a = 2\,r$ von der y-Achse liegt, und damit auch der Schubmittelpunkt T
als Schnittpunkt der Wirkungslinie der inneren Querkraft mit der Symmetrieachse (Abb. 25.1), oder allgemein als Schnittpunkt der inneren
Querkräfte für zwei verschiedene Belastungsrichtungen.

Da bei einem auf Biegung und Schub beanspruchten Balken die
innere Querkraft die nach dem Querschnitt verlegte, äußere aufhebt,
müssen beide auf derselben Wirkungslinie liegen, d. h. aber, die Lastebene muß den Querschnitt in einer Geraden (der Lastlinie) schneiden,
die durch den Schubmittelpunkt T hindurchgeht. Wäre z. B. die y-Achse
die Lastlinie, so würde die mit ihr zusammenfallende, nach unten ge-

richtete äußere Querkraft mit der inneren ein rechts drehendes Kräftepaar vom Moment $Q\,2\,r$ bilden, das nur durch Torsionsspannungen ausgeglichen werden könnte, die ein links drehendes Kräftepaar vom gleichen
Moment ergeben müßten.

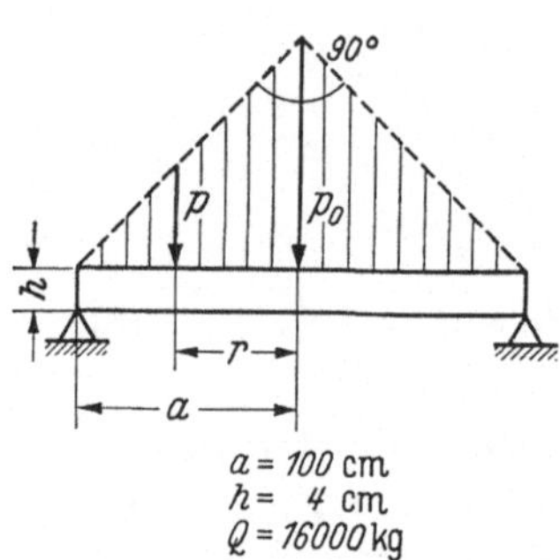

26. *Eine kreisförmige Platte (Halbmesser a, Dicke h) liegt am Rande frei auf und trägt eine Belastung von Q kg, die proportional den Ordinaten eines über der Platte errichteten Kreiskegels über die Plattenfläche verteilt ist.*

$$\left(p = p_0\,\frac{a - r}{a}\right).$$

Wie groß ist die maximale Biegungsspannung in der Platte nach der Näherungstheorie von Bach?

Zunächst werde p_0 in Q ausgedrückt. Hierzu denke man sich die
Plattenoberfläche in unendlich viele, unendlich schmale, konzentrische
Kreisringflächen unterteilt. Auf diejenige mit dem beliebigen Halbmesser r und dem Flächeninhalt $2\,r\,\pi\,dr$ wirkt ein Lastdifferential von
der Größe $2\,p\,r\,\pi\,dr = 2\,p_0\,\dfrac{a - r}{a}\,r\,\pi\,dr$, so daß

$$\int_0^a 2\,p\,r\,\pi\,dr = \frac{2\,\pi\,p_0}{a}\int_0^a (a - r)\,r\,dr = Q$$

ist, woraus folgt:

$$p_0 = \frac{3\,Q}{\pi\,a^2}. \tag{1}$$

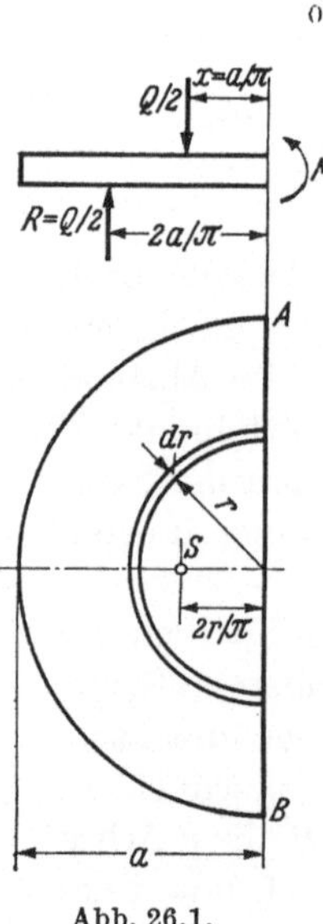

Abb. 26.1.

An der in Abb. 26.1 dargestellten Plattenhälfte
muß das resultierende Kräftepaar der Biegungsspannungen in der Meridianschnittfläche A—B
(inneres Biegungsmoment M_i) im Gleichgewicht
stehen mit dem Kräftepaar der äußeren Kräfte
(äußeres Biegungsmoment M_a), gebildet aus der
Resultierenden $Q/2$ der von der Plattenhälfte aufgenommenen Belastung, deren Abstand x vom
Durchmesser noch zu bestimmen ist, und der Resultierenden $R = Q/2$ der gleichmäßig über den Auflagerhalbkreis verteilten Auflagerkräfte, die durch
den Schwerpunkt des Halbkreisbogens geht und
daher den Abstand $\dfrac{2\,a}{\pi}$ vom Durchmesser hat. Analoges gilt von der Resultierenden der gleichmäßig

über eine halbe, unendlich schmale Kreisringfläche vom Inhalt $r\,\pi\,dr$ verteilten Lasten p, deren Abstand vom Durchmesser $\dfrac{2r}{\pi}$ ist. Damit berechnet sich der Abstand x aus der Momentengleichung

$$\frac{Q}{2}\,x = \int\limits_0^a p\,r\,\pi\,dr\cdot\frac{2r}{\pi} = \frac{2p_0}{a}\int\limits_0^a (a-r)\,r^2\,dr\,,$$

zu

$$x = \frac{a}{\pi}\,.$$

Das Biegungsmoment beträgt daher:

$$M = \frac{Q}{2}\left(\frac{2a}{\pi} - \frac{a}{\pi}\right) = \frac{Q\,a}{2\,\pi}$$

und die maximale Biegungsspannung:

$$\sigma_{\max} = \frac{M}{W} = \frac{6\,M}{2\,a\,h^2} = \frac{3}{2\,\pi}\,\frac{Q}{h^2} = 477 \text{ kg/cm}^2.$$

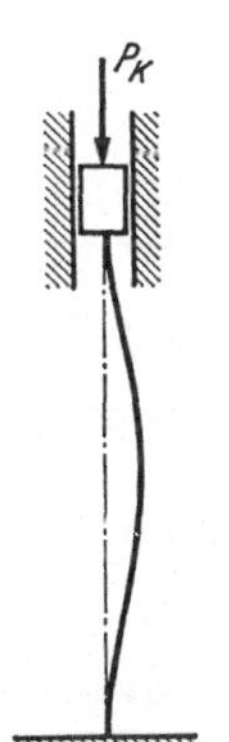

27. *Für den an seinen beiden Enden fest eingespannten geraden Stab von der Länge l und der Biegungssteifigkeit EJ ermittle man die Eulersche Knicklast nach der Energiemethode.*

Unter $P = P_k$ ist die ein wenig ausgebogene Stabachse eine Gleichgewichtsform des Stabes. Die Gleichung $y = f(x)$ dieser Biegelinie ist jedoch nicht bekannt. Sie muß aber jedenfalls hier die folgenden Bedingungen erfüllen (Abb. 27.1):

Für $x = 0$ und $x = l$ ist $y = 0$, $\dfrac{dy}{dx} = 0$;

für $x = \dfrac{l}{2}$ ist $\dfrac{dy}{dx} = 0$.

Ihnen genügt der nahe liegende Ansatz

$$y = a\left(1 - \cos\frac{2\,\pi\,x}{l}\right).$$

Die unter $P = P_k$ plötzlich eintretende kleine Aus-

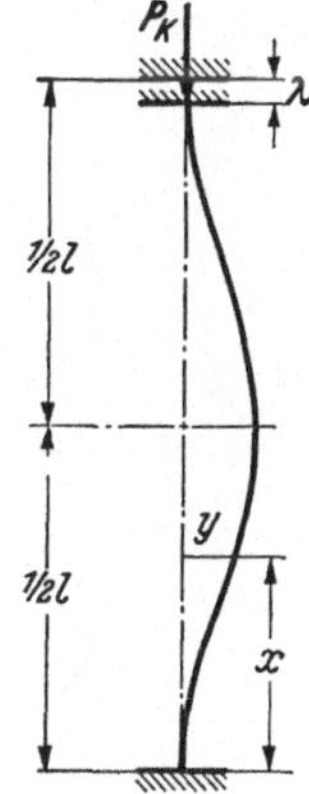

Abb. 27.1.

biegung ist begleitet von einer Senkung[1]

$$\lambda = \frac{1}{2} \int\limits_0^l \left(\frac{dy}{dx}\right)^2 dx$$

des oberen Stabendes, wobei die konstant bleibende Knicklast P_k die Arbeit $P_k \lambda$ leistet. Der ein wenig ausgebogene Stab ist unter P_k dann im Gleichgewicht, wenn die ihm zugeführte äußere Arbeit $P_k \lambda$ gerade gleich der in seinem Innern aufgespeicherten Formänderungs-(Biegungs-) Arbeit[1]

$$A = \frac{EJ}{2} \int\limits_0^l \left(\frac{d^2 y}{dx^2}\right)^2 dx$$

ist. Also:

$$P_k = \frac{A}{\lambda}.$$

Mit dem gewählten Ansatz für y wird

$$A = \frac{EJ\,4a^2\pi^4}{l^3}, \qquad \lambda = \frac{a^2\pi^2}{l}, \qquad \text{und schließlich} \qquad P_k = \frac{4\pi^2 EJ}{l^2}.$$

Da der gewählte Ansatz für y zufällig mit der genauen Gleichung der elastischen Linie für diesen Knickfall übereinstimmt, liefert das energetische Näherungsverfahren auch für P_k den genauen Wert.

Wird der den geforderten Bedingungen ebenfalls genügende Näherungsansatz

$$y = a\,x^2(x - l)^2$$

zugrunde gelegt, so erhält man

$$A = 0,4\,EJ\,a^2\,l^5 \quad \text{und} \quad \lambda = 0,01\,a^2\,l^7.$$

Damit wird

$$P_k = \frac{40\,EJ}{l^2} = \frac{4,05\,\pi^2\,EJ}{l^2}.$$

Da dieser Wert nur um etwa 1% von dem genauen abweicht, so beschreibt der zuletzt gewählte Ansatz mit sehr guter Annäherung die wahre Gestalt der elastischen Linie.

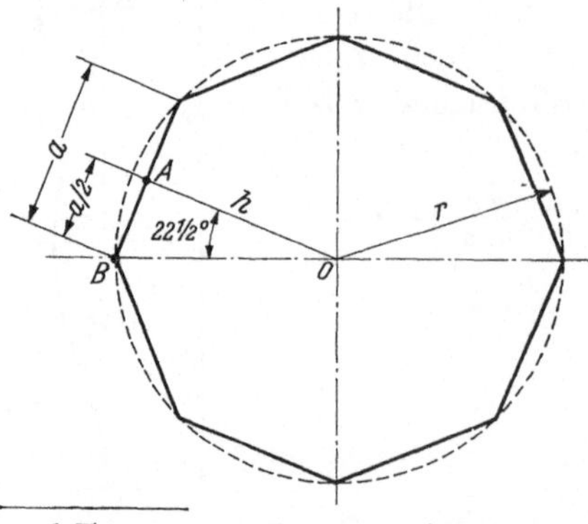

28. *Ein dünnwandiges Rohr, dessen Querschnitt ein regelmäßiges Achteck von der Seitenlänge a ist, steht unter einem inneren Überdruck q kg/cm².*

Man ermittle das Biegungsmoment pro 1 cm Rohrlänge in größerem Abstand von den Deckeln

1. in der Mitte A einer Achteckseite,

2. in einer Ecke B, d. h. am Anfang oder Ende einer Achteck-

---

[1] TIMOSHENKO-LESSELLS: Festigkeitslehre, S. 159. Berlin 1928.

seite. An welcher der beiden Stellen ist die Außenfaser gezogen, an welcher gedrückt? (Man lege hierzu einen Schnitt bei A sowie unmittelbar oberhalb der Ecke B und entscheide die Frage an Hand der sich aus der Rechnung ergebenden Vorzeichen von M_A und M_B).

An einer beliebigen Stelle des Rohres mit den Koordinaten x, y wirkt pro 1 cm Rohrlänge das Biegungsmoment[1]

$$M = \frac{1}{2}\, q\left[x^2 + y^2 - \frac{1}{l}\,(\Theta_x + \Theta_y)\right].$$

$\Theta_x + \Theta_y = \Theta_p$ ist das polare Trägheitsmoment der Mittellinie des Rohrquadranten bezüglich des Mittelpunktes O des Rohrquerschnitts, der mit dem Ursprung des Koordinatensystems x, y zusammenfällt. l ist die Länge der Mittellinie des Rohrquadranten, die hier gleich $2a$ ist.

Wird die Länge des von O auf den Mittelpunkt A einer Achteckseite gefällten Lots OA mit h bezeichnet, so berechnet sich Θ_p mit Hilfe des STEINERschen Satzes zu

$$\Theta_p = 2\left(\frac{a^3}{12} + a\,h^2\right); \qquad h = \frac{a}{2}\,\mathrm{ctg}\,22{,}5° = 1{,}206\,a,$$

so daß $\Theta_p = 3{,}08\,a^3$ und $\dfrac{\Theta_p}{l} = \dfrac{\Theta_p}{2a} = 1{,}54\,a^2$ wird.

1. Für den Mittelpunkt A einer Achteckseite gilt:

$$x^2 + y^2 = h^2 = 1{,}457\,a^2.$$

Damit wird

$$M_A = \frac{1}{2}\,q\left(h^2 - \frac{\Theta_p}{l}\right) = \frac{1}{2}\,q\,a^2\,(1{,}457 - 1{,}540) = -0{,}0417\,q\,a^2.$$

Denkt man sich die Rohrwand bei A durchgeschnitten, so stellt $M_A = -0{,}0417\,q\,a^2$ das äußere Biegungsmoment für den linken (unteren) Trennungsquerschnitt dar, das — da M_A ein negativer Wert ist — entgegen dem Uhrzeigersinn dreht. Folglich muß das Moment der Biegungsspannungen in diesem Querschnitt, d. h. das innere Biegungsmoment, im Sinne des Uhrzeigers drehen (Abb. 28.1). Die größte Biegungszugspannung tritt daher bei A in der Außenfaser auf.

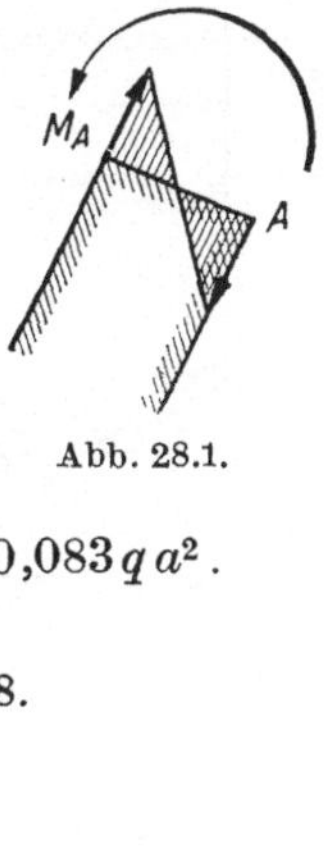

2. Für eine Ecke B gilt:

$$x^2 + y^2 = r^2$$

(r = Halbmesser des umschriebenen Kreises).

$$r = \frac{a}{2\sin 22{,}5°} = 1{,}306\,a, \qquad \text{so daß}$$

Abb. 28.1.

$$M_B = \frac{1}{2}\,q\left(r^2 - \frac{\Theta_p}{l}\right) = \frac{1}{2}\,q\,a^2\,(1{,}706 - 1{,}540) = +0{,}083\,q\,a^2.$$

---

[1] TIMOSHENKO-LESSELLS: Festigkeitslehre, S. 221. Berlin 1928.

Denkt man sich die Rohrwand unmittelbar oberhalb der in Abb. 28.2 gezeichneten Ecke B durchgeschnitten, so stellt $M_B = +0,083\, q\, a^2$ das

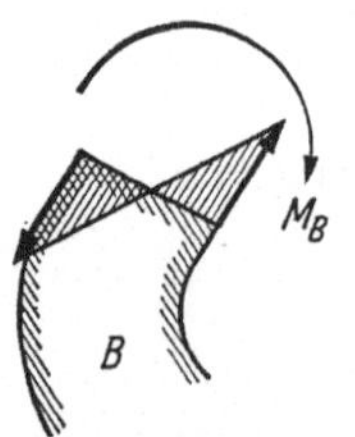

Abb. 28.2.

äußere Biegungsmoment für den linken, zum unteren Teil gehörigen Querschnitt dar, das — weil M_B positiv — im Uhrzeigersinn dreht. Also dreht das innere Biegungsmoment in diesem Querschnitt entgegen dem Uhrzeiger (Abb. 28.2). Hier ist die innere Faser gezogen.

Die Frage läßt sich natürlich auch rein anschauungsmäßig entscheiden, wenn man bedenkt, das jede Achteckseite als ein an beiden Enden eingespannter, gleichförmig belasteter Stab betrachtet werden kann, sofern man die Ecken als starr annimmt (Abb. 28.3). Es ist daher reizvoll, die oben berechneten Werte von M_A und M_B mit denen für den beiderseits eingespannten Stab zu vergleichen. Für diesen ist bekanntlich

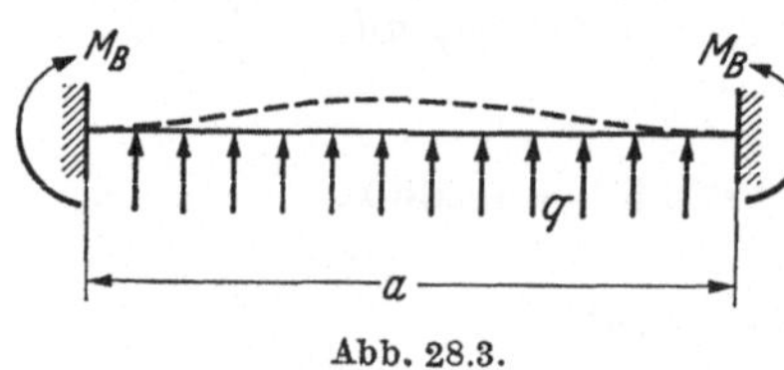

Abb. 28.3.

$$M_B = +\frac{q\,a^2}{12} = +0,083\,q\,a^2\,,$$

$$M_A = -\frac{q\,a^2}{24} = -0,0417\,q\,a^2\,.$$

Die Übereinstimmung mit den oben erhaltenen Werten ist also eine vollständige.

29. *Gegeben ist das Flammrohr eines Dampfkessels (Fox-Wellrohr), dessen Abmessungen aus der Zeichnung ersichtlich sind. Die Welle ist eine cos-Linie:*

$$y = a \cos\left(2\pi\,\frac{x}{l}\right).$$

Wie groß ist der äußere Überdruck p_k, unter dem das Rohr einbeult?

$$E = 2{,}1\cdot 10^6\ kg/cm^2\,;\qquad m = 10/3\,.$$

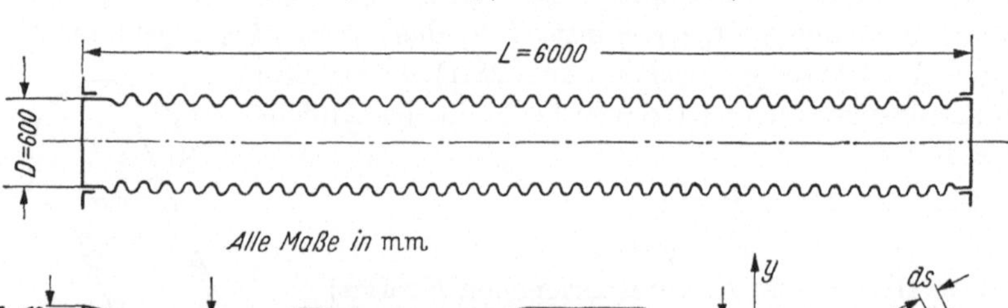

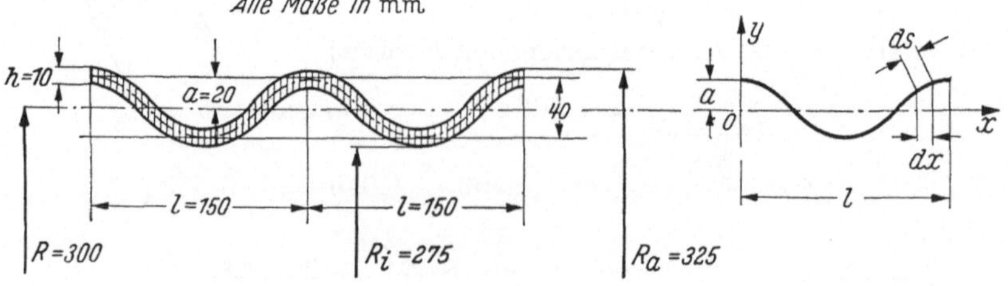

Bei dem großen Verhältnis L/D darf von der versteifenden Wirkung der an den Kessel angeflanschten Rohrenden abgesehen werden. Zwecks Vereinfachung der Rechnung kann $ds \approx dx$ gesetzt werden.

In der „Hütte", 27. Aufl., Bd. II, S. 424, ist die folgende empirische Formel für die Wandstärke des Fox-Wellrohrs angegeben:

$$h = \frac{p\,2\,R_i}{1200} + 2 \quad (h \text{ und } R_i \text{ in } mm;\ p \text{ in } atm.)$$

Welche Sicherheit gegen Einbeulen ist vorhanden, wenn der aus dieser Formel berechnete äußere Überdruck p zur Anwendung kommt?

Kritischer Druck:

$$p_k = \frac{3\,E\,m^2}{m^2 - 1}\,\frac{1}{R^3}\,\frac{J_x}{l},$$

$J_x = $ Trägheitsmoment einer cos-Welle von der Länge l bezüglich der x-Achse. Nach dem STEINERschen Satz und mit $ds \approx dx$ ist

$$J_x \approx \int\limits_0^l \frac{h^3\,dx}{12} + \int\limits_0^l y^2\,h\,dx = \frac{h\,l}{2}\left(\frac{h^2}{6} + a^2\right) = 31,25 \text{ cm}^4.$$

Damit wird

$$p_k = 536 \text{ atm.}$$

Nach der empirischen „Hütte-Formel" ist $p = 17,5$ atm (etwa 30 fache Sicherheit).

30. *Gegeben ist eine Schraubenfeder, die aus einem Federdraht von kreisförmigem Querschnitt mit dem Halbmesser a hergestellt ist. Der Windungshalbmesser R ist groß gegen a, die Windungszahl ist n, der Steigungswinkel der Schraubenlinie ist so klein, daß jede Windung als nahezu eben und senkrecht zur Federachse stehend angesehen werden kann.*

Die Feder ist belastet durch zwei entgegengesetzt gleiche Zugkräfte P, deren gemeinsame Richtungslinie jedoch nicht, wie üblich, mit der Federachse zusammenfällt, sondern den Abstand R von ihr besitzt.

Gesucht:

1. Die größte Torsionsspannung τ_{max} und die größte Biegungsspannung σ_{max}.

2. Die größte Anstrengung des Materials nach der τ_{max}-Theorie von Mohr.

3. Die Verschiebung w des Angriffspunktes der unteren Kraft bei festgehaltenem Angriffspunkt der oberen Kraft (mit Hilfe des Satzes von Castigliano).

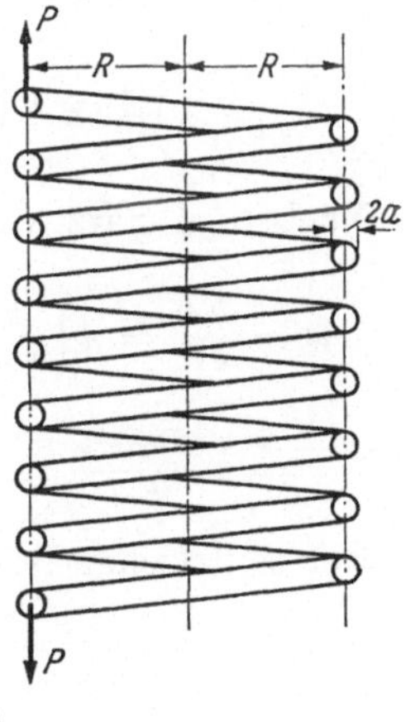

$$a = 0,5 \text{ cm}; \quad R = 5 \text{ cm}; \quad n = 8; \quad P = 25 \text{ kg};$$
$$E = 2 \cdot 10^6 \text{ kg/cm}^2; \quad G = 8 \cdot 10^5 \text{ kg/cm}^2.$$

1. Da sich jede Windung in der gleichen Lage befindet, genügt es, eine einzige zu betrachten. Man schneide sie so aus der Feder heraus, daß die Wirkungsgerade der Zugkräfte P durch die Mittelpunkte der beiden übereinanderliegenden Schnittflächen hindurchgeht. Die Federwindung läßt sich dann als ebener, geschlitzter Kreisring ansehen, der in seinen Endquerschnitten durch zwei entgegengesetzt gleiche Kräfte P senkrecht zur Ringebene belastet ist.

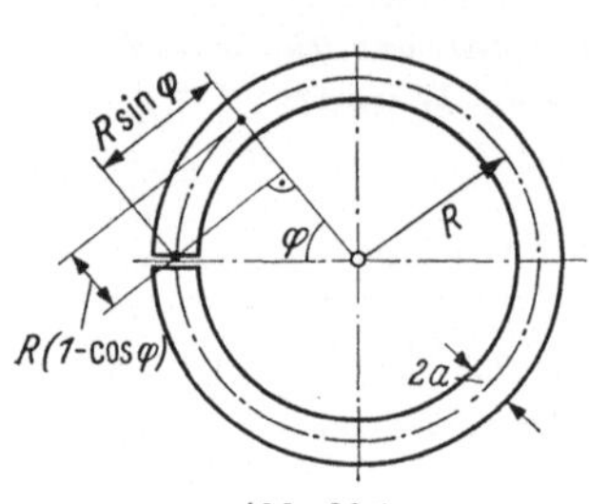

Abb. 30.1.

In einem beliebigen Querschnitt φ (Abbildung 30.1) ist das Torsionsmoment

$$M_t = PR(1 - \cos\varphi)$$

und das Biegungsmoment

$$M_b = PR\sin\varphi,$$
$$(M_t)_{\max} = (M_t)_{\varphi=\pi} = 2PR,$$
$$(M_b)_{\max} = (M_b)_{\varphi=\pm\frac{\pi}{2}} = PR.$$

Damit wird

$$\tau_{\max} = \frac{2 \cdot 2PR}{\pi a^3} = \frac{4 \cdot 25 \cdot 5 \cdot 8}{\pi} = 1275\ \text{kg/cm}^2.$$

$$\sigma_{\max} = \frac{4PR}{\pi a^3} = \tau_{\max} = 1275\ \text{kg/cm}^2.$$

2. $$\sigma_{\text{Mohr}} = \frac{4}{\pi a^3}\sqrt{M_b^2 + M_t^2} = \frac{4PR}{\pi a^3}\sqrt{2(1 - \cos\varphi)},$$

$$(\sigma_{\text{Mohr}})_{\max} = (\sigma_{\text{Mohr}})_{\varphi=\pi} = \frac{8PR}{\pi a^3} = 2550\ \text{kg/cm}^2.$$

3. Die Formänderungsarbeit der ganzen Feder ist

$$A = n\left\{\frac{1}{2EJ}\int_0^{2\pi} M_b^2\,R\,d\varphi + \frac{1}{2GJ_p}\int_0^{2\pi} M_t^2 R\,d\varphi\right\}.$$

Nach dem Satz von CASTIGLIANO ist

$$w = \frac{\partial A}{\partial P} = n\left\{\frac{1}{EJ}\int_0^{2\pi} PR^3\sin^2\varphi\,d\varphi + \frac{1}{GJ_p}\int_0^{2\pi} PR^3(1 - \cos\varphi)^2\,d\varphi\right\}$$

$$= n\frac{PR^3\pi}{EJ}\left(1 + \frac{3}{0,8}\right) = \frac{4n\,PR^3\,3,8\pi}{0,8\,E\,a^4\,\pi} = P\frac{19\,n\,R^3}{E\,a^4} = 3,8\ \text{cm}.$$

Bei zentrischer Belastung wird

$$w' = P\frac{4n\,R^2}{G\,a^4} = 2\ \text{cm}.$$

Zu dem Ausdruck für w muß man auch mit Hilfe der Differentialgleichung der elastischen Linie eines kreisförmig gekrümmten Trägers gelangen, der aus seiner Ebene heraus verbogen und damit zugleich verdreht wird. Zur anschaulichen Ableitung dieser Differentialgleichung benutzen wir den oben schon betrachteten, ebenen, geschlitzten Kreisring, der mit genügender Genauigkeit an die Stelle einer Federwindung treten kann.

Der Kreisträger ist belastet durch zwei entgegengesetzt gleiche Kräfte P, die in den Endquerschnitten $\varphi = 0$ und $\varphi = 2\pi$ in Richtung senkrecht zur Ringebene angreifen (Abb. 30.2). Die dadurch bewirkte

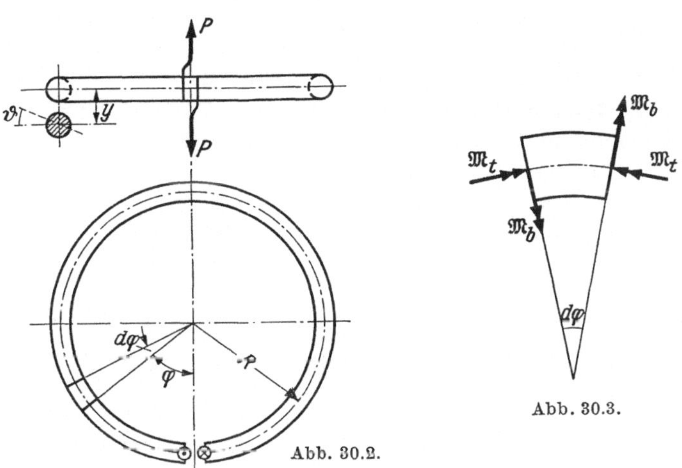

Abb. 30.2.

Abb. 30.3.

Formänderung des Trägers wird beschrieben durch die positiv nach unten gerechnete Durchbiegung y und die Drehung ϑ eines Querschnitts um die Ringtangente (positiv, wenn der äußere Scheitel des verdrehten Querschnittskreises höher als der innere liegt). Ferner werde, wie üblich als positiv festgesetzt: Ein Biegungsmoment M_b, das in den unteren Fasern Zug-, in den oberen Druckspannungen erzeugt, sowie ein Torsionsmoment M_t, das beim Fortschreiten längs der Zentrallinie um $R \cdot d\varphi$ zu einer Vergrößerung von ϑ führt, siehe Abb. 30 3, in die an den Endquerschnitten eines Trägerelements die Momentenvektoren der positiv gerechneten, inneren Momente angebracht sind (ein auf den Beschauer zukommender Pfeil entspricht einer Drehung im Uhrzeigersinn).

Durch ein positives Biegungsmoment M_b wird das Trägerelement im Aufriß so gekrümmt, daß seine Hohlseite nach oben zugekehrt ist (Krümmungshalbmesser ϱ). Eine weitere Krümmung mit dem Krümmungshalbmesser ϱ_2, und zwar im selben Sinne, erfährt das Element infolge der Drehung seiner Endquerschnitte um den positiven Winkel ϑ, dessen Projektion auf die Aufrißebene gleich $\vartheta \cdot d_i/2$ ist, so daß die ursprünglich parallelen Hochachsen seiner Endquerschnitte den

Winkel $\vartheta \cdot d\varphi$ einschließen. Aus Abb. 30.4 liest man ab:

$$\varrho_2 \vartheta\, d\varphi = R\, d\varphi \quad \text{oder} \quad \varrho_2 = \frac{R}{\vartheta}.$$

Die gesamte Krümmung wird

$$\frac{1}{\varrho} = \frac{d^2 y}{R^2\, d\varphi^2} = \frac{1}{\varrho_1} + \frac{1}{\varrho_2} = \pm \frac{M_b}{EJ} + \frac{\vartheta}{R}.$$

Daraus folgt die Biegungsgleichung (mit $EJ = B$ und dem Minuszeichen)

$$B\left(\frac{d^2 y}{d\varphi^2} - R\vartheta\right) = -M_b R^2, \tag{1}$$

die mit $\vartheta = 0$ und $R \cdot d\varphi = dx$ in die bekannte Gleichung für den geraden Stab übergeht.

Zur Ableitung der Torsionsgleichung betrachten wir ein beliebiges, in Abb. 30.5 in den 3 Rissen dargestelltes Trägerelement, das durch die Querschnitte $\mathrm{I}(\varphi)$ und $\mathrm{II}(\varphi + d\varphi)$ begrenzt ist. Die geneigte Strecke $\overline{ab} = R \cdot d\varphi$ im Aufriß gehört der elastischen Linie des Trägers an. Mit dem positiven Zuwachs dy, der durch eine Drehung des Elements

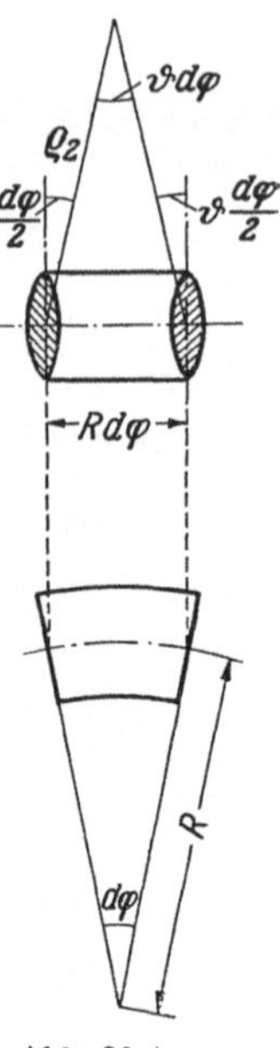

Abb. 30.4.

aus seiner ursprünglich waagrechten in die geneigte Lage zustande kommt (Drehung um die Achse $\overline{ac}$), ist eine im Seitenriß sichtbare

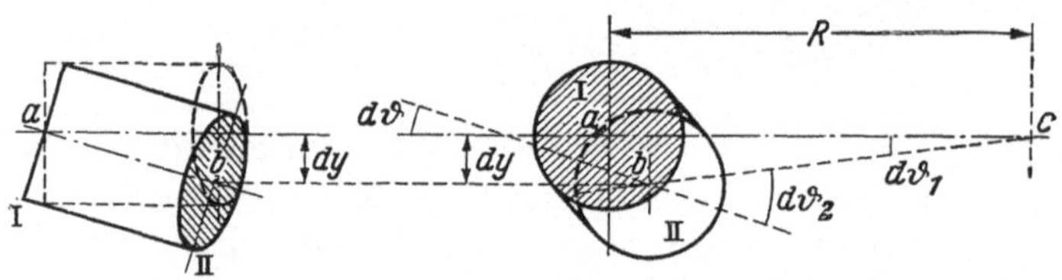

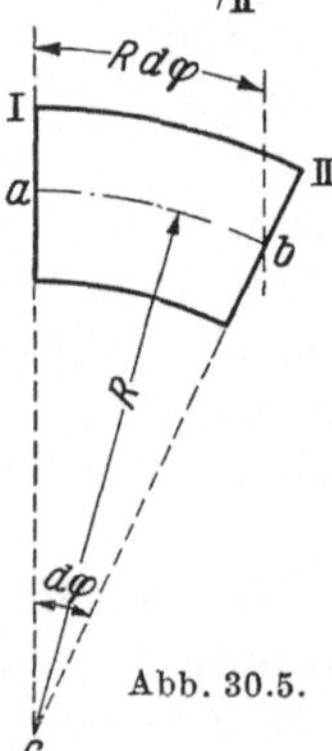

Abb. 30.5.

Drehung $d\vartheta_1$ des Querschnitts II gegen den Querschnitt I verbunden von der Größe $d\vartheta_1 = \frac{1}{R} dy$ im negativen Drehsinn, während seine durch das positive Torsionsmoment M_t bewirkte Verdrehung um den Torsionswinkel $d\vartheta_2$ im positiven Sinn erfolgt. Aus Abb. 30.5 liest man ab:

$$d\vartheta_2 = d\vartheta + d\vartheta_1 = d\vartheta + \frac{1}{R} dy.$$

Mit $GJ_p = C$ lautet somit die Torsionsgleichung

$$C\,\frac{d\vartheta_2}{R\, d\varphi} = C\left(\frac{d\vartheta}{R\, d\varphi} + \frac{1}{R}\,\frac{dy}{R\, d\varphi}\right) = M_t$$

oder

$$C\left(\frac{d\vartheta}{d\varphi} + \frac{1}{R}\,\frac{dy}{d\varphi}\right) = M_t R. \tag{2}$$

Setzt man in die einmal differenzierte Gl. (1) den aus Gl. (2) folgenden Wert von $\dfrac{d\vartheta}{d\varphi}$ ein, so erhält man die gesuchte Differentialgleichung der elastischen Linie des aus seiner Ebene heraus verbogenen Kreisträgers:

$$\frac{d^3 y}{d\varphi^3} + \frac{dy}{d\varphi} = -\frac{R^2}{B}\left(\frac{dM_b}{d\varphi} - \frac{B}{C}M_t\right). \qquad (3)$$

Im vorliegenden Fall ist

$$M_b = P R \sin\varphi, \quad M_t = P R (1 - \cos\varphi),$$

womit Gl. (3) übergeht in

$$\frac{d^3 y}{d\varphi^3} + \frac{dy}{d\varphi} = -\frac{P R^3}{B C}[(B + C)\cos\varphi - B]$$

oder nach einmaliger Integration in

$$\frac{d^2 y}{d\varphi^2} + y = -\frac{P R^3}{B C}[(B + C)\sin\varphi - B\varphi] + A.$$

Die allgemeine Lösung dieser Differentialgleichung lautet:

$$y(\varphi) = D_1 \sin\varphi + D_2 \cos\varphi + A + \frac{P R^3}{2 B C}(B + C)\varphi\cos\varphi + \frac{P R^3}{C}\varphi. \qquad (4)$$

Die Integrationskonstanten D_1 und D_2 können sofort gleich Null gesetzt werden, da die beiden ersten Glieder zu keiner Formänderung, sondern nur zu einer Drehung des Trägers um die Achsen $\varphi = 0$ bzw. $\varphi = \pi/2$ führen. Wird $y(0) = 0$ gesetzt, so verschwindet nach Gl. (4) die Integrationskonstante A, so daß

$$y(\varphi) = \frac{P R^3}{C}\left(\frac{B + C}{2 B}\varphi\cos\varphi + \varphi\right) \qquad (5)$$

wird. Für die Senkung des Endquerschnitts $\varphi = 2\pi$ gegen den Anfangsquerschnitt $\varphi = 0$ erhält man schließlich:

$$y(2\pi) = \frac{P R^3 \pi}{B}\left(1 + \frac{3 B}{C}\right) = \frac{P R^3 \pi}{E J}\left(1 + \frac{3}{0,8}\right)$$

in Übereinstimmung mit dem oben nach dem Satz von CASTIGLIANO sofort erhaltenen Ergebnis. Mit Gl. (5) folgt aus Gl. (1)

$$\vartheta = -\frac{P R^2}{B}\left[\frac{B}{C}\sin\varphi + \frac{1}{2}\left(\frac{B}{C} + 1\right)\varphi\cos\varphi\right]. \qquad (6)$$

31. *Das in der axonometrischen Zeichnung dargestellte dünnwandige Kreisrohr (Länge l, Halbmesser r, Wandstärke s) ist am hinteren Ende eingespannt und außerdem noch am vorderen Ende mittels eines fest mit ihm verschweißten, starken Querriegels exzentrisch abgestützt. Dieses vordere Auflager ist in der Höhe der Rohrachse angeordnet und sein Abstand von dieser ist a = l/4. An dem Querriegel greift im Abstand p = l/5 von der Rohrachse eine vertikale Last P an. Man ermittle*

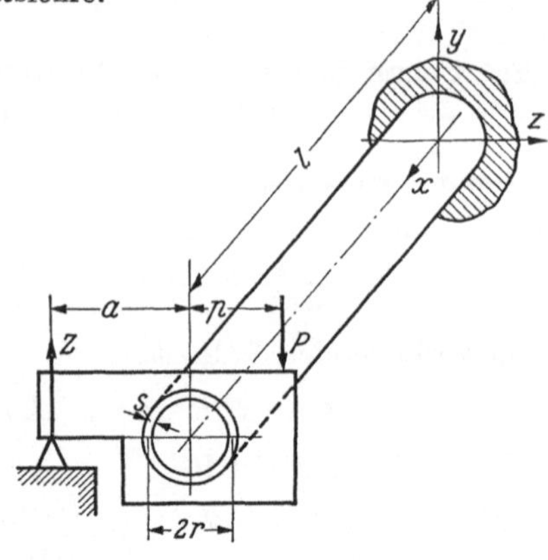

I. den auf den Querriegel ausgeübten Auflagerdruck Z

 1. mit Hilfe der Formänderungen. Wie groß müßte p sein, damit Z = 0 wird?

 2. nach dem Satz vom Minimum der Formänderungsarbeit, Poissonsche Konstante m = 3.

II. die Senkung δ des Lastangriffspunktes nach dem Satz von Castigliano (allgemein).

III. die Wandstärke s, die das Rohr nach der τ_{max}-Theorie von Mohr erhalten muß, wenn $\sigma_{zul} = 1500$ at, r = 6 cm, l = 150 cm, P = 1000 kg ist.

I. 1. Formänderungsbedingung: Nach Abb. 31.1 ist:

$$f = a\,\varphi, \tag{1}$$

$$f = \frac{(P - Z)\,l^3}{3\,EJ} \quad \text{(Biegungspfeil)},$$

$$\varphi = \frac{(P\,p + Z\,a)\,l}{G\,J_p} \quad \text{(Torsionswinkel)}.$$

Abb. 31.1.

Damit geht Gl. (1) über in:

$$\frac{(P - Z)\,l^2}{3\,EJ} = \frac{(P\,p + Z\,a)\,a}{G\,J_p}, \tag{2}$$

$$Z\left(l^2 + 3\,a^2\,\frac{EJ}{G\,J_p}\right) = P\left(l^2 - 3\,p\,a\,\frac{EJ}{G\,J_p}\right).$$

Mit:

$$3\,\frac{EJ}{G\,J_p} = 3\,\frac{m+1}{m} = 4,$$

wird:

$$Z = P\,\frac{l^2 - 4\,p\,a}{l^2 + 4\,a^2} = P\,\frac{1 - \frac{1}{5}}{1 + \frac{1}{4}} = \frac{16}{25}\,P = 0{,}64\,P.$$

Z = 0, falls:

$$l^2 - 4\,p\,a = 0;$$

$$p = \frac{l^2}{4\,a} = l \quad \left(\text{mit } a = \frac{l}{4}\right).$$

$$2.\ A = A_b + A_t = \frac{1}{2\,EJ}\int_0^l M_b^2(x)\,dx + \frac{M_t^2\,l}{2\,G\,J_p}.$$

A_b ist die von den Biegungsmomenten $M(x)$, A_t die vom Torsionsmoment M_t geleistete Formänderungsarbeit. Rechnet man (entgegen der Abbildung) die Koordinate x vom vorderen Rohrende aus, so ist

$$M_b(x) = (P - Z)\,x; \quad M_t = P\,p + Z\,a.$$

$$A = \frac{1}{2\,EJ}\,\frac{(P - Z)^2\,l^3}{3} + \frac{(P\,p + Z\,a)^2\,l}{2\,G\,J_p}.$$

$$\frac{\partial A}{\partial Z} = -\frac{l^3}{3\,EJ}\,(P - Z) + \frac{(P\,p + Z\,a)\,l\,a}{G\,J_p} = 0.$$

Diese Gleichung ist mit Gl. (2) identisch.

$$\text{II.}\quad \delta = \frac{\partial A}{\partial P} = \frac{l^3}{3EJ}(P-Z) + \frac{(Pp+Za)\,lp}{GJ_p},$$

$$\delta = \frac{l^3}{EJ}\left(\frac{P-Z}{3} + \frac{\dfrac{P}{25}+\dfrac{Z}{20}}{\dfrac{3}{4}}\right) = \frac{l^3}{3EJ}\left(\frac{29}{25}P - \frac{4}{5}Z\right)$$

$$= \frac{l^3}{3EJ}\left(\frac{29}{25}P - \frac{4}{5}\cdot\frac{16}{25}P\right) = \frac{16,2}{75}\frac{Pl^3}{EJ},$$

$$\delta = \frac{Pl^3}{4,63\,EJ}.$$

$$\text{III.}\quad \sigma_{\text{Mohr}} = \sigma_{\text{zul}} = \sqrt{\sigma_x^2 + 4\tau^2},$$

$$\sigma_x = \frac{(M_b)_{\max}\,r}{J_z} = \frac{(M_b)_{\max}}{r^2\pi s} \qquad (J_z = r^3\pi s),$$

$$\tau = \frac{M_t}{J_p}\,r = \frac{M_t}{2r^2\pi s} \qquad (J_p = 2J_z),$$

$$2\tau = \frac{M_t}{r^2\pi s},$$

$$\sigma_{\text{Mohr}} = \sigma_{\text{zul}} = \frac{1}{r^2\pi s}\sqrt{(M_b)_{\max}^2 + M_t^2},$$

$$(M_b)_{\max} = (P-Z)\,l = \frac{9}{25}Pl,$$

$$M_t = Pp + Za - P\frac{l}{5} + \frac{16}{25}P\frac{l}{4} = \frac{9}{25}Pl.$$

Also:

$$\sigma_{\text{zul}} = \frac{1}{r^2\pi s}\frac{9}{25}Pl\sqrt{2},$$

$$s = \frac{9\sqrt{2}}{25}\frac{Pl}{\sigma_{\text{zul}}\,r^2\pi} = \frac{9\sqrt{2}\cdot 1000\cdot 150}{25\cdot 1500\cdot 36\pi} = \frac{\sqrt{2}}{\pi} = 0,45 \text{ cm}.$$

32. *Ein quadratischer Rahmen mit Diagonalstab und fest vernieteten Ecken ist in den gegenüberliegenden Eckpunkten A und B durch zwei entgegengesetzt gleiche Kräfte 2P = 2000 kg belastet. Sämtliche Stäbe bestehen aus ⊔-Eisen NP 3.*

$$J_y = 5,33 \text{ cm}^4; \qquad W_y = 2,68 \text{ cm}^3;$$
$$F = 5,44 \text{ cm}^2.$$

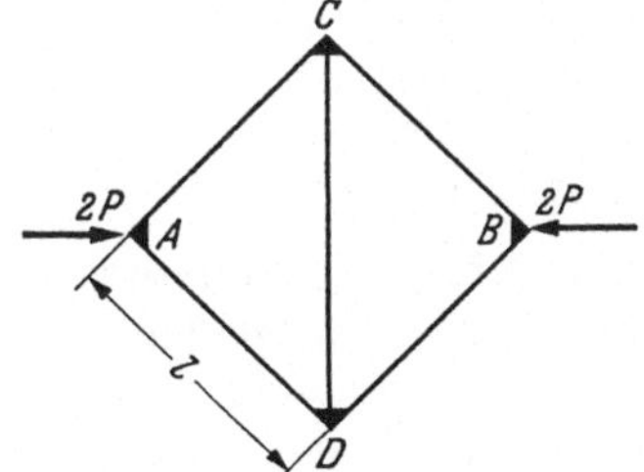

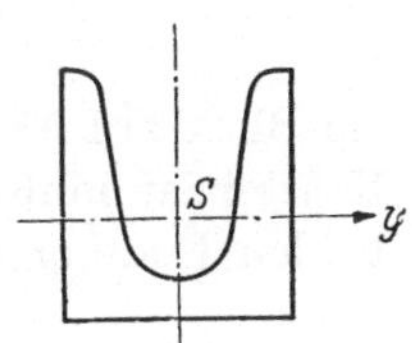

Gesucht:

1. Die Stabkräfte sämtlicher Stäbe sowie das größte Biegungsmoment und die größte Biegungsspannung in den Rahmenstäben für die beiden Fälle

a) $l = 30$ cm,   b) $l = 90$ cm.

Die gefundenen Stabkräfte vergleiche man mit denjenigen, die sich ergeben für den Fall, daß die Stäbe gelenkig miteinander verbunden sind (Fachwerk).

2. Die elastische Verschiebung w der Kraftangriffspunkte A und B.

1. Abb. 32.1 zeigt den Stabverband im deformierten Zustand. Die Eckpunkte A und B haben sich in waagrechter Richtung nach innen, C und D in senkrechter Richtung nach außen verschoben. Der Betrag, um den sich C und D voneinander entfernt haben, ist gleich der elastischen Verlängerung des gezogenen Diagonalstabes. Da die rechten Winkel zwischen den Rahmenstäben in den Eckpunkten wegen der als starr anzusehenden Knotenbleche erhalten bleiben, müssen sich die Rahmenstäbe S-förmig verbiegen (in Abb. 32.1 übertrieben dargestellt).

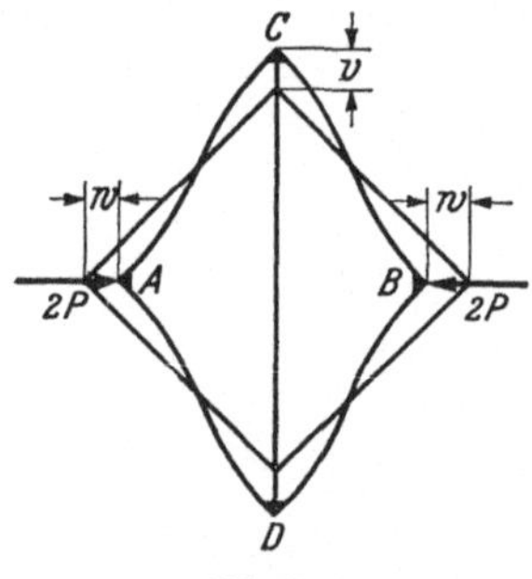

Abb. 32.1.

Jeder der vier Rahmenstäbe befindet sich in der gleichen Lage, so daß es genügt, einen von ihnen frei zu machen (Abb. 32.2 a). Die Kräfte und Momente an den beiden Stabenden können hier sogleich mit den richtigen Pfeilen eingetragen werden, da die Längskraft S jedenfalls eine Druckkraft sein muß und die Endbiegungsmomente beide im Uhrzeigersinn drehen, wie

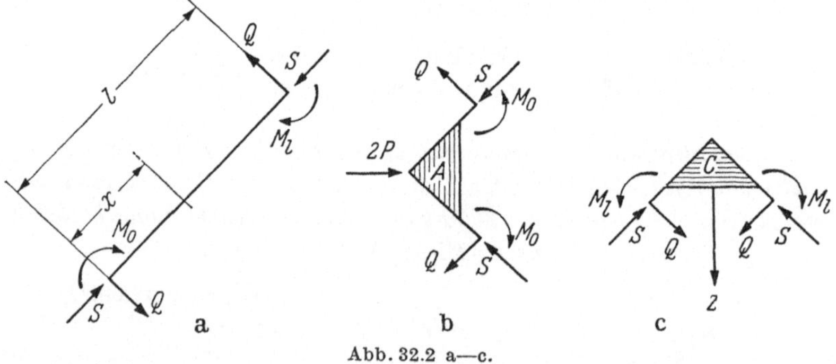

a   b   c

Abb. 32.2 a—c.

ein Blick auf Abb. 32.1 lehrt. Das aus den Endquerkräften Q gebildete Kräftepaar muß daher entgegen dem Uhrzeigersinn drehen, da es den beiden Endmomenten Gleichgewicht halten muß:

$$M_0 + M_l = Q\,l. \tag{1}$$

Zwei weitere Gleichungen ergeben sich aus dem Gleichgewicht der abgeschnittenen Ecke bei A (Abbildung 32.2 b) sowie derjenigen bei C (Abbildung 32.2 c):

$$S \sqrt{2} + Q \sqrt{2} = 2 P, \tag{2}$$

$$S \sqrt{2} - Q \sqrt{2} = Z, \tag{3}$$

wenn mit Z die Zugkraft im Diagonalstab bezeichnet wird. Mehr als diese drei Gleichgewichtsbedingungen lassen sich nicht angeben. Da aber 5 Unbekannte zu ermitteln sind, nämlich S, M_0, M_l, Q und Z, so ist der Stabverband zweifach statisch unbestimmt. Man wähle unter den fünf inneren Kraftgrößen zwei willkürlich aus, etwa M_0 und Q, und sehe sie als die beiden „statisch unbestimmten Größen" an, die nach dem Satz vom Minimum der Formänderungsarbeit aus den beiden Gleichungen

$$\frac{\partial A}{\partial M_0} = 0, \qquad (4) \qquad\qquad \frac{\partial A}{\partial Q} = 0 \qquad (5)$$

bestimmt werden können, wobei für A die im ganzen Stabverband aufgespeicherte Formänderungsarbeit einzusetzen ist. Wird die von den Schubkräften geleistete Arbeit, die bei schlanken Stäben verhältnismäßig geringfügig ist, gegen diejenige der Längskräfte und Biegungsmomente vernachlässigt, so lautet der Ausdruck für A:

$$A = 4 \frac{S^2 l}{2 EF} + \frac{Z^2 l \sqrt{2}}{2 EF} + 4 \frac{1}{2 E J_y} \int\limits_0^l M^2(x)\, dx. \tag{6}$$

Nach Gl. (2) ist

$$S = P \sqrt{2} - Q \tag{7}$$

und damit nach Gl. (3)

$$Z = 2\left(P - Q \sqrt{2}\right). \tag{8}$$

Nach Abb. 32.2 a ist

$$M(x) = M_0 - Q x.$$

(Bei vorausgesetzter schwacher Verbiegung der Rahmenstäbe ist der Beitrag von S zu $M(x)$ verschwindend klein.)

Mit diesen Werten geht Gl. (6) über in

$$A = \frac{2l}{EF}(P \sqrt{2} - Q)^2 + \frac{2 l \sqrt{2}}{EF}(P - Q \sqrt{2})^2 + \frac{2}{E J_y} \int\limits_0^l (M_0 - Q x)^2 dx. \tag{9}$$

Die Bedingungen (4) und (5) verlangen die Erfüllung der beiden folgenden Gleichungen:

$$\int\limits_0^l (M_0 - Q x)\, dx = M_0 l - Q \frac{l^2}{2} = 0, \tag{4a}$$

$$\frac{l}{EF}(P \sqrt{2} - Q) + \frac{2l}{EF}(P - Q \sqrt{2}) + \frac{1}{E J_y} \int\limits_0^l (M_0 - Q x)\, x\, dx = 0. \tag{5a}$$

Mit $M_0 = \dfrac{Q\,l}{2}$ nach Gl. (4a) geht die mit $\dfrac{E\,F}{l}$ multiplizierte Gl. (5a) in

$$P(2 + \sqrt{2}) - Q(1 + 2\sqrt{2}) - Q\,\frac{l^2 F}{12 J_y} = 0$$

über, woraus

$$Q = P\,\frac{2 + \sqrt{2}}{1 + 2\sqrt{2} + \dfrac{l^2 F}{12 J_y}} \tag{10}$$

folgt. Damit werden auch die anderen vier Unbekannten bekannt.

Mit $\dfrac{J_y}{F} = i_y^2$ und $\dfrac{l}{i_y} = \lambda$ (Schlankheitsgrad) wird $\dfrac{l^2 F}{12 J_y} = \dfrac{\lambda^2}{12}$. Für sehr große Werte von λ (sehr schlanke Stäbe) werden Q und M_0 verschwindend klein. Nach Gl. (7) und (8) wird damit $S = P\sqrt{2}$, $Z = 2P$ (Stabkräfte des Fachwerks), d. h. in diesem Fall besteht zwischen dem Rahmen mit Diagonalstab und dem Fachwerk kein Unterschied mehr.

Zahlenrechnung:

	Fall a $\lambda=30{,}3$	Fall b $\lambda=90{,}9$	Fachwerk
Q kg	43	5	0
$M_0 = M_l = M_{\max}$ kg cm	638	222	0
S kg	1371	1408	$P\sqrt{2} = 1413$
Z kg	1880	1986	$2P = 2000$
$(\sigma_b)_{\max}$ kg/cm²	237	83	0

2. Die Verschiebung w läßt sich auf zweierlei Art bestimmen, nämlich

a) durch Gleichsetzen der äußeren Arbeit mit der Formänderungsarbeit nach Gl. (9),

b) sehr viel einfacher mit Hilfe des Satzes von CASTIGLIANO:

$$w = \frac{\partial\left(\frac{1}{2}A\right)}{\partial(2P)} = \frac{1}{4}\,\frac{\partial A}{\partial P} = \frac{l}{E\,F}\left[(P\sqrt{2} - Q)\sqrt{2} + \sqrt{2}\,(P - Q\sqrt{2})\right]$$

$$= (2 + \sqrt{2})\,\frac{l}{E\,F}\,(P - Q) = \frac{P\,l}{E\,F}\,(2 + \sqrt{2})\,\frac{\sqrt{2} - 1 + \dfrac{\lambda^2}{12}}{1 + 2\sqrt{2} + \dfrac{\lambda^2}{12}}.$$

(Bei der partiellen Differentiation von A nach P dürfen die statisch Unbestimmten Q und M_0 als Konstante behandelt werden wegen der Gl. (4) und (5) in Verbindung mit der Kettenregel.)

Im Fall a) wird $w = 0{,}09$ mm,

im Fall b) wird $w = 0{,}28$ mm.

33. *Zum Anheben eines schweren Blockes B vom Gewicht $2\,Q$ dienen zwei Flachstäbe S von der Länge $2\,l$, die hierzu durch drei Bolzen mit dem Block verbunden werden. Die beiden äußeren Bolzen 1 haben den Abstand $l-p$ vom mittleren Bolzen 2, der in der Mitte des Blocks und der Stäbe sitzt.*

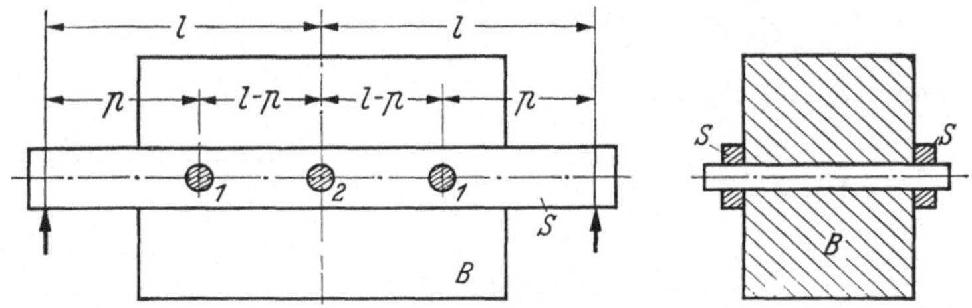

1. Mit Hilfe des Satzes von Castigliano bestimme man die von den drei Bolzen auf jeden der beiden Stäbe ausgeübten Kräfte P_1 und P_2 in Abhängigkeit von l/p. (Der Block kann gegenüber den Stäben als starr angesehen werden.)

2. Für den Fall $\dfrac{l}{p} = \dfrac{3}{2}$ zeichne man die Querkraft- und Momentenfläche einer Stabhälfte.

1. Bei starrem Block muß die Durchbiegung y_2 der Stabmitte ebenso groß sein wie die Durchbiegung y_1 der Stellen *1*, an denen die äußeren Bolzen sitzen, so daß die elastische Linie der Stäbe etwa die in Abb. 33.1 dargestellte Gestalt besitzt. Wäre der Mittelbolzen *2* nicht vorhanden,

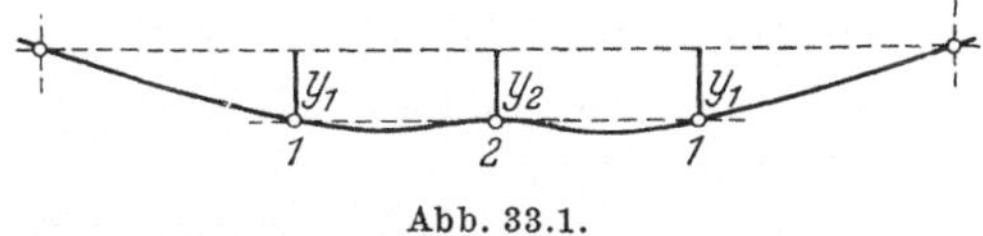

Abb. 33.1.

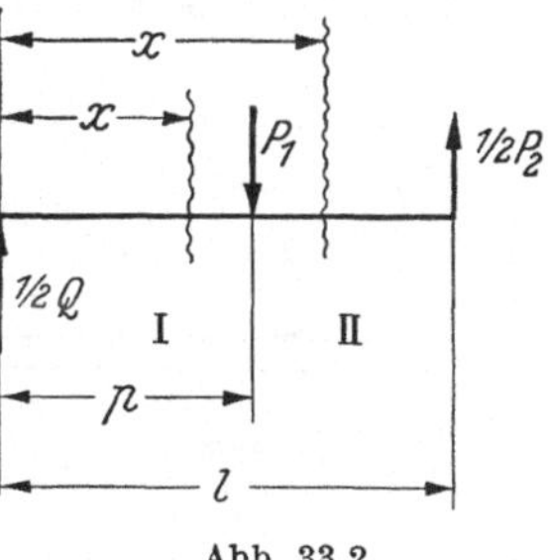

Abb. 33.2.

so wäre $y_2 > y_1$. Daher muß die von ihm auf jeden Stab ausgeübte Kraft P_2 nach oben gerichtet sein.

Die beiden Unbekannten P_1 und P_2 folgen aus den beiden Bedingungen

$$\text{a)}\quad 2P_1 - P_2 = Q, \qquad \text{b)}\quad y_2 = y_1. \tag{1}$$

Wegen der Symmetrie braucht zur Bestimmung von y_1 und y_2 nur eine Stabhälfte betrachtet zu werden, die in die beiden Äste I $(0 \le x \le p)$ und II $(p \le x \le l)$ zerfällt (Abb. 33.2). Nach dem Satz von Castigliano ist dann

$$y_1 = \frac{\partial}{\partial P_1}(A_I + A_{II}), \qquad y_2 = -\frac{\partial}{\partial\left(\frac{1}{2}P_2\right)}(A_I + A_{II}), \tag{2}$$

wobei auf der rechten Seite der zweiten Gleichung ein Minuszeichen beigefügt werden mußte, da die Verschiebung y_2 der Stelle 2 entgegen der Richtung der Kraft P_2 erfolgt.

$$M_{\mathrm{I}} = (P_1 - \tfrac{1}{2}P_2)\,x\,, \qquad M_{\mathrm{II}} = P_1 p - \frac{P_2}{2}\,x\,,$$

$$\frac{\partial M_{\mathrm{I}}}{\partial P_1} = x\,; \quad \frac{\partial M_{\mathrm{I}}}{\partial(\tfrac{1}{2}P_2)} = -x\,, \quad \frac{\partial M_{\mathrm{II}}}{\partial P_1} = p\,; \quad \frac{\partial M_{\mathrm{II}}}{\partial(\tfrac{1}{2}P_2)} = -x\,.$$

Damit gehen die Gl. (2) über in

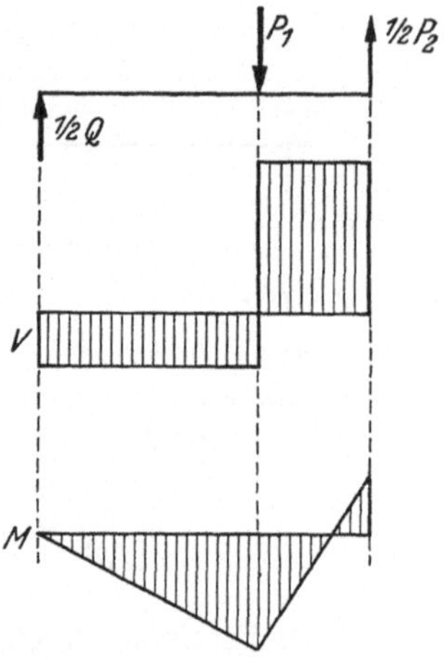

$$y_1 = \frac{1}{EJ}\left\{ \int_0^p M_{\mathrm{I}}\cdot x\,dx + p\int_p^l M_{\mathrm{II}}\cdot dx \right\}$$

$$= \frac{1}{EJ}\left\{ P_1\left(p^2 l - \frac{2}{3}p^3\right) - \frac{P_2}{4}\left(p l^2 - \frac{p^3}{3}\right) \right\},$$

$$y_2 = \frac{1}{EJ}\left\{ \int_0^p M_{\mathrm{I}}\,x\,dx + \int_p^l M_{\mathrm{II}}\,x\,dx \right\}$$

$$= \frac{1}{EJ}\left\{ \frac{P_1}{2}\left(p l^2 - \frac{p^3}{3}\right) - P_2\frac{l^3}{6} \right\}.$$

Aus den beiden Gl. (1) folgen jetzt mit $\lambda = \dfrac{l}{p}$:

$$P_1 = \frac{Q}{4}\cdot\frac{2\lambda^3 - 3\lambda^2 + 1}{\lambda^3 - 3\lambda^2 + 3\lambda - 1} = \frac{Q}{4}\cdot\frac{2\lambda + 1}{\lambda - 1}\,,$$

$$P_2 = \frac{3}{2}Q\frac{1}{\lambda - 1}\,.$$

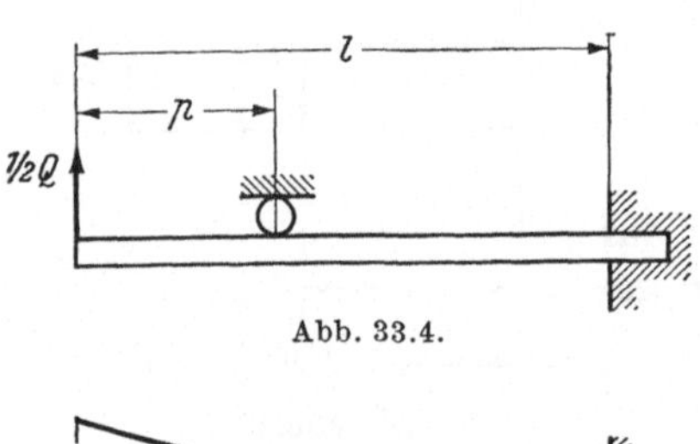

Abb. 33.3.

2. Für $\lambda = \tfrac{3}{2}$ wird $P_1 = 2Q$; $P_2 = 3Q$. In Abb. 33.3 ist für diesen Fall die Querkraft- und Momentenfläche gezeichnet.

Die Aufgabe läßt sich auch noch auf eine ganz andere Art, und zwar wie folgt lösen:

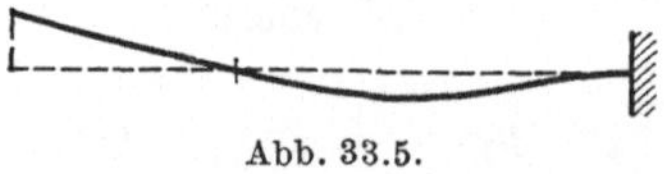

Man denke sich die oben betrachtete linke Stabhälfte am rechten Ende fest eingespannt und außerdem noch im Abstand p vom linken freien Ende durch ein Rollenlager unterstützt (Abb. 33.4). Die Belastung des Stabes besteht in einer vertikal nach aufwärts gerichteten Last $\tfrac{1}{2}Q$ am freien Stabende.

Abb. 33.4.

Abb. 33.5.

Die Gestalt der elastischen Linie dieses Stabes (Abb. 33.5) ist dann offensichtlich identisch mit derjenigen in Abb. 33.1, und der vom Rollenlager ausgeübte Stützdruck Z muß daher gleich sein der gesuchten Kraft P_1, s. Abb. 33.6, die mit Abb. 33.2 übereinstimmt bis auf die Rollen, welche die Kräfte hier und dort spielen. An die Stelle der Lasten P_1,

$\frac{1}{2} P_2$ treten hier die Auflagerkräfte $Z = P_1$, $B = \frac{1}{2} P_2$, während die Kraft $Q/2$ dort die Rolle einer Auflagerkraft und hier die einer Last spielt. Der statisch unbestimmte Stützdruck Z folgt aus:

$$\frac{\partial A}{\partial Z} = \frac{\partial (A_I + A_{II})}{\partial Z} = 0.$$

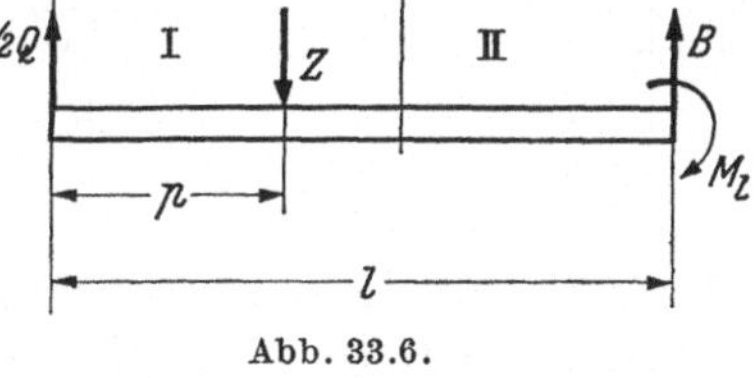

Abb. 33.6.

(Satz vom Minimum der Formänderungsarbeit.)

Da Z in $M_I = \frac{Q}{2}\, x$ nicht vorkommt, ist $\frac{\partial A_I}{\partial Z}$ von selbst gleich Null. Mit $M_{II} = \frac{Q}{2}\, x - Z (x - p)$ erhält man aus:

$$\frac{\partial A_{II}}{\partial Z} = - \frac{1}{EJ} \int_p^l \left[\frac{Q}{2}\, x - Z (x - p) \right] (x - p)\, dx = 0,$$

für Z denselben Wert wie oben für P_1.

34. *Ein in Ruhe befindliches Schwungrad aus Stahlguß sitzt auf dem oberen Ende einer vertikalen Welle. Es hat drei symmetrisch angeordnete, kreiszylindrische Arme vom Halbmesser ϱ, die in Kranz und Nabe fest eingespannt sind. Kranz und Nabe sollen als starr angesehen werden.*

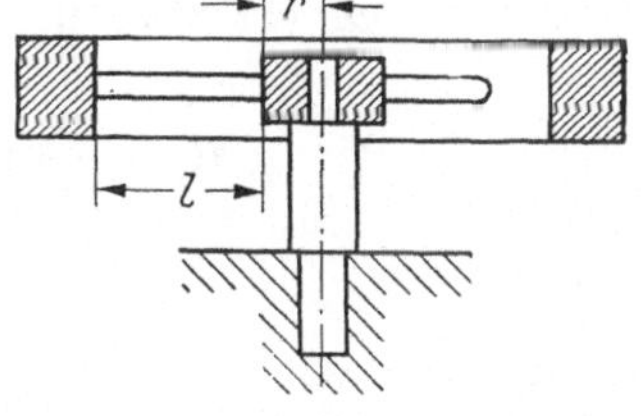

1. Um welchen Betrag w senkt sich der Kranz gegen die Nabe infolge des Kranzgewichtes Q? Wie groß ist die Biegungsbeanspruchung der Arme?

2. Von den drei Armen seien zwei infolge von Gußspannungen gerissen. Um welchen Betrag w senkt sich der Schwerpunkt des Kranzes gegen die Nabe infolge des Kranzgewichts Q und welchen Winkel φ bildet dann die Mittelebene des Kranzes mit der waagrechten Ebene? Wie groß ist die Biegungsbeanspruchung des einen Armes?

3. Schließlich bestimme man w und φ für den Fall, das nur ein Arm gerissen ist, und gebe die Biegungs- und Torsionsbeanspruchung der beiden tragenden Arme an.*

$$Q = 1500\ kg; \quad r = 20\ cm; \quad l = 80\ cm; \quad \varrho = 4\ cm \quad m = 4;$$
$$E = 2{,}1 \cdot 10^6\ kg/cm^2.$$

1. Jeder der drei gleichartig beanspruchten Arme überträgt ein Drittel des Kranzgewichts Q auf die Nabe, in die er mit waagrechter Tangente

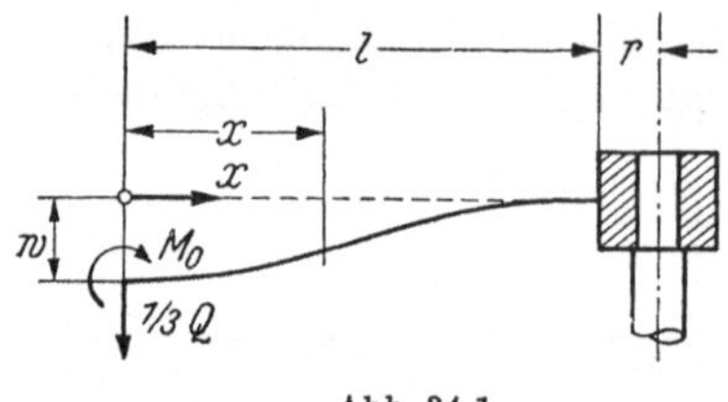

Abb. 34.1.

eingespannt ist. An seinem frei gemachten Kranzende ist er außer durch die lotrechte Kraft $Q/3$ noch durch das vom Kranz auf ihn ausgeübte Einspannmoment M_0 belastet (Abb. 34.1), dessen Größe aus der Bedingung zu bestimmen ist, daß auch am Kranzende die Tangente an die elastische Linie des Armes waagrecht verlaufen muß. Nach den Sätzen von CASTIGLIANO folgen die beiden Unbekannten M_0 und w aus den Gleichungen

$$\frac{\partial A}{\partial M_0} = 0, \tag{1}$$

$$\frac{\partial A}{\partial \frac{1}{3} Q} = w. \tag{2}$$

Wird nur die Arbeit der Biegungsmomente berücksichtigt, so wird die Formänderungsarbeit mit

$$M(x) = M_0 - \frac{Q}{3}\, x,$$

$$A = \frac{1}{2\,E\,J} \int\limits_0^l \left(M_0 - \frac{Q}{3}\, x \right)^2 d x, \qquad \left(J = \frac{\varrho^4\,\pi}{4} \right).$$

Damit geht Gl. (1) über in:

$$\int\limits_0^l \left(M_0 - \frac{Q}{3}\, x \right) d x = M_0\, l - \frac{Q\, l^2}{6} = 0,$$

woraus

$$M_0 = \frac{Q\, l}{6}$$

folgt. Die zweite Gleichung lautet:

$$w = -\frac{1}{E\,J} \int\limits_0^l \left(M_0 - \frac{Q}{3}\, x \right) x\, d x = \frac{1}{E\,J} \left(\frac{Q\, l^3}{9} - \frac{M_0\, l^2}{2} \right)$$

oder mit dem gefundenen Wert für M_0:

$$w = \frac{Q\, l^3}{36\,E\,J} = 0{,}05 \text{ cm.}$$

Die größte Biegungsspannung, die an beiden Armenden in gleicher Größe auftritt, beträgt

$$\sigma_{\max} = \frac{M_0}{W} = \frac{4 Q\, l}{6\, \varrho^3\, \pi} = 398 \text{ kg/cm}^2.$$

2. Zur Bestimmung von w und φ betrachte man den Kranz mit dem Arm, der an seinem Nabenende mit waagrechter Tangente eingespannt

und durch das im Kranzschwerpunkt S wirksam zu denkende Kranzgewicht Q belastet ist (Abb. 34.2). Dann ist das Biegungsmoment in einem Querschnitt, der den Abstand x vom Kranzende des Arms besitzt,

$$M(x) = Q(l + r - x).$$

Nach dem Satz von CASTIGLIANO ist die Verschiebung w des Angriffspunkts S der Last Q in ihrer Richtung:

$$w = \frac{\partial A}{\partial Q} = \frac{1}{EJ} \int_0^l M(x)\, \frac{\partial M(x)}{\partial Q}\, dx = \frac{Q}{EJ} \int_0^l (l + r - x)^2\, dx,$$

$$w = \frac{Ql}{EJ} \left(\frac{l^2}{3} + lr + r^2\right) = 1{,}2 \text{ cm}.$$

Zur Bestimmung von φ bringe man am Kranz ein fingiertes Kräftepaar vom Moment M_f mit beliebigem Drehpfeil, etwa im Sinne des Uhrzeigers, an (Abb. 34.3), das in der die Armachse enthaltenden lotrechten Ebene wirkt, so daß:

$$M(x) = Q(l + r - x) + M_f$$

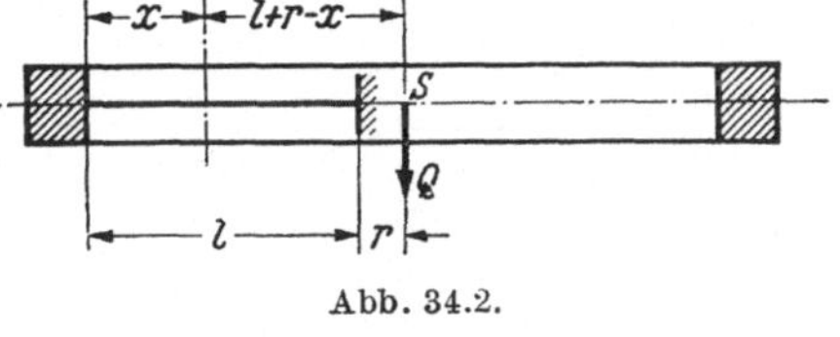

Abb. 34.2.

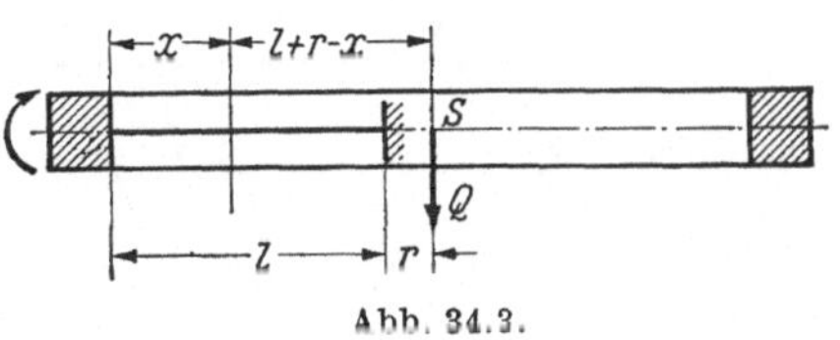

Abb. 34.3.

ist. Nach dem Satz von CASTIGLIANO wird dann der Neigungswinkel, den die Tangente an die elastische Linie am Kranzende mit der Waagrechten bildet, und damit auch — wegen der festen Einspannung des Armes im Kranz — der Neigungswinkel der Kranzmittelebene gegen die waagrechte Ebene

$$\varphi = \left(\frac{\partial A}{\partial M_f}\right)_{M_f=0} = \frac{1}{EJ} \int_0^l \left[M(x)\, \frac{\partial M(x)}{\partial M_f}\right]_{M_f=0} dx,$$

$$\varphi = \frac{Q}{EJ} \int_0^l (l + r - x)\, dx = + \frac{Ql}{EJ} \left(\frac{l}{2} + r\right) = 0{,}017 \quad (1°).$$

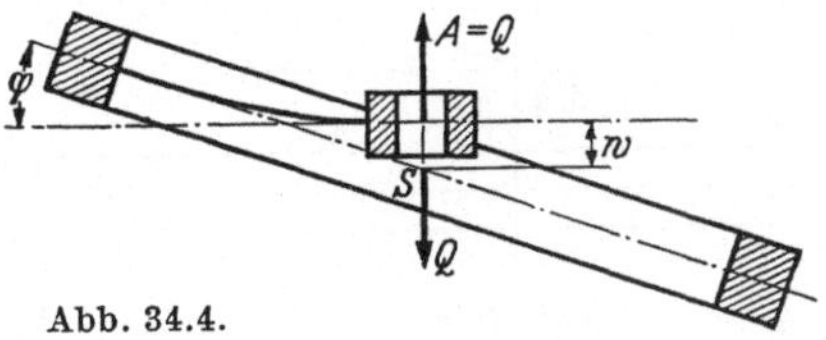

Das positive Vorzeichen besagt, daß die Drehung des Kranzes im Sinne des angenommenen Drehpfeils von M_f, d. h. im Uhrzeigersinn, erfolgt.

Abb. 34.4 zeigt in übertriebener Darstellung, wie sich der Kranz gegen die Nabe einstellt, wenn nur ein Arm vorhanden ist.

Abb. 34.4.

Das größte Biegungsmoment tritt am Kranzende $x = 0$ auf und beträgt: $M_0 = Q(l + r)$. Damit wird:

$$\sigma_{max} = \frac{4Q(l + r)}{\varrho^3 \pi} = 2980 \ \text{kg/cm}^2.$$

3*. Man halte den Kranz in waagrechter Lage fest (Abb. 34.5), so daß die Nabe gegen ihn infolge der nach aufwärts gerichteten Auflager-

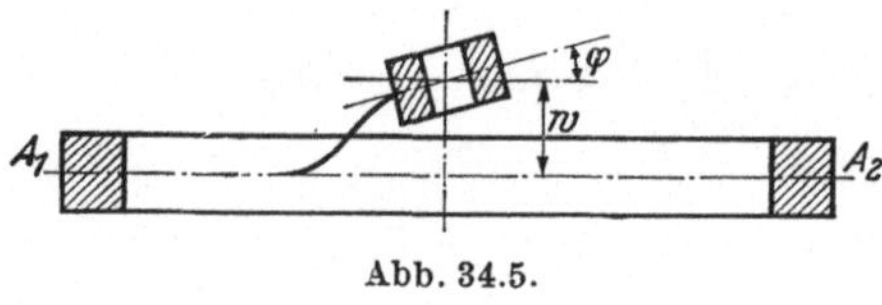

Abb. 34.5.

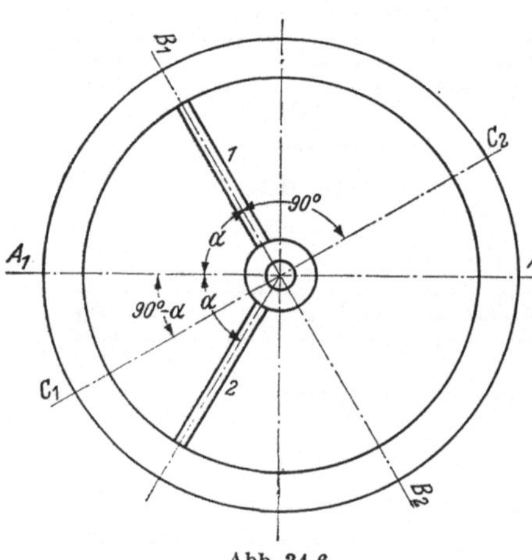

Abb. 34.6.

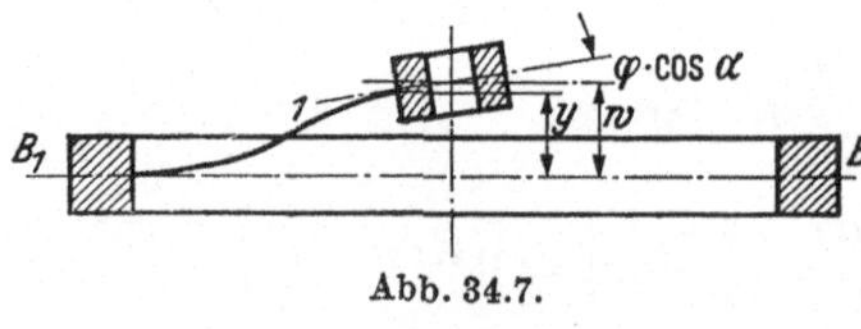

Abb. 34.7.

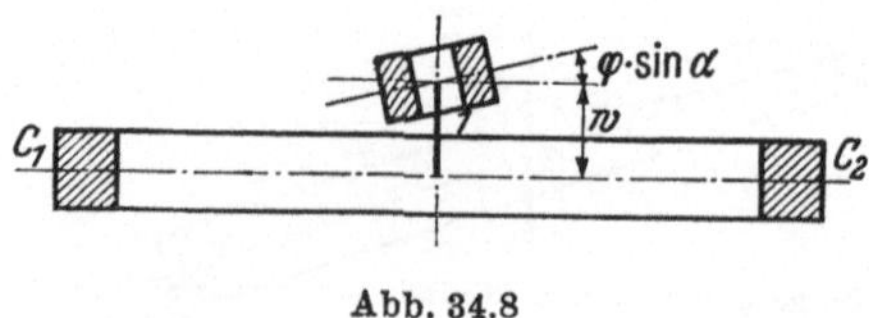

Abb. 34.8

kraft Q eine Hebung w und eine Drehung um den Winkel φ erfährt, die aus Symmetriegründen um eine Achse erfolgt, die senkrecht auf der lotrechten Symmetrieebene des Rades steht, deren Spur im Grundriß (Abb. 34.6) der Durchmesser $A_1 - A_2$ ist. In der durch den Durchmesser $B_1 - B_2$ gelegten lotrechten Ebene, die den Arm 1 enthält (Abb. 34.7), beträgt der Neigungswinkel der Nabe gegen den waagrechten Kranz $\varphi \cos \alpha$ und in der dazu senkrechten, durch $C_1 - C_2$ gelegten Lotebene (Abb. 34.8) beträgt er $\varphi \cos (90^\circ - \alpha) = \varphi \sin \alpha$, unter der hier zutreffenden Voraussetzung, daß φ ein sehr kleiner Winkel ist.

Der Winkel $\varphi \sin \alpha$ ist der Torsionswinkel, um den sich das Nabenende eines Arms gegen das festgehaltene Kranzende elastisch verdreht. Ist D das unbekannte Torsionsmoment und $C = GJ_p$ die Torsionssteifigkeit eines Arms, so ist nach der Formel für den Torsionswinkel:

$$\frac{Dl}{C} = \varphi \sin \alpha. \qquad (1)$$

Weiterhin braucht nur der Arm 1 betrachtet zu werden, da beide Arme in der gleichen Lage sind. An seinem frei gemachten Nabenende greift als Belastung die Schubkraft $Q/2$ nach aufwärts und das nach Größe und Drehsinn unbekannte Einspannmoment M_0 an (Abb. 34.9), so daß das

Biegungsmoment im Abstand x vom freien Ende:

$$M(x) = \frac{Q}{2}\, x - M_0$$

beträgt. Nach den Sätzen von CASTIGLIANO ist:

$$\frac{\partial A}{\partial \tfrac{1}{2}Q} = y = w - r\,\varphi\,\cos\alpha \qquad \text{(s. Abb. 34.7)} \tag{2}$$

und

$$\frac{\partial A}{\partial M_0} = -\varphi\,\cos\alpha. \tag{3}$$

Auf der rechten Seite der letzten Gleichung mußte ein Minuszeichen beigefügt werden, da sich bei der Verbiegung des Arms die Tangente an die elastische Linie am freien Ende nach Abb. 34.7 um $\varphi\,\cos\alpha$ entgegen dem in Abb. 34.9 angenommenen Drehsinn von M_0 dreht.

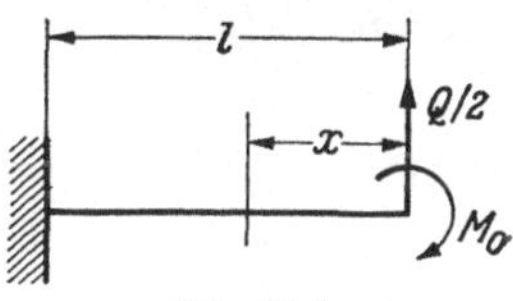

Abb. 34.9.

Die vierte Gleichung zur Bestimmung der 4 Unbekannten D, M_0, w, φ ergibt sich aus dem Momentengleichgewicht der isolierten Nabe. In der lotrechten Durchmesserebene durch B_1-B_2 wirkt an der Nabe das vom Arm 1 herrührende Gegenmoment M_0 und das aus der Gegenschubkraft $Q/2$ und der halben Auflagerkraft $Q/2$ gebildete Kräftepaar vom Moment $\frac{Q}{2}\,r$ (Abb. 34.10), die zusammen das Moment $M_1 = M_0 + \frac{Q}{2}\,r$ (vom Vorzeichen abgesehen) ergeben. Ferner überträgt Arm 1 noch das Torsionsmoment D auf die Nabe mit radial gerichtetem

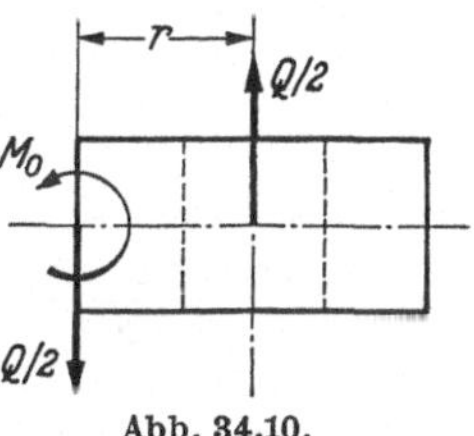

Abb. 34.10.

Momentenvektor. Legt man jetzt eine Schnittebene durch die Nabe, die der lotrechten Symmetrieebene A_1-A_2 des Rades angehört, so können in ihr keine Schubspannungen und daher auch kein Torsionsmoment übertragen werden, sondern nur ein Biegungsmoment M mit waagrechtem Momentenvektor, so daß sich an der Nabenhälfte (Abb. 34.11) die drei Momente $\mathfrak{M}_1$, $\mathfrak{D}$, $\mathfrak{M}$ das Gleichgewicht halten müssen:

$$\mathfrak{M}_1 + \mathfrak{D} + \mathfrak{M} = 0,$$

s. Abb. 34.12, aus der man die Beziehung:

$$D = M_1\,\mathrm{ctg}\,\alpha = \left(M_0 + \frac{Q}{2}\,r\right)\mathrm{ctg}\,\alpha \tag{4}$$

unmittelbar abliest.

Dividiert man Gl. (1) durch Gl. (3), so ergibt sich:

$$D = -\,\frac{\partial A}{\partial M_0}\,\frac{C}{l}\,\mathrm{tg}\,\alpha$$

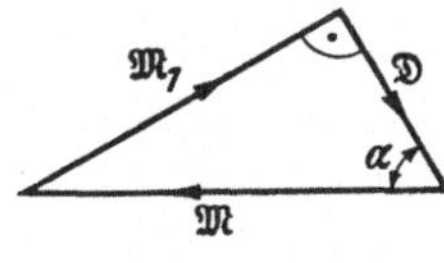

Abb. 34.12.

oder mit:

$$\frac{\partial A}{\partial M_0} = -\frac{1}{EJ}\int_0^l M(x)\,dx = -\frac{1}{EJ}\left(\frac{Q\,l^2}{4} - M_0\,l\right):$$

$$D = \frac{C}{EJ}\left(\frac{Q\,l}{4} - M_0\right)\operatorname{tg}\alpha. \tag{5}$$

Aus der Gleichsetzung von Gl. (4) und Gl. (5) folgt:

$$M_0 = \frac{Q}{2}\,\frac{\dfrac{l}{2}\,\dfrac{C}{EJ}\operatorname{tg}^2\alpha - r}{1 + \dfrac{C}{EJ}\operatorname{tg}^2\alpha}.$$

Damit wird:

$$D = \frac{Q}{2}\operatorname{tg}\alpha\,\frac{\dfrac{C}{EJ}\left(\dfrac{l}{2} + r\right)}{1 + \dfrac{C}{EJ}\operatorname{tg}^2\alpha}$$

und nach Gl. (1):

$$\varphi = \frac{D\,l}{C\sin\alpha} = \frac{Q\,l}{2\,EJ\cos\alpha}\,\frac{\dfrac{l}{2} + r}{1 + \dfrac{C}{EJ}\operatorname{tg}^2\alpha}. \tag{6}$$

Mit

$$\frac{\partial A}{\partial\frac{1}{2}Q} = \frac{1}{EJ}\int_0^l M(x)\,x\,dx = \frac{1}{EJ}\left(\frac{Q\,l^3}{6} - M_0\,\frac{l^2}{2}\right)$$

und Gl. (6) folgt aus Gl. (2):

$$w = \frac{Q\,l}{2\,EJ}\,\frac{\dfrac{l^2}{3} + l\,r + r^2 + \dfrac{l^2}{12}\,\dfrac{C}{EJ}\operatorname{tg}^2\alpha}{1 + \dfrac{C}{EJ}\operatorname{tg}^2\alpha}.$$

Für $\alpha = 60°$ wird mit $\dfrac{C}{EJ} = 0{,}8$:

$$M_0 = Q\,\frac{1{,}2\,l - r}{6{,}8} = 16770 \text{ kg cm,}$$

$$D = Q\sqrt{3}\,\frac{0{,}4\left(\dfrac{l}{2} + r\right)}{3{,}4} = 18340 \text{ kg cm,}$$

$$\varphi = \frac{Q\,l}{EJ}\,\frac{\dfrac{l}{2} + r}{3{,}4} = 0{,}005 \quad (0{,}29°),$$

$$w = \frac{Q\,l}{EJ}\,\frac{\dfrac{8}{15}\,l^2 + l\,r + r^2}{6{,}8} = 0{,}23 \text{ cm.}$$

Das maximale Biegungsmoment und die größte Biegungsspannung treten am Kranzende der Arme ($x = l$) auf:

$$(M_b)_{\max} = \frac{Q\,l}{2} - M_0 = 43\,230 \text{ kg cm},$$

$$(\sigma_b)_{\max} = \frac{4\,(M_b)_{\max}}{\pi\,\varrho^3} = 860 \text{ kg/cm}^2.$$

Die größte Torsionsspannung wird:

$$\tau_{\max} = \frac{2\,D}{\pi\,\varrho^3} = 183 \text{ kg/cm}^2.$$

Wenn das Schwungrad rotiert, so hat der Neigungswinkel φ, trotz seiner geringen Größe, ähnlich wie bei einem schief aufgekeilten Rad, ein unter Umständen erhebliches Kreiselmoment zur Folge, das nach Aufgabe 73 bei starr angenommener Welle $K_r = \dfrac{Q}{g}\,\dfrac{R^2}{2}\,u^2\,\varphi$ ist, wenn R den mittleren Kranzhalbmesser bedeutet. Wird $R = 110$ cm und $u = 30$ l/sek gesetzt, so wird das die Welle auf Biegung beanspruchende Kreiselmoment $K_r = 416$ kgm.

Setzt man $\alpha = 0$, so erhält man für w und φ die Hälfte derjenigen Werte, die sich unter 2. ergeben haben, wie es sein muß, da der Kranz hier an zwei Armen hängt.

35. *Der in der Abbildung dargestellte, statisch bestimmt gelagerte Träger besteht aus zwei schwach gekrümmten Stäben mit der gleichen Pfeilhöhe f. An ihren Enden sind sie durch Bolzen gelenkig miteinander verbunden. Der linke Bolzen ist unverschieblich ge-lagert, der rechte ist auf ein waagrecht verschiebliches Rollenlager gesetzt. Die Stäbe haben die Form von Parabeln mit der Gleichung*

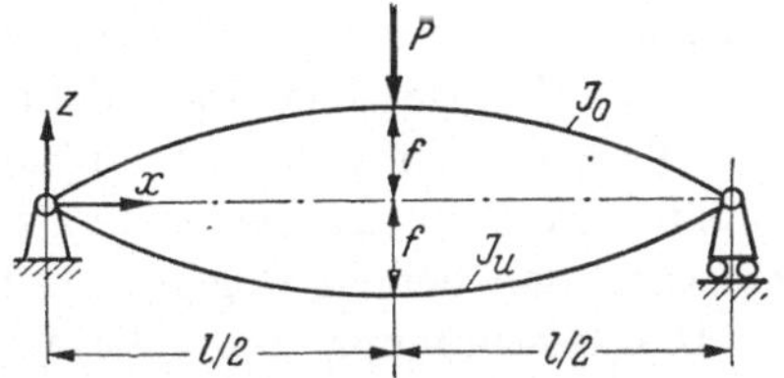

$$z = \frac{4\,f}{l^2}\,(l\,x - x^2).$$

In der Mitte des oberen Stabes greift eine lotrechte Last P an, durch die beide Stäbe beansprucht werden.

Gesucht ist das Biegungsmoment in Trägermitte sowohl für den oberen als auch für den unteren Stab.

Man weise nach, daß das innere Moment im Mittelquerschnitt des ganzen Trägers auch tatsächlich gleich $P\,l/4$ ist!

Die Aufgabe ist mit Hilfe des Satzes vom Minimum der Formänderungs-arbeit zu lösen. Bei Berechnung der letzteren sollen nur die Biegungs-momente berücksichtigt werden.

Das Trägheitsmoment des unteren Stabes I_u ist doppelt so groß wie dasjenige des oberen, I_o.

$$l = 120 \text{ cm}; \quad f = 20 \text{ cm}; \quad P = 3000 \text{ kg}.$$

Infolge der statisch bestimmten Lagerung, d. h. infolge des Rollenlagers kann ein Horizontalschub vom Träger auf die Auflager und umgekehrt nicht ausgeübt werden, so daß letztere je eine vertikal nach aufwärts gerichtete Auflagerkraft von der Größe $P/2$ auf die Gelenkbolzen
übertragen.

Die Last P verbiegt den oberen Bogen zu einer flacheren Kurve, da
das Rollenlager nach rechts ausweichen kann. Dessen Verschiebung
beeinflußt aber auch den unteren Bogen derart, daß sich dieser ebenfalls
zu einer flacheren Kurve verbiegen muß. Da nun der untere Bogen frei
von äußeren Kräften ist, kann seine Formänderung nur durch zwei
Kräfte bewirkt werden, welche die beiden Gelenkbolzen auf seine Enden
ausüben. Das Gleichgewicht des von den Bolzen frei gemachten unteren

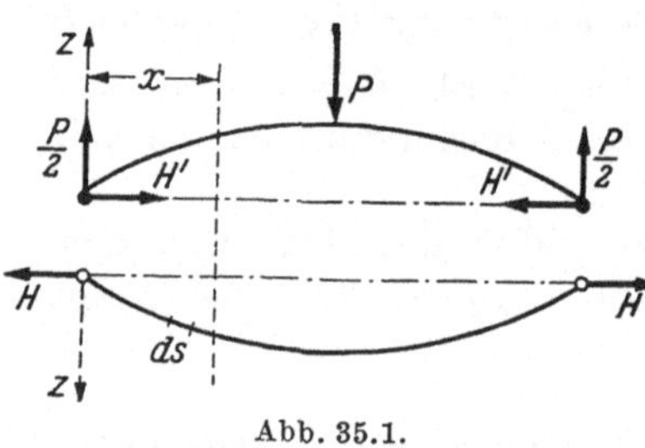

Abb. 35.1.

Bogens (Abb. 35.1) verlangt, daß
diese beiden Kräfte H dieselbe Wirkungslinie haben (Verbindungslinie
der Augenmittelpunkte) und daß sie
entgegengesetzt gleich sind. Ihre
Pfeile weisen jedenfalls nach außen,
da der Bogen ja gestreckt wird. Die
umgekehrt gerichteten Gegenkräfte
$H' = H$ greifen an den Bolzen an,
die wir zum oberen Bogen gehörig

betrachten. Sie bewirken, da sie nach innen weisen, daß sich dessen
rechtes Ende um einen geringeren Betrag nach rechts verschiebt als
bei Nichtvorhandensein des unteren Bogens. H bzw. H' ist der „Horizontalschub“, der hier aber nicht wie beim Zweigelenkträger zwischen
den Trägerenden und den Auflagern übertragen wird und dabei als
äußere Kraft am Träger wirkt; vielmehr tritt er hier als innere Kraft
zwischen den beiden Bögen, die den Träger bilden, auf.

Die Bestimmung der statisch unbestimmten Kraft H erfolgt mit
Hilfe des Satzes vom Minimum der Formänderungsarbeit:

$$\frac{\partial A}{\partial H} = 0\,,$$

wo A die im gesamten Träger aufgespeicherte Formänderungsarbeit
bedeutet, die genau genug gleich der Arbeit der Biegungsmomente
gesetzt werden kann.

Das Biegungsmoment in einem beliebigen Querschnitt x des oberen
Stabes ist nach Abb. 35.1:

$$M(x) = \frac{P}{2}\,x - H z; \quad 0 \leqq x \leqq \frac{l}{2}$$

und dasjenige des unteren Stabes:

$$M(x) = -Hz, \qquad 0 \leqq x \leqq l,$$

wenn die Ordinate z am oberen Stab nach oben, am unteren nach unten positiv gerechnet wird (s. Abb. 35.1).

Damit wird:

$$A = 2\frac{1}{2EJ_0}\int_0^{l/2}\left(\frac{P}{2}\,x - H\,z\right)^2 dx + \frac{1}{2EJ_u}\int_0^{l} H^2\,z^2\,dx\,,$$

wenn das Bogenelement ds durch dx ersetzt wird, was bei flachen Bögen zulässig ist.

$$\frac{\partial A}{\partial H} = -\frac{2}{EJ_0}\int_0^{l/2}\frac{P}{2}\,x\,z\,dx + \frac{2}{EJ_0}\int_0^{l/2} H\,z^2\,dx + \frac{2}{EJ_u}\int_0^{l/2} H\,z^2\,dx = 0\,.$$

Mit $J_u = 2\,J_0$ und nach Kürzen mit $\dfrac{1}{EJ_0}$ geht die Bestimmungsgleichung für H über in

$$-P\int_0^{l/2} x\,z\,dx + 3H\int_0^{l/2} z^2\,dx = 0\,,$$

woraus

$$H = \frac{P\displaystyle\int_0^{l/2} x\,z\,dx}{3\displaystyle\int_0^{l/2} z^2\,dx} = \frac{P}{3}\,\frac{\dfrac{5}{48}\,f\,l^2}{\dfrac{8}{30}\,f^2\,l} = P\,\frac{25}{4\cdot 48}\,\frac{l}{f}$$

folgt. Mit $\dfrac{l}{f} = 6$ wird

$$H = \frac{25}{32}\,P = 2345\ \text{kg.}$$

Das Biegungsmoment in Trägermitte wird

für den oberen Stab:

$$M\left(\frac{l}{2}\right) = \frac{P\,l}{4} - H\,f = 43\,100\ \text{kg cm,}$$

für den unteren Stab:

$$M\left(\frac{l}{2}\right) = -H\,f = -46\,900\ \text{kg cm.}$$

Bei der Bestimmung des inneren Moments M_i im Mittelquerschnitt des ganzen Trägers, dessen Größe gleich $Pl/4$ sein muß, ist zu beachten, daß auch die inneren Normalkräfte hierzu einen Beitrag liefern. Im Mittelquerschnitt des oberen Stabes ist die

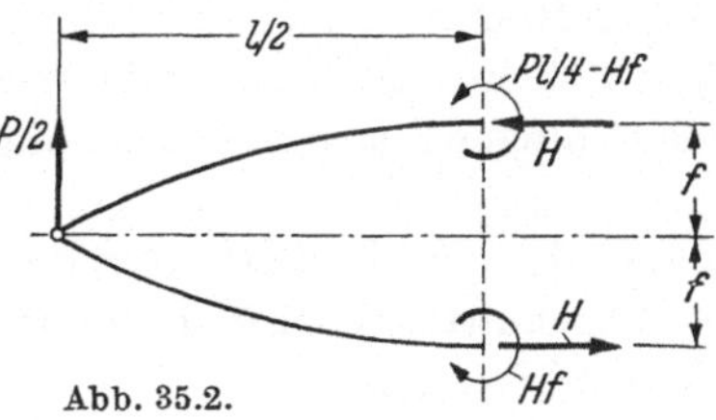

Abb. 35.2.

innere Normalkraft eine Druckkraft von der Größe H, in dem des unteren Stabes dagegen eine Zugkraft von der gleichen Größe, so daß beide ein Kräftepaar vom statischen Moment $H\,2\,f$ bilden.

Daher wird nach Abb. 35.2:

$$M_i = \left(\frac{P\,l}{4} - H\,f\right) - H\,f + H\,2\,f = \frac{P\,l}{4}\,.$$

36*. *In Abb. 36.1 ist eine schwach gekrümmte, flache Fahrzeugfeder dargestellt $\left(\frac{l}{f_0} \geqq 5 \text{ im unbelasteten Zustand}\right)$. Sie besteht aus zwei entgegengesetzt gekrümmten Einblattfedern (zwei flache Kreisbogen vom Halbmesser ϱ_0), die an den Enden gelenkig miteinander verbunden sind. Die Feder wird zwischen zwei parallelen, ebenen Druckplatten zusammengedrückt[1]. Die Druckkraft ist $2\,P$, der Federweg ist $w = 2\,y$.*

Gesucht: Das Kraft-Weg-Diagramm der Feder: $2\,P = f(w)$.

Wir stellen zunächst den Zusammenhang zwischen ϱ_0 und f_0 fest. Nach Abb. 36.1 ist:

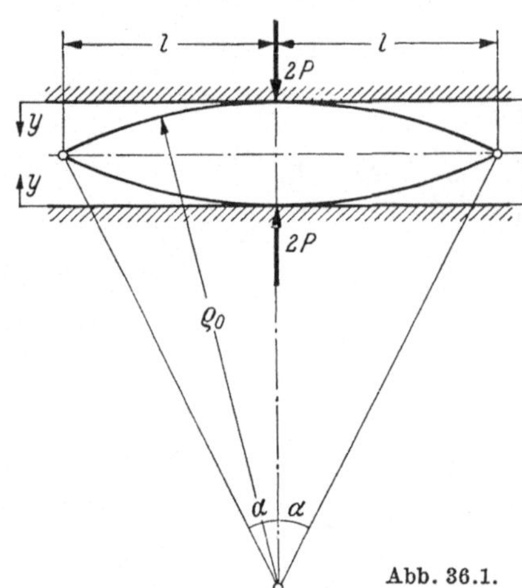

Abb. 36.1.

$$f_0 = \varrho_0(1 - \cos\alpha)\,,$$

$$\sin\alpha = \frac{l}{\varrho_0}\,;$$

$$\cos\alpha = \sqrt{1 - \frac{l^2}{\varrho_0^2}} \approx 1 - \frac{1}{2}\,\frac{l^2}{\varrho_0^2}\,,$$

$$1 - \cos\alpha = \frac{l^2}{2\,\varrho_0^2}\,.$$

Also:

$$f_0 = \frac{l^2}{2\,\varrho_0}\,.$$

Daraus folgt:

$$\frac{\varrho_0}{l} = \frac{1}{2}\,\frac{l}{f_0} \geqq 2{,}5\,.$$

Wenn wir die Feder zwischen den beiden Druckplatten zusammendrücken, wird sich zunächst an der bestehenden Punktberührung zwischen Platte und Feder nichts ändern. Hat jedoch der Federweg eine bestimmte Größe erreicht, so wird die Punktberührung in eine Linienberührung übergehen; d. h. die Federblätter werden sich mit zunehmender Formänderung in ihren mittleren Teilen mehr und mehr an die ebenen Druckplatten anlegen, so daß die elastische Linie in der Mitte ein geradliniges Stück besitzt, das mit wachsender Formänderung größer wird, bis bei völliger Zusammendrückung der Feder die Federblätter auf ihrer ganzen Länge an den Druckplatten anliegen, ihre elastische Linie also in einer Geraden besteht. Der Formänderungsvorgang zerfällt daher in zwei Abschnitte, die wir getrennt behandeln müssen.

---

[1] D. B. P. angemeldet.

1. Abschnitt: $y = 0$ bis $y = y_1$ ($P = 0$ bis $P = P_1$); Punktberührung.

2. Abschnitt: $y = y_1$ bis $y = y_{\max} = f_0$ ($P = P_1$ bis $P = P_{\max}$); Linienberührung.

Wegen der Symmetrie genügt es, nur eins der beiden Federblätter zu betrachten, etwa das untere (Abb. 36.2).

Bei der Zusammendrückung der Feder ist jedes Federblatt durch zwei gleiche vertikale Kräfte P an den Enden (Federaugen) belastet.

Ein Horizontalschub H kann nicht auftreten, denn wenn er am unteren Bogen nach außen gerichtet wäre, müßte er nach dem Gesetz von Aktion und Reaktion am oberen Bogen nach innen gerichtet sein, was aber der Symmetrie widersprechen würde.

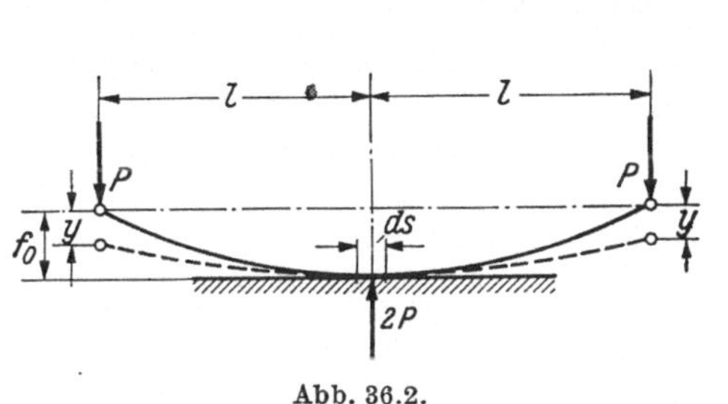

Abb. 36.2.

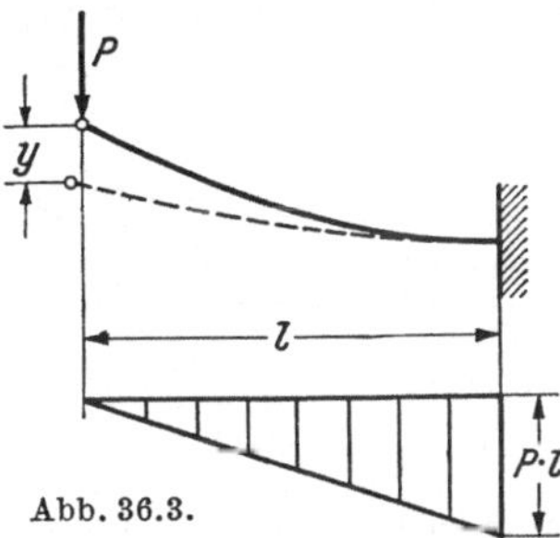

Abb. 36.3.

Halten wir die untere Druckplatte bei der Formänderung fest (Abb. 36.2), so senken sich die Federenden um y, d. h. um den halben Federweg der gesamten Feder.

1. Abschnitt (Punktberührung) $P < P_1$.

Da es sich hier um einen flachen Kreisbogen handelt, können wir unbedenklich zur Berechnung der Durchbiegung y die bekannte Formel für den geraden Stab anwenden:

$$y = \frac{P\,l^3}{3\,E\,J}.\tag{1}$$

(Am rechten Ende eingespannter Stab von der Länge l, am linken, freien Ende durch P belastet, Abb. 36.3).

Die Punktberührung hört auf, wenn $P = P_1$, d. h. wenn das Einspannmoment Pl gleich $P_1 l = M_1$ geworden ist und das Stabelement an der Einspannstelle — im Bogenscheitel — den Krümmungsradius $\varrho = \infty$ besitzt, also geradlinig geworden ist. Das ist der Fall für:

$$M_1 = \frac{E\,J}{\varrho_0},\tag{2}$$

wie aus der folgenden Überlegung hervorgeht: Ein ursprünglich gerader Stab wird durch entgegengesetzt gleiche Endmomente von der Größe $M_1 = \dfrac{E\,J}{\varrho_0}$ zu einem kreisförmig gekrümmten Stab vom Krümmungsradius ϱ_0 verbogen. Daher wird umgekehrt ein ursprünglich kreisförmig gekrümmter Stab vom Krümmungsradius ϱ_0 durch gleich große End-momente M_1 zu einem geraden Stab deformiert. Mit Gl. (2) wird

$$P_1 = \frac{M_1}{l} = \frac{E J}{l \varrho_0}.$$

Damit wird Gl. (1):

$$y_1 = \frac{l^2}{3 \varrho_0} = \frac{2}{3} f_0. \tag{3}$$

In diesem Grenzzustand ist der Pfeil jedes der beiden Federblätter (Abb. 36.4):

$$f_1 = f_0 - y_1$$

oder mit Gl. (3):

$$f_1 = f_0 - \tfrac{2}{3} f_0 = \tfrac{1}{3} f_0.$$

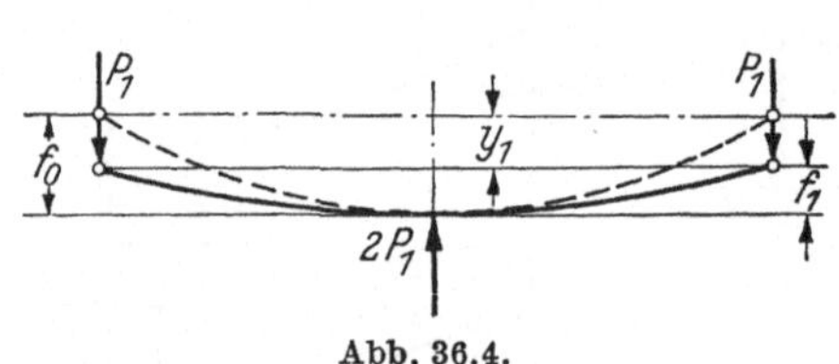
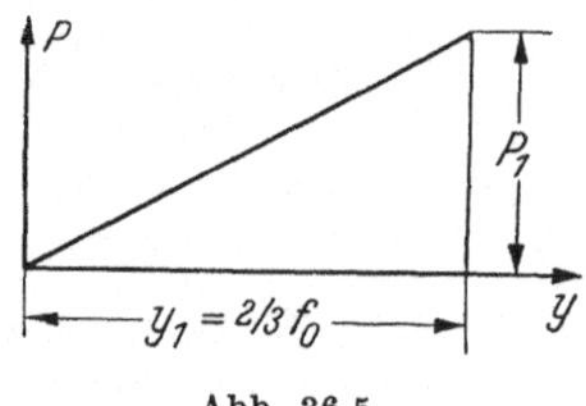

Abb. 36.4.   Abb. 36.5.

Das Kraft-Weg-Diagramm des ersten Abschnittes ist eine Gerade (Abb. 36.5) mit der Gleichung:

$$P = \frac{3 E J}{l^3} y$$

oder

$$2 P = \frac{3 E J}{l^3} w. \tag{4}$$

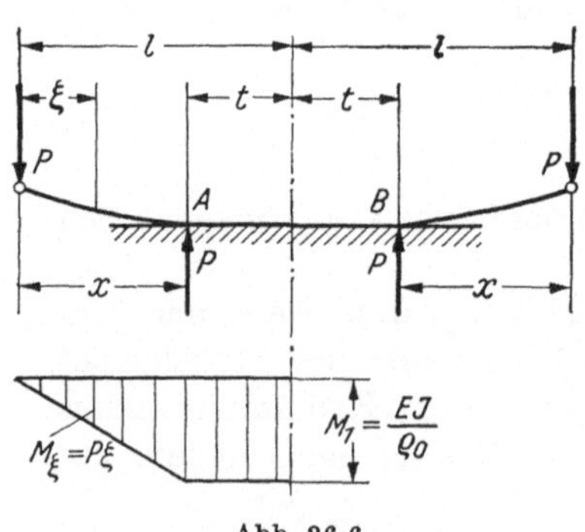

Abb. 36.6.

2. Abschnitt. (Linienberührung) $P > P_1$.

Nach Erreichen einer beliebigen Last $P > P_1$ liegt das Federblatt längs der Strecke $A B = 2\,t$ an der Druckplatte an (Abb. 36.6). Die Länge der freien (gekrümmten) elastischen Linie auf jeder Seite werde mit x bezeichnet, so daß

$$t = l - x$$

ist. Die Momentenfläche einer Hälfte des Federblattes besteht jetzt aus einem Dreieck und einem Rechteck von der Höhe $M_1 = \dfrac{E J}{\varrho_0}$. Denn längs der geradlinigen Strecke ist das Biegungsmoment konstant.

$$\sigma_{\max} = \frac{M_1}{W}.$$

Wir sehen, daß in der Feder das Biegungsmoment niemals den Wert M_1 überschreiten kann, auch dann nicht, wenn die Feder gänzlich zusammengedrückt wird. Die ebenen Druckplatten schützen also die Feder vor einer Überbeanspruchung.

Wie verteilt sich die Druckkraft $2\,P$, welche die Druckplatte auf das Federblatt ausübt, längs der geradlinigen Anlagestrecke $2\,t$? Um diese Frage zu entscheiden, bedenke man, daß in dem hier vorliegenden Fall, in dem das Biegungsmoment durch eine senkrecht zur Stabachse gerichtete Last erzeugt wird, die Beziehung gilt:

$$\frac{dM}{d\xi} = V \,.$$

Da längs $A\,B$ das Biegungsmoment $M = M_1 = $ const ist, also $\frac{dM_1}{d\xi} = 0$, so ist die Querkraft $V = 0$ längs $A\,B$.

Daraus folgt aber, daß die Druckkraft $2\,P$ von der Druckplatte in Form von zwei konzentrierten Kräften P, die in A und B, d. h. also in den Endpunkten der geradlinigen Strecke angreifen, auf das Federblatt übertragen werden muß. Denn nur dann wird die Forderung, daß die Querkraft V zwischen A und B gleich Null sein muß, erfüllt!

Längs der geradlinigen Strecke $A\,B = 2\,t$ findet also mit Ausnahme ihrer Endpunkte drucklose Berührung zwischen Druckplatte und Federblatt statt. Da $P\,x = M_1$, wird $t = l - x = l - \dfrac{M_1}{P}$.

Jetzt berechnen wir die Formänderungsarbeit A, die in einer Hälfte des Federblattes steckt (für ein beliebiges $P > P_1$).

$$A = \frac{1}{2\,EJ} \int\limits_0^x P^2\,\xi^2\,d\xi + \frac{1}{2\,EJ} \int\limits_x^l M_1^2\,d\xi = \frac{1}{2\,EJ} \left[\frac{P^2\,x^3}{3} + M_1^2\,(l - x) \right].$$

Mit $x = M_1/P$ wird:

$$A = \frac{1}{2\,EJ} \left[M_1^2\,\frac{1}{3}\,\frac{M_1}{P} + M_1^2\left(l - \frac{M_1}{P}\right) \right] = \frac{M_1^2}{2\,EJ} \left[\frac{M_1}{3\,P} + l - \frac{M_1}{P} \right]$$

oder:

$$A = \frac{M_1^2}{2\,EJ} \left(l - \frac{2}{3}\,\frac{M_1}{P} \right), \tag{5}$$

wobei nach Gl. (2)

$$M_1 = \frac{EJ}{\varrho_0} = \text{const.}$$

A ist keine quadratische Funktion von P. Der Satz von CASTIGLIANO in seiner Hauptform ist daher zur Berechnung von y nicht anwendbar.

Dagegen können wir den Satz von CASTIGLIANO in seiner zweiten Form anwenden, die nicht an die Bedingung gebunden ist, daß A eine quadratische Funktion der Lasten ist:

$$\frac{dA}{dy} = P \,.$$

Schreiben wir jetzt für die Durchbiegung y, welche das Federblattende unter der Last $P > P_1$ besitzt:

$$y = y_1 + \eta; \quad dy = d\eta \quad \text{(s. Abb. 36.7)},$$

so wird:

$$\frac{dA}{dy} = \frac{dA}{d\eta} = P, \quad \text{woraus:} \quad d\eta = \frac{1}{P}\, dA = \frac{1}{P}\,\frac{dA}{dP}\, dP$$

folgt, und damit

$$\eta = \int\limits_{P_1}^{P} \frac{1}{P}\,\frac{dA}{dP}\, dP.$$

Aus Gl. (5) erhält man:

$$\frac{dA}{dP} = \frac{M_1^2}{2\,EJ}\,\frac{2}{3}\,\frac{M_1}{P^2} = \frac{M_1^3}{3\,EJP^2}.$$

Also wird:

$$\eta = \frac{M_1^3}{3\,EJ} \int\limits_{P_1}^{P} \frac{dP}{P^3} = \frac{M_1^3}{3\,EJ}\left[-\frac{1}{2P^2}\right]_{P_1}^{P} = \frac{M_1^3}{6\,EJ}\left(\frac{1}{P_1^2} - \frac{1}{P^2}\right). \tag{6}$$

Für $P = P_1$ wird $\eta = 0$ und $y = y_1$.

$$\eta_{\max} = (\eta)_{P=\infty} = \frac{M_1^3}{6\,EJP_1^2};$$

oder mit $P_1 = \dfrac{M_1}{l}$ sowie mit Gl. (2) und (3)

$$\eta_{\max} = \frac{M_1\, l^2}{6\,EJ} = \frac{EJ}{\varrho_0}\,\frac{l^2}{6\,EJ} = \frac{l^2}{6\,\varrho_0} = \frac{1}{2}\,y_1 = \frac{1}{3}\,f_0,$$

so daß

$$y_{\max} = y_1 + \eta_{\max} = \frac{2}{3}\,f_0 + \frac{1}{3}\,f_0 = f_0,$$

wie es sein muß.

Um P als Funktion von y zu erhalten, wird Gl. (6)

$$\eta = y - y_1 = \frac{M_1^3}{6\,EJ}\left(\frac{1}{P_1^2} - \frac{1}{P^2}\right)$$

nach P aufgelöst:

$$\frac{1}{P^2} = \frac{1}{P_1^2} - \frac{6\,EJ}{M_1^3}(y - y_1),$$

$$P = \sqrt{\frac{1}{\dfrac{1}{P_1^2} - \dfrac{6\,EJ}{M_1^3}(y - y_1)}} = \frac{EJ}{\varrho_0}\sqrt{\frac{1}{l^2 - 6\,\varrho_0\,(y - y_1)}} = f(y)$$

oder mit $y = \dfrac{w}{2}$ und $y_1 = \dfrac{2}{3}\,f_0$

$$2\,P = \frac{2\,EJ}{\varrho_0}\sqrt{\frac{1}{l^2 - \varrho_0\,(3\,w - 4\,f_0)}} = f(w). \tag{7}$$

Der zweite Ast des Kraft-Weg-Diagramms ist also eine hyperbel-ähnliche Kurve (Abb. 36.7). Die Feder wird daher im zweiten Abschnitt immer härter, was für Fahrzeugfedern, die oft starke Stöße auszuhalten haben, wichtig ist. Für $P \to \infty$ bleibt $\sigma_{max} = \dfrac{M_1}{W}$, und die pro Hälfte eines Federblattes aufgespeicherte Formänderungsarbeit wird nach Gl. (5)

$$A_{max} = \frac{M_1^2\, l}{2\,E\,J}.$$

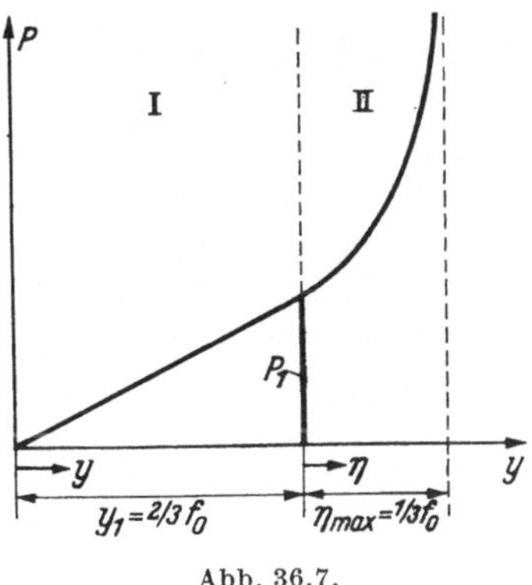

Abb. 36.7.

Die elastische Linie des Federblattes ist dann eine Gerade. Verbiegen wir den ursprünglichen Kreisbogen vom Halbmesser ϱ_0 durch Endmomente M_1 bis zur geraden Linie, dann legen die allmählich von 0 auf M_1 anwachsenden Endmomente jedes einen Winkelweg α zurück.

$$\sin\alpha = \frac{l}{\varrho_0}\,; \qquad \alpha = \arcsin\frac{l}{\varrho_0}.$$

Für $\dfrac{l}{\varrho_0} = \dfrac{1}{2,5} = 0,4$ ist $\alpha = 23°30'$. Setzen wir näherungsweise $\alpha \approx \dfrac{l}{\varrho_0} = 0,4$, so wird $\alpha = 22,9°$. Der Fehler beträgt etwa 2,5 %. Für $\dfrac{l}{\varrho_0} = \dfrac{1}{3}$; $\left(\dfrac{l}{f_0} = 6\right)$ wird der Fehler nur 1,5 %.

Pro Hälfte Federblatt wird mit $\alpha \approx l/\varrho_0$

$$A = A_{max} = \frac{1}{2}\,M_1\alpha = \frac{M_1\, l}{2\,\varrho_0} = \frac{M_1^2\, l}{2\,E\,J}\,;$$

das ist aber derselbe Wert, der oben bereits auf anderem Wege gefunden wurde.

37. Beim Einspannen einer Klinge in den Rasierapparat wird das ursprünglich ebene Blatt, ähnlich wie ein Kesselblech auf einer Biegepresse, zu einer flachen, kreiszylindrischen Fläche vom Halbmesser ϱ_0 verbogen.

Man ermittle:

1. Die größte Biegungsspannung σ_{max} in der Klinge.

2. Größe und Lage der Angriffspunkte der beiden Kräfte, die nach Zurücklegung von 5/6 des gesamten Stempelwegs f_0 vom Stempel auf die Klinge übertragen werden.

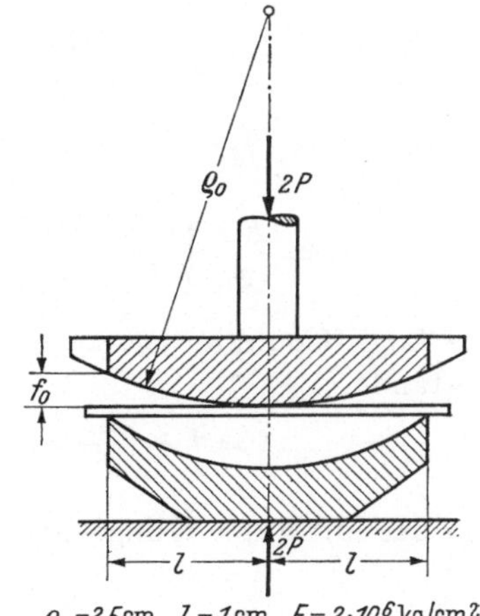

6*

3. Die Formänderungsarbeit A_{max}, die am Ende des Einspannvorganges in der Klinge aufgespeichert ist.

Die Klinge, die als volle Rechteckscheibe anzusehen ist, hat die Abmessungen $40 \times 22 \times 0,1$ mm. Die Reibung zwischen Klinge und Auflager sei vernachlässigbar klein.

Diese Aufgabe ist zu der vorigen invers. Hier legt sich im zweiten Abschnitt des Biegevorganges die Klinge in zunehmendem Maße von der Mitte aus beiderseits nach außen an den kreiszylindrischen Stempel an. (In Wirklichkeit entfernt sie sich sogar zwischen den Druckstellen des Stempels ein wenig von diesem, da die Auflagerkräfte etwas mehr geneigt sind als die Druckkräfte des Stempels.)

Das Kraft-Weg-Diagramm ist das gleiche wie bei der Fahrzeugfeder und sämtliche Formeln in der Lösung der vorigen Aufgabe gelten auch hier.

$$f_0 = \frac{l^2}{2\varrho_0} = \frac{1}{5} = 0,2 \text{ cm};$$

$$\frac{l}{f_0} = \frac{1}{0,2} = 5.$$

(Die eingespannte Klinge kann also noch als ein flacher Kreisbogen angesehen werden.)

$$EJ = 2 \cdot 10^6 \frac{4}{12 \cdot 10^6} = \frac{2}{3} \text{ kg/cm}^2;$$

$$W = \frac{4}{6 \cdot 10^4} = \frac{2}{3} \frac{1}{10^4} \text{ cm}^3.$$

$$M_1 = \frac{EJ}{\varrho_0} = \frac{2}{3 \cdot 2,5} = \frac{4}{15} \text{ kg/cm.}$$

1. $$\sigma_{max} = \frac{M_1}{W} = 4000 \text{ kg/cm}^2;$$

2. $y = \frac{5}{6} f_0:$

$$P = \frac{EJ}{\varrho_0} \sqrt{\frac{1}{l^2 - 6\varrho_0 \left(\frac{5}{6} f_0 - \frac{2}{3} f_0\right)}} = \frac{EJ}{l\varrho_0} \sqrt{2} = 0,377 \text{ kg.}$$

Die Angriffspunkte der beiden konzentrierten Kräfte P haben hier den Abstand:

$$t = l - \frac{M_1}{P} = l - \frac{4}{15 \cdot 0,377} = 0,293 \text{ cm}$$

von der Mitte der Klinge bzw. des Stempels.

3. $$A_{max} = \frac{M_1^2 \, l}{2\,EJ} = \frac{4}{75} = 0,053 \text{ kg cm.}$$

38. *I. Der in Abb. 38.1 dargestellte dünnwandige Kreisring vom mittleren Halbmesser R und der Biegungssteifigkeit E J besteht aus zwei gelenkig miteinander verbundenen Halbringen. An jedem der beiden Gelenkbolzen greift eine radial nach außen gerichtete Kraft 2 P an.*

Es ist die elastische Vergrößerung v des vertikalen Ringdurchmessers zu bestimmen. Die Aufgabe soll nach folgenden beiden Methoden gelöst werden:

a) nach dem Satz von Castigliano,

b) durch Gleichsetzen der äußeren Arbeit mit der Formänderungsarbeit, von der nur derjenige Anteil zu berücksichtigen ist, den die Biegungsmomente leisten.

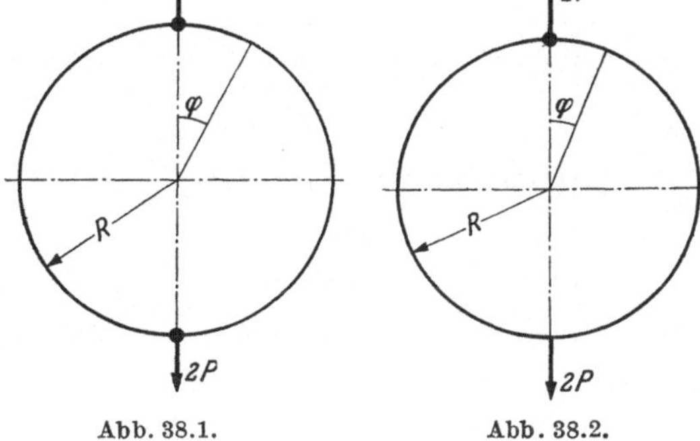

Abb. 38.1.   Abb. 38.2.

II. Dieselbe Frage beantworte man für den Fall, daß der Kreisring nur ein Gelenk besitzt (Abb. 38.2).

Die Reibung in den Gelenken ist zu vernachlässigen.

I. Die Symmetrie erlaubt die Betrachtung nur eines Ringquadranten, z. B. des rechts oben gelegenen (Abb. 38.3), den wir uns im waagerechten Querschnitt $\varphi = \pi/2$ eingespannt denken können, da die Tangente an den Ring an dieser Stelle bei der Formänderung ihre vertikale Richtung beibehalten muß. Den Gelenkbolzen denken wir uns entfernt und an seiner Stelle die von ihm auf das linke, freie Ende des Ringquadranten übertragene halbe Last P vertikal nach aufwärts angebracht, die ihn verbiegt. Eine Kraft in waagerechter Richtung kann der Bolzen auf das linke Ende nicht ausüben, da sie durch eine entgegengesetzt gleiche Kraft im rechten Endquerschnitt $\varphi = \pi/2$ ausgeglichen werden müßte, die für diesen Querschnitt eine Schubkraft wäre. Da dieser aber ein Symmetrieschnitt für den rechten Halbring ist, so kann in ihm keine Schubkraft übertragen werden. Auch ein Moment kann der Bolzen auf das linke Ende $\varphi = 0$ nicht ausüben, da in einem reibungsfreien Gelenk kein Moment übertragen werden kann.

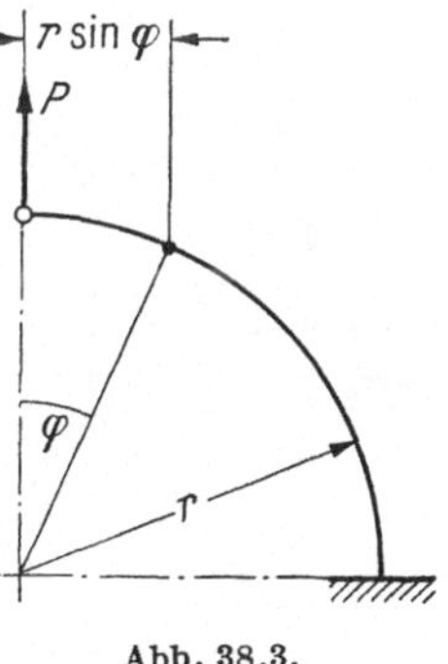

Abb. 38.3.

a) Die elastische Vergrößerung des vertikalen Halbmessers ($\varphi = 0$) wird nach dem Satz von CASTIGLIANO aus der Gleichung:

$$\frac{\partial A}{\partial P} = \frac{v}{2}$$

gefunden, in der

$$A = \frac{1}{2\,E\,J} \int\limits_{0}^{\pi/2} [M(\varphi)]^2\, r\, d\varphi$$

die Formänderungs- (Biegungs-) Arbeit des Ringquadranten und

$$M(\varphi) = P\,r\,\sin\varphi$$

das Biegungsmoment für den beliebigen Querschnitt φ bedeuten.
Damit wird

$$\frac{v}{2} = \frac{\partial A}{\partial P} = \frac{1}{E\,J} \int\limits_{0}^{\pi/2} M(\varphi)\,\frac{\partial M(\varphi)}{\partial P}\, r\, d\varphi$$

$$= \frac{1}{E\,J} \int\limits_{0}^{\pi/2} P\,r\,\sin\varphi\, r\,\sin\varphi\, r\, d\varphi$$

$$= \frac{P\,r^3}{E\,J} \int\limits_{0}^{\pi/2} \sin^2\varphi\, d\varphi = \frac{P\,r^3}{E\,J}\,\frac{\pi}{4}.$$

Die gesuchte elastische Vergrößerung des vertikalen Ringdurchmessers
beträgt daher:

$$v = \frac{P\,r^3}{E\,J}\,\frac{\pi}{2} = 1{,}57\,\frac{P\,r^3}{E\,J}.$$

b) Zu dem gleichen Ergebnis muß auch die Bedingung der Gleichheit
der äußeren Arbeit $\frac{1}{2}\,P\,\frac{v}{2}$ und der Formänderungsarbeit A führen:

$$\frac{1}{2}\,P\,\frac{v}{2} = \frac{1}{2\,E\,J} \int\limits_{0}^{\pi/2} [M(\varphi)]^2\, r\, d\varphi = \frac{1}{2\,E\,J} \int\limits_{0}^{\pi/2} P^2\, r^2 \sin^2\varphi\, r\, d\varphi.$$

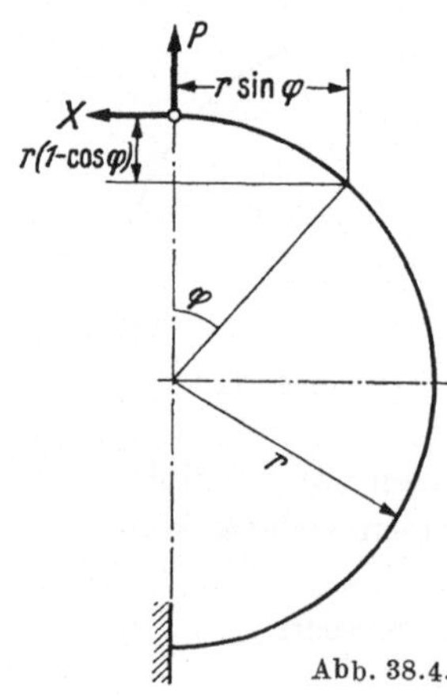

Abb. 38.4.

II. Hier kann aus Symmetriegründen einer
der beiden Halbringe, z. B. der rechte, der
Betrachtung zugrunde gelegt werden (Abb. 38.4),
der im Querschnitt $\varphi = \pi$ mit waagerechter
Tangente eingespannt zu denken ist. Da im
Gegensatz zur Aufgabe I der Querschnitt
$\varphi = \pi/2$ hier kein Symmetrieschnitt für den
Halbring ist, kann in ihm eine Schubkraft
übertragen werden, der eine horizontale, vom
Bolzen auf das obere Ende $\varphi = 0$ ausgeübte
Kraft X das Gleichgewicht hält, wie aus einer
Gleichgewichtsbetrachtung des oberen Quadran-
ten hervorgeht. Diese Kraft X, die für den
ganzen Ring eine innere Kraft ist und deren

Pfeil wir willkürlich annehmen können, ist eine statisch unbestimmte Größe. Hier ist:

$$M(\varphi) = Pr\sin\varphi - Xr(1 - \cos\varphi)$$

und die Formänderungsarbeit des Halbringes:

$$A = \frac{1}{2EJ} \int\limits_0^\pi [M(\varphi)]^2\, r\, d\varphi\,.$$

Die beiden Unbekannten sind X und v, die nach den Sätzen von CASTIGLIANO aus den beiden folgenden Gleichungen bestimmt werden können:

1. $\dfrac{\partial A}{\partial X} = 0$. (Der Angriffspunkt der Kraft X verschiebt sich nicht in horizontaler Richtung!)

2. $\dfrac{\partial A}{\partial P} = v$. (Der Angriffspunkt der Kraft P verschiebt sich in Richtung von P gegen den Einspannquerschnitt um den gesuchten Weg v.)

Mit

$$\frac{\partial M(\varphi)}{\partial X} = -r(1 - \cos\varphi)$$

wird die erste Gleichung:

$$E J \frac{\partial A}{\partial X} = \int\limits_0^\pi M(\varphi)\frac{\partial M(\varphi)}{\partial X}\, r\, d\varphi$$

$$= -\int\limits_0^\pi [Pr\sin\varphi - Xr(1 - \cos\varphi)](1 - \cos\varphi)\, r^2\, d\varphi = 0$$

oder

$$\int\limits_0^\pi (P\sin\varphi - X + X\cos\varphi - P\sin\varphi\cos\varphi + X\cos\varphi - X\cos^2\varphi)\, d\varphi = 0\,;$$

$$\int\limits_0^\pi \sin\varphi\, d\varphi = [\cos\varphi]_\pi^0 = 2\,; \qquad \int\limits_0^\pi \cos\varphi\, d\varphi = [\sin\varphi]_0^\pi = 0\,;$$

$$\int\limits_0^\pi \sin\varphi\cos\varphi\, d\varphi = \frac{1}{4}\int\limits_0^\pi \sin 2\varphi\, d(2\varphi) = \frac{1}{4}[\cos 2\varphi]_\pi^0 = 0\,;$$

$$\int\limits_0^\pi \cos^2\varphi\, d\varphi = \frac{\pi}{2}\,.$$

Damit geht die letzte Gleichung über in

$$2P - X\pi - X\frac{\pi}{2} = 0\,,$$

woraus $X = \dfrac{4}{3\pi}\, P$ folgt. (Der angenommene Zugpfeil für X ist also der richtige, was sich auch rein aus Anschauung einsehen läßt; denn bei fehlender Kraft X würde sich das obere Ende auch in waagerechter Richtung, und zwar nach rechts, verschieben.)

a) Die zweite Gleichung geht mit

$$\frac{\partial M(\varphi)}{\partial P} = r \sin\varphi$$

über in:

$$\frac{\partial A}{\partial P} = \frac{1}{EJ} \int_0^\pi M(\varphi)\, \frac{\partial M(\varphi)}{\partial P}\, r\, d\varphi$$

$$= \frac{1}{EJ} \int_0^\pi [Pr\sin\varphi - Xr(1 - \cos\varphi)]\, r\sin\varphi\, r\, d\varphi = v$$

oder mit dem obigen Wert für X:

$$\frac{Pr^3}{EJ} \int_0^\pi \left[\sin^2\varphi - \frac{4}{3\pi}(1 - \cos\varphi)\sin\varphi\right] d\varphi = v,$$

$$v = \frac{Pr^3}{EJ} \left(\frac{\pi}{2} - \frac{8}{3\pi}\right) = 0{,}718\,\frac{Pr^3}{EJ}.$$

$\left(\text{Für den Ring ohne Gelenke wird } v = 0{,}149\,\dfrac{Pr^3}{EJ}.\right)$

b) Äußere Arbeit = Formänderungsarbeit:

$$\frac{1}{2} Pv = \frac{1}{2EJ} \int_0^\pi \left[Pr\sin\varphi - \frac{4}{3\pi} Pr(1 - \cos\varphi)\right]^2 r\, d\varphi$$

$$= \frac{P^2 r^3}{2EJ} \int_0^\pi \left[\sin^2\varphi - \frac{8}{3\pi}\sin\varphi + \frac{4}{3\pi}\sin 2\varphi + \right.$$

$$\left. + \frac{16}{9\pi^2}(1 - 2\cos\varphi + \cos^2\varphi)\right] d\varphi$$

$$= \frac{P^2 r^3}{2EJ} \left[\frac{\pi}{2} - \frac{16}{3\pi} + \frac{16}{9\pi} + \frac{8}{9\pi}\right] = \frac{P^2 r^3}{2EJ} \left[\frac{\pi}{2} - \frac{8}{3\pi}\right],$$

woraus wieder der obige Wert für v folgt.

39*. *Über einen dünnwandigen, geschlossenen Kreisring von der Wandstärke s wird ein ebensolcher von gleicher Breite und von der Wandstärke d formschlüssig geschoben. Darauf wird der Innenring einem inneren Überdruck p ausgesetzt, so daß beide Ringe eine elastische Aufweitung erfahren. In diesem Zustand wird der Außenring aufgeschlitzt.*

1. Von welcher Art, welcher Größe und welcher Verteilung sind die Kräfte, die der Außenring auf den Innenring und umgekehrt ausübt?

2. Welche Deformation erfährt der Außenring?

Da beide Ringe dünnwandig sein sollen, so braucht zwischen ihren mittleren Halbmessern und ihren Außen- bzw. Innenhalbmessern kein Unterschied gemacht zu werden. Wenn also z. B. vom Halbmesser des Innenrings die Rede ist, kann darunter sein Außenhalbmesser verstanden werden, der immer gleich ist dem Innenhalbmesser des Außenrings. Im natürlichen, d. h. spannungslosen Zustand beider Ringe werde dieser Halbmesser mit r bezeichnet.

Wird der Innenring von der Wandstärke s dem inneren Überdruck p ausgesetzt, *bevor* der Außenring darübergeschoben wird, so vergrößert sich sein Halbmesser elastisch von r auf R um den Betrag

$$\varDelta r = R - r = \frac{p\,r^2}{s\,E}.$$

Um den geschlitzten Außenring von der Wandstärke d und der Breite b über den derart aufgeweiteten Innenring zu schieben, muß er zuvor durch zwei entgegengesetzt gleiche, äußere Biegungsmomente von der Größe

$$M_0 = E\,J\left(\frac{1}{r} - \frac{1}{R}\right) = \frac{E\,J\,\varDelta r}{r\,R} \approx \frac{E\,J\,\varDelta r}{R^2} \approx \frac{E\,J\,\varDelta r}{r^2}$$

zu einem Kreise vom Halbmesser $R = r + \varDelta r$ elastisch aufgebogen werden $\left(J = \dfrac{b\,d^3}{12}\right)$. Die Momente M_0 sind an den beiden freien Endquerschnitten anzubringen. Abb. 39.1 zeigt den 1. Belastungsvorgang. Solange diese beiden Endmomente M_0 an dem Außenring wirken, umschließt er ohne Spiel den Innenring und übt keinerlei Kräfte auf ihn aus. Darauf werden die beiden Endmomente wieder entfernt, da sie in Wirklichkeit auch nicht vorhanden sind. Dieses „Entfernen" ist gleichbedeutend mit dem Aufbringen zweier neuer entgegengesetzt gleicher Biegungsmomente M_0^* in den End-querschnitten von der Größe $M_0^* = M_0$, jedoch mit solchem Drehsinn, daß sie die zuvor aufgebrachten Momente M_0 wieder aufheben. Während dieses 2. Belastungs-

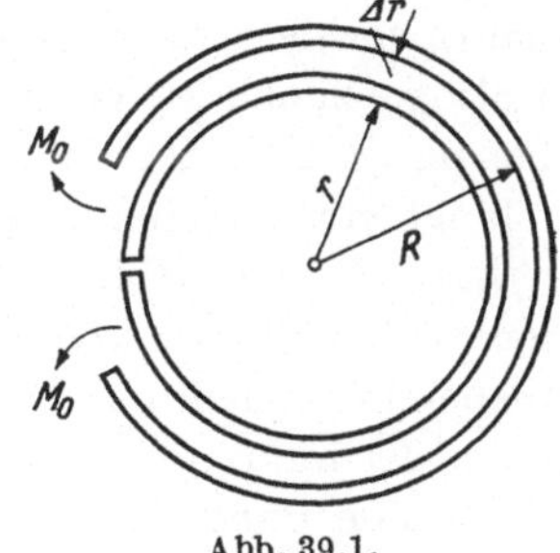

Abb. 39.1.

vorganges bilden sich die gesuchten Kräfte zwischen beiden Ringen aus, die für den auf dem Innenring aufgelagerten offenen Außenring als Auflagerkräfte anzusehen sind; ferner geht die Zentrallinie des Außenrings unter dem Einfluß dieser Kräfte von der Kreisform in die gesuchte elastische Linie über (Abb. 39.2). Durch die Reaktionen der genannten Auflagerkräfte erfährt zwar auch der geschlossene Innenring eine Deformation, die aber wegen seines zweifachen Zusammenhangs und des ihn versteifenden Innendrucks vernachlässigbar klein ist.

Über den ungefähren Verlauf der elastischen Linie des Außenrings kann man sich schon allein auf Grund der Anschauung ein Bild machen. Daß er die Kreisform vom Halbmesser R, die er nach dem 1. Belastungsvorgang besitzt, nicht beibehalten kann, sondern während des 2. Belastungsvorganges eine Verbiegung erleiden muß, läßt sich sofort einsehen, wenn man bedenkt, daß nach Aufhebung der zu Anfang aufgebrachten Momente M_0 durch die entgegengesetzt gleichen Momente M_0^* sein Krümmungshalbmesser an den freien Enden ebenso groß sein muß

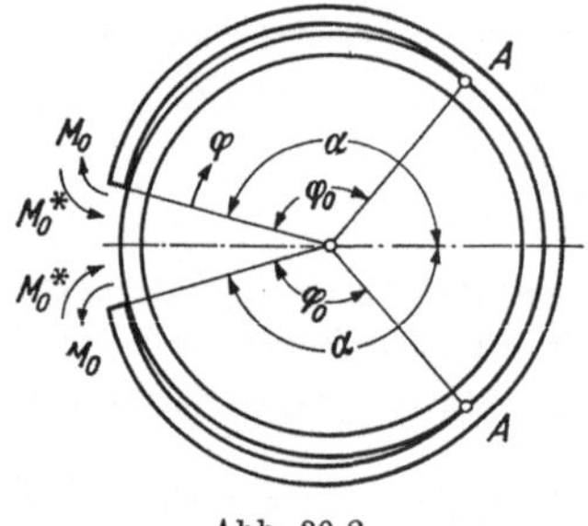

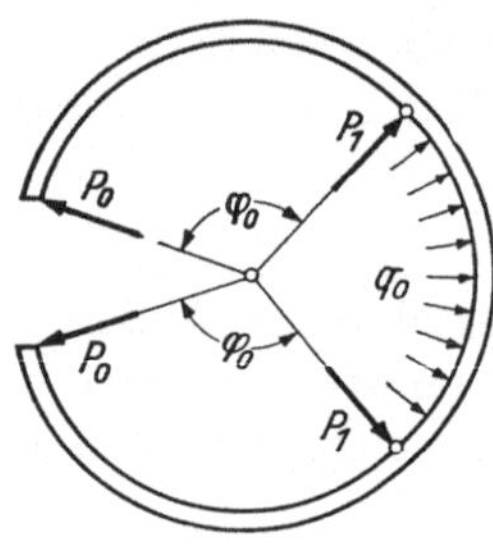

Abb. 39.2.   Abb. 39.3.

wie in seinem natürlichen Zustand, nämlich gleich r. Die Ring-Enden erfahren also während des 2. Belastungsvorgangs eine Krümmungsvergrößerung vom Betrage $1/r - 1/R$ durch die Endmomente M_0^*, während der als Auflager dienende Innenring seine Krümmung $1/R$ überall beibehält. Da nun das Vorhandensein des Innenrings ein Ausweichen der stärker als dieser gekrümmten Enden des Außenrings nach innen zu verbietet, so müssen sich die beiden verschieden stark gekrümmten Ringe zunächst voneinander trennen. Der Außenring stützt sich dabei mit seinen Enden gegen die Oberfläche des Innenrings ab und empfängt von ihr eine konzentrierte, radial nach außen gerichtete Auflagerkraft P_0 (vgl. Abb. 39.3). Die so entstehenden schmalen Spalte zwischen beiden Ringen können sich erst von denjenigen Stellen ab wieder schließen, an denen der durch M_0^* und P_0 verbogene Außenring wieder dieselbe Krümmung $1/R$ annimmt, die der Innenring überall aufweist. Diese beiden Punkte A, die symmetrisch zu dem durch die Schlitzstelle gehenden Durchmesser liegen, können auf Grund der folgenden beiden Bedingungen aufgefunden werden:

1. Die elastische Linie des Außenrings, genauer seine zu ihr parallele, gekrümmte innere Umrißlinie muß in diesen Punkten in die kreisförmige äußere Umrißlinie des Innenrings mit einer zu dieser gleichen Tangentenrichtung einmünden.

2. Das Biegungsmoment des Außenrings, welches durch das während des 2. Belastungsvorgangs auf jedes seiner beiden Enden ausgeübte Moment M_0^* und die konzentrierte Auflagerkraft P_0 hervorgerufen wird, muß in diesen Punkten Null werden, so daß dort nur das vom 1. Belastungsvorgang herrührende Biegungsmoment M_0 wirksam bleibt, das die geforderte notwendige Krümmung $1/R$ herstellt, nach der Gleichung für den schwachgekrümmten Stab:

$$M_0 = E J \left(\frac{1}{r} - \frac{1}{R} \right).$$

Nach dieser Vorbereitung läßt sich die Rechnung wie folgt durchführen:

Infolge der Symmetrie zu dem durch die Schlitzstelle gelegten waagerechten Durchmesser genügt die Betrachtung einer der beiden Hälften der Ringe. Der halbe Zentriwinkel des aufgeweiteten Außenrings, der im natürlichen Zustand π ist, werde mit α bezeichnet. Der Winkelabstand irgendeines Querschnitts des Außenrings von seinem freien Ende sei φ, und der unbekannte Winkel, längs welchem der Spalt zwischen den beiden Ringen besteht, sei durch φ_0 gekennzeichnet. Zwischen $\varphi = 0$ und $\varphi = \varphi_0$ verläuft die elastische Linie des Außenrings mit einer von Punkt zu Punkt veränderlichen Krümmung. Zwischen $\varphi = \varphi_0$ und $\varphi = \alpha$ liegt der Außenring überall am Innenring an und ist daher wie dieser ein Kreisbogen vom Halbmesser R. Wenn von Reibungskräften abgesehen wird, lautet der Ausdruck für das Biegungsmoment in irgendeinem Querschnitt φ des Außenrings innerhalb des Bereichs $0 \leqq \varphi \leqq \varphi_0$

$$M_\varphi = P_0 R \sin \varphi - M_0^* + M_0.$$

Nach der oben genannten 2. Bedingung muß M_φ für $\varphi = \varphi_0$ gleich M_0 werden. Mit $M_0^* = M_0$ folgt damit:

$$P_0 = \frac{M_0}{R \sin \varphi_0}. \tag{2}$$

In einem innerhalb des Spaltbereichs liegenden beliebigen Querschnitt φ sind die folgenden drei Spannungsresultanten vorhanden:

$$N_\varphi = P_0 \sin \varphi \qquad \text{(Normalkraft)},$$
$$S_\varphi = P_0 \cos \varphi \qquad \text{(Schubkraft)},$$
$$M_\varphi = P_0 R \sin \varphi \qquad \text{(Biegungsmoment)}.$$

Denkt man sich ein Ringelement durch je einen Querschnitt unmittelbar vor bzw. hinter dem Endpunkt A des Spaltes ($\varphi = \varphi_0$) abgegrenzt, so haben die Spannungsresultanten im ersten (linken) Querschnitt ($\varphi < \varphi_0$), die in Abb. 39.4 mit den wahren Pfeilen eingezeichnet sind, folgende Werte:

$$N_{\varphi_0} = P_0 \sin \varphi_0; \qquad S_{\varphi_0} = P_0 \cos \varphi_0; \qquad M_{\varphi_0} = P_0 R \sin \varphi_0 = M_0.$$

Der unendlich benachbarte zweite (rechte) Querschnitt ($\varphi > \varphi_0$) gehört
nicht mehr zu dem bisher allein betrachteten Spaltbereich, sondern zu

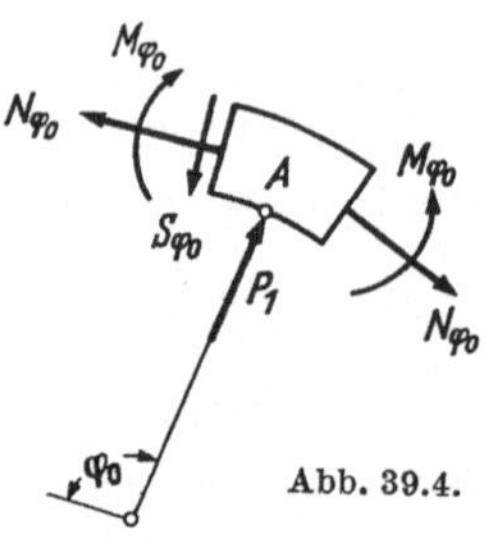

Abb. 39.4.

dem anschließenden zweiten Bereich $\varphi_0 < \varphi < \alpha$,
in dem der am kreisförmigen Innenring anliegende
Außenring die konstante Krümmung $1/R$ aufweist
und jeder Querschnitt daher durch das *konstante
Biegungsmoment* M_0 (herrührend vom 1. Belastungsvorgang) beansprucht ist. Daraus folgt aber, daß
jeder Querschnitt dieses zweiten Bereichs und daher
auch der rechte Querschnitt des betrachteten Ringelements *schubspannungsfrei* sein muß. In ihm
sind infolgedessen nur die beiden Spannungsresultanten

$$N_0 = N_{\varphi_0} = P_0 \sin\varphi_0; \qquad M_{\varphi_0} = M_0$$

vorhanden, und da sich jeder nach rechts folgende Querschnitt in derselben Lage befindet und daher dieselbe Beanspruchung erfährt, so folgt,
daß jeder Querschnitt des Bereichs $\varphi_0 < \varphi < \alpha$ durch die konstante
Normalkraft N_0 und das konstante Biegungsmoment M_0 beansprucht ist.

Betrachten wir jetzt das Gleichgewicht des Ringelements an der
Stelle A (Abb. 39.4), in dessen rechtem Querschnitt die *Schubkraft* S_{φ_0}
fehlt, so sehen wir, daß die Summe aller Kräfte in radialer Richtung
nur dadurch zu Null werden kann, daß vom Innenring an der Stelle A
eine *konzentrierte Druckkraft* P_1 auf den Außenring ausgeübt wird,
welche die Schubkraft S_{φ_0} im linken Querschnitt ausgleicht; sie hat
daher die Größe

$$P_1 = S_{\varphi_0} = P_0 \cos\varphi_0. \tag{3}$$

Das Gleichgewicht irgendeines im Bereich $\varphi_0 < \varphi < \alpha$ liegenden
Ringelements verlangt gemäß Abb. 39.5, daß vom Innenring ein kon-

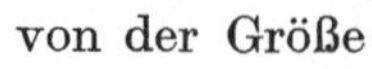

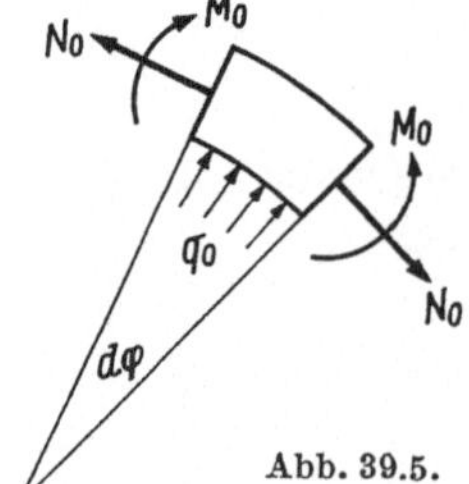

Abb. 39.5.

stanter, d. h. *gleichmäßig verteilter Flächendruck*
von der Größe

$$q_0 = \frac{N_0}{R\,b} = \frac{P_0}{R\,b} \sin\varphi_0 \tag{4}$$

auf den am Innenring anliegenden kreisförmigen
Teil des Außenrings übertragen werden muß.

Damit sind die zwischen den beiden Ringen
übertragenen Kräfte nach *Art* und *Verteilung* bekannt. Um auch ihre *Größen* zu erhalten, muß
noch der Winkel φ_0 ermittelt werden, der jetzt die einzige noch ver-
bleibende Unbekannte des Problems ist. Sein Wert folgt aus der
Differentialgleichung der elastischen Linie für den schwach gekrümmten
Stab, unter dem hier der zum Zentriwinkel φ_0 gehörige Teil des Außenrings zu verstehen ist. Ist y die Durchbiegung, — positiv, falls radial
nach außen gehend — und wird mit M_φ^* dasjenige Biegungsmoment

für den Querschnitt φ bezeichnet, das *allein* von den die Verbiegung bewirkenden Kräften und Momenten, d. h. von M_0^* und P_0 gebildet wird:

$$M_\varphi^* = P_0 R \sin\varphi - M_0^*, \tag{5}$$

so lautet diese Gleichung, unter Beachtung, daß $M_0^* = M_0$ ist, sowie mit Gl. (2)

$$\frac{d^2 y}{d\varphi^2} + y = -\frac{R^2}{EJ} M_\varphi^* = \frac{R^2}{EJ} M_0 \left(1 - \frac{\sin\varphi}{\sin\varphi_0}\right)$$

mit der allgemeinen Lösung:

$$y = C \sin\varphi + D \cos\varphi + \frac{R^2}{EJ} M_0 \left(1 + \frac{\varphi \cos\varphi}{2 \sin\varphi_0}\right).$$

Zur Bestimmung der beiden Integrationskonstanten C und D sowie des unbekannten Winkels φ_0 stehen die folgenden drei Grenzbedingungen zur Verfügung:

$$y = 0 \quad \text{für} \quad \varphi = 0, \tag{6}$$

$$y = 0 \quad \text{für} \quad \varphi = \varphi_0, \tag{7}$$

$$\frac{dy}{d\varphi} = 0 \quad \text{für} \quad \varphi = \varphi_0. \tag{8}$$

Aus Gl. (6) folgt:

$$D = -\frac{M_0 R^2}{EJ}.$$

Aus Gl. (7) folgt:

$$0 = C \sin\varphi_0 + D \cos\varphi_0 + \frac{M_0 R^2}{EJ} \left(1 + \frac{\varphi_0 \cos\varphi_0)}{2 \sin\varphi_0}\right).$$

Aus Gl. (8) folgt:

$$0 = C \cos\varphi_0 - D \sin\varphi_0 + \frac{M_0 R^2}{EJ} \left(\frac{\cos\varphi_0}{2 \sin\varphi_0} - \frac{\varphi_0 \sin\varphi_0}{2 \sin\varphi_0}\right).$$

Nach Elimination von C und Einsetzen des Wertes von D ergibt sich die folgende transzendente Bestimmungsgleichung für φ_0:

$$2 \sin\varphi_0 = \varphi_0 + \tfrac{1}{2} \sin 2\varphi_0, \tag{9}$$

aus der sich φ_0 berechnet zu:

$$\varphi_0 = 2{,}14 \ (122{,}5\,°).$$

Mit $\sin\varphi_0 = 0{,}8426$ und $\cos\varphi_0 = -0{,}5385$ wird:

$$P_0 = 1{,}187 \frac{EJ\,\Delta r}{R^3}; \qquad P_1 = 0{,}64 \frac{EJ\,\Delta r}{R^3}; \qquad q_0 = \frac{EJ\,\Delta r}{R \cdot b}. \tag{10}$$

Mit $\Delta r \approx \dfrac{p\,r^2}{s\,E} \approx \dfrac{p\,R^2}{s\,E}$ und $J = \dfrac{b\,d^3}{12}$ wird $\dfrac{EJ\,\Delta r}{R^3} = p\,\dfrac{b\,d^3}{12\,R\,s}$, \qquad (11)

so daß $P_0 = 1{,}187\,p\,\dfrac{b\,d^3}{12\,R\,s}$; $P_1 = 0{,}64\,p\,\dfrac{b\,d^3}{12\,R\,s}$; $q_0 = p\,\dfrac{d^3}{12\,R^2\,s}$. \qquad (12)

In Abb. 39.3 sind diese Kräfte so, wie sie auf dem Außenring wirken, dargestellt, und in Abb. 39.6 ist der Verlauf von $N_\varphi, S_\varphi, M_\varphi, q_0$ sowie die Krümmung $1/\varrho$ des Außenrings über den ganzen Bereich $\varphi = 0$ bis

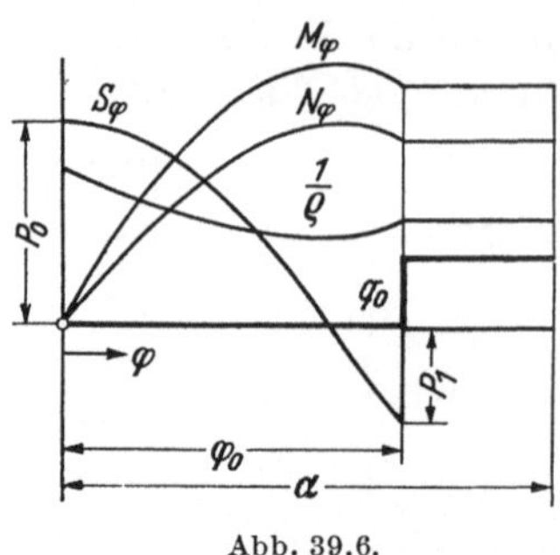

Abb. 39.6.

$\varphi = \alpha$ durch Kurven wiedergegeben. An Hand eines einfach durchzuführenden Versuchs kann man sich durch Augenschein davon überzeugen, daß der Zentriwinkel des Spaltbereichs φ_0 den oben berechneten Wert von 122,5° besitzt. Man schiebe einen geschlitzten Kreisring vom Halbmesser r, etwa eine von einer Schraubenfeder mit geringer Steigung abgeschnittene Windung — auf einen Konus bis zu einer Stelle, an der dessen Halbmesser R um einen kleinen Betrag $\varDelta r$ größer ist als r, und halte den Konus gegen das Licht.

Zahlenbeispiel:

$$R = r = 40 \text{ cm}, \qquad s = d = 2 \text{ cm}, \qquad b = 6 \text{ cm}, \qquad p = 200 \text{ at}.$$

damit wird:

$$P_0 = 12 \text{ kg}, \qquad P_1 = 6,4 \text{ kg}, \qquad q_0 = 0,04 \text{ at}.$$

Mit dieser Aufgabe ist zugleich ein Problem gelöst, das bei der Festigkeitsberechnung von neuartigen Hochdruckrohren eine Rolle spielt, die im Gegensatz zu den bisher verwendeten, geschmiedeten Massivrohren aus einem dünnwandigen Kernrohr bestehen, auf das — je nach der Größe des Innendrucks — mehr oder weniger zahlreiche Flachstahlbänder aufgewickelt werden. An die Stelle des geschlossenen Innenrings tritt hier das Kernrohr und an diejenige des offenen Außenrings das nach Art einer Schraubenfeder um das Kernrohr gewundene erste Stahlband.

Geschlitzter Kolbenring.

Das inverse Problem liegt z. B. bei einem geschlitzten Kolbenring von konstanter Wandstärke vor. Ist dessen Halbmesser im natürlichen Zustand r und der Innenhalbmesser des Zylinders $R = r - \varDelta r$, so übt die Zylinderwandung auf den in den Zylinder geschobenen Kolbenring Kräfte aus, die hinsichtlich Größe und Verteilung über den Umfang genau übereinstimmen mit denen, die in Abb. 39.3 dargestellt sind, jedoch mit umgekehrten Pfeilrichtungen[1].

40. *Ein Ringpaket vom Außendurchmesser $2\,R_0$ besteht aus N dünnwandigen, geschlossenen Kreisringen, die derart hintereinander geschaltet sind, daß jeder nach außen zu folgende Ring den vorhergehenden ohne Spielraum umschließt. Sämtliche Ringe besitzen den gleichen Querschnitt (Wandstärke s; Ringbreite b) und bestehen aus dem gleichen Werkstoff (Stahl). Das Ringpaket wird durch zwei entgegengesetzt gleiche Kräfte P nach Art eines Kettengliedes beansprucht. An die Stelle des Kreisringpakets kann auch ein aus einem einzigen langen Stahlband gewickeltes Spiralringpaket treten.*

---

[1] Auszug aus einem Aufsatz des Verf. in d. Z. Chemie-Ing.-Technik, 23. Jg., Nr. 6, in dem auch weitere Aufgaben verwandter Art behandelt sind.

Man zeige zunächst, daß sich die einzelnen Ringe ohne merkliche gegenseitige Störung ebenso frei verformen können wie ein Einzelring. Sodann bestimme man Ort und Größe der größten im Ringpaket auftretenden Biegungsspannung.

Schließlich berechne man die Größe des vertikalen und horizontalen Außendurchmessers nach vollzogener Formänderung.

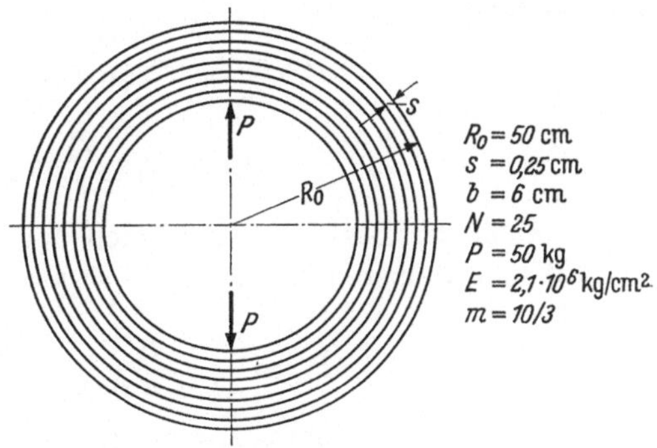

Erhält der Außenring die Nummer *0*, die Innenringe von außen nach innen die Nummern *1* bis *n*, so ist der Außenhalbmesser des i-ten Innenrings $(1 \leq i \leq n)$, der bei dünnen Ringen auch gleich dem mittleren Halbmesser gesetzt werden kann:

$$R_i = R_0 - i\,s\,.$$

Wird der Anteil der gesamten Kraft P, den der i-te Innenring übernimmt, mit P_i bezeichnet, so beträgt die elastische Vergrößerung v_i seines Vertikaldurchmessers bzw. die Verringerung w_i seines Horizontaldurchmessers:

$$v_i = \frac{\pi^2 - 8}{4\pi}\ \frac{P_i\,R_i^3}{E\,J} = 0{,}149\,\frac{P_i\,R_i^3}{E\,J}\,,$$

$$w_i = \frac{4 - \pi}{2\pi}\ \frac{P_i\,R_i^3}{E\,J} = 0{,}137\,\frac{P_i\,R_i^3}{E\,J}\,.$$

Da hier v für jeden Ring gleich groß sein muß, also auch $v_i = v_0$, so ist:

$$P_i\,R_i^3 = P_0\,R_0^3 = \text{const.}$$

Daher ist auch w für jeden Ring gleich groß, so daß die Ringe des Ringpakets sich ohne gegenseitige Störung frei verformen können wie ein Einzelring, wenn angenommen wird, daß jedes P_i in Form einer konzentrierten Einzelkraft angreift. Aus der letzten Beziehung folgt:

$$P_i = P_0\frac{R_0^3}{R_i^3} = P_0\frac{R_0^3}{(R_0 - i\,s)^3} = P_0\frac{1}{\left(1 - i\,\dfrac{s}{R_0}\right)^3} = \frac{P_0}{(1 - i\,\alpha)^3}\,,$$

mit

$$\alpha = \frac{s}{R_0} = \frac{1}{200}\,.$$

Nun muß sein:

$$P = P_0 + \sum_1^n P_i = \sum_0^n P_i = P_0\sum_0^n \frac{1}{(1 - i\,\alpha)^3} = P_0\,K\,,$$

mit

$$K = \sum_0^{24} \frac{1}{(1 - i\,\alpha)^3} = 30{,}3\,.$$

Daraus folgt:

$$P_0 = \frac{P}{K} = \frac{50}{30,3} = 1,65 \,\text{kg}$$

und

$$P_i = \frac{P}{(1 - i\,\alpha)^3\,K}\,,$$

womit auch der Lastanteil für jeden der 24 Innenringe bekannt wird.

Auf den kleinsten Innenring $(i = n = 24)$ kommt der größte aller Anteile:

$$P_n = \frac{P}{(1 - n\,\alpha)^3\,K} = 2,43 \,\text{kg}\,.$$

In ihm tritt daher auch das größte Biegungsmoment auf, und zwar ist es in seinem Scheitelquerschnitt, in dem die Kraft P angreift, wirksam. Es beträgt:

$$M_{\max} = \frac{P_n\,R_n}{\pi} = \frac{P_n\,(R_0 - n\,s)}{\pi} = 34 \,\text{kg cm}\,.$$

Damit wird die größte Biegungsspannung:

$$\sigma_{\max} = \frac{M_{\max}}{W} = \frac{34 \cdot 10^3}{62,5} = 544 \,\text{kg/cm}^2$$

Nach vollzogener Formänderung beträgt die Größe des vertikalen bzw. des horizontalen Außendurchmessers des Ringpakets:

$$2(R_0)^v = 2R_0 + v_0 = 101,86 \,\text{cm},$$
$$2(R_0)^h = 2R_0 - w_0 = 98,3 \,\text{cm}.$$

Wenn, wie hier, das Paket aus vielen **Ringen** von gleicher Wandstärke besteht, so läßt sich die Aufgabe auch auf die folgende Weise lösen:

$$\sum_0^n P_i\,s = s \sum_0^n P_i = P\,s\,.$$

Denkt man sich vorübergehend s unendlich klein, so geht s in dR über und wegen $P_i R_i^3 = \text{const} = c$ wird: $P_i = \dfrac{c}{R^3}$, wo das beliebige R jetzt ohne Index zu schreiben ist. Damit wird

$$\sum_0^n P_i\,s = \int_{R_n}^{R_0} \frac{c}{R^3}\,dR = \frac{c}{2}\left(\frac{1}{R_n^2} - \frac{1}{R_0^2}\right) = P\,s\,.$$

Daraus folgt die Konstante $c = 2P\,s\,\dfrac{R_0^2\,R_n^2}{R_0^2 - R_n^2} = 2,15 \cdot 10^5 \,\text{kg/cm}^3$. Geht man jetzt wieder auf die Ringe mit der endlichen Wandstärke s über, so wird $P_i = \dfrac{c}{R_i^3}$ für jeden Ring bekannt.

So findet man $P_0 = 1,72 \,\text{kg}$ und $P_n = 2,52 \,\text{kg}$ in genügender Übereinstimmung mit den zuvor erhaltenen Ergebnissen.

41. *Das aus drei dünnwandigen Kreisringen (1, 2, 3) und einer schweren Scheibe S bestehende System ruht auf einer waagerechten, starren Unterlage auf. Die beiden Innenringe (2, 3) sind in ihren Scheitelpunkten an den Außenring (1) und die starre Scheibe S angeschlossen. Die drei Ringe bestehen aus dem gleichen Material.*

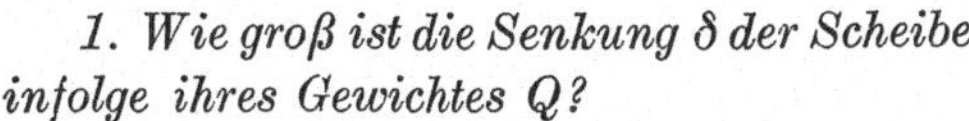

1. Wie groß ist die Senkung δ der Scheibe infolge ihres Gewichtes Q?

2. Wie groß ist die Schwingungsdauer T der Vertikalschwingungen der Scheibe, wenn die Masse der Ringe vernachlässigt wird? (Kleine Schwingungen vorausgesetzt.)

3. Wie groß darf die Amplitude der Schwingungen höchstens sein, damit sich das System nicht von der Unterlage abhebt? (Die Masse der Ringe ist zu vernachlässigen.)

$$r = \frac{R}{3}; \quad J_2 = J_3 = \frac{1}{9} J_1; \quad R = 90 \; cm; \quad J_1 = 3 \; cm^4;$$
$$Q = 400 \; kg; \quad E = 2 \cdot 10^6 \; kg/cm^2$$

1. Man mache Scheibe und Ringe frei und bringe die an den Befestigungsstellen übertragenen, zunächst noch unbekannten, inneren Kräfte X, Y als äußere Kräfte an den vier frei gemachten Teilen des Systems an (Abb. 41.1). Das Gleichgewicht der Scheibe verlangt:

$$X + Y = Q$$

oder

$$X = Q - Y. \tag{1}$$

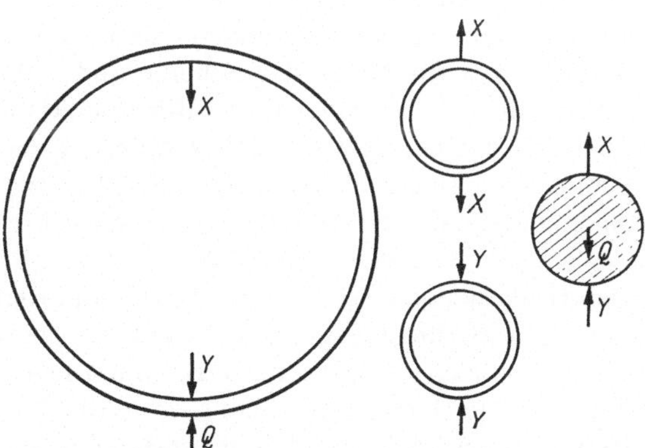

Abb. 41.1.

Dieselbe Beziehung ergibt sich aus der Betrachtung des Gleichgewichts des großen Ringes *1*, der in seinem unteren Scheitelpunkt von der Unterlage die Kraft Q (nach oben), vom Ring *3* die Kraft Y (nach unten) empfängt. Denn deren Unterschied $Q - Y$ muß gleich sein der Kraft X, die in seinem oberen Scheitelpunkt Ring *2* auf ihn ausübt.

Da sich X in Y ausdrücken läßt, ist das System einfach statisch unbestimmt. Die zweite Gleichung zur Bestimmung von X und Y liefert die Beziehung, die zwischen den elastischen Formänderungen der drei Ringe bestehen muß. Werden mit w_1, w_2, w_3 die elastischen Änderungen der vertikalen Ringdurchmesser bezeichnet (positiv, wenn sie eine Verringerung bedeuten), so muß offenbar sein:

$$w_2 + w_3 = w_1 \quad (w_2 \text{ hier ein negativer Wert}) \tag{2}$$

$$w_1 = \frac{XR^3}{2EJ_1}\,\frac{\pi^2 - 8}{2\pi} = 0{,}149\,\frac{XR^3}{EJ_1}\,;$$

$$w_2 = -0{,}149\,\frac{Xr^3}{EJ_2}\,; \qquad w_3 = 0{,}149\,\frac{Yr^3}{EJ_3}\,.$$

Mit $r = \dfrac{R}{3}$ und $J_2 = J_3 = \dfrac{1}{9}\,J_1$ folgt aus Gl. (2) $X = \dfrac{1}{4}\,Y$ und damit aus Gl. (1) $Y = \dfrac{4}{5}\,Q$, $X = \dfrac{1}{5}\,Q$.

Die gesuchte Senkung δ der Scheibe muß offenbar gleich w_3 sein:

$$\delta = w_3 = 0{,}119\,\frac{Qr^3}{EJ_3} = 1{,}93 \text{ cm.}$$

2. Die Federkonstante des Ringsystems folgt aus $Q = c\,\delta$ zu:

$$c = \frac{Q}{\delta} = 207 \text{ kg/cm.}$$

Damit wird:

$$T = 2\pi\,\sqrt{\frac{Q}{gc}} = 2\pi\,\sqrt{\frac{\delta}{g}} = 0{,}28 \text{ sek.}$$

3. Man wende das D'Alembertsche Prinzip an. Die Bewegungsgleichung der als Massenpunkt anzusehenden, schwingenden Scheibe lautet $m\ddot{z} = -c\,z$, wenn m die Masse der Scheibe und z eine vertikale Koordinate bedeutet, die vom Schwerpunkt (Mittelpunkt) der in ihrer Ruhelage befindlichen Scheibe, positiv nach abwärts, gerechnet wird. An dem zu irgendeiner Zeit t betrachteten, ruhenden Ersatzsystem greifen dann die folgenden, in der vertikalen Symmetrieachse liegenden, äußeren Kräfte an, die im Gleichgewicht stehen müssen:

Im Scheibenschwerpunkt das Scheibengewicht Q und die Trägheitskraft $H = -m\ddot{z} = c\,z$, im Berührungspunkt mit der Unterlage der Bodendruck $D = Q + H = Q + c\,z$, der ≥ 0 sein muß, damit sich das schwingende System nicht von der Unterlage abhebt. Ist a die Amplitude der Schwingung, so ist der kleinste Wert von D dann vorhanden, wenn $z = -a$ wird, d. h. wenn sich die Scheibe in ihrer oberen Umkehrlage befindet.

Der gesuchte Größtwert $a_{\max}$ folgt daher aus der Gleichung:

$$D = 0 = Q - c\,a_{\max} \quad \text{zu} \quad a_{\max} = \frac{Q}{c} = \delta\,.$$

42*. *Man ermittle die größte Biegungsspannung im Kranz eines vierarmigen Schwungrads mit starrer Nabe.*

$R = 150\ cm;\ b = 30\ cm;\ s = 10\ cm;$
$l = 120\ cm;\ \ F = 50\ cm^2;$
$g = 1000\ cm/sek^2;$
$\gamma = 8 \cdot 10^{-3}\ kg/cm^3;\ \ \omega = 35\ sek^{-1}.$

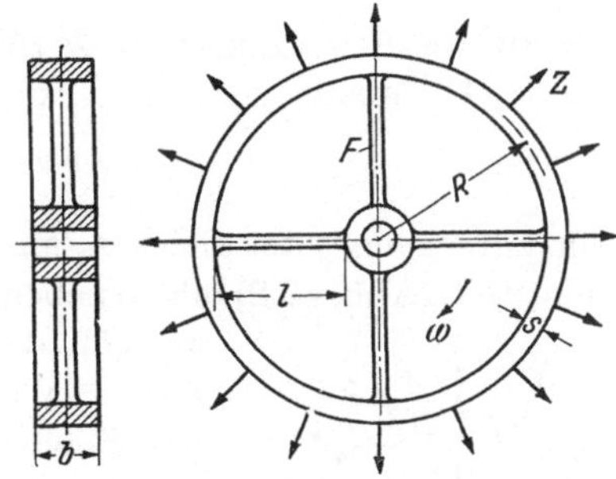

Dreht sich das Schwungrad mit der Winkelgeschwindigkeit ω, so wirkt als Belastung pro cm Umfangslänge die über den Umfang konstante Fliehkraft

$$Z = \frac{\gamma}{g}\, b\, s\, R\, \omega^2 .$$

Der rotierende Schwungkranz ist bei nicht vorhandenen Armen einem aus einer zylindrischen Kesselwand herausgeschnittenen Ring vergleichbar, in dem der „scheinbare Innendruck" $q = \dfrac{Z}{b} = \dfrac{\gamma}{g}\, s\, R\, \omega^2$ die Ringspannung

$$\sigma_t = q\,\frac{R}{s} = Z\,\frac{R}{b\,s} = \frac{\gamma}{g}\, R^2\, \omega^2$$

erzeugt. Die mit dieser Spannung verbundene Ringdehnung hat eine radiale Aufweitung des Ringes

$$\Delta R' = \varepsilon_t R = \sigma_t\,\frac{R}{E} = \frac{\gamma}{g}\,\frac{R^3}{E}\,\omega^2$$

zur Folge.

Auch an den Armen greifen Fliehkräfte an. Sie erzeugen in einem Armquerschnitt, der vom Kranzende den Abstand x hat (Abb. 42.1), die Normalspannung

$$\sigma = \frac{\gamma}{g}\,\omega^2\, x\left(l - \frac{x}{2}\right),$$

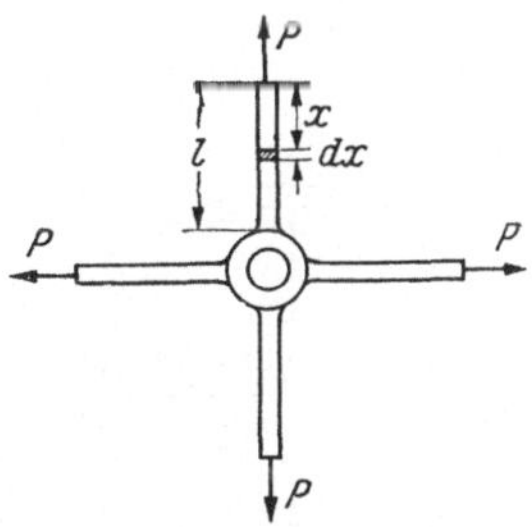

Abb. 42.1.

verlängern zunächst das Arm-Längenelement dx an der Stelle x um $d(\Delta l') = \dfrac{\sigma}{E}\,dx$ und den ganzen Arm um

$$\Delta l' = \int\limits_0^l d(\Delta l') = \frac{\gamma}{g}\,\frac{\omega^2}{E}\int\limits_0^l x\left(l - \frac{x}{2}\right) dx = \frac{\gamma}{g}\,\frac{l^3}{3E}\,\omega^2 .$$

Da einerseits $\Delta l' < \Delta R'$ ist, andererseits aber Kranz und Arme in Wirklichkeit zusammenhängen, wird die von den Fliehkräften angestrebte Aufweitung $\Delta R'$ des Kranzes durch die Arme vor allem da behindert, wo diese in den Kranz übergehen, während umgekehrt der

Kranz auf die Arme Zugkräfte P (Abb. 42.1) ausübt, die die Arme über das Maß $\Delta l'$ hinaus verlängern, und zwar um

$$\Delta l'' = \frac{P\,l}{E\,F}.$$

Die entgegengesetzt gleichen, am Kranz radial nach innen angreifenden Kräfte P (Abb. 42.2) bilden neben den Fliehkräften ein zweites Lastensystem, das für sich im Gleichgewicht und dessen Wirkung auf den Kranz von derjenigen der Fliehkräfte unabhängig ist.

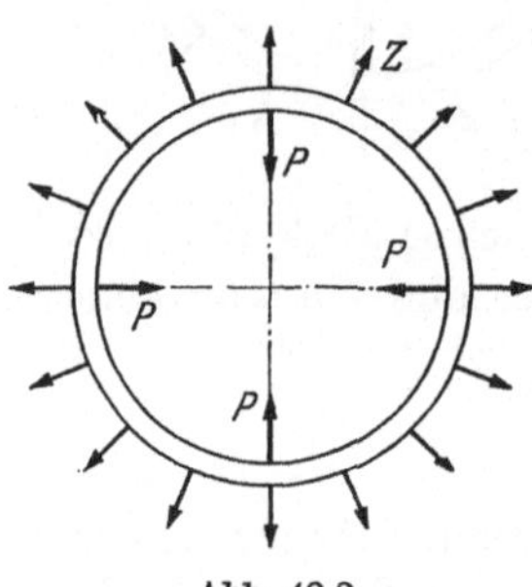

Abb. 42.2.

Man betrachte daher zunächst einen Ring unter vier Lasten P nach Abb. 42.3. Auch dieses Lastensystem wird zweckmäßig noch einmal in zwei Teilbelastungen (Abb. 42.4 und 42.5) unterteilt, womit das vorliegende Problem schließlich auf den Fall des diametral belasteten Ringes zurückgeführt ist.

Die hier zweckmäßig nach außen positiv gerechnete radiale Verschiebung des Punktes A — bei festgehaltenem Mittelpunkt 0 — durch die vertikalen Kräfte $P_1 = P$ allein ist:

$$v_1 = -\frac{\pi^2 - 8}{8\,\pi}\,\frac{P\,R^3}{E\,J}\,;\qquad J = \frac{b\,s^3}{12}.$$

Seine Verschiebung durch die Kräfte $P_2 = P$ allein ist:

$$v_2 = \frac{4 - \pi}{4\,\pi}\,\frac{P\,R^3}{E\,J}.$$

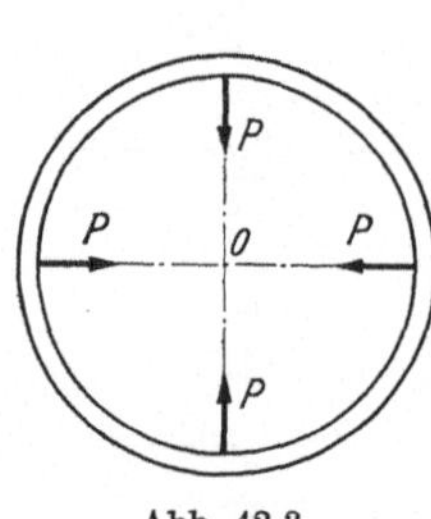

Abb. 42.3.

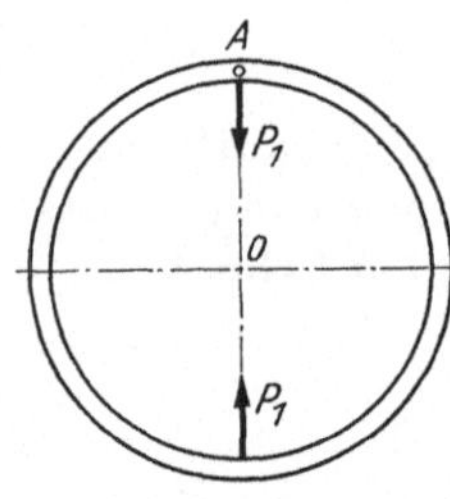

Abb. 42.4.

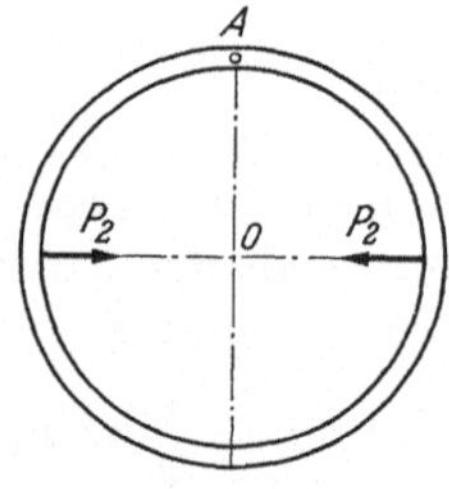

Abb. 42.5.

Bei gleichzeitiger Einwirkung aller vier Kräfte (Abb. 42.3) wird die radiale Verschiebung des Punktes A und ebenso der übrigen drei Kraftangriffspunkte

$$\Delta R'' = v_1 + v_2 = -0{,}006\,\frac{P\,R^3}{E\,J}.$$

$\Delta R''$ beschreibt nur die Formänderung, welche die von den vier Armkräften P im Ring hervorgerufenen Biegungsmomente bewirken; nicht berücksichtigt ist dabei die Formänderung durch Normal- und Querkräfte.

Kommen zu den Armkräften P die Fliehkräfte Z hinzu (Abb. 42.2), so wird die radiale Verschiebung der genannten Punkte

$$\Delta R = \Delta R' + \Delta R'' = \frac{\gamma}{g}\,\frac{R^3}{E}\,\omega^2 - 0{,}006\,\frac{PR^3}{EJ}\,.$$

Da andererseits ΔR gleich der elastischen Verlängerung $\Delta l = \Delta l' + \Delta l''$ der Arme ist, gilt die Beziehung $\Delta R = \Delta l$ oder

$$\frac{\gamma}{g}\,\frac{R^3}{E}\,\omega^2 - 0{,}006\,\frac{PR^3}{EJ} = \frac{\gamma}{g}\,\frac{l^3}{3E}\,\omega^2 + \frac{Pl}{EF}\,.$$

Daraus folgt die Zugkraft in den Armen zu

$$P = \frac{\gamma}{g}\,\omega^2\,\frac{R^3 - \dfrac{l^3}{3}}{\dfrac{l}{F} + 0{,}006\,\dfrac{R^3}{J}} = 2620\ \text{kg}.$$

Die Armkräfte P_1 bzw. P_2 erzeugen in einem beliebigen Ringquerschnitt $B\,(\varphi,\ \psi)$, s. Abb. 42.6, folgende Spannungsresultanten:

1. Die Normalkräfte

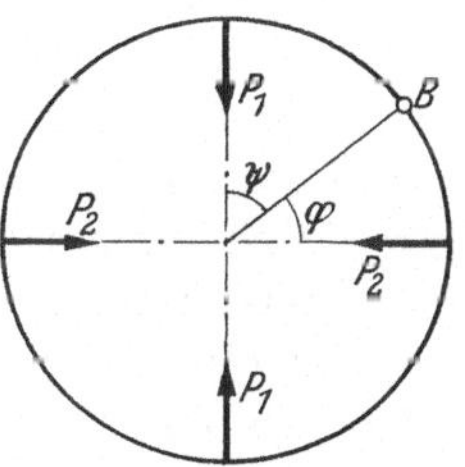

Abb. 42.6.

$$N_1 = -\frac{P_1}{2}\cos\varphi\,, \qquad N_2 = -\frac{P_2}{2}\cos\psi;$$

insgesamt (mit $\cos\psi = \sin\varphi$ und $P_1 = P_2 = P$):

$$N = N_1 + N_2 = -\frac{P}{2}\,(\cos\varphi + \sin\varphi)\,.$$

2. Die Querkräfte

$$Q_1 = -\frac{P_1}{2}\sin\varphi\,, \qquad Q_2 = \frac{P_2}{2}\sin\psi;$$

insgesamt (mit $\sin\psi = \cos\varphi$ und $P_1 = P_2 = P$):

$$Q = Q_1 + Q_2 = -\frac{P}{2}\,(\sin\varphi - \cos\varphi)\,.$$

3. Die Biegungsmomente

$$M_1 = \frac{P_1}{2}\,R\left(\frac{2}{\pi} - \cos\varphi\right); \qquad M_2 = \frac{P_2}{2}\,R\left(\frac{2}{\pi} - \cos\psi\right);$$

insgesamt das Biegungsmoment:

$$M = M_1 + M_2 = \frac{PR}{2}\left(\frac{4}{\pi} - \cos\varphi - \sin\varphi\right)\,.$$

Alle diese Gleichungen gelten nur im Bereich $0 \le \varphi \le \dfrac{\pi}{2}$, sind jedoch wegen der Symmetrie innerhalb jedes Quadranten des Schwungrings gültig. Abb. 42.7 zeigt den Verlauf des Biegungsmoments über den Umfang. Das absolute Maximum von M tritt an den Angriffsstellen der Arm-

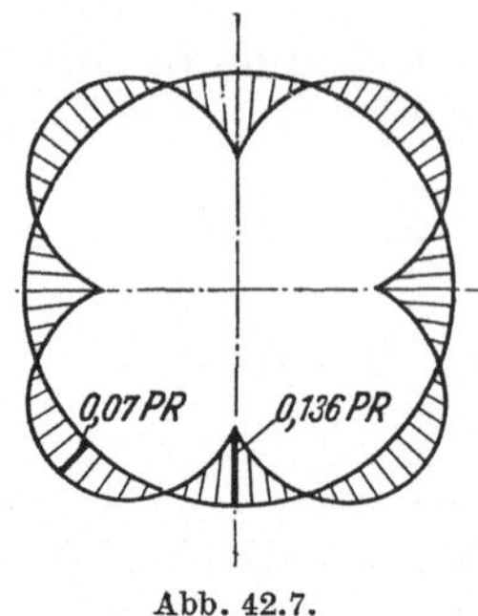

Abb. 42.7.

kräfte P $\left(\varphi = 0 \text{ oder } \varphi = \dfrac{\pi}{2}\right)$ auf:

$$M_{\max} = \frac{P\,R}{2}\left(\frac{4}{\pi} - 1\right) = 0{,}136\,P\,R.$$

Die maximale Biegungsspannung in den durch $M_{\max}$ beanspruchten Querschnitten beträgt:

$$(\sigma_b)_{\max} = \frac{M_{\max}}{J}\,\frac{s}{2} = \frac{0{,}81\,P\,R}{b\,s^2} = 106 \text{ kg/cm}^2.$$

Damit wird die größte Zugspannung im Kranz:

$$\sigma_{\max} = \sigma_t + (\sigma_b)_{\max} = 220 + 106 = 326 \text{ kg/cm}^2.$$

Die Aufgabe läßt sich auch direkt mit Hilfe des Satzes vom Minimum der Formänderungsarbeit als zweifach statisch unbestimmtes Problem lösen, in ähnlicher Weise wie bei der folgenden Aufgabe ausführlich gezeigt.

43*. *Ein mit der Winkelgeschwindigkeit ω umlaufendes Schwungrad besitzt drei symmetrisch angeordnete Arme, von denen einer infolge von Gußspannungen gerissen ist, so daß die beiden tragenden Arme nicht nur auf Zug, sondern auch auf Biegung und Schub beansprucht werden.*

Man zeige, daß die Festigkeitsberechnung dieses Rades auf die Lösung eines vierfach statisch unbestimmten Problems führt, stelle die Ausdrücke für die Formänderungsarbeit des Kranzes und der Arme auf (unter Vernachlässigung des von den Schubkräften herrührenden Beitrags) und gebe die Bestimmungsgleichungen für die vier statisch unbestimmten Größen an.

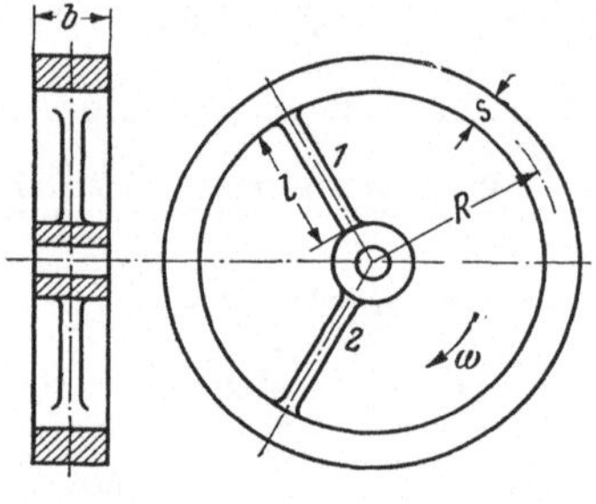

Der von den Armen frei gemachte Kranz (Abb. 43.1) ist belastet
1. durch die über seinen Umfang gleichmäßig verteilte Fliehkraft

$$Z = \frac{\gamma}{g}\,b\,s\,R\,\omega^2 \text{ kg/cm}.$$

2. durch die von den beiden Armen auf ihn ausgeübten Kräfte, die ein ebenes Gleichgewichtssystem bilden müssen. Sie bestehen aus je einer Einzelkraft von unbekannter Größe und Richtung und je einem Kräftepaar mit unbekanntem Moment (Einspannmoment). Da diese Momente Φ_1 und Φ_2 aus Symmetriegründen entgegengesetzt gleich sind, so müssen sich auch die Einzelkräfte K_1 und K_2 gegenseitig aufheben, so daß ihre gemeinsame Wirkungslinie senkrecht auf der Symmetrieachse a—a stehen muß. Es ist $\Phi_1 = \Phi_2 = \Phi$, $K_1 = K_2 = K$.

Um die Spannungsresultanten in einem beliebigen Querschnitt angeben zu können, muß der Kranz irgendwo aufgeschnitten werden. Es ist zweckmäßig, ihn durch eine Schnittebene längs des Symmetriedurchmessers in zwei Hälften zu zerlegen und etwa die in Abb. 43.2 dargestellte obere Hälfte zu betrachten. Da die beiden Endquerschnitte der

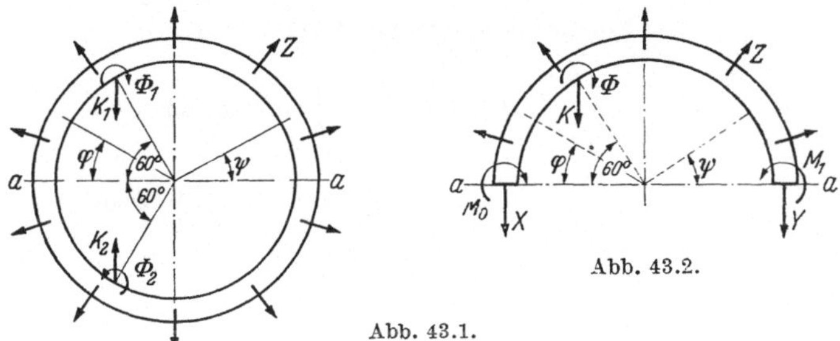

Abb. 43.1.

Abb. 43.2.

Symmetrieebene angehören, treten keine Schubkräfte in ihnen auf, sondern nur Momente (M_0, M_1) sowie Normalkräfte (X, Y) mit willkürlich anzunehmenden Pfeilen.

Mit Hilfe der beiden Gleichgewichtsbedingungen

$$X + Y + K - Z \cdot 2R = 0, \tag{1}$$

$$M_0 - M_1 + \Phi - XR + YR - K \frac{1}{2}\left(R - \frac{s}{2}\right) = 0 \tag{2}$$

lassen sich die sechs Unbekannten auf vier zurückführen. Sieht man M_0, M_1, K und Φ als die vier statisch unbestimmten Größen an, so folgen aus Gl. (1) und Gl. (2)

$$X = \frac{1}{2R}(M_0 - M_1 + \Phi) - K\left(\frac{3}{4} - \frac{s}{8R}\right) + ZR,$$

$$Y = \frac{1}{2R}(M_1 - M_0 - \Phi) - K\left(\frac{1}{4} + \frac{s}{8R}\right) + ZR.$$

Die in der Kranzhälfte vorhandene Formänderungsarbeit beträgt, wenn vom Beitrag der Schubkräfte abgesehen wird:

$$A_K = \frac{R}{2EJ_K}\left[\int_0^{\pi/3} M_\varphi^2\, d\varphi + \int_0^{2\pi/3} M_\psi^2\, d\psi\right] + \frac{R}{2EF_K}\left[\int_0^{\pi/3} N_\varphi^2\, d\varphi + \int_0^{2\pi/3} N_\psi^2\, d\psi\right]$$

mit

$$M_\varphi = M_0 - XR(1 - \cos\varphi) + 2ZR^2 \sin^2 \frac{\varphi}{2},$$

$$M_\psi = M_1 - YR(1 - \cos\psi) + 2ZR^2 \sin^2 \frac{\psi}{2},$$

$$N_\varphi = X \cos\varphi + 2ZR \sin^2 \frac{\varphi}{2},$$

$$N_\psi = Y \cos\psi + 2ZR \sin^2 \frac{\psi}{2}.$$

Abb. 43.3 zeigt den vom Kranz frei gemachten, an der als starr vorausgesetzten Nabe eingespannten Arm *1*, der am freien Ende durch die Zugkraft $S = K \cos 30° = K \frac{\sqrt{3}}{2}$, die Schubkraft $T = K \sin 30° = \frac{K}{2}$ und das Moment Φ belastet ist. Wenn auch hier vom Beitrag der Schubkräfte abgesehen wird, so beträgt die Formänderungsarbeit des Armes

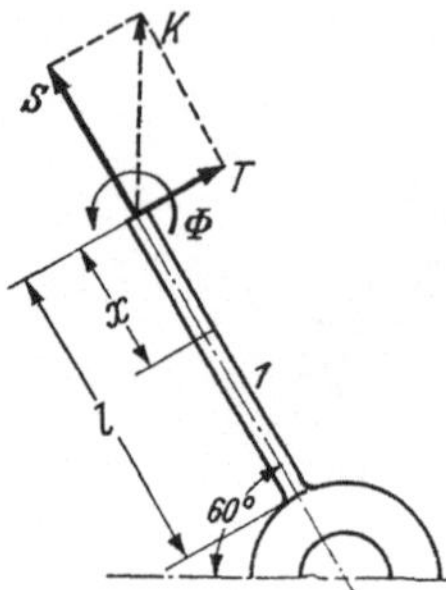

$$A_A = \frac{1}{2\,E\,J_A} \int\limits_0^l M^2(x)\,dx +$$

$$+ \frac{S^2\,l}{2\,E\,F_A} + \frac{1}{15}\,\frac{F_A}{E}\,\frac{\gamma^2}{g^2}\,l^5\,\omega^4,$$

$$M(x) = \frac{1}{2}\,K\,x - \Phi.$$

Abb. 43.3.

Mit $A = A_A + A_K$ berechnen sich die vier statisch unbestimmten Größen nach dem Satz vom Minimum der Formänderungsarbeit aus den folgenden vier Gleichungen:

$$\frac{\partial A}{\partial M_0} = 0, \quad \frac{\partial A}{\partial M_1} = 0, \quad \frac{\partial A}{\partial K} = 0, \quad \frac{\partial A}{\partial \Phi} = 0.$$

44. *Eine waagrechte, als unendlich lang anzusehende Schiene von der Biegungssteifigkeit E J ruht satt auf einer elastisch nachgiebigen Unterlage mit der Bettungsziffer k und ist in ihrer Mitte durch eine lotrechte Einzelkraft P belastet.*

1. Wie groß ist die gesamte Formänderungsarbeit A, die in der Schiene und in dem elastisch nachgiebigen Bettungskörper aufgespeichert ist?

2. Man zerlege A in seine beiden Bestandteile, berechne also die Formänderungsarbeit A_1, die in der Schiene vorhanden ist, und diejenige A_2, die im elastischen Bettungskörper steckt.

1. Die Durchbiegung y der Schiene im Abstand x von der Last ist:

$$y(x) = \frac{P\alpha}{2\,k}\,e^{-\alpha x}(\cos\alpha x + \sin\alpha x) \quad \text{mit} \quad \alpha = \sqrt[4]{\frac{k}{4\,E\,J}}.$$

$$y(0) = y_{\max} = \frac{P\alpha}{2\,k}.$$

Damit wird:

$$A = \frac{1}{2}\,P\,y_{\max} = \frac{P^2\alpha}{4\,k}.$$

$$2.\; A_1 = 2\,\frac{E\,J}{2} \int\limits_0^\infty \left(\frac{d^2y}{dx^2}\right)^2 dx = E\,J\,\frac{P^2\alpha^6}{k^2} \int\limits_0^\infty \left[e^{-\alpha x}(\sin\alpha x - \cos\alpha x)\right]^2 dx$$

$$= E\,J\,\frac{P^2\alpha^6}{k^2}\,\frac{1}{4\,\alpha} = \frac{P^2\alpha}{16\,k}.$$

Ist $p = k\,y$ der auf die Längeneinheit von der Schiene auf die Bettung übertragene Druck im Anstand x von der Last, so wird:

$$A_2 = 2 \frac{1}{2} \int\limits_0^\infty p\,y\,dx = k \int\limits_0^\infty y^2\,dx = \frac{F^2\alpha^2}{4k}\frac{3}{4\alpha} = \frac{3}{16}\frac{F^2\alpha}{k}.$$

$$A_1 + A_2 = \frac{F^2\alpha}{k}\left(\frac{1}{16} + \frac{3}{16}\right) = \frac{F^2\alpha}{4k} = A.$$

45. Eine lange Schiene, die als unendlich lang angesehen werden kann, ruht satt auf einer nachgiebigen Unterlage. Auf die Mitte der Schiene trifft ein Fallgewicht Q auf, das aus einer Höhe h herunterfällt. (Auf die gleiche Weise wird eine Schiene durch unrunde Räder beansprucht.)

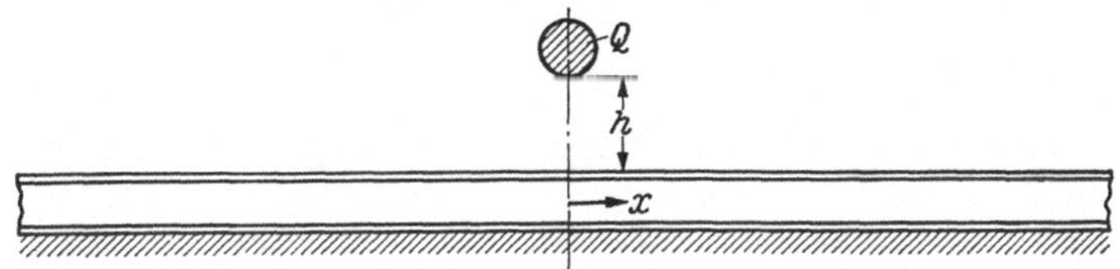

1. Zu berechnen ist die dynamische Durchbiegung f_d der Schiene an der Auftreffstelle und die maximale Biegungsspannung σ_{max}.

Die Fragen sind zu beantworten für die beiden folgenden Fälle:

a) ohne Berücksichtigung der Schienenmasse,

b) mit Berücksichtigung der Schienenmasse nach dem Verfahren von Cox.

Trägheitsmoment des Schienenquerschnitts . . . $J = 2600\ cm^4$
Widerstandsmoment des Schienenquerschnitts . . $W = 300\ cm^3$
Schienengewicht pro laufenden cm. . . . . . . $q = 1\ kg/cm$
Bettungsziffer. . . . . $k = 230\ kg/cm^2$.

$$Q = 150\ kg;\quad h = 200\ cm;\quad E = 2{,}2\cdot 10^6\ kg/cm^2.$$

2. Die nachgiebige Unterlage werde durch einen Stahl-Schwellenrost gebildet, der im Auf- und Seitenriß dargestellt ist. Er besteht aus quer zur Schiene liegenden Schwellen von rechteckigem Querschnitt (h b), die an ihren Enden frei drehbar auf starren Stützen aufliegen und die mit konstantem Zwischenraum, der gleich der Schwellenbreite b ist, nebeneinander angeordnet sind. Die auf dem Schwellenrost in dessen Mitte aufruhende

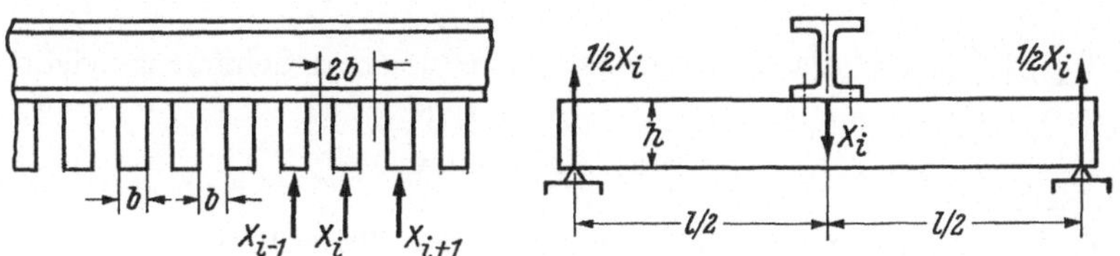

Schiene ist mit den Schwellen verbunden. Für die so gebildete nachgiebige Unterlage ermittle man die Bettungsziffer k.

Hinweis: Man verteile die Auflagerkraft X_i der i-ten Schwelle (Summe beider Auflagerkräfte links und rechts) stetig über die Länge 2 b.

$$l = 200 \ cm; \quad h = 7{,}5 \ cm; \quad b = 2 \ cm.$$

1. a) Die Durchbiegung der durch eine ruhende Kraft P belasteten Schiene ist im Abstand x von der Last:

$$y = \frac{P\,\alpha}{2\,k}\, e^{-\alpha x}\,(\cos\alpha x + \sin\alpha x), \quad \alpha = \sqrt[4]{\frac{k}{4\,E J}}\ ;$$

$$y_{\max} = y(0) = f_{st} = \frac{P\,\alpha}{2\,k} \quad \text{(statischer Biegungspfeil)};$$

$$(M_b)_{\max} = E J \left(\frac{d^2 y}{d x^2}\right)_0 = \frac{P}{4\,\alpha}\ ; \quad \sigma_{\max} = \frac{(M_b)_{\max}}{W}\ ;$$

Der durch das Q kg schwere Fallgewicht hervorgerufene dynamische Biegungspfeil ist[1]

$$f_d \approx \sqrt{2\,f_{st}\,h} = \sqrt{\frac{Q\,\alpha}{k}\,h} \quad \text{mit} \quad f_{st} = \frac{Q\,\alpha}{2\,k}.$$

Ist Q' diejenige Last, die, allmählich aufgebracht, einen Biegungspfeil f'_{st} hervorruft, der gleich dem vom Fallgewicht erzeugten dynamischen Biegungspfeil f_d ist, so folgt Q' aus:

$$f'_{st} = f_d = \frac{Q'\,\alpha}{2\,k}$$

zu

$$Q' = \frac{2\,k}{\alpha}\,f_d\,.$$

Damit:

$$(M_b)_{\max} = \frac{Q'}{4\,\alpha} = \frac{k}{2\,\alpha^2}\,f_d = \frac{1}{2}\sqrt{\frac{Q\,k\,h}{\alpha^3}}\,.$$

Zahlenwerte:

$$\alpha = \frac{1}{100}\ cm^{-1}; \quad f_d = 1{,}14\ cm; \quad (M_b)_{\max} = 131 \cdot 10^4\ kg/cm\,;$$

$$\sigma_{\max} = 4370\ kg/cm^2.$$

b) Nach dem Verfahren von Cox ist:

$$f_d = \sqrt{\frac{Q\,\alpha}{k}\,\gamma\,h} \quad \text{mit} \quad \gamma = \frac{1}{1 + \dfrac{G'}{Q}}\,,$$

$$G' = 2\,q\int\limits_0^\infty \left(\frac{y}{f}\right)^2 dx \quad \text{(auf die Stoßstelle reduziertes Schienengewicht),}$$

$$\frac{y}{f} = e^{-\alpha x}(\cos\alpha x + \sin\alpha x)\,.$$

---

[1] TIMOSHENKO-LESSELLS: Festigkeitslehre, S. 310. Berlin 1928.

Damit wird:

$$G' = 2q \int_0^\infty e^{-2\alpha x}(1 + \sin 2\alpha\, x)\, dx$$

$$= 2q\left\{\left[-\frac{e^{-2\alpha x}}{2\alpha}\right]_0^\infty - \int_0^\infty e^{-2\alpha x} \sin 2\alpha\, x\, dx\right\},$$

$$G' = 2q\left(\frac{1}{2\alpha} + \frac{1}{4\alpha}\right) = \frac{3}{2}\,\frac{q}{\alpha} = 150 \text{ kg},$$

so daß $\gamma = \frac{1}{2}$ und damit $f_d = 0{,}81$ cm wird.

$$(M_b)_{\max} = \frac{k\cdot}{2\,\alpha^2}\, f_d = 93 \cdot 10^4 \text{ kg cm};$$

$$\sigma_{\max} = 3100 \text{ kg/cm}^2.$$

2. Der Biegungspfeil der i-ten Schwelle unter der Last X_i ist:

$$f_i = \frac{X_i\, l^3}{48\, E\, J_s}$$

oder mit $J_s = \dfrac{b\, h^3}{12}$:

$$f_i = \frac{X_i\, l^3}{4\, E\, b\, h^3}.$$

Setzt man $X_i = p_i\, 2b$, so wird

$$f_i = p_i\, \frac{l^3}{2\, E\, h^3} = y_i,$$

denn die Senkung f_i der i-ten Schwelle in ihrer Mitte ist gleich der Durchbiegung y_i der Schiene an dieser Stelle. Damit wird

$$p_i = 2E\left(\frac{h}{l}\right)^3 y_i.$$

Andererseits ist

$$p_i = k\, y_i.$$

Aus dem Vergleich beider Ausdrücke ergibt sich:

$$k = 2E\left(\frac{h}{l}\right)^3 = 230 \text{ kg/cm}^2.$$

46. *Ein langer I-Träger, der als unendlich lang angesehen werden kann und dessen Biegungssteifigkeit EJ ist, liegt satt auf einer waagrechten, nachgiebigen Unterlage mit der konstanten Bettungsziffer k auf, etwa auf*

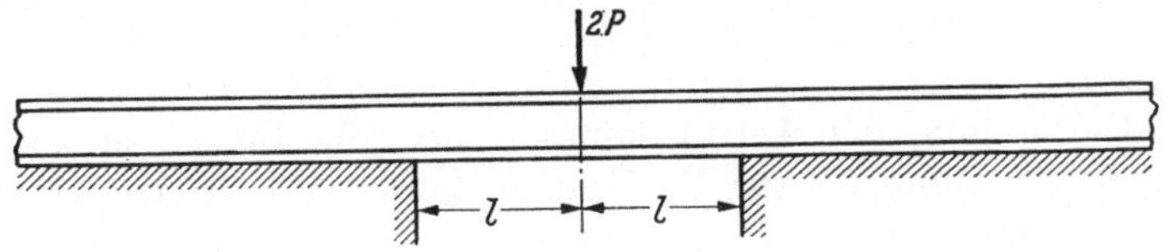

einem Querschwellenrost, der in seinem mittleren Teil auf die Länge $2\,l$ unterbrochen ist, so daß der Träger diese Länge frei überbrückt. In der Mitte der freien Länge ist der Träger durch eine lotrechte Kraft $2\,P$ belastet. Der Träger sei mit der Unterlage verbunden, so daß kein Abheben eintreten kann.

Gesucht ist das Biegungsmoment M_0 im Lastquerschnitt, der Biegungspfeil f sowie die Druckverteilung p längs der nachgiebigen Unterlage.

Infolge der Symmetrie braucht nur eine Hälfte des Trägers betrachtet zu werden (Abb. 46.1). Sie zerfällt in zwei Äste, den überkragenden Ast I

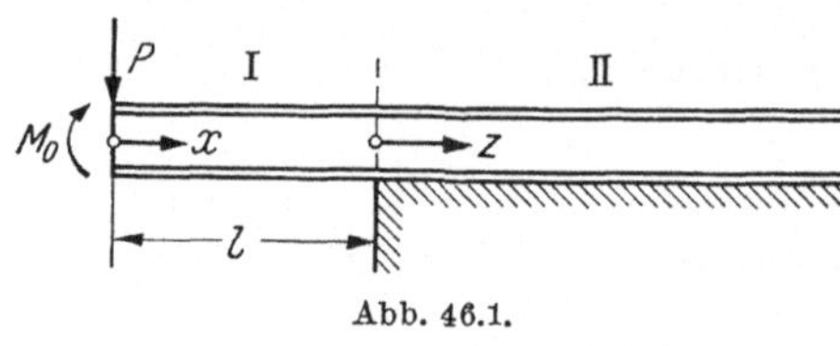

Abb. 46.1.

von der Länge l und den auf der nachgiebigen Unterlage aufliegenden Ast II. Als Belastung der Trägerhälfte wirkt im Anfangsquerschnitt von Ast I die Last P (halbe Gesamtlast) und das gesuchte Biegungsmoment M_0 (resultierendes Kräftepaar der Biegungsspannungen), das jedenfalls im Uhrzeigersinn dreht.

Für die beiden Äste werden zweckmäßig verschiedene Koordinaten verwendet, für Ast I die Koordinate x ($0 \leqq x \leqq l$), für Ast II die Koordinate z ($0 \leqq z \leqq \infty$) (Abb. 46.1), so daß die Grenze zwischen beiden Ästen $x = l$ bzw. $z = 0$ ist.

Ast I, $0 \leqq x \leqq l$: Aus

$$E J \frac{d^2 y_{\mathrm{I}}}{d x^2} = -M(x) = P x - M_0$$

folgt:

$$\frac{d y_{\mathrm{I}}}{d x} = \frac{1}{E J}\left(\frac{P x^2}{2} - M_0 x + C_1\right)$$

mit $C_1 = 0$ wegen $\left(\dfrac{d y_{\mathrm{I}}}{d x}\right)_0 = 0$,

und weiter:

$$y_{\mathrm{I}} = \frac{1}{E J}\left(\frac{P x^3}{6} - M_0 \frac{x^2}{2} + C_2\right).$$

Ast II, $0 \leqq z \leqq \infty$:

$$y_{\mathrm{II}} = C_3\, e^{-\alpha z} \cos \alpha z + C_4\, e^{-\alpha z} \sin \alpha z$$

mit

$$\alpha = \sqrt[4]{\frac{k}{4 E J}}\,.$$

Zur Bestimmung der 4 Unbekannten M_0, C_2, C_3, C_4 stehen die 4 folgenden Bedingungen zur Verfügung, die an der Grenze zwischen den beiden Ästen erfüllt sein müssen:

Für $x = l$ bzw. $z = 0$:

$$1. \quad y_\mathrm{I} = y_\mathrm{II}; \qquad\qquad 2. \quad \frac{dy_\mathrm{I}}{dx} = \frac{dy_\mathrm{II}}{dz};$$

$$3. \quad \frac{d^2 y_\mathrm{I}}{dx^2} = \frac{d^2 y_\mathrm{II}}{dz^2}; \qquad 4. \quad \frac{d^3 y_\mathrm{I}}{dx^3} = \frac{d^3 y_\mathrm{II}}{dz^3}.$$

$\left(\text{An Stelle der vierten Bedingung auch: } \int_0^\infty p\,dz = P.\right)$

Die Bedingungsgleichungen lauten:

$$1. \qquad \frac{1}{EJ}\left(\frac{P\,l^3}{6} - M_0 \frac{l^2}{2} + C_2\right) = C_3,$$

$$2. \qquad \frac{1}{EJ}\left(\frac{P\,l^2}{6} - M_0\, l\right) \quad = \alpha(-C_3 + C_4),$$

$$3. \qquad \frac{1}{EJ}(P\,l - M_0) \qquad\quad = -2\alpha^2 C_4,$$

$$4. \qquad \frac{1}{EJ} P \qquad\qquad\quad = 2\alpha^3(C_3 + C_4).$$

Daraus findet man

$$M_0 = \frac{P}{2\alpha}(\alpha l + 1),$$

$$C_2 = \frac{P}{12\alpha^3}\left[(\alpha l + 1)^3 + 2\right],$$

$$C_3 = \frac{P}{4\alpha^3 EJ}(\alpha l + 1),$$

$$C_4 = -\frac{P}{4\alpha^3 EJ}(\alpha l - 1)$$

und damit

$$f = y_\mathrm{I}(0) = \frac{C_2}{EJ} = \frac{P}{12\alpha^3 EJ}\left[(\alpha l + 1)^3 + 2\right],$$

$$p = k\, y_\mathrm{II} = \frac{P\,k}{4\alpha^3 EJ}\, e^{-\alpha z}\left[(\alpha l + 1)\cos\alpha z - (\alpha l - 1)\sin\alpha z\right].$$

47. *Durch einen Holzbalken ist ein Loch gebohrt, durch das ein Bolzen gut passend gesteckt ist. Zwei Laschen, die an den Bolzenenden angreifen, übertragen je eine Last P auf den Balken. Der von dem Holz auf den Bolzen übertragene Druck p kann näherungsweise proportional der Zusammendrückung y des Holzes gesetzt werden:*
$p = k\,y$.

Man soll das Gesetz der Druckverteilung angeben.

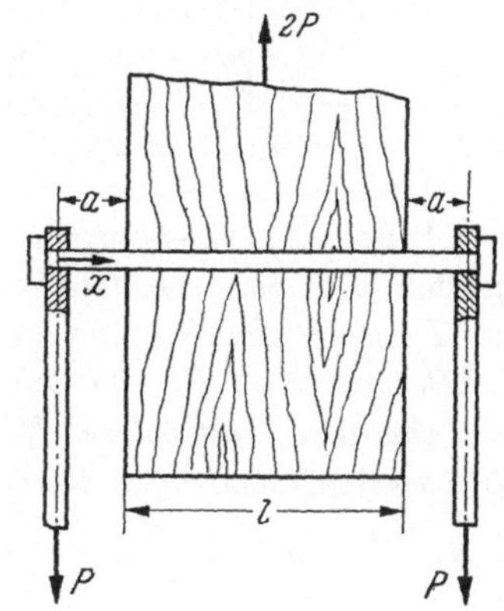

Es genügt, die Bedingungsgleichungen aufzustellen, aus denen die 4 in der allgemeinen Lösung für y vorkommenden Integrationskonstanten berechnet werden können.

Wird eine Koordinate x längs der Bolzenachse vom Angriffspunkt der linken Lasche aus gerechnet, so lauten die vier Bedingungsgleichungen:

Für $x = a$:　　　　1. $\dfrac{d^2 y}{d x^2} = \dfrac{P a}{E J}$;　　　2. $\dfrac{d^3 y}{d x^3} = \dfrac{P}{E J}$;

Für $x = a + l$:　　3. $\dfrac{d^2 y}{d x^2} = \dfrac{P a}{E J}$;　　　4. $\dfrac{d^3 y}{d x^3} = - \dfrac{P}{E J}$.

Statt 3. und 4. auch (aus Symmetriegründen):

für $x = a + \dfrac{l}{2}$:　　　3a. $\dfrac{d y}{d x} = 0$;　　　4a. $\dfrac{d^3 y}{d x^3} = 0$.

Damit sind die vier Konstanten in der allgemeinen Lösung:

$$y = A\, e^{\alpha x} \cos\alpha\, x + B\, e^{\alpha x} \sin\alpha\, x + C\, e^{-\alpha x} \cos\alpha\, x + D\, e^{-\alpha x} \sin\alpha\, x$$

bestimmbar.

48*. *Abb. 48.1 zeigt den Pol eines großen, schnellaufenden Elektrogenerators. Seine zahlreichen, abwechselnd aufeinanderfolgenden langen und kurzen Blechpakete von gleicher Stärke s sind durch mehrere durchlaufende Bolzen A derart zusammengepreßt, daß er als ein massiver Balken mit dem im Seitenriß schraffierten Querschnitt anzusehen ist. Die aus dem Polbalken herausragenden langen Pakete (Traglaschen) bilden einen Kamm, der in die ringförmigen Nuten des den Gegenkamm bildenden Läufers L eingreift. Polkamm und Läuferkamm sind durch zwei im Läufer gelagerte, durchlaufende Haltebolzen B verbunden.*

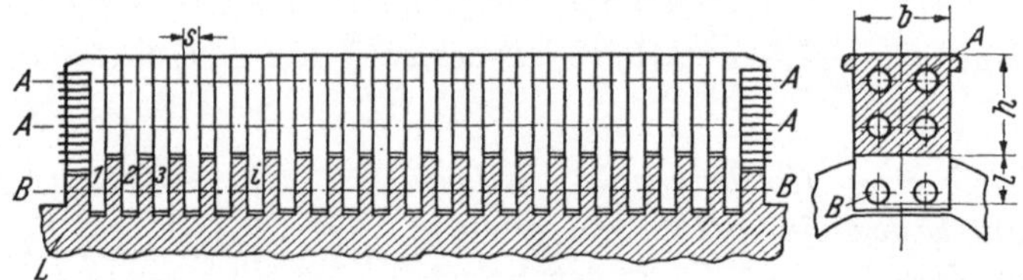

Außer den Fliehkräften der Blechpakete und des Wicklungskupfers greifen noch zwei zusätzliche Fliehkräfte an seinen Stirnseiten an, die von der Dämpferwicklung, der Polnase und anderen Massen herrühren.

Gesucht sind die von den Fliehkräften hervorgerufenen Auflagerkräfte, die von den Haltebolzen B auf die als Traglaschen wirkenden langen Blechpakete übertragen werden.

$s = 4{,}8\ cm$;　　$l = 15\ cm$;　　$b = h = 35\ cm$;　　$E = 2{,}2 \cdot 10^6\ kg/cm^2$.

Die Fliehkräfte der Blechpakete und des Wicklungskupfers werden durch die Traglaschen auf die Haltebolzen und damit auf den Läufer übertragen, so daß die von den Bolzen auf sie ausgeübten Zugkräfte die Auflager- oder Haltekräfte des Polkörpers bilden. Mit Ausnahme der beiden Endplatten überträgt jedes lange Paket außer seiner eigenen Fliehkraft Z_L noch, je zur Hälfte, die Fliehkräfte der beiderseits anschließenden kurzen Pakete $2 \cdot \frac{1}{2} Z_K$ auf den Läufer, im ganzen also

$$Z_0 = Z_L + Z_K. \tag{1}$$

Die Fliehkraft Z_E jedes der beiden langen Endpakete dagegen ist größer als Z_0, obwohl hier Z_L nur um $\frac{1}{2} Z_K$ vermehrt wird. Denn zu $Z_L + \frac{1}{2} Z_K$ kommt noch eine zusätzliche Fliehkraft Z_Z hinzu, die von der Polnase, der Dämpferwicklung, dem Spulenteller und der Isolation an den Polstirnseiten herrührt und die das fehlende $\frac{1}{2} Z_K$ wesentlich überwiegt. Damit wird:

$$Z_E = Z_L + \frac{1}{2} Z_K + Z_Z. \tag{2}$$

Unter Benutzung von Gl. (1) läßt sich die Summe auf der rechten Seite auch wie folgt schreiben:

$$Z_E = Z_L + \frac{1}{2} Z_K + \frac{1}{2} Z_K + Z_Z - \frac{1}{2} Z_K = Z_0 + Z_Z - \frac{1}{2} Z_K. \tag{3}$$

Diese Umformung bedeutet praktisch, daß vor der Endplatte noch ein kurzes Paket (in Abb. 48.2 gestrichelt) von der Stärke $s/2$ angeordnet wird, das man sich etwa aus dem Material der Wicklung an der Stirnseite hergestellt denken kann, so daß seine Fliehkraft $\frac{1}{2} Z_K$ von Z_Z abzuzweigen ist. Von diesem Kunstgriff, der keinerlei Willkür bedeutet, wird bei der folgenden Rechnung Gebrauch gemacht.

Die Mehrbelastung P eines Endpaketes gegenüber einem der anderen langen Blechpakete, d. h. die überschüssige Stirnfliehkraft beträgt demnach laut Gl. (3):

$$P = Z_Z - \frac{1}{2} Z_K. \tag{4}$$

Wäre $P = 0$, so würde auf jede Traglasche von den Haltebolzen die konstante Auflagerkraft $A_0 = Z_0$ ausgeübt. Da P aber vorhanden ist, so fragt es sich, in welcher Weise die beiden Stirnfliehkräfte P auf den Läufer übertragen werden. Daß hierbei nicht nur die

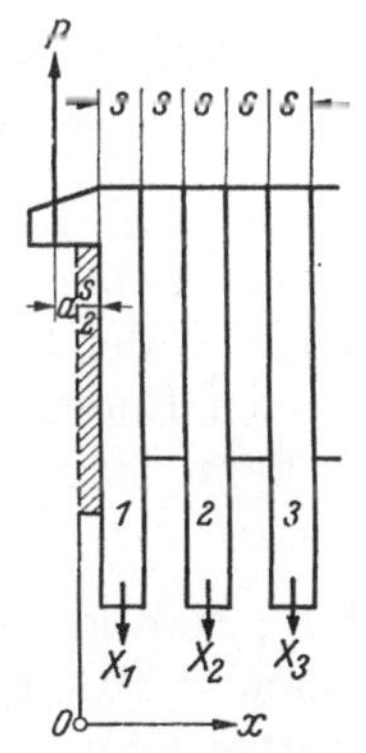

Abb. 48.2.

Endplatten, sondern auch alle anderen Traglaschen mitwirken werden, läßt sich schon auf Grund der Anschauung sagen. Man sieht ferner, daß der Anteil, den irgendeine der Traglaschen überträgt, um so kleiner sein wird, je weiter diese von den Polenden entfernt ist. Die gesamte, auf eine beliebige Lasche mit dem Zeiger i ausgeübte Auflagerkraft ist daher:

$$A_i = A_0 + X_i = Z_0 + X_i,$$

wenn mit X_i der unbekannte, veränderliche, von den beiden Kräften P herrührende Anteil bezeichnet wird. Weiterhin soll — nur der Einfachheit der Rechnung halber — ein *langer* Pol mit sehr vielen Traglaschen vorausgesetzt werden. Dann genügt es offenbar, nur eine Hälfte des Pols, z. B. die linke, zu betrachten, da in diesem Falle der Einfluß der rechten Kraft P auf die Laschen der linken Polhälfte verschwindend klein ist und umgekehrt. Wie die folgende Rechnung zeigen wird, und wie auch schon die Anschauung lehrt, klingt der veränderliche Anteil X_i von den Enden nach der Mitte zu rasch ab, so daß z. B. die linke Stirnfliehkraft P nur von der linken Hälfte der Traglaschen, praktisch sogar nur von einem Teil derselben abgebaut wird.

Die Stirnfliehkräfte P und die von ihnen hervorgerufenen Auflagerkräfte X_i bewirken eine *Verbiegung* des Polbalkens. Kennt man die X_i, so lassen sich für jeden Balkenquerschnitt Biegungsmoment und Querkraft sofort angeben, womit für einen gegebenen Fall diejenige Größe der Längspressung des Pols bestimmt werden kann, die nötig ist, damit er als ein *Massivbalken* wirkt, d. h. damit sowohl die auftretende größte Biegungszugspannung als auch die größte Schubspannung — diese in Form einer Reibungskraft — übertragen werden kann.

Das Problem besteht somit in der Ermittlung der von Lasche zu Lasche veränderlichen Auflagerkräfte X_i. Da sie statisch unbestimmt sind, muß zunächst die von X_i bewirkte elastische Verlängerung Δl_i der Traglasche i vom Querschnitt $b\,s$ und der Länge l festgestellt werden, die identisch ist mit der *Durchbiegung* y des Polbalkens an dieser Stelle. Mit E als Elastizitätsmodul wird:

$$\Delta l_i = y_i = X_i\, l/E\, b\, s. \tag{5}$$

Da X_i die — A_0 überschießende — Auflagerkraft je $2\,s$ cm der Pollänge an der Stelle i bedeutet (gültig auch für $i = 1$, nachdem der Pol an den Enden um je ein halbes kurzes Paket verlängert worden ist), so kann man setzen:

$$X_i = p_i\, 2s, \tag{6}$$

d. h., man kann sich vorübergehend an Stelle der jeweils um $2\,s$ voneinander abstehenden Auflagerkräfte X_i eine kontinuierliche Auflagerkraftverteilung von der längs der Strecke $2\,s$ konstanten Intensität p_i [kg/cm] an der Stelle i denken, so daß p_i nach Art einer Treppenlinie verlaufen würde (Abb. 48.3). Damit geht Gl. (5) über in:

$$y_i = p_i\, 2l/E\, b. \tag{7}$$

Weiterhin werde vorübergehend die Treppenlinie p_i durch eine mittlere Kurve mit oberhalb und unterhalb inhaltsgleichen Flächenstücken ersetzt (in Abb. 48.3 gestrichelt). Dies kommt darauf hinaus, daß man in Gedanken den sämtlichen als unendlich dünn angenommenen

Polblechen, also auch denen der kurzen Pakete, die Länge $h + 2\,l$ gibt, sie nur längs der Höhe h durch Pressung miteinander in Berührung bringt, so daß sie eine freie Länge $2\,l$ entsprechend Gl. (7) besitzen, und sie sämtlich an den Haltebolzen B befestigt. Aus Gl. (7) folgt:

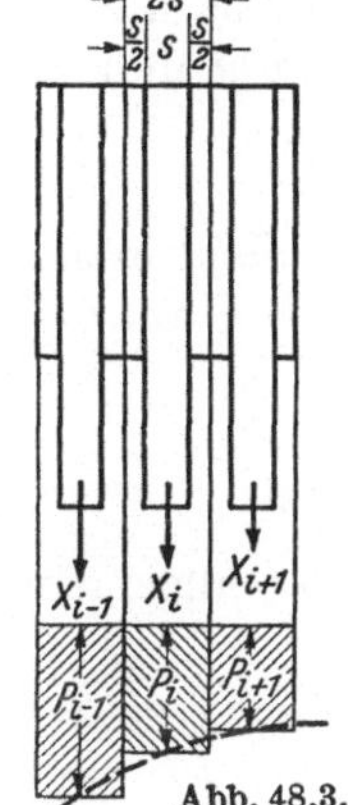

Abb. 48.3.

$$p_i = y_i\,E\,b/2l = k\,y_i \qquad (8)$$

mit

$$k = E\,b/2l \;\; \text{kg/cm}^2. \qquad (9)$$

Hiernach ist die stetig verteilte Auflagerkraft p_i an jeder Stelle proportional der dort vorhandenen Durchbiegung des Polkörpers und umgekehrt. Damit ist das vorliegende Festigkeitsproblem auf die bekannte *Theorie des Stabes auf nachgiebiger Unterlage*, z. B. der Eisenbahn-Querschwelle, zurückgeführt. Während jedoch bei dieser das durch Gl. (8) gekennzeichnete Gesetz als eine plausible Annahme der Theorie zugrunde gelegt wird, trifft es hier in Wirklichkeit zu. Die dort als „Bettungsziffer" bezeichnete und nur durch den Versuch feststellbare Konstante k ist hier eine nach Gl. (9) definierte, berechenbare Größe.

Wird eine Koordinate x in Längsrichtung eingeführt, beginnend an der Vorderkante des vor die Endplatte geschalteten kurzen Paketes (Abb. 48.2), und mit $J = b\,h^3/12$ das Trägheitsmoment des Polbalkenquerschnitts bezeichnet, so lautet unter Fortlassung des Zeigers i die *Differentialgleichung* des vorliegenden Problems:

$$E\,J\,\frac{d^4\,y}{d\,x^4} = -\,k\,y \qquad (10)$$

und ihre allgemeine Lösung:

$$y = C_1\,e^{\alpha\,x}\cos\alpha\,x + C_2\,e^{\alpha\,x}\sin\alpha\,x + C_3\,e^{-\,\alpha\,x}\cos\alpha\,x + C_4\,e^{-\,\alpha\,x}\sin\alpha\,x. \qquad (11)$$

Die Konstante α folgt in bekannter Weise nach Einsetzen eines der vier Glieder in die Differentialgleichung zu:

$$\alpha = \sqrt[4]{\frac{k}{4\,E\,J}} = \sqrt[4]{\frac{3}{2\,l\,h^3}} \;\; \text{cm}^{-1}. \qquad (12)$$

Da ein langer Pol vorausgesetzt wurde, der wegen des raschen Abklingens von X_i oder p_i auch als unendlich lang angesehen werden kann, muß y für $x \to \infty$ verschwinden, so daß $C_1 = C_2 = 0$ zu setzen ist. Die beiden anderen Integrationskonstanten C_3, C_4 lassen sich mit Hilfe der beiden folgenden Bedingungen ermitteln:

1. Für $x = 0$ muß das Biegungsmoment $M_0 = -E\,J\,(d^2\,y/d\,x^2)_0 = P\,a$ sein, wenn mit a der Abstand der Stirnfliehkraft P vom Koordinatenanfangspunkt 0 bezeichnet wird (Abb. 48.2). Da der Hebelarm a stets sehr klein sein wird, soll hier der Einfachheit halber $M_0 = 0$, d. h. $(d^2\,y/d\,x^2)_0 = 0$ gesetzt werden, womit $C_4 = 0$ wird.

$$2. \qquad \int\limits_0^\infty p\,dx = P = k \int\limits_0^\infty y\,dx.$$

Aus dieser Gleichgewichtsbedingung folgt: $C_3 = 2\,P\alpha/k$. Nunmehr sind y und $p = k\,y$ als Funktionen von x vollständig bekannt:

$$p = 2\,P\,\alpha\,e^{-\alpha x}\cos\alpha\,x. \tag{13}$$

Geht man hierauf von der Hilfsvorstellung einer stetigen Verteilung p wieder auf die wirklichen Einzel-Auflagerkräfte zurück, so wird:

$$X_1 = \int\limits_0^{2s} p\,dx, \quad X_2 = \int\limits_{2s}^{4s} p\,dx \quad \text{usw.}$$

oder allgemein mit Gl. (13):

$$X_i = \int\limits_{2(i-1)s}^{2is} p\,dx = 2\,P\alpha \int\limits_{2(i-1)s}^{2is} e^{-\alpha x}\cos\alpha\,x\,dx$$

$$= P\left[e^{-\alpha x}(\sin\alpha\,x - \cos\alpha\,x)\right]_{2(i-1)s}^{2is} \qquad i = 1,2,3,\dots \tag{14}$$

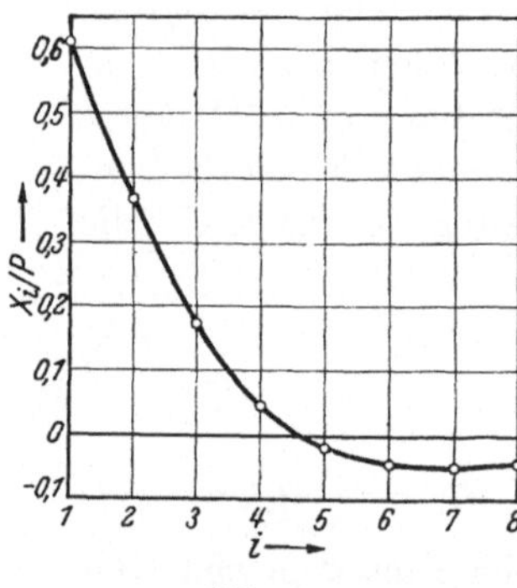

Abb. 48.4.

Hiernach wird P durch die X_i in Form einer gedämpften Welle abgebaut, so daß innerhalb bestimmter Bereiche die Traglaschen auch Druckkräfte von den Haltebolzen erhalten.

Zahlenrechnung:

Aus Gl. (12) folgt $\alpha = 0,039$ cm^{-1} und $2\,s\,\alpha = 0,375$. Für die ersten 8 auf die Stirnfliehkraft P bezogenen Auflagerkräfte X_i erhält man aus Gl. (14) die in der folgenden Tabelle aufgeführten Zahlenwerte (Abb. 48.4):

i	1	2	3	4	5	6	7	8
X_i/P	0,612	0,364	0,176	0,054	−0,015	−0,044	−0,049	−0,042

Dieser rasche Abbau der Stirnfliehkräfte P nach der Polmitte hin rechtfertigt die oben gemachte Annahme, den Pol als unendlich lang zu betrachten. Führt man die Rechnung ohne diese Annahme durch, wobei die beiden ersten Glieder in Gl. (11) mit $e^{+\alpha x}$ als Faktor beizubehalten sind und die Koordinate x zweckmäßig von der Polmitte aus gerechnet wird — so daß infolge der Symmetrie $y(x) = y(-x)$ ist —, so ergeben sich dieselben Zahlenwerte[1].

---

[1] Aus einer Abhandlung des Verfassers in der Elektrotechn. Z. 1952, S. 406: „Über ein neuzeitliches Festigkeitsproblem des Elektro-Großmaschinenbaus.

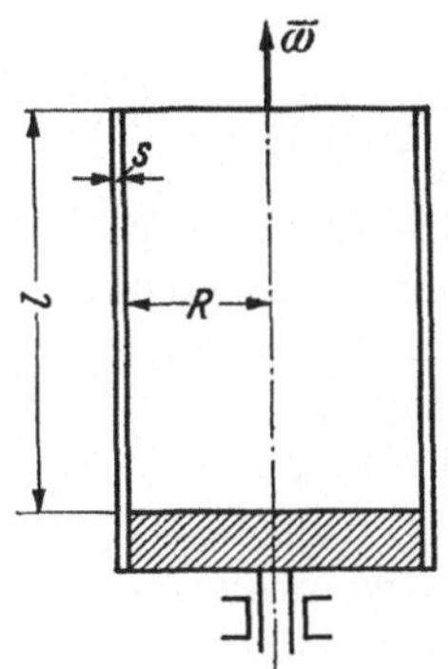

49*. *Eine dünnwandige, kreiszylindrische Zentrifugentrommel (Länge l, Halbmesser R, Wandstärke s) ist an ihrem unteren Ende mit einem ebenen Boden (volle Kreisscheibe) verschweißt. Sie ist mittels eines am Boden befestigten zentrischen Zapfens drehbar gelagert und rotiert mit der Winkelgeschwindigkeit ω um ihre Achse. Gesucht ist die größte Biegungsspannung, die in der Wand der rotierenden Trommel auftritt. Zur Vereinfachung der Rechnung werde vorausgesetzt, daß die Stärke der Bodenscheibe ein Vielfaches von s beträgt und daß l/s eine große Zahl ist, die ohne Beeinträchtigung der Genauigkeit der Rechnung gleich* ∞ *gesetzt werden kann.*

$$R = 30\,cm; \quad \omega = 500\,\frac{1}{sek}; \quad m = 4; \quad \gamma = 8 \cdot 10^{-3}\,kg/cm^3$$

(für Trommel und Boden).

Die rotierende Trommel wird beansprucht durch die Fliehkräfte, die ein mitfahrender Beobachter an jedem ihrer Massenteilchen als äußere Kräfte anzubringen hat, und die, wie in der Lösung der Aufgabe 42 bereits bemerkt, dieselbe Wirkung auf die Trommel ausüben wie ein innerer Überdruck

$$q = \frac{\gamma}{g}\,s\,R\,\omega^2.$$

Bei nicht vorhandenem Boden würde sich der Trommelhalbmesser R infolge q vergrößern um

$$\Delta R' = \frac{\gamma}{g}\,\frac{R^3}{E}\,\omega^2.$$

Bei nicht vorhandener Trommel wäre die elastische Vergrößerung des Scheibenhalbmessers R infolge der an der Scheibe angreifenden Fliehkräfte

$$\Delta R'' = \frac{\gamma}{g}\,\frac{m-1}{4m}\,\frac{R^3}{E}\,\omega^2.$$

Dann wäre (Abb. 49.1)

$$u = \Delta R' - \Delta R'' = \frac{\gamma}{g}\,\frac{3m+1}{4m}\,\frac{R^3}{E}\,\omega^2 = \frac{13}{16}\,\frac{\gamma}{g}\,\frac{R^3}{E}\,\omega^2. \tag{1}$$

Die feste Verbindung von Trommel und Scheibe hat eine Verbiegung der Trommelwand zur Folge, hervorgerufen durch radial gerichtete Querkräfte Q_0 und Biegungsmomente M_0, welche die Scheibe auf die Trommel pro cm ihres Umfangs ausübt (Abb. 49.2). Durch die am Scheibenumfang angreifenden

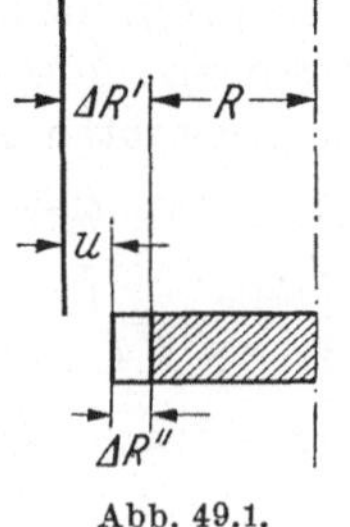

Abb. 49.1.

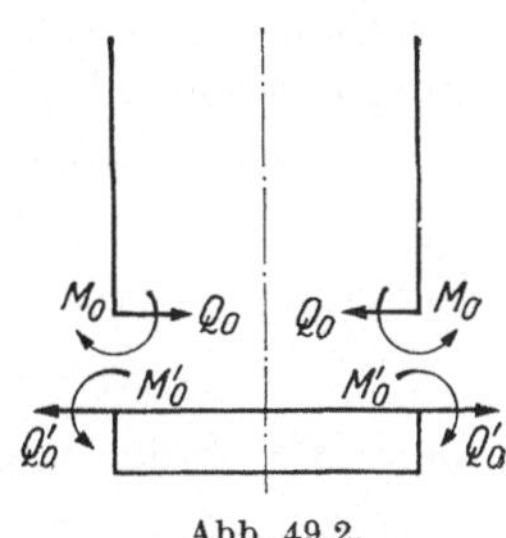

Abb. 49.2.

8*

Reaktionen $Q_0' = Q_0$ und $M_0' = M_0$ erleidet zwar auch die Scheibe Formänderungen, die aber vernachlässigt werden können, da nach der Aufgabe
die Scheibenstärke ein Vielfaches der Trommelwandstärke s sein soll.

Abb. 49.3 zeigt die ungefähre Gestalt der elastischen Linie eines
parallel zur Umdrehungsachse aus der Trommelwand herausgeschnittenen schmalen Streifens in übertriebener Darstellung. Seine Durchbiegung im Abstand x vom unteren
Ende ist y. Ihr größter Wert $y_0 = u$ ist nach Gl. (1)
bekannt. Infolge der Verbiegung der Trommelwand
werden in ihr zusätzliche tangentiale Druckspannun-
gen $\sigma_t = E\,\varepsilon_t$ hervorgerufen, die mit x veränderlich
sind. Abb. 49.4 zeigt einen Querschnitt des betrach-
teten Streifens von 1 cm
Breite mit dem Zentriwin-
kel $1/R$.

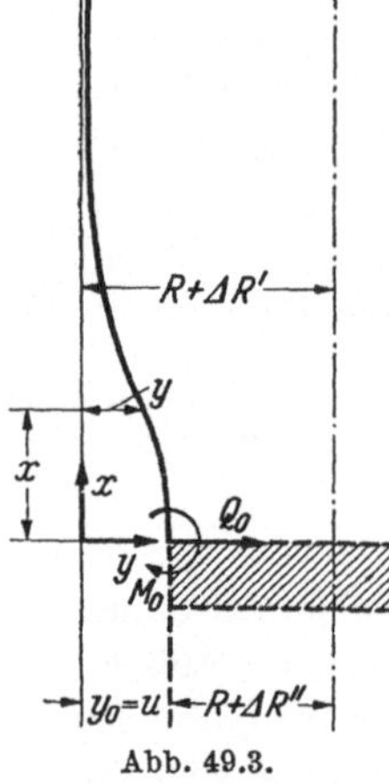

Abb. 49.3.

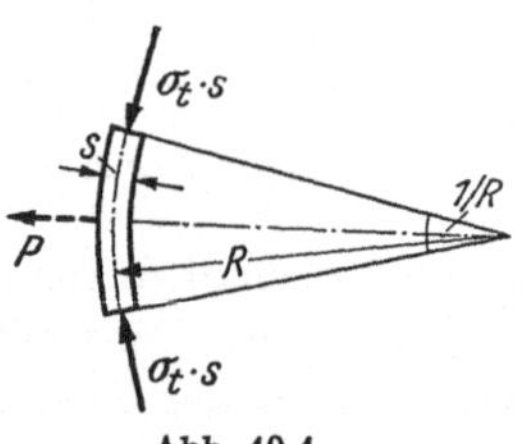

Abb. 49.4.

$$\text{Da } \varepsilon_t = -\frac{y}{R + \Delta R'}$$

$$\approx -\frac{y}{R} \quad \text{ist,}$$

$$\text{wird } \sigma_t = -E\,\frac{y}{R}\cdot$$

Faßt man die beiden Spannungsresultanten pro 1 cm Streifenlänge von
der Größe $\sigma_t\,s$ zu ihrer radial nach außen gerichteten Resultierenden

$$p = \frac{\sigma_t s}{R} = \frac{E\,s}{R^2}\,y$$

zusammen, so können die längs des Streifens kontinuierlich verteilten,
mit x veränderlichen Kräfte p als Auflagerkräfte des Streifens angesehen
werden, hervorgerufen durch die unbekannte Belastung Q_0 und M_0 am
unteren Streifenende. Da p proportional der Durchbiegung y ist, so kann
der Streifen als ein Stab auf nachgiebiger Unterlage mit der Bettungsziffer $k = \dfrac{E\,s}{R^2}$ betrachtet werden.

Sieht man laut Aufgabe den Streifen als ∞ lang an, so muß y für
$x \to \infty$ verschwinden, so daß von den vier Gliedern, die in der allgemeinen Lösung der Differentialgleichung $EJ\dfrac{d^4 y}{d x^4} = -p = -k\,y$ vor-
kommen (siehe Aufg. 48, Gl. (11)), die beiden mit $e^{+\alpha x}$ behafteten Glieder
zu streichen sind. Der allgemeine Ausdruck für $y = f(x)$ mit den beiden
willkürlichen Integrationskonstanten A und B lautet daher

$$y = A\,e^{-\alpha x}\cos\alpha + B\,e^{-\alpha x}\sin\alpha x$$

mit

$$\alpha = \sqrt[4]{\frac{k(m^2 - 1)}{4 m^2 E J}} = \sqrt[4]{\frac{3(m^2 - 1)}{m^2 R^2 s^2}},$$

wenn für k der angegebene Wert und $J = \dfrac{s^3}{12}$ gesetzt wird.

Die den beiden Grenzbedingungen

$$y_{x=0} = u, \qquad \left(\frac{dy}{dx}\right)_{x=0} = 0$$

angepaßte Lösung lautet

$$y = ue^{-\alpha x}\left(\cos\alpha x + \sin\alpha x\right).$$

Damit erhält man für das größte, im Querschnitt $x = 0$ auftretende Biegungsmoment

$$M_0 = -EJ\left(\frac{d^2 y}{dx^2}\right)_{x=0} = 2EJ\alpha^2 u,$$

$$M_0 = 2E\,\frac{s^3}{12}\,\frac{\sqrt{3(m^2-1)}}{mRs}\,\frac{13}{16}\,\frac{\gamma}{g}\,\frac{R^3}{E}\,\omega^2 = 0{,}227\,\frac{\gamma}{g}\,R^2 s^2 \omega^2$$

und für die gesuchte größte Biegungsbeanspruchung

$$(\sigma_b)_{\max} = \frac{6M_0}{s^2} = 1{,}36\,\frac{\gamma}{g}\,R^2\omega^2.$$

Die durch die Fliehkräfte am oberen Ende der Trommel hervorgerufene tangentiale Zugspannung beträgt:

$$\sigma_{t'} = q\,\frac{R}{s} = \frac{\gamma}{g}\,R^2\omega^2 = 1835\ \text{kg/cm}^2,$$

so daß $(\sigma_b)_{\max} = 1{,}36\,\sigma_{t'} = 2500\ \text{kg/cm}^2$ wird.

50*. *Gegeben ist ein elastischer Körper von der Gestalt eines Rechtkants mit den Kantenlängen a, b, c, die nach den Richtungen x, y, z eines rechtwinkligen Koordinatensystems orientiert sind. Auf seinen Seitenflächen I, II vom Inhalt b c und III, IV vom Inhalt a c greifen als äußere Kräfte Schubspannungen an, die auf I, II von der Koordinate y, auf III, IV von der Koordinate x unabhängig und auf allen 4 Seitenflächen mit z linear veränderlich sind, so daß sie auf jeder der 4 Seitenflächen ein Kräftepaar ergeben. Die maximale Schubspannung τ_0 längs der Kanten a, b ist als gegeben zu betrachten.*

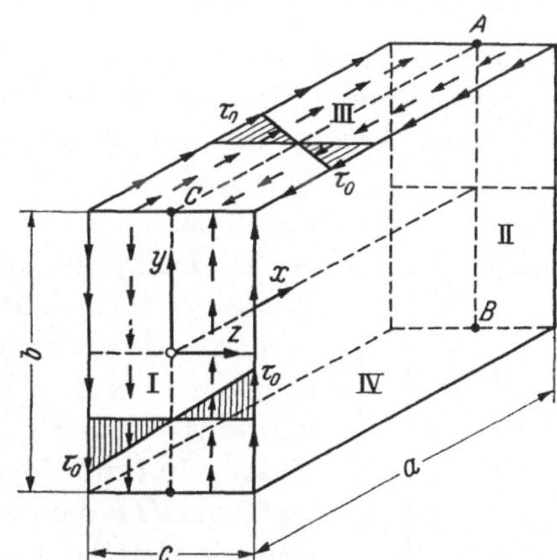

Um welchen Winkel φ verdreht sich die Seitenfläche I gegen die Seitenfläche II?

(Die vertikale Symmetrieachse A—B der Seitenfläche II werde während der Formänderung festgehalten.)

Man beantworte die Frage mit Hilfe der Formänderungsarbeit.

Das lineare Gesetz, nach dem sich die Schubspannung τ über die 4 Seitenflächen verteilt, folgt aus der Proportion:

$$\frac{\tau}{\tau_0} = \frac{z}{c/2} \quad \text{zu} \quad \tau = \tau_0 \frac{2z}{c}.$$

Das statische Moment M_x des Kräftepaars, zu dem sich die Schubspannungen auf der Seitenfläche I zusammenfassen lassen, dreht um die x-Achse entgegen dem Uhrzeigersinn. Da τ unabhängig ist von y, hat τ in allen Punkten eines unendlich schmalen Flächenstreifens, den wir uns parallel zur y-Achse im beliebigen Abstand z von ihr abgegrenzt denken können und der den Inhalt $dF = b\,dz$ besitzt, denselben Wert $\tau = \tau_0 \frac{2z}{c}$. In einem solchen Flächenstreifen ist daher eine vertikale Schubkraft von der Größe $\tau\,dF$ vorhanden, deren statisches Moment bezüglich der x-Achse gleich $-\tau\,dF\,z$ ist. Damit wird (vom Vorzeichen abgesehen):

$$M_x = \int_{z=-\frac{c}{2}}^{z=+\frac{c}{2}} \tau\,dF\,z = \tau_0 \frac{2b}{c} \int_{-\frac{c}{2}}^{+\frac{c}{2}} z^2 dz = \tau_0 \frac{2b}{c} \frac{c^3}{12} = \tau_0 \frac{bc^2}{6}. \tag{1}$$

Das gleiche Drehmoment, jedoch mit entgegengesetzter Drehrichtung, ist in der Seitenfläche II vorhanden.

Die auf der Seitenfläche III wirkenden Schubspannungen lassen sich in ganz ähnlicher Weise zu einem Kräftepaar zusammenfassen, das im Sinne des Uhrzeigers um die y-Achse dreht und dessen Größe sich mit $dF = a\,dz$ berechnet zu:

$$M_y = \tau_0 \frac{ac^2}{6}. \tag{2}$$

Ein gleich großes Drehmoment, jedoch, von oben gesehen, entgegen dem Uhrzeigersinn drehend, wirkt auf der Seitenfläche IV.

Um die Arbeit, die diese 4 Kräftepaare während der elastischen Formänderung leisten, zu berechnen, müssen wir auf diese näher eingehen. Bei der Verdrehung von I gegen II entgegen den Uhrzeigersinn um den kleinen Winkel φ verschiebt sich der obere Endpunkt C der vertikalen Symmetrieachse der vorderen Seitenfläche I längs eines kleinen Kreisbogens um A mit dem Halbmesser A—C und gelangt nach C' (C—$C' = f$), s. Abbildung 50.1, welche eine Draufsicht auf die obere Seitenfläche III darstellt, die — ebenso wie die in ihr liegende Gerade A—C — eine kleine Drehung um A um den Winkel ψ im Uhrzeigersinn erfährt. Aus Abbildung 50.1 liest man ab

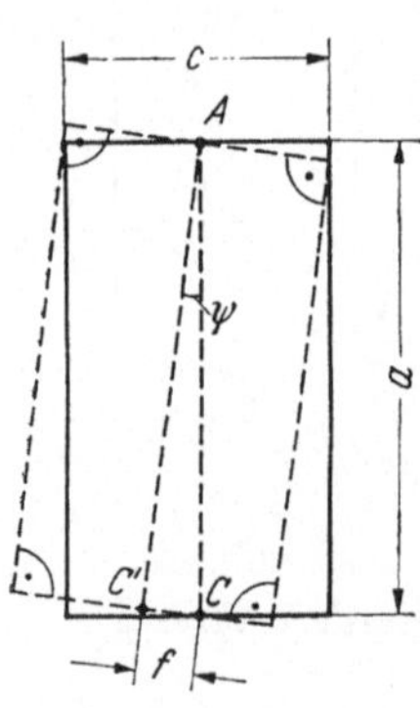

Abb. 50.1.

$$f = a\,\psi.$$

Andererseits ist aber auch

$$f = \frac{b}{2}\,\varphi\,,$$

so daß

$$\psi = \frac{b}{2a}\,\varphi$$

ist. Analog dreht sich die untere Seitenfläche IV um B entgegen dem Uhrzeigersinn um den gleichen Winkel ψ.

Um dieselben Winkel, um die sich die Seitenflächen in ihrer Ebene drehen, drehen sich auch die in ihnen wirkenden Kräftepaare M_x und M_y und leisten dabei eine Arbeit, die gleich ist ihrem Mittelwert mal dem zugehörigen Winkelweg. Da die Seitenfläche II keine Drehung ausführt, leistet auch das in ihr wirkende Kräftepaar keine Arbeit. Der Drehsinn der auf den übrigen 3 Seitenflächen I, III, IV wirkenden Kräftepaare stimmt überein mit dem Drehsinn der zugehörigen Drehwinkel, also leisten diese 3 Kräftepaare positive Arbeiten.

Die gesamte auf dem Umfang des Rechtkants geleistete äußere Arbeit beträgt demnach mit Gl. (1) und Gl. (2):

$$A = \frac{1}{2} M_x\,\varphi + 2 \cdot \frac{1}{2} M_y\,\psi = \frac{1}{2}\,\varphi \left(M_x + \frac{b}{a} M_y \right) = \frac{\tau_0\,c^2}{12}\,\varphi \left(b + \frac{b}{a}\,a \right) \quad (3)$$

oder

$$A = \frac{\tau_0\,c^2\,b}{6}\,\varphi\,. \tag{4}$$

Diese äußere Arbeit muß gleich sein der im Innern des Rechtkants aufgespeicherten Formänderungsarbeit:

$$A = \int \frac{\tau^2}{2G}\,dv = \frac{1}{2G}\,\frac{4\tau_0^2}{c^2} \int\limits_{x=0}^{x=a} \int\limits_{y=-\frac{b}{2}}^{y=+\frac{b}{2}} \int\limits_{z=-\frac{c}{2}}^{z=+\frac{c}{2}} z^2\,dz\,dy\,dx$$

$$= \frac{2\tau_0^2}{G\,c^2}\,a\,b\,\frac{c^3}{12} = \frac{\tau_0^2}{6G}\,a\,b\,c\,. \tag{5}$$

Aus der Gleichsetzung der Gl. (4) und (5) folgt:

$$\varphi = \frac{\tau_0}{G}\,\frac{a}{c}\,. \tag{6}$$

Anmerkung: Für Stäbe mit sehr schmalem, rechteckigem Querschnitt $F = b\,c$ ($b \gg c$) gilt die weiter unten abgeleitete Formel:

$$\tau_{\max} = \tau_0 = \frac{3M}{c^2\,b} \qquad (M = M_x = \text{Torsionsmoment}). \tag{7}$$

Mit diesem Wert geht Gl. (6) über in die bekannte Formel für den Verdrehungswinkel eines Stabes mit sehr schmalem Rechteckquerschnitt von der Länge a:

$$\varphi = \frac{3M\,a}{G\,c^3\,b}\,. \tag{8}$$

Allerdings sind bei einem solchen Stabe die Seitenflächen *III* und *IV* unbelastet ($M_y = 0$). Wenn man in Gl. (3) $M_y = 0$ setzt, so erhält man für A nur die Hälfte des in Gl. (4) angegebenen Wertes, womit der Verdrehungswinkel φ [Gl. (6) und (8)] doppelt so groß herauskäme. Dieser scheinbare Widerspruch klärt sich jedoch sofort auf, wenn man bedenkt, daß bei kräftefreien Seitenflächen *III* und *IV* im Querschnitt nicht nur die im Falle der Aufgabe allein vorkommenden Schubspannungen $\tau = \tau_{xy}$ vorhanden sind, sondern auch Schubspannungen τ_{xz}, die gerade dort am größten sind, wo τ_{xy} zu Null wird, nämlich für $y = \pm \dfrac{b}{2}, z = 0$.

An die Stelle von Gl. (1) tritt daher jetzt die folgende Gleichung für das Torsionsmoment:

$$M = M_x = \iint \tau_{xy}\, z\, dy\, dz + \iint \tau_{xz}\, y\, dy\, dz.$$

Im Falle des unendlich schmalen Rechtecks haben nach der Theorie von DE SAINT-VENANT die beiden Integrale den gleichen Wert und τ_{xy} ist, wie in der Aufgabe, gleich $\tau_0 \dfrac{2z}{c}$ zu setzen, d. h. als unabhängig von y zu betrachten, da es erst in unmittelbarer Nähe der Schmalseiten von diesem Wert auf Null abzusinken beginnt.

Damit wird M_x gerade doppelt so groß wie nach Gl. (1): $M_x = M = \tau_0 \dfrac{b c^2}{3}$, woraus $\tau_0 = \tau_{\text{max}} = \dfrac{3M}{c^2 b}$, d. h. die in Gl. (7) genannte Formel folgt, und mit $M_y = 0$ ergibt sich für A wieder der in Gl. (4) angegebene Ausdruck.

Daß man den Verdrehungswinkel φ eines solchen Stabes nach Gl. (6) berechnen kann, die ja zunächst nur für das in der Aufgabe gegebene Rechtkant gilt, geht aus der folgenden Überlegung hervor: Man denke sich aus dem soeben betrachteten Torsionsstab mit sehr schmalem Rechteckquerschnitt in seiner Mitte einen Stab herausgeschnitten, dessen Höhe sehr viel kleiner ist als *b*. Da nun in der Nähe der *x-z*-Ebene die Schubspannung τ_{xz} noch unmerklich ist, so muß die Spannungsverteilung auf den Seitenflächen *I* bis *IV* des herausgeschnittenen Stabes identisch sein mit derjenigen des in der Aufgabe gegebenen Rechtkants, so daß also die Formel (6) auch für den herausgeschnittenen Stab gilt. Andrerseits muß aber der Verdrehungswinkel φ für diesen derselbe sein wie für den ganzen Stab, womit die Behauptung bewiesen ist.

51. *An einem langen I-Träger greifen an den zur Trägermitte symmetrisch liegenden Stellen A und B zwei entgegengesetzt gleiche Drehmomente an. Die Länge l_2 der überstehenden Enden sei so groß, daß sie ohne Beeinträchtigung der Rechnungsgenauigkeit als unendlich groß angesehen werden darf.*

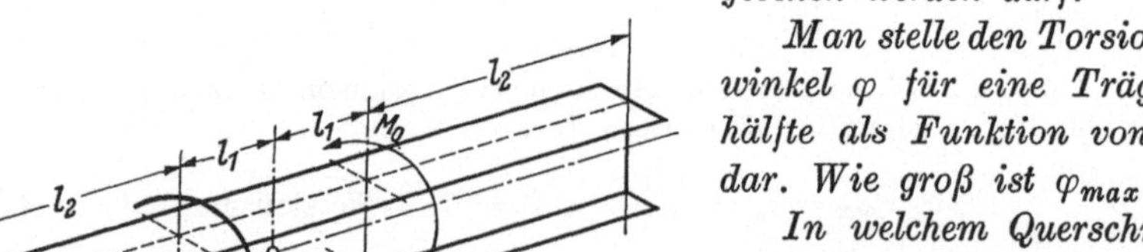
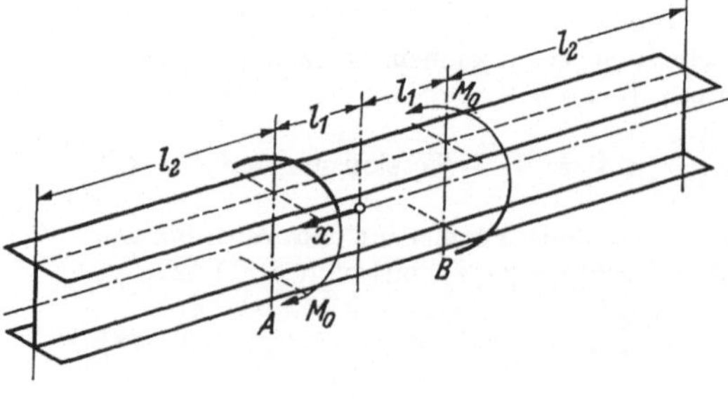

Man stelle den Torsionswinkel φ für eine Trägerhälfte als Funktion von x dar. Wie groß ist φ_{max}?

In welchem Querschnitt erreichen die Torsionsspannungen ihren Größtwert?

Man lege in der Nähe von A einen Querschnitt

durch das linke, überstehende Ende und trage in diesen — zum rechten Teil gehörigen — Querschnitt die Torsionsspannungen τ (längs der Querschnittsbegrenzung) und die inneren Flanschquerkräfte Q_F ein.

Die überstehenden Enden haben zur Folge, daß sich die zwischen den Lastquerschnitten A und B liegenden Querschnitte bei der Verdrehung des Trägers nicht frei verwölben können. Die Wölbbehinderung, die in den Querschnitten A und B offenbar am größten ist, nimmt nach der Trägermitte hin ab, ohne jedoch dort zu verschwinden, so daß sich auch in dem von den überstehenden Enden am weitesten entfernten Mittelquerschnitt $x = 0$ nicht diejenige freie Verwölbung ausbilden kann, die bei Fehlen der überstehenden Enden in jedem Querschnitt zwischen A und B vorhanden wäre. Da die Querschnittsverwölbung durch die Torsionsspannungen bedingt wird, so könnten in einem durch ein Verdrehungsmoment beanspruchten Querschnitt, der infolge eines äußeren oder inneren Zwanges eben bleiben muß, keine Torsionsspannungen auftreten, so daß das Verdrehungsmoment durch ihn im wesentlichen nur in Form eines Kräftepaares übertragen werden könnte, das von den inneren Flanschquerkräften gebildet wird, die von der seitlichen Verbiegung der Flansche herrühren. Da hier die Verwölbung nur teilweise verhindert ist, so wird das innere Moment $M_i(x) = M_0$ in einem beliebigen Querschnitt x zwischen A und B, das kein reines Torsionsmoment ist, zum einen Teil von den Torsionsspannungen (inneres Torsionsmoment), zum anderen von den inneren Flanschquerkräften (Querkraftmoment) gebildet. Ist C die Torsionssteifigkeit des Querschnitts, so wird das erstere Moment: $C\,\dfrac{d\varphi}{dx}$, das letztere: $Q_F h$ (Abb. 51.1), so daß:

$$C\,\frac{d\varphi}{dx} + Q_F h = M_i(x) = M_0. \qquad (1)$$

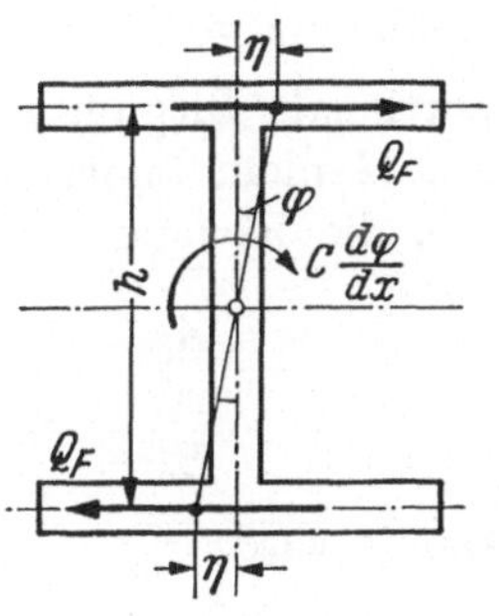

Wird die Durchbiegung der Flansche im Querschnitt x mit η bezeichnet, so ist nach Abb. 51.1:

$$\eta = \frac{h}{2}\,\varphi$$

und damit:

$$Q_F = -E J_F\,\frac{d^3\eta}{dx^3} = -E J_F\,\frac{h}{2}\,\frac{d^3\varphi}{dx^3}\,,$$

womit Gl. (1) übergeht in die Differentialgleichung für den Torsionswinkel φ:

Abb. 51.1.

$$C\,\frac{d\varphi}{dx} - \left(E J_F\,\frac{h^2}{2}\right)\frac{d^3\varphi}{dx^3} = M_0. \qquad (2)$$

Nach Division durch C und mit der abkürzenden Bezeichnung:

$$\frac{E J_F h^2}{2C} = a^2$$

lautet Gl. (2):

$$\frac{d\varphi}{dx} - a^2 \frac{d^3\varphi}{dx^3} = \frac{M_0}{C} \tag{3}$$

mit der allgemeinen Lösung:

$$\varphi = A_0 + A_1 e^{\frac{x}{a}} + A_2 e^{-\frac{x}{a}} + \frac{M_0}{C} x. \tag{4}$$

Bei der Anwendung dieser Lösung auf die vorliegende Aufgabe ist zu beachten, daß die weiterhin allein betrachtete linke Trägerhälfte in zwei Äste zerfällt, die getrennt zu behandeln sind.

Im ersten Ast ($l_1 \geqq x \geqq 0$) gilt: $\varphi_1 = A_0 + A_1 e^{\frac{x}{a}} + A_2 e^{-\frac{x}{a}} + \frac{M_0}{C} x$.

Im zweiten Ast ($\infty \geqq x \geqq l_1$) gilt: $\varphi_2 = B_0 + B_2 e^{-\frac{x}{a}}$.

Zur Bestimmung der 5 Integrationskonstanten stehen die folgenden 5 Bedingungen zur Verfügung:

1.　$x = 0$:　　　$\varphi_1 = 0$;

2.　$x = 0$:　$\dfrac{d^2\varphi_1}{dx^2} = 0$　wegen　$\dfrac{d^2\eta}{dx^2} = 0$;

　　　(Wendepunkt der elastischen Linie des Flansches).

3.　$x = l_1$:　　　$\varphi_1 = \varphi_2$;　　　4.　$x = l_1$:　$\dfrac{d\varphi_1}{dx} = \dfrac{d\varphi_2}{dx}$;

5.　$x = l_1$:　$\dfrac{d^2\varphi_1}{dx^2} = \dfrac{d^2\varphi_2}{dx^2}$.

Die Bedingungen 3 und 4 müssen erfüllt sein, da die elastische Linie des Flansches stetig und ohne Knick von Ast *I* in Ast *II* übergehen muß. Bedingung 5 bringt zum Ausdruck, daß sich das mit $\frac{d^2\eta}{dx^2} = \frac{h}{2} \frac{d^2\varphi}{dx^2}$ proportionale Biegungsmoment im Flansch beim Übergang von Ast *I* zu Ast *II* nicht ändern kann. Aus den 5 Bedingungsgleichungen ergeben sich die Konstanten zu:

$$A_0 = 0; \qquad A_1 = -A_2 = -\frac{M_0 a}{2C} e^{-\frac{l_1}{a}};$$

$$B_0 = \frac{M_0}{C} l_1; \qquad B_2 = -\frac{M_0 a}{C} \mathfrak{Sin}\frac{l_1}{a}.$$

Damit wird:

$$\varphi_1 = \frac{M_0 a}{C} \left(\frac{x}{a} - e^{-\frac{l_1}{a}} \mathfrak{Sin}\frac{x}{a} \right),$$

$$\varphi_2 = \frac{M_0 a}{C} \left(\frac{l_1}{a} - e^{-\frac{x}{a}} \mathfrak{Sin}\frac{l_1}{a} \right).$$

Die größte Torsionsspannung $\tau_{\max}$ tritt in demjenigen Querschnitt auf, in dem $\frac{d\varphi}{dx}$ ein Maximum besitzt, d. h. in dem $\frac{d^2\varphi}{dx^2} = 0$ wird. Nach Bedingung 2 ist dies der Fall im Querschnitt $x = 0$, der sich daher auch von allen Querschnitten zwischen A und B am meisten verwölbt.

Der größte Torsionswinkel ist:

$$\varphi_{\max} = \varphi_2(x \to \infty) = \frac{M_0 \, l_1}{C}.$$

Im Lastquerschnitt $x = l_1$ ist:

$$\varphi_1 = \varphi_2 = \frac{M_0 \, a}{C}\left(\frac{l_1}{a} - e^{-\frac{l_1}{a}} \operatorname{\mathfrak{Sin}} \frac{l_1}{a}\right) = \varphi_{\max} - \frac{M_0 \, a}{C} e^{-\frac{l_1}{a}} \operatorname{\mathfrak{Sin}} \frac{l_1}{a}.$$

Dieses Ergebnis muß als ein Phänomen bezeichnet werden. Denn in den überstehenden Enden (Ast *II*) findet noch eine elastische Verdrehung statt von der Größe:

$$\frac{M_0 \, a}{C} e^{-\frac{l_1}{a}} \operatorname{\mathfrak{Sin}} \frac{l_1}{a},$$

obwohl in keinem ihrer Querschnitte eine Spannungsresultante (inneres resultierendes Moment) vorhanden ist, da sich die beiden, aus den Torsionsspannungen und den inneren Flansch-Querkräften gebildeten Kräftepaare gegenseitig aufheben (Abb. 51.2).

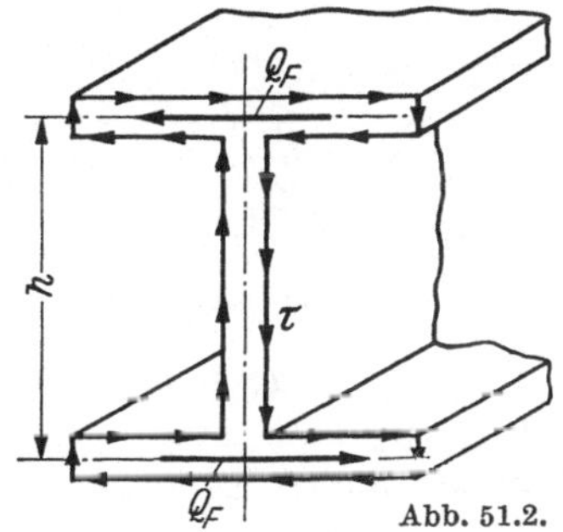

Abb. 51.2.

52*. *Die Abbildung zeigt eine Rohrschlange, die durch zwei axiale Zugkräfte P belastet ist. Sie kann daher als eine Schraubenfeder angesehen werden, deren Federdraht ein dünnwandiges Rohr vom Halbmesser ϱ und der Wandstärke s ist. Die Feder ist eng gewunden, d. h. der Windungshalbmesser R ist von derselben Größenordnung wie ϱ, so daß die Schubspannung nicht wie beim tordierten, geraden Rohr an jeder Stelle des Querschnitts die gleiche ist, vielmehr um so größer sein wird, je kleiner der Krümmungshalbmesser einer Längsfaser ist. Die mit dem Winkel ψ veränderliche Schubspannung $\tau(\psi)$ muß daher bei $\psi = 0$ (innerste Faser) ein Maximum und bei $\psi = \pi$ (äußerste Faser) ein Minimum besitzen. Zur Berechnung von τ_{max} verwende man als Näherungsansatz die 4 ersten Glieder der Reihe:*

$$\tau(\psi) = a_0 + a_1 \cos\psi + a_2 \cos^2\psi + a_3 \cos^3\psi + \cdots,$$

die den genannten Extremalbedingungen genügt, und bestimme die 4 Konstanten mit Hilfe von Gleichgewichtsbetrachtungen. Der Einfluß der Steigung der Schraubenlinie kann vernachlässigt werden.

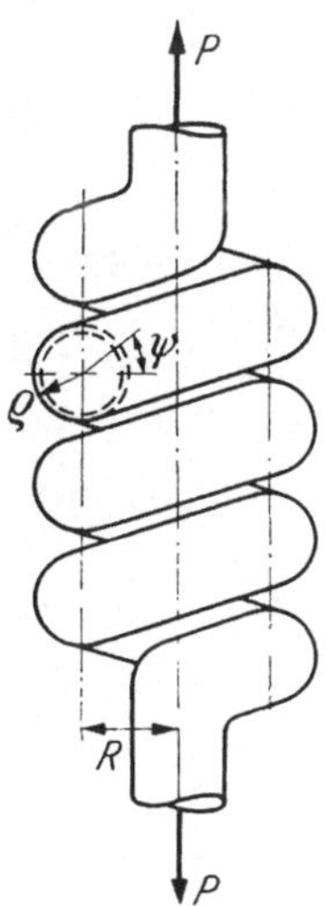

Legt man an irgendeiner Stelle einen Querschnitt durch das gewundene Rohr, so lauten die Gleichgewichtsbedingungen für jeden der beiden voneinander abgetrennten Teile:

$$1.\quad \int_0^{2\pi} \tau \cos\psi\, \varrho\, d\psi\, s = P; \qquad 2.\quad \int_0^{2\pi} \tau \varrho^2\, d\psi\, s = PR.$$

Sodann betrachte man ein Längenelement des gekrümmten Rohres vom Zentriwinkel $d\alpha$ und halbiere es durch einen Längsschnitt (Abb. 52.1), bestehend aus zwei schmalen Rechtecken vom Flächen-

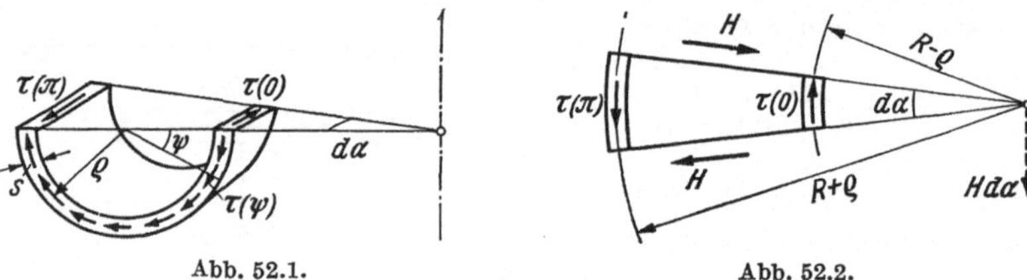

Abb. 52.1. Abb. 52.2.

inhalt $(R - \varrho)\, d\alpha\, s$ bzw. $(R + \varrho)\, d\alpha\, s$, in denen die Schubspannung $\tau(0) = \tau_{\max}$ bzw. $\tau(\pi) = \tau_{\min}$ wirkt. In den beiden Begrenzungsquerschnitten dieses Elements führen die waagrechten Komponenten der Schubspannungen zu je einer Kraft

$$H = \int_0^{\pi} \tau \sin\psi\, \varrho\, d\psi\, s,$$

deren Resultierende $H\, d\alpha$ die Federachse schneidet. Das Kräfte- und Momentengleichgewicht des auf die Längsschnittebene projizierten Halbrohrelements (Abb. 52.2) verlangt:

$$3.\quad \tau(0)\,(R - \varrho)\, d\alpha\, s - \tau(\pi)\,(R + \varrho)\, d\alpha\, s - H\, d\alpha = 0$$

$$4.\quad \tau(0)\,(R - \varrho)^2\, d\alpha\, s - \tau(\pi)\,(R + \varrho)^2\, d\alpha\, s = 0.$$

Führt man für τ den allgemeinen Ausdruck laut Aufgabe ein und setzt $\dfrac{PR}{2\varrho^2\pi s} = \tau_0$ (Torsionsspannung des geraden, durch das Torsionsmoment PR beanspruchten Rohres), so gehen die 4 Gleichgewichtsgleichungen mit $\dfrac{R}{\varrho} = c$ über in:

$$1.\quad a_1 + \frac{3}{4}\, a_3 = \frac{2}{c}\, \tau_0;$$

$$2.\quad a_0 + \frac{a_2}{2} = \tau_0.$$

$$3.\quad 6a_0 - 3ca_1 + 4a_2 - 3ca_3 = 0;$$

$$4.\quad 2c\,a_0 - (c^2 + 1)\,a_1 + 2c\,a_2 - (c^2 + 1)\,a_3 = 0.$$

Die 4 Konstanten folgen daraus zu:

$$a_0 = \frac{2(c^2 - 2)}{2c^2 - 1}\,\tau_0;$$

$$a_1 = \frac{4(c^2 - 2)}{c(2c^2 - 1)}\,\tau_0;$$

$$a_2 = \frac{6}{2c^2 - 1}\,\tau_0;$$

$$a_3 = \frac{8}{c(2c^2 - 1)}\,\tau_0.$$

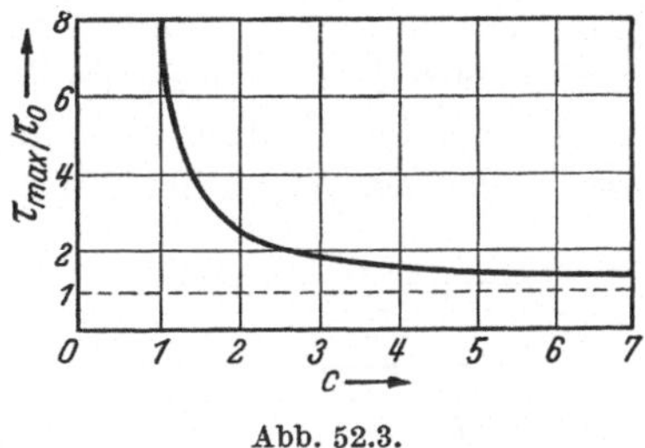

Abb. 52.3.

Damit wird

$$\tau_{\max} = \tau(0) = a_0 + a_1 + a_2 + a_3 = \frac{2(c+1)^2}{2c^2 - 1}\,\tau_0.$$

$$\tau_{\min} = \tau(\pi) = a_0 - a_1 + a_2 - a_3 = \frac{2(c-1)^2}{2c^2 - 1}\,\tau_0.$$

In Abb. 52.3 ist $\tau_{\max}$ als Funktion von c durch eine Kurve dargestellt. Für den praktisch kaum zu unterschreitenden Wert $c = 2$ wird $\tau_{\max} = \frac{18}{7}\,\tau_0 = 2{,}57\,\tau_0$, während der genaue Wert $2{,}59\,\tau_0$ beträgt.

Dynamik fester Körper.

53. *Ein in seiner Mitte auf einer Schneide gelagerter Waagebalken (masselos) trägt an seinem linken Ende eine Rolle (masselos, reibungsfrei). Über die Rolle läuft eine Schnur, an deren Enden die Massen M bzw. M + m befestigt sind. Die durch das Übergewicht m g angestrebte Bewegung wird anfangs durch den Faden A—B zwischen Rollenachse und Schnur verhindert. Die Massen M und M + m werden durch die Masse 2 M + m am rechten Balkenende ausbalanciert.*

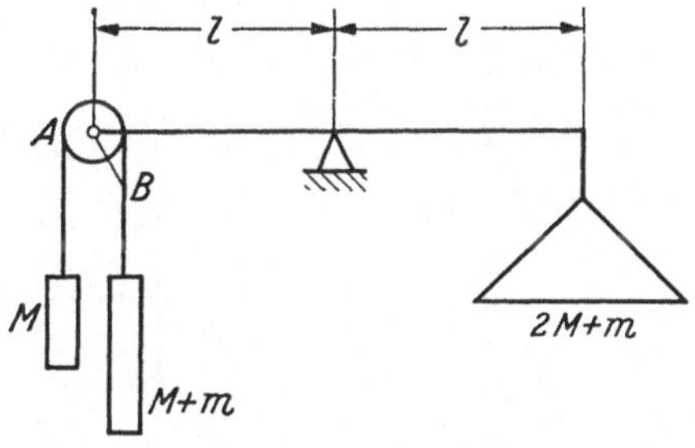

$$M\,g = 1\,kg; \quad m\,g = 0{,}5\,kg; \quad l = 20\,cm.$$

Darauf wird der Faden A—B durchgebrannt.

Mit welchen Beschleunigungen steigen bzw. fallen die drei Massen M, M + m, 2 M + m? Mit welcher Winkelbeschleunigung dreht sich der Waagebalken (unmittelbar nach dem Durchbrennen des Fadens)?

Welche Kraft wirkt in der Schnur?

(Lösung nach dem Prinzip von d'Alembert.)

Nachdem die Verbindung A—B durchgetrennt ist, beginnt die Bewegung des ganzen Systems. Um die Beschleunigungen zu finden, mit denen die einzelnen Massen die Bewegung beginnen, gehen wir von dem sich bewegenden System nach dem Prinzip von D'ALEMBERT auf ein ruhendes Ersatzsystem über, indem wir außer den an den Massen angreifenden, wirklichen Kräften — das sind ihre Gewichte — noch die Trägheitskräfte anbringen.

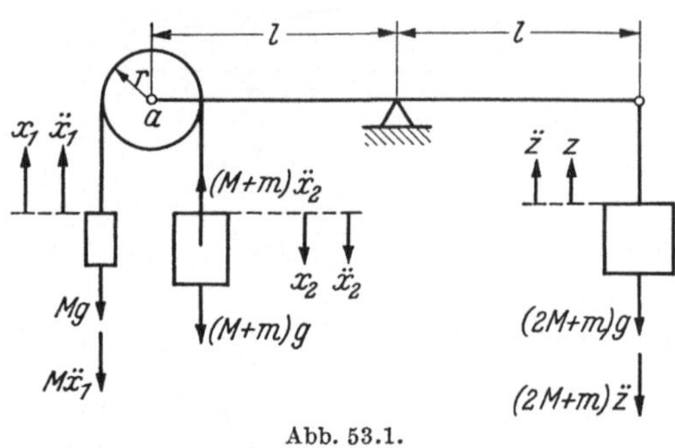

Abb. 53.1.

In Abb. 53.1 sind die positiven Beschleunigungsrichtungen $\ddot{x}$, $\ddot{x}_2$ und $\ddot{z}$ für die drei vorhandenen Massen eingezeichnet. Ebenso sind die Pfeile für die an ihnen angreifenden Gewichte eingetragen, sowie die D'ALEMBERT-Kräfte in der *umgekehrten* Richtung der *Beschleunigungspfeile*. Waagebalken und Rolle sind als masselos vorausgesetzt; an ihnen greifen also keine Trägheits- und Gewichtskräfte an.

Für dieses ruhende Ersatzsystem gelten jetzt die Gleichgewichtsbedingungen der Statik. Soll die Rolle in Ruhe bleiben, dann muß die Seilkraft S_1 gleich der Seilkraft S_2 sein (Abb. 53.2):

$$S_1 = M g + M \ddot{x}_1 = S_2 = (M + m) g - (M + m) \ddot{x}_2$$

oder

$$M \ddot{x}_1 = m g - (M + m) \ddot{x}_2. \tag{1}$$

Die Auflagerkraft im Punkt a beträgt:

$$A = S_1 + S_2 = (2 M + m) g + M \ddot{x}_1 - (M + m) \ddot{x}_2. \tag{2}$$

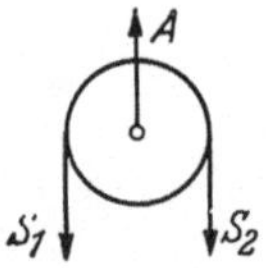

Abb. 53.2. 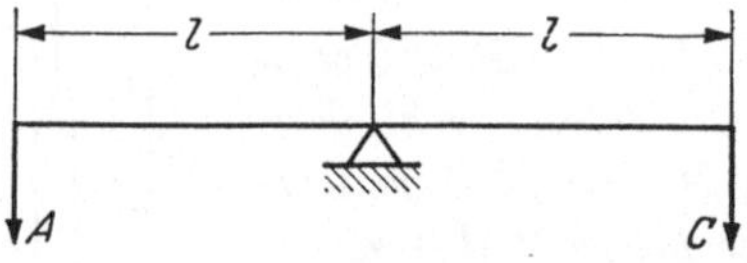   Abb. 53.3.

Der Waagebalken ist im Gleichgewicht, wenn (s. Abb. 53.3) $A = C$, also mit $C = (2 M + m) g + (2 M + m) \ddot{z}$

$$(2 M + m) g + M \ddot{x}_1 - (M + m) \ddot{x}_2 = (2 M + m) g + (2 M + m) \ddot{z}$$

oder

$$M \ddot{x}_1 - (M + m) \ddot{x}_2 = (2 M + m) \ddot{z}. \tag{3}$$

Die noch fehlende dritte Bedingung, die zur Bestimmung der drei Unbekannten $\ddot{x}_1$, $\ddot{x}_2$, $\ddot{z}$ nötig ist, läßt sich aus Gleichgewichtsbetrachtungen nicht mehr finden. Sie muß sich offensichtlich aus den kinematischen Beziehungen, die zwischen $\ddot{z}$, $\ddot{x}_1$ bzw. $\ddot{x}_2$ bestehen, ergeben.

Dazu drehen wir den Waagebalken um einen kleinen Winkel $\delta\psi$ aus der Anfangslage, etwa entgegen dem Uhrzeigersinn, und die Rolle um einen kleinen Winkel $\delta\varphi$, etwa im Uhrzeigersinn. Dann senken sich die linken Gewichte zunächst um δz infolge der Drehung $\delta\psi$ des Waagebalkens. Die Drehung der Rolle bewirkt eine Senkung der Masse $M + m$ um $r\,\delta\varphi$ und eine Hebung der Masse M um denselben Betrag.

Damit wird unter Beachtung der als positiv angenommenen Koordinatenrichtungen:

$$\delta x_1 = -\,\delta z + r\,\delta\varphi, \quad \delta x_2 = +\,\delta z + r\,\delta\varphi.$$

Durch Elimination von $r\,\delta\varphi$ ergibt sich:

$$\delta x_1 + \delta z = \delta x_2 - \delta z,$$

so daß auch

$$\ddot{x}_1 + \ddot{z} = \ddot{x}_2 - \ddot{z}. \tag{4}$$

Wir haben damit für die Bestimmung der drei Unbekannten $\ddot{x}_1$, $\ddot{x}_2$ und $\ddot{z}$ die drei Gl. (1), (3), (4) gefunden, die noch nach den Unbekannten aufgelöst werden müssen.

$M\ddot{x}_1$ aus Gl. (1) in Gl. (3) eingesetzt ergibt:

$$mg - 2(M + m)\,\ddot{x}_2 = (2M + m)\,\ddot{z}. \tag{5}$$

Aus Gl. (4) und Gl. (1) folgt:

$$\ddot{x}_2 = \frac{mg + 2M\,\ddot{z}}{2M + m}. \tag{6}$$

Mit diesem Wert wird Gl. (5):

$$mg - \frac{2m(M + m)}{2M + m}\,g - \frac{4M(M + m)}{2M + m}\,\ddot{z} = (2M + m)\,\ddot{z};$$

$$\frac{(2M + m)^2 + 4M^2 + 4Mm}{2M + m}\,\ddot{z} = -\,\frac{m^2 g}{2M + m};$$

woraus:

$$\ddot{z} = -\,\frac{m^2 g}{2(2M + m)^2 - m^2} = 20\ \mathrm{cm/sek^2}. \tag{7}$$

Damit folgt aus Gl. (6):

$$\ddot{x}_2 = \frac{mg - \dfrac{2m^2 M g}{2(2M + m)^2 - m^2}}{2M + m} = \frac{2(2M + m)^2 - 2Mm - m^2}{(2M + m)\,[2(2M + m)^2 - m^2]}\,mg;$$

$$\ddot{x}_2 = \frac{4M + m}{2(2M + m)^2 - m^2}\,mg = 180\ \mathrm{cm/sek^2}. \tag{8}$$

Aus Gl. (4) folgt schließlich:

$$\ddot{x}_1 = \ddot{x}_2 - 2\ddot{z} = \frac{4M + m}{2(2M + m)^2 - m^2}\,mg + \frac{2m}{2(2M + m)^2 - m^2}\,mg;$$

$$\ddot{x}_1 = \frac{4M + 3m}{2(2M + m)^2 - m^2}\,mg = 220\ \mathrm{cm/sek^2}. \tag{9}$$

Der Bruch in Gl. (7) ist eine positive Größe; das Minuszeichen deutet demnach an, daß das am rechten Balkenende hängende Gewicht nach unten beschleunigt wird. Der Waagebalken erfährt also eine Drehung im Sinne des Uhrzeigers.

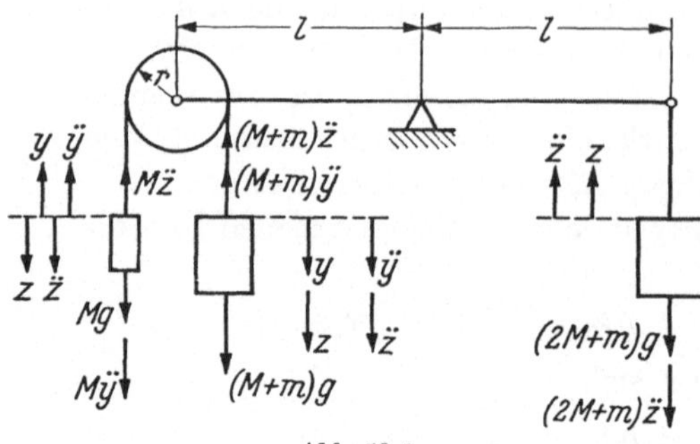

Abb. 53.4.

Da $\delta z = l\,\delta\psi$ ist, so ist die Winkelbeschleunigung des Waagebalkens:

$$\ddot\psi = \frac{\ddot z}{l} = 1\ \text{sek}^{-2}. \quad (10)$$

Man kann auch die Koordinaten so wählen, daß mit y eine Verrückung aus der Ruhelage der Gewichte an der Rolle bezeichnet wird, wenn die Rolle sich dreht und der Balken festgehalten wird. Dieser Bewegung wird dann noch die Bewegung z durch die Drehung des Waagebalkens überlagert. Dann wird das ruhende Ersatzsystem durch Abb. 53.4 dargestellt.

Das Gleichgewicht an der Rolle erfordert:

$$M g + M \ddot y - M \ddot z = (M + m)\, g - (M + m)\, \ddot y - (M + m)\, \ddot z\,;$$

$$\ddot y = \frac{m\,g}{2 M + m} - \frac{m}{2 M + m}\,\ddot z. \quad (11)$$

Die Auflagerkraft wird:

$$A = \frac{4 M^2 + 4 M m}{2 M + m}\, g - \frac{4 M^2 + 4 M m}{2 M + m}\,\ddot z. \quad (12)$$

Das Gleichgewicht am Waagebalken verlangt:

$$A = (2 M + m)\, g + (2 M + m)\, \ddot z\,;$$

$$\frac{4 M^2 + 4 M m}{2 M + m}\, g - \frac{4 M^2 + 4 M m}{2 M + m}\,\ddot z = (2 M + m)\, g + (2 M + m)\, \ddot z\,;$$

$$\ddot z = -\,\frac{2 M + m - \dfrac{4 M^2 + 4 M m}{2 M + m}}{2 M + m + \dfrac{4 M^2 + 4 M m}{2 M + m}}\, g\,;$$

$$\ddot z = -\,\frac{m^2}{2 (2 M + m)^2 - m^2}\, g\,. \quad (13)$$

Der Vergleich mit Gl. (7) zeigt die Übereinstimmung der Ergebnisse. Gl. (13) in Gl. (11) eingesetzt ergibt:

$$\ddot y = \frac{m\,g}{2 M + m} + \frac{m}{2 M + m}\ \frac{m^2}{2 (2 M + m)^2 - m^2}\, g$$

$$= \frac{2 (2 M + m)^2}{(2 M + m)\,[2 (2 M + m)^2 - m^2]}\, m\,g\,;$$

$$\ddot y = \frac{4 M + 2 m}{2 (2 M + m)^2 - m^2}\, m\,g\,. \quad (14)$$

Die absolute Beschleunigung der Masse M wird:

$$\ddot{x}_1 = \ddot{y} - \ddot{z} = \frac{4M + 3m}{2(2M + m)^2 - m^2}\, m\, g \,. \tag{15}$$

Die absolute Beschleunigung der Masse $M + m$ wird:

$$\ddot{x}_2 = \ddot{y} + \ddot{z} = \frac{4M + m}{2(2M + m)^2 - m^2}\, m\, g \,, \tag{16}$$

übereinstimmend mit Gl. (8) und (9).

Nach Abb. 53.1 ist:

$$S = M\, g + M\, \ddot{x}_1 \,.$$

Mit Gl. (9) oder Gl. (15) folgt daraus:

$$S = M g \left(1 + \frac{4M m + 3m^2}{2(2M + m)^2 - m^2}\right) = \frac{4(M + m)(2M + m)}{2(2M + m)^2 - m^2}\, M\, g = 1{,}22\ \text{kg}.$$

54. *In der Zeichnung ist ein Umlaufpendel in seiner Gleichgewichtslage dargestellt. Es besteht aus einer masselos gedachten Stange von rechteckigem Querschnitt, an derem unteren Ende ein als Massenpunkt anzusehendes Gewicht (Q kg) befestigt ist. An ihrem oberen Ende ist die Stange mittels einer waagrechten Achse reibungslos drehbar gelagert. Durch einen Anstoß in waagrechter Richtung wird der Masse eine Anfangsgeschwindigkeit v_0 erteilt.*

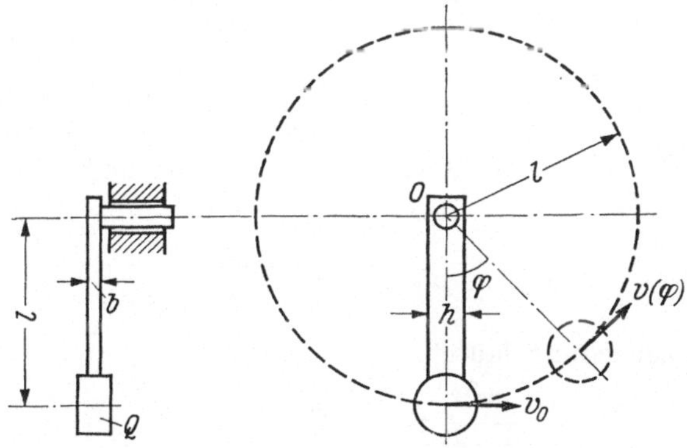

$l = 100\ cm; \quad b = 2\ cm; \quad h = 8\ cm; \quad Q = 4\ kg; \quad E = 2 \cdot 10^6\ km/cm^2.$

1. Mit Hilfe des Satzes von der lebendigen Kraft stelle man die Winkelgeschwindigkeit u der Stange als Funktion von φ dar.

2. Welchen Mindestwert $(v_0)_{min}$ muß v_0 überschreiten, damit das Pendel umläuft?

3. Das Pendel wird mit $v_0 = 1{,}2\,(v_0)_{min}$ in Bewegung gesetzt und in dem Augenblick, in welchem es seine Gleichgewichtslage passiert, an der Achse plötzlich festgehalten.

Welche größte dynamische Biegungsspannung σ_{max} tritt in der Stange auf? Zur Beantwortung dieser Frage wende man an:
  a) den Energiesatz,
  b) das Prinzip von d'Alembert.

1. Nach Zurücklegung des beliebigen Winkelwegs φ hat das Gewicht $Q = mg$ die negative Arbeit $-mgl(1 - \cos\varphi)$ geleistet, die gleich der Änderung der lebendigen Kraft $\frac{1}{2}m\big(v^2(\varphi) - v_0^2\big)$ sein muß. Daraus folgt mit $v(\varphi) = u(\varphi)\,l$:

$$u(\varphi) = \frac{1}{l}\,v(\varphi) = \frac{1}{l}\,\sqrt{v_0^2 - 2gl(1 - \cos\varphi)}\,.$$

2. Das Pendel läuft um, wenn $u(\pi) \geqq 0$ ist.

Aus $u(\pi) = 0$ folgt: $(v_0)_{\mathrm{min}} = 2\sqrt{gl}$.

3a. Vom Augenblick des Festhaltens an $(t = 0;\ \varphi = 0)$, in dem $v(0) = v_0 = 1{,}2 \cdot 2\sqrt{gl}$ ist, bewegt sich die Masse unter Verbiegung der in 0 fest eingespannt zu denkenden Stange zunächst noch weiter mit abnehmender Geschwindigkeit. Zur Zeit t hat sie den Weg y (Abb. 54.1) zurückgelegt, und ihre Geschwindigkeit ist $v(t) < v(0)$. Wenn y seinen größten Wert f erreicht hat, ist $v = 0$ und die gesamte im Anfang vorhandene kinetische Energie

$$\tfrac{1}{2}m\,v^2(0) = 2{,}88\,mgl = 2{,}88\,Ql$$

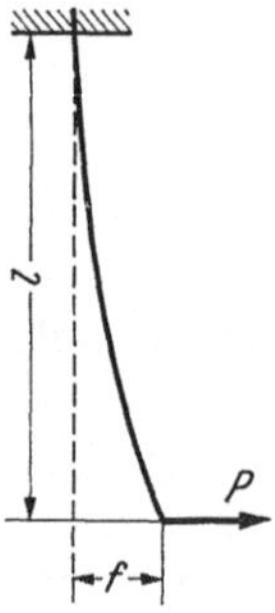

ist in potentielle Energie, d. h. hier in Formänderungsarbeit A der Stange verwandelt worden. Wird die Kraft, welche die Masse in diesem Augenblick auf das untere Stangenende ausübt, mit P bezeichnet (Abb. 54.2), so ist:

$$A = \frac{1}{2}\,Pf = \frac{1}{2}\,P\,\frac{Pl^3}{3EJ}\,,$$

und die Energiegleichung lautet:

$$\frac{P^2\,l^3}{6EJ} = 2{,}88\,Ql\,,$$

woraus:

$$P = 4{,}16\,\sqrt{\frac{QEJ}{l^2}}$$

folgt.

Das größte Biegungsmoment ist im oberen, festgehaltenen Stangenquerschnitt vorhanden und beträgt:

$$M_{\mathrm{max}} = Pl\,,$$

so daß:

$$\sigma_{\mathrm{max}} = \frac{Pl}{W} = \frac{Plh}{2J} = 2{,}08\,h\,\sqrt{\frac{QE}{J}} = 3600\ \mathrm{kg/cm^2}\,.$$

Abb. 54.1.   Abb. 54.2.

3 b. An dem zur beliebigen Zeit t von der Stange des ruhenden Ersatzpendels frei gemachten Massenpunkt (Abb. 54.3) halten sich die vom unteren Stangenende auf ihn ausgeübte Federkraft $-c\,y$ $\Big($Federkonstante der Stange $c = \dfrac{3\,E\,J}{l^3}\Big)$ und die Trägheitskraft $-m\,\ddot{y}$ das Gleichgewicht:

$$-m\,\ddot{y} - c\,y = 0 \quad \text{(Bewegungsgleichung)},$$

$$y(t) = B\sin\alpha\,t + D\cos\alpha\,t; \qquad \alpha = \sqrt{\frac{c}{m}}\,.$$

$y(0) = 0$ ergibt: $D = 0$, so daß mit $y_{\max} = B = f$

$$y = f\sin\alpha\,t \quad \text{und} \quad \dot{y} = f\,\alpha\cos\alpha\,t.$$

$$\dot{y}(0) = v(0) = 2{,}4\,\sqrt{g\,l} = f\,\alpha = f\sqrt{\frac{c}{m}}\,,$$

woraus der dynamische Biegungspfeil:

$$f = 2{,}4\,\sqrt{\frac{m}{c}\,g\,l} = 2{,}4\,\sqrt{\frac{Q\,l}{c}}$$

folgt. Andererseits ist:

$$f = \frac{P\,l^3}{3\,E\,J} = \frac{P}{c}\,,$$

so daß:

$$P = c\,f = 2{,}4\,\sqrt{c\,Q\,l} = 4{,}16\,\sqrt{\frac{Q\,E\,J}{l^2}}\,,$$

Abb. 54.3.   wie unter 3 a ebenfalls gefunden.

55. *Ein prismatischer Stab von der Länge l, der an seinem unteren Ende eine punktförmige Masse trägt (kleine Kugel von der Masse m), ist an seinem oberen Ende am Gelenkbolzen a eines zweibeinigen Bockgerüsts, bestehend aus den Stäben 1 und 2, pendelnd aufgehängt.*

Das Pendel schwingt mit einer Amplitude $\varphi_{max} = 90°$.

1. Das Gewicht der Stange sei vernachlässigbar klein gegen das Gewicht G der Kugel.

Man bestimme die beiden Stabkräfte S_1 und S_2 nach Größe und Vorzeichen, die das schwingende Pendel in den Stäben des Bockgerüsts wachruft, und zwar in denjenigen drei Augenblicken, in denen der Winkel φ: 0°, 60°, 90° beträgt.

(Lösung nach dem Satz von der lebendigen Kraft in Verbindung mit dem d'Alembertschen Prinzip.)

2. Das Gewicht der Kugel sei vernachlässigbar klein gegen das Gewicht Q der Stange.

Man bestimme für die waagrechte Umkehrlage des Pendels ($\varphi = 90°$) die vom Bolzen a auf die Stange

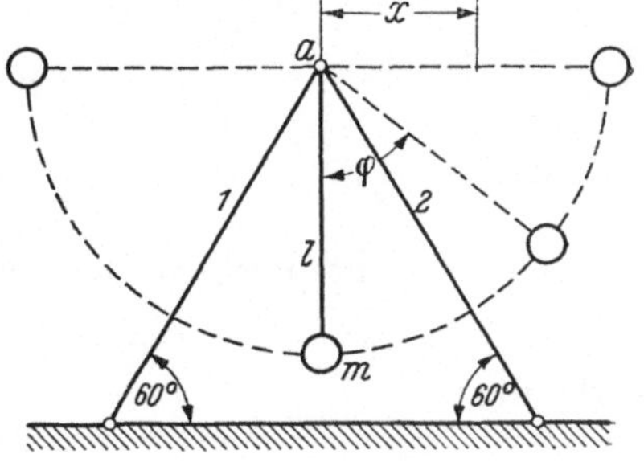

*übertragene Auflagerkraft A nach Größe und Richtung, das Biegungs-
moment M_b für einen beliebigen Stangenquerschnitt im Abstand x vom Aufhängepunkt a sowie Ort und Größe von $(M_b)_{max}$.*

*Schließlich gebe man die reduzierte Pendellänge und die Schwingungs-
dauer T für kleine Schwingungen an.*

*3. Das Gewicht G der Kugel sei von der gleichen Größenordnung wie
das Gewicht Q der Stange.*

Es werden die gleichen Fragen gestellt wie unter 2.

1. An dem vom Bolzen frei gemachten, ruhenden Ersatzpendel
(Abb. 55.1), das den beliebigen Ausschlagwinkel φ besitzt, greifen folgende,
im Gleichgewicht befindliche Kräfte an:

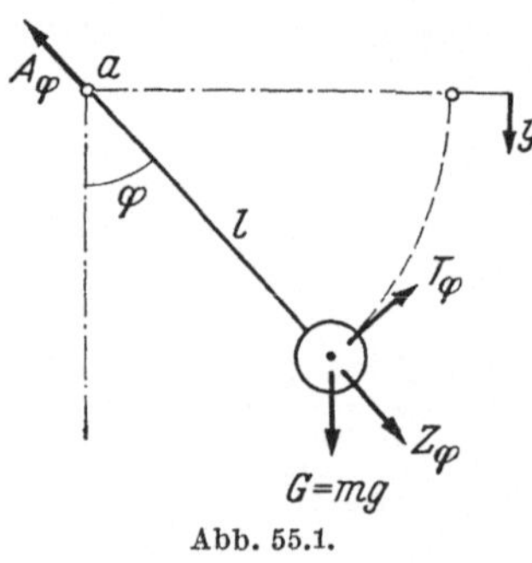

Abb. 55.1.

An der Kugel: Das Gewicht $G = mg$ und die
beiden Komponenten der d'ALEMBERT-Kraft:
$Z_\varphi = m\,\dfrac{v_\varphi^2}{l}$ in Richtung der Stange nach außen
(Zentrifugalkraft) und $T_\varphi = -m\,\dfrac{dv_\varphi}{dt}$ senkrecht
zur Stange im Sinne des wachsenden Winkels φ,
da die Bahnbeschleunigung $\dfrac{dv_\varphi}{dt}$ bei positivem φ
negativ ist.

Am oberen Stangenende: Die vom Bolzen
ausgeübte Auflagerkraft A_φ, die in die Stangenrichtung fallen muß, da sie der Resultierenden
der drei an der Kugel angreifenden Kräfte das Gleichgewicht halten
muß und ein ausschließlich an seinen Enden belasteter, gelenkig be-
festigter Stab nur eine Axialkraft übertragen kann.

Damit läßt sich das geschlossene Kräfteviereck

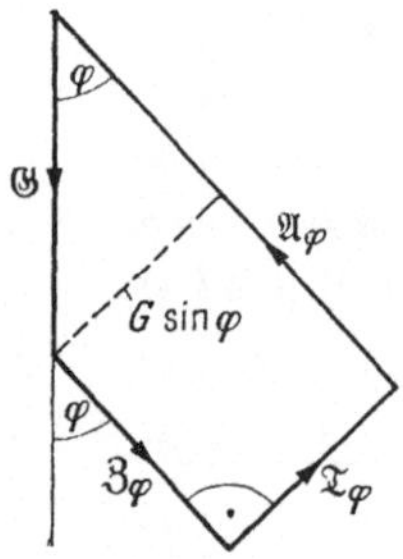

$$\mathfrak{G} + \mathfrak{Z}_\varphi + \mathfrak{T}_\varphi + \mathfrak{A}_\varphi = 0$$

zeichnen (Abb. 55.2), nachdem man noch v_φ — und
damit Z_φ — mit Hilfe des Satzes von der lebendigen
Kraft wie folgt bestimmt hat. Rechnet man eine
Koordinate y von der waagerechten Umkehrlage aus
nach abwärts (Abb. 55.1), so ist:

$$\int_{y=0}^{y=l\cos\varphi} G\,dy = \int_0^{l\cos\varphi} mg\,dy$$

$$= \frac{m}{2}\,v_\varphi^2 - \frac{m}{2}\,v_{\varphi=90°}^2 = \frac{m}{2}\,v_\varphi^2,$$

Abb. 55.2.

da für $\varphi = 90°$ entsprechend der Aufgabenstellung $v = 0$ ist. Es folgt:

$$v_\varphi^2 = 2g\,l\cos\varphi$$

und damit:

$$Z_\varphi = \frac{m}{l}\,2g\,l\cos\varphi = 2mg\cos\varphi = 2G\cos\varphi.$$

Aus Abb. 55.2 liest man ab:

$$A_\varphi = Z_\varphi + G\cos\varphi = 3G\cos\varphi$$

und: $T_\varphi = G\sin\varphi$, was auch aus einer Momentengleichung mit a als Momentenpunkt folgt (Abb. 55.1):

$$G\,l\sin\varphi - T_\varphi\,l = 0\,.$$

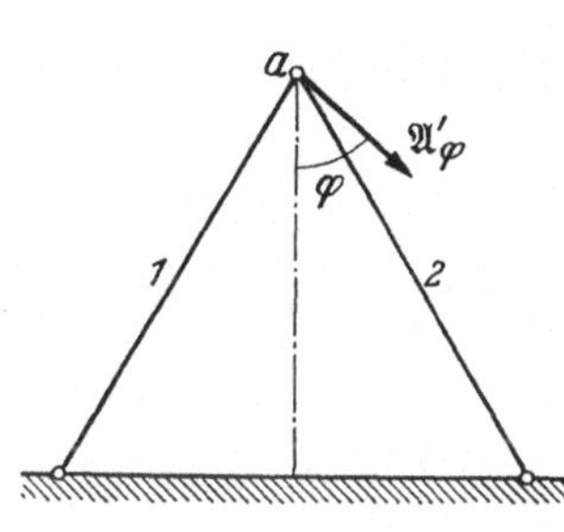

Abb. 55.3.

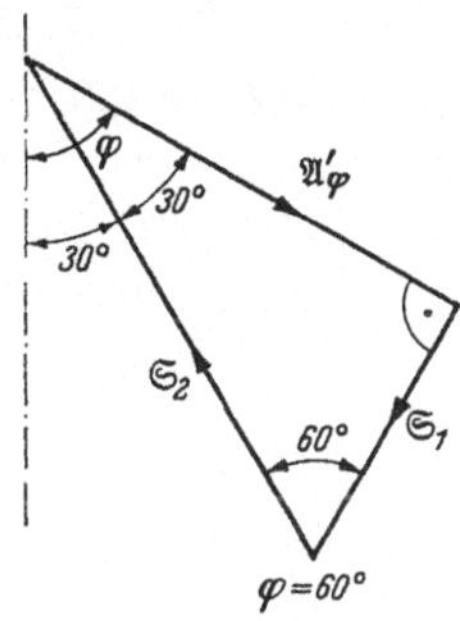

Abb. 55.4.

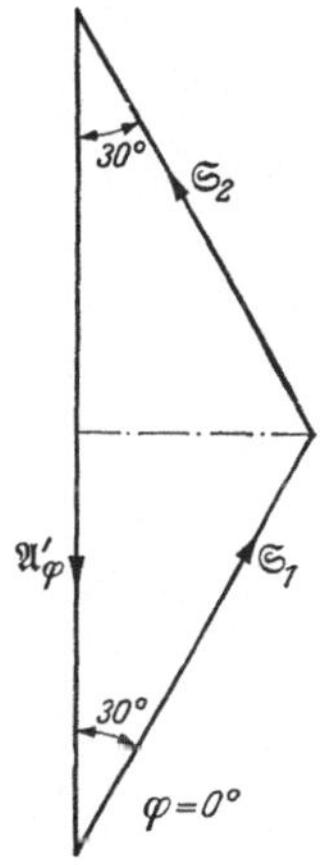

Abb. 55.5.

Aus:

$$T_\varphi = G\sin\varphi = -\,\frac{G}{g}\,\frac{dv_\varphi}{dt} = -\,\frac{G}{g}\,l\,\frac{du}{dt}$$

ergibt sich die Winkelbeschleunigung:

$$\frac{du}{dt} = -\,\frac{g}{l}\,\sin\varphi\,.$$

Am Bockgerüst greift die Reaktion von $\mathfrak{A}_\varphi$, d. h. $\mathfrak{A}'_\varphi = -\,\mathfrak{A}_\varphi$ als Last an (Abb. 55.3), die mit den gesuchten Stabkräften im Gleichgewicht steht:

$$\mathfrak{A}'_\varphi + (\mathfrak{S}_1)_\varphi + (\mathfrak{S}_2)_\varphi = 0\,.$$

Da in der Umkehrlage ($\varphi = 90°$) $A_\varphi = 0$ ist, so sind auch die Stabkräfte in diesem Augenblick gleich Null.

In Abb. 55.4 und Abb. 55.5 sind die Kräftedreiecke, die das Gleichgewicht des Gelenkbolzens a zum Ausdruck bringen, für $\varphi = 60°$ und $\varphi = 0°$ gezeichnet.

$$A_{\varphi=60°} = \tfrac{3}{2}G; \qquad A_{\varphi=0} = 3G\,.$$

2. An der ruhenden Ersatzstange (Abb. 55.6) greifen als Lasten außer dem Stangengewicht Q in der Mitte noch die an jedem Längenelement der Stange anzubringenden Trägheitskräfte an, die senkrecht zur Stange nach oben gerichtet sind, da sie in der Umkehrlage nur von der Bahnbeschleunigung herrühren. Wird die auf die Längeneinheit der Stange entfallende Trägheitslast mit p bezeichnet, so beträgt sie im Abstand ξ vom Drehpunkt a:

$$p = -\,\frac{Q}{g\,l}\,\xi\,\frac{du}{dt}\,.$$

$\dfrac{Q}{gl}$ ist die Stangenmasse pro Längeneinheit und $\xi\,\dfrac{du}{dt} = \dfrac{dv}{dt}$ die Bahn-beschleunigung des Stangenteilchens im Abstand ξ vom Drehpunkt. p nimmt also linear mit dem Abstand ξ zu, so daß die Belastungsfläche ein Dreieck ist. Die größte Belastungsintensität ist am freien Stangen-ende vorhanden und beträgt:

$$p_{\max} = -\,\frac{Q}{g}\,\frac{du}{dt}\,.$$

Die resultierende Trägheitskraft T hat daher den Abstand $2l/3$ vom Drehpunkt a und beträgt:

$$T = -\,\frac{Q}{2g}\,l\,\frac{du}{dt}\,.$$

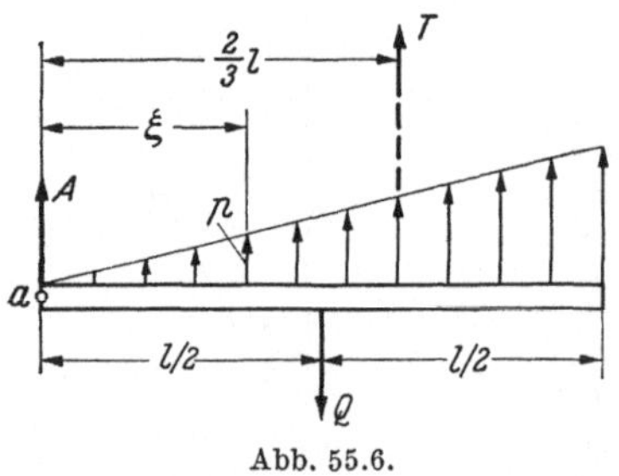

Abb. 55.6.

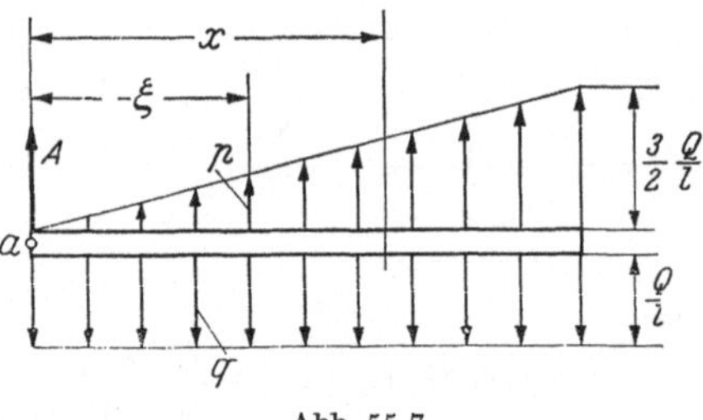

Abb. 55.7.

Da alle Lasten senkrecht auf der Stange stehen, so trifft dies auch von der gesuchten Auflagerkraft A zu, die sich aus $\sum V = 0$ zu $A = Q - T$ ergibt.

In dem Ausdruck für T ist $\dfrac{du}{dt}$ noch unbekannt; da aber der Ab-stand $2l/3$ der Resultierenden T vom Drehpunkt bekannt ist, so folgt deren Größe sofort aus der Momentengleichung bezüglich des Dreh-punkts a, die infolge des bestehenden Gleichgewichts lautet:

$$-T\,\frac{2}{3}\,l + Q\,\frac{l}{2} = 0\,,$$

woraus: $T = \dfrac{3}{4}\,Q$ und $A = Q - \dfrac{3}{4}\,Q = \dfrac{Q}{4}$ folgt.

Die Gleichsetzung der beiden für T gefundenen Ausdrücke ergibt:

$$\frac{du}{dt} = -\,\frac{3}{2}\,\frac{g}{l}$$

und damit:

$$p = \frac{3}{2}\,\frac{Q}{l^2}\,\xi\,, \qquad p_{\max} = \frac{3}{2}\,\frac{Q}{l}\,.$$

Zwecks Aufstellung des Biegungsmoments für einen beliebigen Stangen-querschnitt im Abstand x vom Aufhängepunkt muß auch das Eigen-gewicht Q der Stange als stetig über die Stangenlänge verteilte Belastung $q = \dfrac{Q}{l}$ pro Längeneinheit angebracht werden (Abb. 55.7).

$$(M_b)_x = A\,x + \int_0^x p\,d\xi\,(x - \xi) - \frac{q\,x^2}{2}$$

$$= \frac{Q}{4}\,x + \frac{3}{2}\,\frac{Q}{l^2}\int_0^x (x - \xi)\,\xi\,d\xi - \frac{Q}{l}\,\frac{x^2}{2}$$

$$= \frac{Q}{4}\,x + \frac{3}{2}\,\frac{Q}{l^2}\left[\frac{x^3}{2} - \frac{x^3}{3}\right] - \frac{Q}{l}\,\frac{x^2}{2},$$

$$(M_b)_x = \frac{Q}{4}\,x + \frac{Q}{l^2}\,\frac{x^3}{4} - \frac{Q}{l}\,\frac{x^2}{2}.$$

(Kontrolle: für $x = l$ muß $(M_b)_l = 0$ werden!)

Der Ort des größten Biegungsmoments folgt aus der Gleichung:

$$\frac{d(M_b)_x}{dx} = 0 \quad \text{zu} \quad x = \frac{l}{3}$$

und damit:

$$(M_b)_{\max} = \frac{Q\,l}{27}.$$

Die reduzierte Pendellänge l_{red} ist gleich dem Abstand der resultierenden Trägheitskraft T in tangentialer Richtung vom Aufhängepunkt a, daher:

$$l_{\mathrm{red}} = \tfrac{2}{3}\,l,$$

was auch aus der folgenden Gleichung hervorgeht:

$$l_{\mathrm{red}} = \frac{g}{Q}\frac{\Theta_a}{s}$$

mit $s = \dfrac{l}{2}$ und

$$\Theta_a = \Theta_s + \frac{Q}{g}\,s^2 = \frac{Q}{g}\left(\frac{l^2}{12} + \frac{l^2}{4}\right) = \frac{Q}{g}\,\frac{l^2}{3}.$$

Die Schwingungsdauer des physikalischen Pendels für kleine Schwingungen ist:

$$T = 2\pi\sqrt{\frac{l_{\mathrm{red}}}{g}} = 2\pi\sqrt{\frac{2}{3}\,\frac{l}{g}}.$$

3. Die an der Kugel anzubringende Trägheitskraft werde mit T_1, die resultierende Trägheitskraft der Stange mit T_2 bezeichnet (Abb. 55.8).

$$T_1 = -\frac{G}{g}\,l\,\frac{du}{dt}\,;$$

$$T_2 = -\frac{Q}{2g}\,l\,\frac{du}{dt}.$$

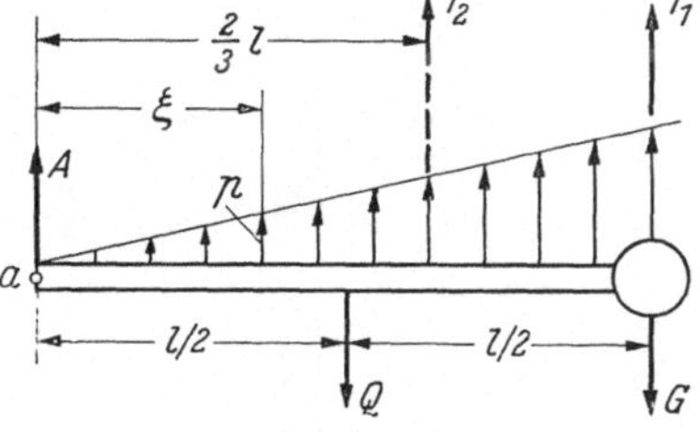

Abb. 55.8.

$p = -\dfrac{Q}{g\,l}\,\xi\,\dfrac{du}{dt}$ wie zuvor unter 2.

$\dfrac{du}{dt}$ folgt aus dem Momentengleichgewicht der ruhenden Ersatzstange (Momentenpunkt = Drehpunkt a):

$$-T_1\,l - T_2\,\frac{2}{3}\,l + G\,l + Q\,\frac{l}{2} = 0$$

oder:

$$+ \frac{G}{g}\, l\, \frac{du}{dt}\, l + \frac{Q}{2g}\, l\, \frac{du}{dt}\, \frac{2}{3}\, l + Gl + Q\, \frac{l}{2} = 0,$$

woraus:

$$\frac{du}{dt} = -g\, \frac{G + \dfrac{Q}{2}}{l\left(G + \dfrac{Q}{3}\right)} = -g\, \frac{k}{l}$$

mit

$$k = \frac{G + \dfrac{Q}{2}}{G + \dfrac{Q}{3}}$$

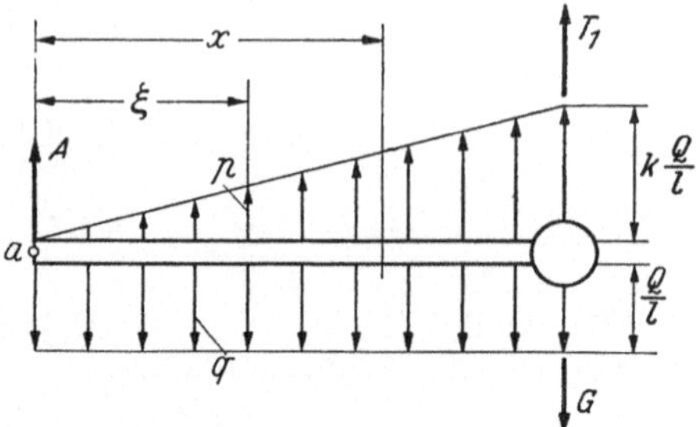

Abb. 55.9.

hervorgeht. Damit wird:

$$T_1 = G\, k, \qquad T_2 = \frac{Q}{2}\, k,$$

$$A = Q + G - T_1 - T_2$$

$$= Q + G - k\left(\frac{Q}{2} + G\right)$$

$$= Q\left(1 - \frac{k}{2}\right) + G(1 - k),$$

$$p = \frac{Q}{l^2}\, k\, \xi.$$

Das Biegungsmoment im Querschnitt x (Abb. 55.9) wird:

$$(M_b)_x = A\, x + \int_0^x p\, d\xi (x - \xi) - \frac{q\, x^2}{2}$$

$$= \left[Q + G - k\left(\frac{Q}{2} + G\right)\right] x + \frac{Q}{l^2}\, k\, \frac{x^3}{6} - \frac{Q}{l}\, \frac{x^2}{2}.$$

Kontrolle: für $x = l$ muß $(M_b)_l = 0$ werden:

$$(M_b)_l = \left[Q + G - k\left(\frac{Q}{2} + G\right)\right] l + \frac{Q\,k\,l}{6} - \frac{Q\,l}{2}$$

$$= \left[\frac{Q}{2} + G - k\left(G + \frac{Q}{3}\right)\right] l$$

$$= \left[\frac{Q}{2} + G - \frac{G + \dfrac{Q}{2}}{G + \dfrac{Q}{3}}\left(G + \frac{Q}{3}\right)\right] l = 0.$$

Aus $\dfrac{d(M_b)_x}{dx} = 0$ folgt wieder der Ort des größten Biegungsmoments und damit auch dieses selbst.

Die reduzierte Pendellänge l_{red} ist gleich dem Abstand der resultierenden Trägheitskraft $T_r = T_1 + T_2$ in tangentialer Richtung vom Aufhängepunkt a. Man findet sie aus folgender Momentengleichung mit a als Momentenpunkt (Abb. 55.8):

$$T_1\, l + T_2\, \tfrac{2}{3}\, l = T_r\, l_{\text{red}}$$

zu:

$$l_{\text{red}} = \frac{G + \dfrac{Q}{3}}{G + \dfrac{Q}{2}}\, l\,.$$

Kontrolle: Wird $Q = 0$, so wird $l_{\text{red}} = l$,

wird $G = 0$, so wird $l_{\text{red}} = \tfrac{2}{3}\, l$.

Die Schwingungsdauer für kleine Schwingungen ist:

$$T = 2\,\pi \sqrt{\frac{l_{\text{red}}}{g}} = 2\,\pi \sqrt{\frac{l}{g}\,\frac{G + \tfrac{1}{3}Q}{G + \tfrac{1}{2}Q}}\,.$$

56. *Die Abb. 56.1 stellt die geöffnete Schiebetür eines D-Zugwagen-Abteils dar. Beim Schließen, das in Fahrtrichtung erfolgen soll, stößt die Tür nach Zurücklegung des Schließweges a gegen eine abgefederte Leiste A (Federkonstante jeder der 4 Federn: c).*

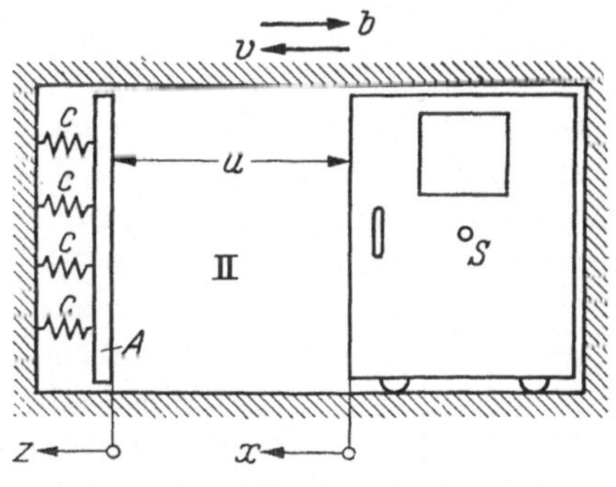

Abb. 56.1.

Wird der mit gleichförmiger Geschwindigkeit v fahrende Zug plötzlich stark gebremst, so tritt die jedem bekannte dynamische Erscheinung des selbsttätigen Zuschlagens der vorher offenen Tür ein. Die Frage lautet: Welche Größe erreicht der Stoßdruck nach dem Aufprallen der Tür auf die Leiste, wenn der Zug mit konstanter Verzögerung b eine Sekunde lang gebremst wird? (Die Reibung ist zu vernachlässigen.)

Dieselbe Frage beantworte man für den Fall, daß die Bremszeit mehrere Sekunden beträgt.

Gewicht der Tür $Q = 20\ kg$; $a = 60\ cm$; $b = 120\ cm/sek^2$;
$c = 32\ kg/cm$; $g \approx 1000\ cm/sek^2$.

Wir lösen die Aufgabe vom Standpunkt eines *im Zuge mitfahrenden Beobachters* aus, der die Bewegung der Tür relativ zum Wagen auf ein Koordinatensystem bezieht, das *mit dem Wagen fest verbunden* ist. Dieses Bezugssystem, das wir mit *II* bezeichnen, bewegt sich gegen ein mit der Erde (Schiene) fest verbundenes Bezugssystem *I* in waagerechter Richtung mit der Geschwindigkeit v nach links, die während der Bremsdauer der Größe nach veränderlich ist.

Da sich sowohl der Zug gegen *I* als auch die Tür gegen *II* nur in waagerechter Richtung bewegt, wird jedes der beiden Bezugssysteme bereits durch eine *einzige* Koordinate, nämlich die *waagrechte Achse* repräsentiert; das vom mitfahrenden Beobachter verwendete Bezugssystem *II* also durch eine waagrechte x-Achse etwa nach links im Sinne von v, deren Nullpunkt zweckmäßig auf der linken Kante der geöffneten Tür festgelegt wird.

Betrachten wir zunächst den Anfahrvorgang des Zuges vom Stillstand aus, der beschleunigt erfolgt (b mit v gleichgerichtet nach links: $b\leftarrow$; $v\leftarrow$). *II* befindet sich gegen *I* in beschleunigter Bewegung (b sei konstant). Der Beobachter steigt während des Anfahrvorganges in den Zug ein, verlegt also seinen Standort von *I* nach *II*. Da er von dem Augenblick an, in welchem er den Wagen betreten hat, ein Bestandteil von *II* geworden ist, wird die d'ALEMBERTsche Trägheitskraft vom Betrage $m\,b$ nach rechts an ihm wirksam, denn beim Wechsel des Bezugssystems tritt eine Trägheitskraft $H = -m\,b$ auf, wenn das neue Bezugssystem gegen das alte mit b beschleunigt ist. Auch an allen zum Wagen gehörenden Massenpunkten, zu denen auch die Tür gehört, greift diese Trägheitskraft als eine in *II* wirklich vorhandene, äußere Fernkraft an.

Diese entgegen der Beschleunigung, also nach rechts gerichtete Trägheitskraft vom Betrage $m\,b$ (m = Masse der Tür), die im Schwerpunkt S der Tür angreifend zu denken ist, drückt die Tür längs ihrer rechten Kante gegen den Rahmen, so daß sie unter der Trägheitskraft und der vom Rahmen auf sie ausgeübten Druckkraft D relativ zum Wagen im Gleichgewicht ist (Abb. 56.2).

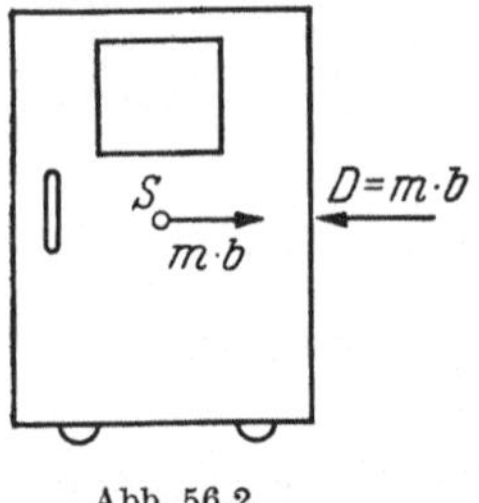

Abb. 56.2.

Beim Aufhören der Anfahrbeschleunigung verschwindet auch die Trägheitskraft im Wagen. Der Zug befindet sich dann im Zustand der gleichförmigen, geradlinigen Bewegung, der nach NEWTON dem Ruhezustand gleichgesetzt werden kann.

Wird der Zug gebremst (s. Abb. 56.1: b entgegengesetzt v nach rechts), so wirkt die Trägheitskraft vom Betrage $m\,b$ nach links, d. h. in Fahrtrichtung. Wenn die Tür geöffnet, d. h. in Ruhe gegen *II* bleiben soll, müßte auf sie eine äußere Kraft von derselben Größe nach rechts ausgeübt werden. Eine solche Kraft ist aber nicht vorhanden. Also muß die Trägheitskraft die Tür — immer relativ zu *II* — in beschleunigte Bewegung nach links versetzen. Die Tür schließt sich unter dem Einfluß von $m\,b$, welche die beschleunigende Kraft ist. Ihre Bewegungsgleichung im Bezugssystem *II* lautet daher:

$$m\,\ddot{x} = m\,b,$$

wo $\ddot{x}$ die Beschleunigung der Tür gegen *II* ist.

Wendet der Beobachter *im Wagen (im Bezugssystem II) das d'Alembertsche Prinzip auf die Tür* an, so muß er die gegen *II* ruhende Ersatztür betrachten und die neue zweite Trägheitskraft $-m\,\ddot{x}$ (nach rechts) an der Tür anbringen, die dann mit der von der Bremsung des Zuges herrührenden ersten Trägheitskraft im Gleichgewicht ist. Also ist wieder

$$m\,\ddot{x} = m\,b$$

oder

$$\ddot{x} = b. \tag{1}$$

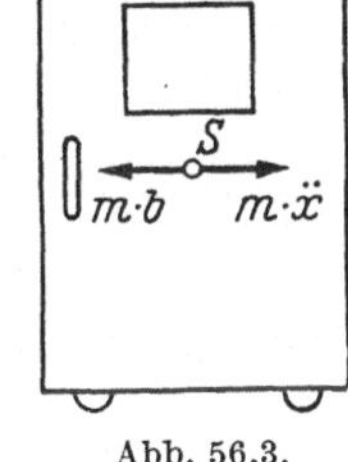

Abb. 56.3.

Das Minuszeichen von $m\,\ddot{x}$ ist in Abb. 56.3 durch den Pfeil nach rechts (entgegen der Beschleunigung $\ddot{x}$!) bereits zum Ausdruck gebracht, so daß nur der Betrag $m\,\ddot{x}$ an diesen Kraftpfeil zu schreiben ist.

Die Tür ist unter zwei Trägheitskräften im Gleichgewicht. Zweimalige Integration der Gl. (1) ergibt:

$$\dot{x} = b\,t + C_1;$$

$$x = b\,\frac{t^2}{2} + C_1\,t + C_2.$$

Es ist aber für $t = 0$ (Bremsbeginn): $x = 0$; also $C_2 = 0$;
und $\dot{x} = 0$; also $C_1 = 0$.

Solange die Tür auf keinen Widerstand stößt, legt sie in t sek relativ zum Wagen den Weg

$$x = b\,\frac{t^2}{2}$$

zurück. Nach der Bremszeit von 1 sek beträgt dieser Weg:

$$x_1 = b\,\frac{1}{2} = \frac{120}{2} = 60\,\text{cm} = a.$$

Nach einer Sekunde hat die Tür also den ihr zur Verfügung stehenden freien Weg a zurückgelegt und berührt gerade die Anschlagleiste. Ihre Geschwindigkeit gegen den Wagen (*II*) beträgt in diesem Augenblick:

$$\dot{x}_1 = v_1 = b \cdot 1 = 120\,\text{cm/sek}.$$

Im gleichen Augenblick hört die Bremsung des Zuges auf, da sie nach dem 1. Teil der Aufgabe 1 sek lang dauert.

Während der weiteren Bewegung der Tür nach links ist also die erste Trägheitskraft $m\,b$ nicht mehr vorhanden. Für diesen zweiten Abschnitt des Bewegungsvorganges der Tür verwenden wir zweckmäßig eine neue Koordinate z, deren Anfangspunkt nach Abb. 56.1 auf einer Kante der Leiste in ihrer Anfangsstellung liegt, so daß z *gleich dem Federweg* wird.

Als einzige Kraft in waagrechter Richtung wirkt während dieses zweiten Bewegungsabschnittes der Druck der Leiste auf die Tür nach rechts, der gleich der Federkraft $4\,c\,z$ ist und die Tür verzögert nach der dynamischen Grundgleichung:

$$m\,\ddot{z} = -4\,c\,z$$

oder

$$\ddot{z} = -\frac{4\,c}{m}\,z = -\alpha^2\,z; \quad \alpha = \sqrt{\frac{4\,c}{m}}\,.$$

Ihre allgemeine Lösung lautet:

$$z = A\,\sin\alpha t + B\,\cos\alpha t;$$

und es ist:

$$\dot{z} = A\,\alpha\,\cos\alpha t - B\,\alpha\,\sin\alpha t.$$

Aus den Anfangsbedingungen $z_{t=0} = 0$ und $\dot{z}_{t=0} = v_1$ folgt

$$B = 0, \quad A = \frac{v_1}{\alpha}\,.$$

Also wird:

$$z = \frac{v_1}{\alpha}\,\sin\alpha t.$$

Der Stoßdruck ist dann am größten, wenn der Federweg am größten, wenn also $\sin\alpha\,t = 1$ ist. Es ist daher:

$$z_{\max} = \frac{v_1}{\alpha}$$

und

$$P_{\max} = 4\,c\,z_{\max} = 4\,c\,\frac{v_1}{\alpha} = 4\,c\,v_1\,\sqrt{\frac{m}{4\,c}}$$

oder

$$P_{\max} = 2\,v_1\,\sqrt{\frac{Q\,c}{g}} = 240\,\sqrt{\frac{20 \cdot 32}{1000}} = 192\,\text{kg}.$$

Wird nun mehrere Sekunden gebremst, d. h. auch noch während des 2. Bewegungsabschnittes, dann greift an der Tür nach wie vor die erste Trägheitskraft $m\,b$ nach links an. Die Bewegungsgleichung lautet daher jetzt:

$$m\,\ddot{z} = m\,b - 4\,c\,z$$

oder nach Division mit m:

$$\ddot{z} = b - \alpha^2\,z; \quad \alpha = \sqrt{\frac{4\,c}{m}}\,.$$

Ihre allgemeine Lösung ist:

$$z = A\,\sin\alpha t + B\,\cos\alpha t + \frac{b}{\alpha^2}\,.$$

Aus den Anfangsbedingungen $z_{t=0} = 0$ und $\dot{z}_{t=0} = v_1$ folgt

$$B = -\frac{b}{\alpha^2} \quad \text{und} \quad A = \frac{v_1}{\alpha},$$

so daß

$$z = \frac{v_1}{\alpha}\,\sin\alpha t + \frac{b}{\alpha^2}\,(1 - \cos\alpha t);$$

$$\dot{z} = v_1\,\cos\alpha t + \frac{b}{\alpha}\,\sin\alpha t.$$

Der größte Federweg tritt im Augenblick $t = t^*$ auf, wenn die Geschwindigkeit $\dot{z} = 0$, d. h. wenn

$$\operatorname{tg}\alpha t^* = -\frac{v_1\alpha}{b} = -\frac{2\,v_1}{b}\sqrt{\frac{c\,g}{Q}} = -\frac{2\cdot 120}{120}\sqrt{\frac{32\cdot 100}{20}} = -80$$

ist. Mit $\alpha t^* = \frac{\pi}{2} + \varphi$ erhält man $\operatorname{tg}\left(\frac{\pi}{2} + \varphi\right) = -80$ oder $\operatorname{ctg}\left(\frac{\pi}{2} + \varphi\right) = -\operatorname{tg}\varphi = -\frac{1}{80}$. Hat der Tangens eines Winkels einen derart kleinen Wert, so kann mit ausreichender Genauigkeit $\operatorname{tg}\varphi \approx \sin\varphi \approx \varphi$ und $\cos\varphi \approx 1$ gesetzt werden.

$$\cos\alpha\,t^* = \cos\left(\frac{\pi}{2} + \varphi\right) = -\sin\varphi \approx -\varphi;$$

$$\sin\alpha\,t^* = \sin\left(\frac{\pi}{2} + \varphi\right) = \cos\varphi \approx 1.$$

Mit diesen Werten wird:

$$z_{\max} = \frac{v_1}{\alpha} + \frac{b}{\alpha^2}(1 + \varphi) \approx \frac{v_1}{2}\sqrt{\frac{Q}{g\,c}} + \frac{b\,Q}{4\,c\,g},$$

wenn man $\varphi \approx \frac{1}{80}$ noch neben 1 vernachlässigt. Es wird also:

$$P_{\max} = 4\,c\,z_{\max} = 2\,v_1\sqrt{\frac{Q\,c}{g}} + \frac{b\,Q}{g}.$$

Der erste Summand ist identisch mit der maximalen Stoßkraft im ersten Teil der Aufgabe, während der zweite die Vergrößerung, hervorgerufen durch die während des zweiten Bewegungsvorganges noch wirkende Trägheitskraft $m\,b$ darstellt. Dieser Anteil ist nicht sehr groß; denn es ist:

$$\frac{b\,Q}{g} = \frac{120\cdot 20}{1000} = 2{,}4\ \text{kg}.$$

Man erhält also:

$$P_{\max} = 192 + 2{,}4 = 194{,}4\ \text{kg}.$$

57. *Die Abbildung zeigt ein Planetengetriebe. Auf der Motorwelle 1 sitzt ein fest aufgekeiltes Zahnrad I. Das Planetenzahnrad II ist lose drehbar um seine Achse 3, die durch einen Hebelarm mit der Achse 2 eines Propellers verbunden ist. Achse 3, Hebelarm und Achse 2 bilden eine Kurbel. Das Zahnrad I treibt das Planetenrad II in umgekehrtem Drehsinn an. Dabei rollt das Planetenrad II auf dem innen verzahnten Kranz des festen Zahnrades III ab und nimmt die Kurbel mit. Gegeben ist $\mathfrak{u}_1$, die Winkelgeschwindigkeit der Motorwelle 1. Gesucht wird:*

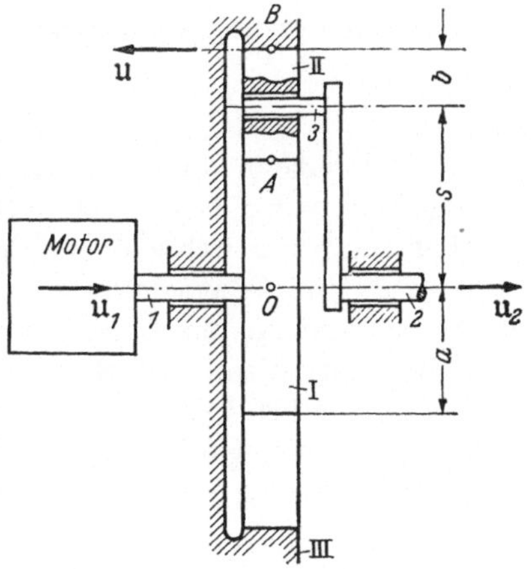

1. Die Winkelgeschwindigkeit $\mathfrak{u}_2$ der Propellerwelle 2 oder mit anderen Worten das Übersetzungsverhältnis $i = n_2/n_1$;

2. die Anzahl der Umdrehungen, die das Planetenrad um seine Achse 3 ausführt, wenn sich die Kurbel mit dem Propeller einmal herumdreht.

Der erste Teil der Aufgabe ist vektoriell und rechnerisch zu lösen.

1. Alle Punkte der in Berührung stehenden Zahnflanken der Räder *I* und *II* haben die gleiche Geschwindigkeit. Greifen wir die mittleren Punkte der Berührungsgeraden, A_1 auf Zahnrad *I*, A_2 auf dem Planetenrad *II*, heraus (A_1 und A_2 fallen zusammen im Punkt A), so ist:

$$\mathfrak{v}_{A_1} = \mathfrak{v}_{A_2}.$$

Man beginnt mit der Bestimmung der Geschwindigkeit des Punktes A_1. Den Bewegungszustand von Zahnrad *I* kann man mit 0 als Bezugspunkt beschreiben durch:

$$\mathfrak{v}_0 = 0 \quad \text{und } \mathfrak{u}_1 \text{ durch } 0,$$

A hat dann eine nach hinten gerichtete Geschwindigkeit vom Betrag:

$$v_A = v_{A_1} = v_{A_2} = a\,\mathfrak{u}_1.$$

Die Berührungspunkte B_2 bzw. B_3 auf *II* bzw. *III* sind in Ruhe, da Zahnrad *III* fest ist. Der momentane Bewegungszustand des Rades *II* mit B als Bezugspunkt wird daher beschrieben durch:

$$\mathfrak{v}_{B_2} = 0 \quad \text{und } \mathfrak{u} \text{ durch } B_2.$$

Die Lage des Vektors $\mathfrak{u}$ ist damit bestimmt. Da $\mathfrak{v}_{A_2}$ nach hinten gerichtet ist, muß $\mathfrak{u}$ nach links zeigen; denn nur dann geht die von $\mathfrak{u}$ herrührende Geschwindigkeit $\mathfrak{v}_{A_2}$ nach hinten. Die Geschwindigkeit, die A_2 durch Drehung um die durch B_2 gehende Achse annimmt, hat die Größe:

$$v_{A_2} = 2b\,u.$$

Die Gleichsetzung der beiden Werte von v_{A_2} liefert: $2\,b\,u = a\,u_1$, woraus

$$u = u_1\frac{a}{2b}$$

folgt.

Andererseits kann man den Bewegungszustand des Planetenrades *II* folgendermaßen beschreiben: Rad *II* wird zusammen mit der Kurbel (Fahrzeug) um Achse 2 gedreht. Außerdem führt es, lose auf Achse 3 sitzend, eine Relativdrehung um diese Achse aus. Beide Drehungen, um Achse 2 mit $\mathfrak{u}_2$, um Achse 3 mit $\mathfrak{u}_3$, erfolgen gleichzeitig. $\mathfrak{u}_2$ und $\mathfrak{u}_3$ sind unbekannt. Wenn aber der momentane Bewegungszustand entweder in einer unendlich kleinen Drehung um die Drehachse durch B mit $\mathfrak{u}$ oder in den beiden gleichzeitigen Drehungen um Achse 3 mit $\mathfrak{u}_3$ und um Achse 2 mit $\mathfrak{u}_2$ besteht, so ergibt sich notwendig, daß

$$\mathfrak{u}_2 + \mathfrak{u}_3 = \mathfrak{u}$$

sein muß. u muß also die Resultierende der Winkelgeschwindigkeiten u_2 und u_3 sein. u_2 und u_3 bedeuten Drehungen um zwei materielle, wirkliche Achsen, u die Drehung um eine gedachte Achse. Die Bestimmung der Vektoren u_2 und u_3 ist aber wegen der Analogie zwischen Winkelgeschwindigkeiten und Kräften identisch mit der Ermittlung von Größe und Richtung zweier Kräfte längs vorgegebener Wirkungslinien *2* und *3*, deren Resultierende u bekannt ist. Dies geschieht mit Hilfe des Seilecks (Abb. 57.1): Zwei beliebige Seilstrahlen (*1*) und (*3*), die sich im Lageplan auf u in einem Punkte schneiden und deren entsprechende Polstrahlen (*1*)

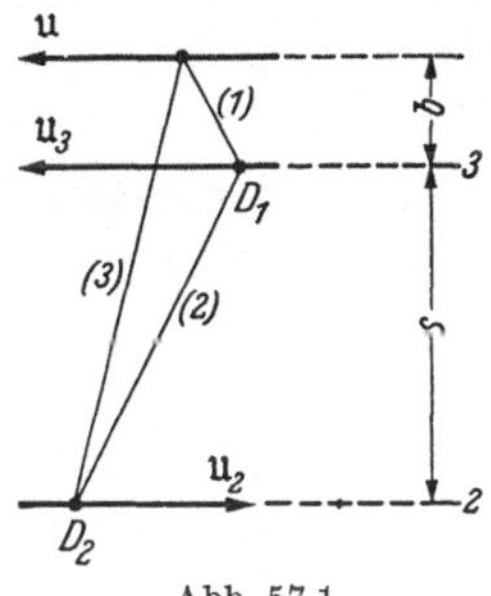

Abb. 57.1.

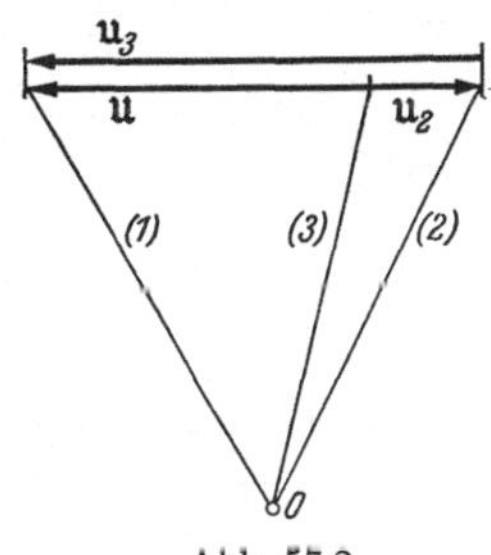

Abb. 57.2.

und (*3*) im „Kräfteplan" (Abb. 57.2) den Pol O festlegen, werden mit den Wirkungslinien *2* und *3* in den Punkten D_1 und D_2 zum Schnitt gebracht. Parallel zum Seilstrahl (*2*) wird der Polstrahl (*2*) gezeichnet, der auf der „Lastlinie" den Endpunkt von u_2 und den Anfangspunkt von u_3 festlegt.

Rechnerische Lösung:

Legt man den Momentenpunkt in Abb. 57.1 auf Achse *3*, so muß

$$u_2 s = u b$$

sein. Daraus folgt:

$$u_2 = u \frac{b}{s} = u \frac{b}{a+b}.$$

Setzt man den oben für u gefundenen Wert ein, so erhält man:

$$u_2 = u_1 \frac{a}{2(a+b)}.$$

Damit wird das Übersetzungsverhältnis

$$i = \frac{n_2}{n_1} = \frac{u_2}{u_1} = \frac{a}{2(a+b)}.$$

Zur Bestimmung von u_3 legt man in Abb. 57.1 den Momentenpunkt auf Achse *2*. Dann muß sein:

$$u_3 s = u(s + b),$$

woraus:

$$u_3 = u \frac{s+b}{s} = u \frac{a+2b}{a+b}$$

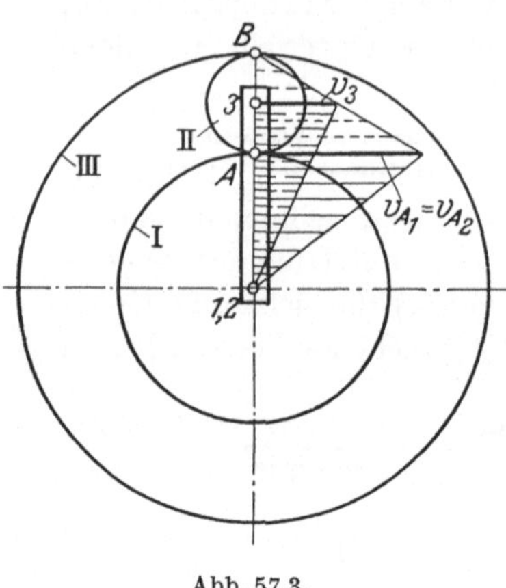

Abb. 57.3.

folgt. Mit dem Wert von u wird:

$$u_3 = u_1 \frac{a}{2b} \frac{a+2b}{a+b}.$$

2. Aus:

$$\frac{u_3}{u_2} = \frac{n_3}{n_2} = \frac{a+2b}{b}$$

folgt mit $n_2 = 1$:

$$n_3 = \frac{a+2b}{b}.$$

Während einer Umdrehung des Propellers macht das Planetenrad $\dfrac{a+2b}{b}$ Umdrehungen.

Abb. 57.3 zeigt das Geschwindigkeitsschaubild für die Räder I, II und die Kurbel.

58*. *In Abb. 58.1 ist ein Kollergang dargestellt. Zusammen mit einer vertikalen Welle 1 dreht sich mit der Winkelgeschwindigkeit $\bar{\mu}$ eine unter dem Winkel φ gegen die Welle 1 geneigte Stange 2, die in O gelenkig an der Welle 1 befestigt ist. Auf der Stange 2 sitzt lose eine schwere Scheibe, die in A auf einer konischen Unterlage aufliegt.*

Bei Drehung von 1 wird die Stange 2 mitgenommen, wobei die lose Scheibe auf der Unterlage abrollt.

Gegeben sind $\bar{\mu}$ und φ.

Gesucht ist die Winkelgeschwindigkeit $\bar{v}$, mit welcher sich die Scheibe um ihre eigene Achse 2 dreht, sowie die Geschwindigkeit v_s des Scheibenschwerpunkts S.

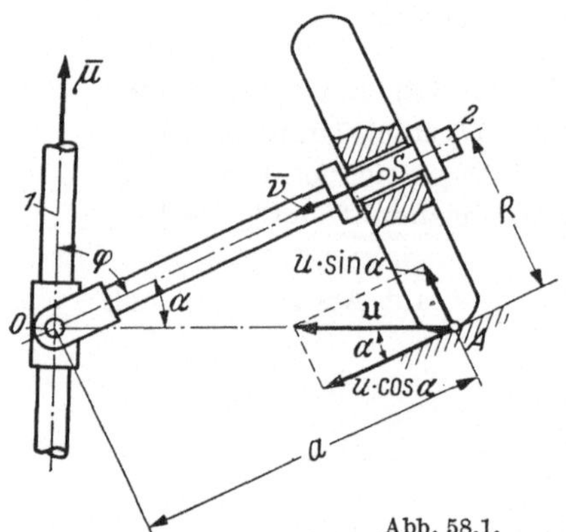

Abb. 58.1.

Die Aufgabe wird am einfachsten vektoriell gelöst.

Punkt A der Scheibe ist der augenblickliche Pol ihrer Bewegung, da er mit der ruhenden Unterlage in Berührung steht und daher — solange die Scheibe nicht gleitet, sondern nur rollt — keine Geschwindigkeit besitzt. Mit A als Bezugspunkt wird die absolute, augenblickliche Bewegung der Scheibe, die nur in einer Drehung um eine durch A hindurchgehende, unbekannte Achse besteht, beschrieben durch Angabe des auf dieser Achse liegenden Winkelgeschwindigkeitsvektors u von unbekannter Größe. Andererseits führt die Scheibe gleichzeitig zwei augenblickliche Drehungen aus, nämlich:

1. Drehung zusammen mit Stange *2* um Achse *1* mit der Winkelgeschwindigkeit $\bar{\mu}$ (Fahrzeugdrehung),

2. Drehung relativ zur Stange *2* mit der Winkelgeschwindigkeit $\bar{\nu}$ (Relativdrehung).

Also muß u die Resultierende aus $\bar{\mu}$ und $\bar{\nu}$ sein:

$$\mathfrak{u} = \bar{\mu} + \bar{\nu}$$

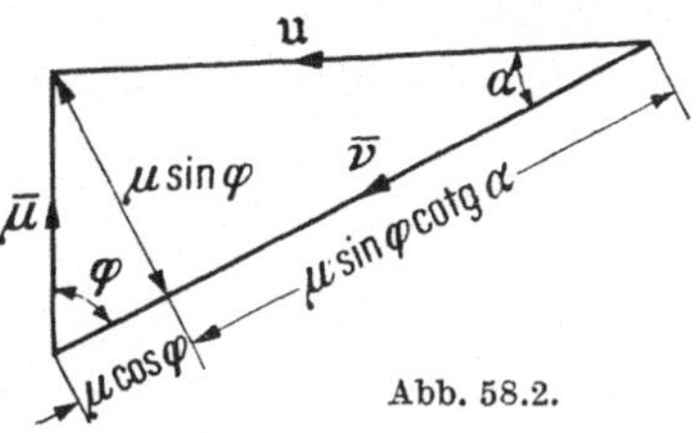

Abb. 58.2.

und deshalb durch den Schnittpunkt *0* der Richtungslinien von $\bar{\mu}$ und $\bar{\nu}$ hindurchgehen (Abb. 58.1). Die Gerade *A O* muß daher die Richtungslinie der absoluten Winkelgeschwindigkeit u der Scheibe bzw. ihre absolute Momentandrehachse sein. Der Winkel α, den sie mit der Achse *2* bildet, folgt aus:

$$\operatorname{ctg}\alpha = \frac{a}{R}.$$

Aus Abb. 58.2 liest man ab:

$$v = \mu\cos\varphi + \mu\sin\varphi\,\operatorname{ctg}\alpha = \mu\left(\cos\varphi + \frac{a}{R}\sin\varphi\right).$$

Damit ist $\bar{\nu}$ nach Größe und Richtung bekannt.

Außerdem wird:

$$u = \mu\,\frac{\sin\varphi}{\sin\alpha} = \mu\,\frac{\sin\varphi}{R}\sqrt{a^2 + R^2}.$$

Obwohl diese Bewegung ohne Gleiten der Scheibe auf der konischen Unterlage vor sich geht, ist sie doch kein reines Rollen, welches voraussetzt, daß die augenblickliche absolute Drehachse in die Tangentialebene der aufeinander abrollenden Flächen fällt. Hier ist die Drehachse um den Winkel α gegenüber der Tangentialebene geneigt, die man im Rollpunkt *A* an die konische Unterlage bzw. an die Scheibe legen kann. Nur die Komponente $u\cos\alpha$ von u liegt in der Tangentialebene und kennzeichnet die reine Rollbewegung. Die dazu senkrechte Komponente $u\sin\alpha$ stellt eine Wendebewegung der Scheibe dar, die mit bohrender Reibung verbunden ist.

Die augenblickliche Geschwindigkeit des Scheibenschwerpunkts *S*, senkrecht zur Zeichenebene nach vorn gerichtet, kann auf zweierlei Weise berechnet werden, nämlich:

1. als Folge der Drehung mit u um *OA*:

$$v_s = uR\cos\alpha,$$

2. als Folge der Drehung mit μ um die Achse *1*:

$$v_s = \mu a\sin\varphi.$$

Aus der Gleichsetzung beider Werte folgt wieder:

$$u = \mu\,\frac{a}{R}\,\frac{\sin\varphi}{\cos\alpha} = \mu\,\frac{\sin\varphi}{\sin\alpha}.$$

59. *Eine Falltür ist an einer Achse A—A aufgehängt, die gegen die
Waagrechte um den Winkel α geneigt ist. Sie besteht aus einem rechteckigen
Stahlblech (Länge l, Höhe h, Stärke d), das mit einem kreisförmigen Loch
vom Halbmesser r versehen ist. An der der Achse gegenüberliegenden Längs-
seite ist an das Blech eine Rundeisenstange vom Halbmesser ϱ angeschweißt.*

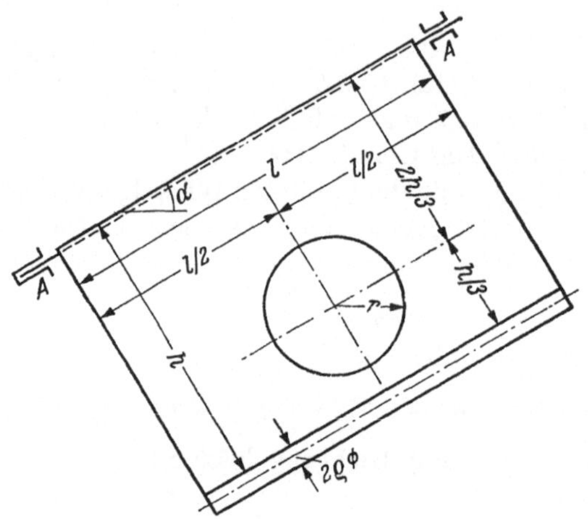

$$l = 200 \ cm; \quad h = 150 \ cm; \quad d = 1 \ cm; \quad r = 40 \ cm; \quad \varrho = 4 \ cm;$$
$$g = 1000 \ cm/sek^2.$$

1. *Zu bestimmen ist die Schwingungsdauer T der Tür für kleine Schwingungen — unter Vernachlässigung der Achsreibung —, und zwar für* $\alpha = 0°$
und $\alpha = 60°$.

*Man berechne hier ausnahmsweise alle maßgebenden Größen sofort
zahlenmäßig und beginne mit der Bestimmung der Gewichte der ungelochten
Blechtafel* (Q_1), *der entfernten Kreisscheibe* (Q_2) *und des Rundeisens* (Q_3).
Abgerundete Werte genügen!

2. *Die Falltür wird durch eine 90°-Drehung geöffnet und sodann ohne
Anfangsgeschwindigkeit losgelassen. Mit welcher Winkelgeschwindigkeit*
u_{max} *schwingt sie durch ihre Gleichgewichtslage? Auch hier sei* $\alpha = 0°$
und $\alpha = 60°$, *Luftwiderstand und Achsreibung werden vernachlässigt.*

1. Gewichte (mit $\gamma_{Fe} \approx 0{,}008 \ kg/cm^3$):

$$Q_1 = l\,h\,d\,\gamma = 240 \ kg; \quad Q_2 = r^2 \pi d\,\gamma = 40 \ kg;$$
$$Q_3 = \varrho^2 \pi l\,\gamma = 80 \ kg.$$

Gewicht der Falltür:

$$Q = Q_1 - Q_2 + Q_3 = 280 \ kg.$$

Schwerpunktsabstand von der Achse: $s = 94$ cm.

Massenträgheitsmomente bezüglich der Achse A—A:

$$\Theta_1 = \frac{Q_1}{g}\left(\frac{h^2}{12} + \frac{h^2}{4}\right) = \frac{Q_1}{g}\,\frac{h^2}{3} = 1800 \ \text{kg cm sek}^2,$$

$$\Theta_2 = \frac{Q_2}{g}\left(\frac{r^2}{4} + \frac{4}{9}\,h^2\right) = 416 \ \text{kg cm sek}^2,$$

$$\Theta_3 = \frac{Q_3}{g}\,(h + \varrho)^2 = 1900 \ \text{kg cm sek}^2.$$

Trägheitsmoment der Falltür bezüglich der Achse A—A:

$$\Theta_A = \Theta_1 - \Theta_2 + \Theta_3 = 3284 \ \text{kg cm sek}^2,$$

$$T = 2\pi\sqrt{\frac{\Theta_A}{Q\cos\alpha\, s}}\,, \quad \text{für } \alpha = 0°: \ T_1 = 2{,}22 \ \text{sek},$$

$$\text{für } \alpha = 60°: \ T_2 = T_1\sqrt{2} = 3{,}14 \ \text{sek}.$$

2. Nach dem Satz von der lebendigen Kraft ist:

$$Q\cos\alpha\, s = \frac{1}{2}\,\Theta_A\, u^2_{\max}, \qquad u_{\max} = \sqrt{\frac{2Q\cos\alpha\, s}{\Theta_A}}\,,$$

$$\text{für } \alpha = 0°: \ u_{\max} = 4 \ \text{sek}^{-1},$$

$$\text{für } \alpha = 60°: \ u_{\max} = 2{,}8 \ \text{sek}^{-1}.$$

60. *1. Ein Elektromotor treibt einen auf seiner Welle sitzenden Venti-lator an, wobei seine Leistung $N = 0{,}5$ PS voll ausgenutzt wird. Wie groß ist das Antriebsdrehmoment M_a, wenn die Drehzahl $n = 2500$ U/min ($\omega \approx 250$ sek^{-1}) beträgt?*

2. Welche Zeit τ benötigt der Motor, um Anker und Ventilator vom Trägheitsmoment $\Theta = 3$ kg cm sek^2 vom Stillstand auf die Drehzahl $n = 2500$ U/min zu beschleunigen, wenn das beschleunigende Drehmoment M_b von $n = 0$ bis $n = 2500$ linear auf Null abfällt und für $n = 0$ den doppelten Wert des unter 1. gefragten M_a besitzt?

Wie groß ist die Winkelgeschwindigkeit nach 25 sek?

3. Der Motor wird an seiner Öse A reibungsfrei aufgehängt, so daß er pendeln kann. Der Schwerpunkt des Stators liegt ebenso wie derjenige des Ankers samt Ventilator auf der Wellenachse.

Der Motor ist nicht eingeschaltet; der Ventilator läuft also nicht um. Man bestimme die Schwingungs-dauer T bei kleinen Schwingungen für den Fall, daß

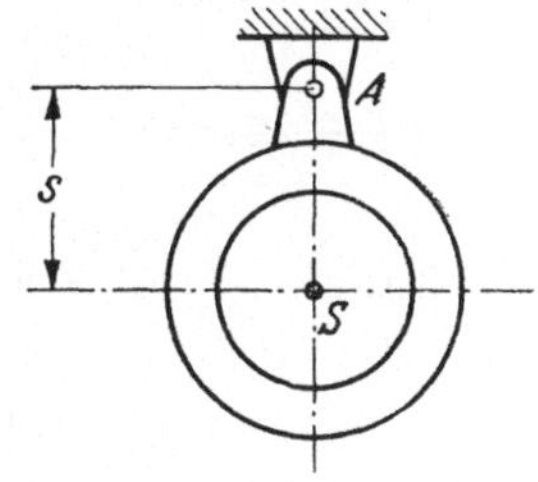

a) die Ankerwelle in ihren Lagern festge-klemmt ist;

b) die Ankerwelle sich reibungslos in ihren La-gern drehen kann.

$s = 15$ cm; $g = 1000$ cm/sek^2; Gesamtgewicht $Q = 20$ kg; Trägheitsmoment des Stators bezüglich der Wellenachse $\Theta' = 2{,}5$ kg cm sek^2.

4. Der aufgehängte Motor mit Ventilator laufe wie unter 1. mit
$n = 2500$ U/min im Uhrzeigersinne um. Unter welchem Winkel α gegen
die Lotrechte stellt sich seine Hochachse A—S ein?

1.　　　　$N = M_a\,\omega;\quad M_a = \dfrac{N}{\omega} = \dfrac{3750}{250} = 15$ kg cm.

Im stationären Zustand ist $M_a = M_w$ (widerstehendes Moment an der
Luftschraube), so daß der freigemachte Rotor unter M_a und M_w im
Gleichgewicht ist.

2. $M_b = c_1\,\omega + c_2$ (Abb. 60.1), $\omega = 0$: $M_b = 2\,M_a = 30$ kg cm $= c_2$,

$$\omega = 250:\qquad M_b = 0 = c_1 \cdot 250 + 30$$

$$c_1 = -\,\frac{3}{25}\ \text{kg cm sek.}$$

$$\Theta\,\frac{d\omega}{dt} = M_b = c_1\,\omega + c_2;\qquad \omega = C\,e^{\alpha t} - \frac{c_2}{c_1}$$

$$\left(\text{mit}\quad \alpha = \frac{c_1}{\Theta} = -\,\frac{3}{25 \cdot 3} = -\,\frac{1}{25}\ \text{sek}^{-1}\right).$$

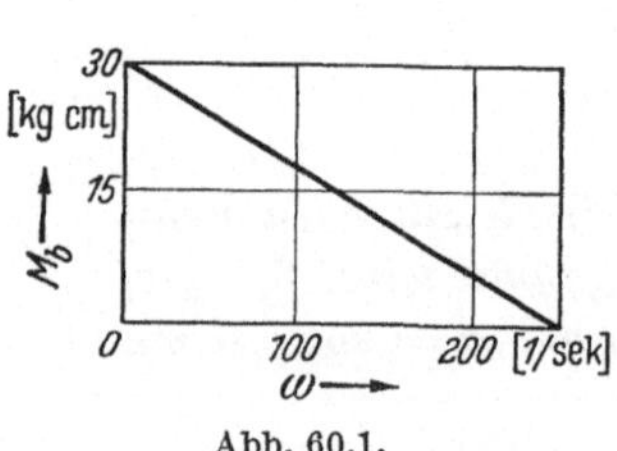

Abb. 60.1.

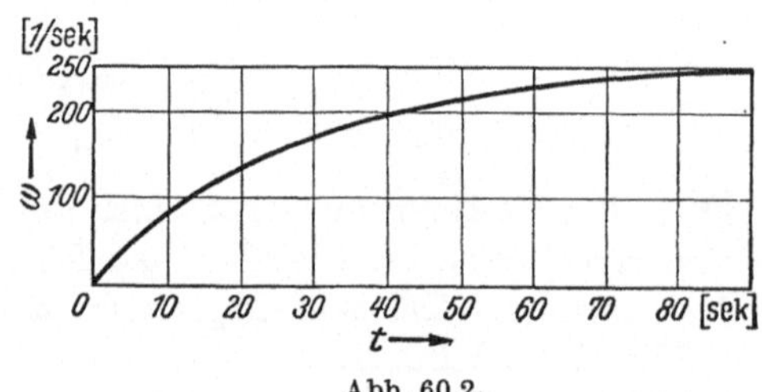

Abb. 60.2.

Die Konstante C folgt aus der Anfangsbedingung: $\omega_{t=0} = 0$

zu:　　　　　　　　$C = \dfrac{c_2}{c_1} = -\,250\ \text{sek}^{-1}$

also:　　　　　　$\omega = 250\left(1 - e^{-\frac{t}{25}}\right)$ (Abb. 60.2).

$t = \tau:\qquad \omega = 250,\quad \text{aus:}\quad e^{-\frac{\tau}{25}} = 0\quad \text{folgt:}\quad \tau = \infty.$

$t = 25\,\text{sek}:\quad \omega = 250\,(1 - e^{-1}) = 158\ \text{sek}^{-1},$

3 a.　　　　$T = 2\,\pi\,\sqrt{\dfrac{\Theta_A}{Q\,s}}\,;\quad \text{mit}\quad \Theta_A = \Theta + \Theta' + \dfrac{Q}{g}$

$$\Theta_A = 3 + 2{,}5 + \frac{20}{1000}\,225 = 10\ \text{kg cm sek}^2$$

wird:

$$T = \frac{2\,\pi}{\sqrt{30}} = 1{,}15\ \text{sek.}$$

3 b. $$T = 2\pi \sqrt{\frac{\Theta_A - \Theta}{Qs}} = \frac{\pi}{5}\sqrt{\frac{7}{3}} = 0{,}96 \text{ sek.}$$

4. Die äußeren Kräfte an dem aufgehängten, laufenden Motor bestehen aus dem im S angreifend zu denkenden Gesamtgewicht Q, der von dem Aufhängebolzen auf die Öse übertragenen Auflagerkraft $A = Q$ und dem an der Luftschraube wirkenden widerstehenden Kräftepaar vom Moment $M_w = M_a$, das entgegen dem Uhrzeiger dreht. Diesem Kräftepaar kann nur dadurch Gleichgewicht gehalten werden, daß die beiden anderen äußeren Kräfte Q und A, die bei stillstehendem Motor in die lotrechte Hochachse fallen, gleichfalls ein Kräftepaar bilden, das im Uhrzeigersinn dreht und das gleiche Moment besitzt. Im stationären Zustand bildet daher die Hochachse des Pendelmotors mit der Lotrechten einen Winkel α, der sich aus:

$$Qs \sin\alpha = M_w$$

zu $\alpha \approx 2°51'$ berechnet.

61. *Ein dünner, prismatischer Stab von der Masse m steht aufrecht auf der Plattform eines Wagens, der mit der Geschwindigkeit $v_w = \text{const}$ auf waagrechtem Gleis, etwa nach rechts, fährt. Plötzlich wird der Wagen gebremst mit der Verzögerung* $\dfrac{dv_w}{dt} = -b$.

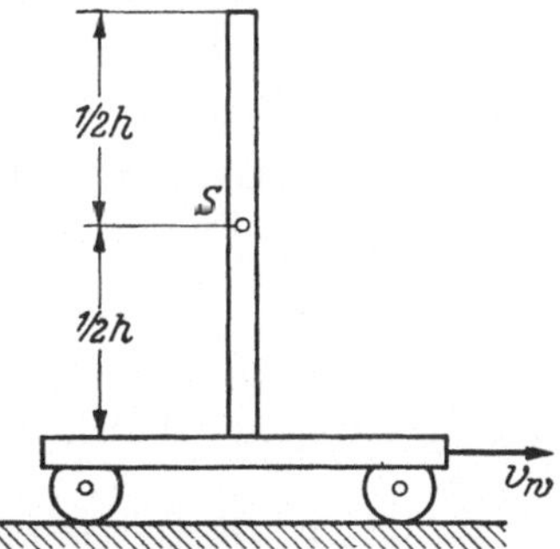

Wie groß ist bei Bremsbeginn die Verzögerung des Stabschwerpunktes S, und die Winkelbeschleunigung des Stabes, wenn vorausgesetzt wird, daß die Haftreibung ausreicht, um eine Verschiebung des Stabes, unter dem man sich auch eine Person vorstellen kann, auf der Plattform zu verhindern?

(Die Aufgabe ist nach dem Prinzip von d'Alembert zu lösen.)

Man nehme $\dot{v}_s$ positiv in Richtung von v_s bzw. v_w an, ebenso $\dot{u}$ positiv, d. h. im Uhrzeigersinn (Abb. 61.1), und trage in die Zeichnung des im Gleichgewicht befindlichen und frei gemachten Ersatzstabes, an dessen unterem Ende die Haftreibungskraft H und der Bodendruck N anzubringen sind (Abb. 61.2), die Trägheitskraft $-m\dot{v}_s$ mit dem Pfeil nach links sowie das D'ALEMBERT-Moment $-\Theta_s\dot{u}$ mit dem Pfeil entgegen dem Uhrzeigersinn ein. (Nur die Beträge an die Pfeile schreiben,

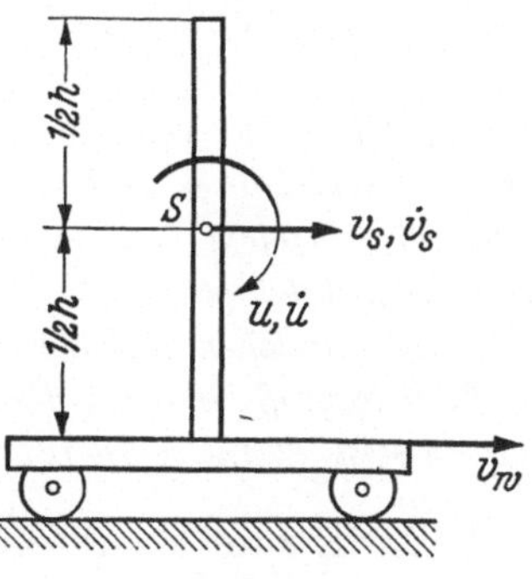

Abb. 61.1.

da die Minuszeichen bereits durch die Pfeile berücksichtigt worden sind.)

Da die Geschwindigkeit des unteren Stabendes (Punkt A)

$$v_A = v_s - u \frac{h}{2} = v_w$$

und daher auch

$$\dot{v}_A = \dot{v}_s - \dot{u}\, \frac{h}{2} = \dot{v}_w = -b$$

ist, muß

$$\dot{u} = (b + \dot{v}_s) \frac{2}{h}$$

sein.

Aus Abb. 61.2 liest man ab:

$$-\Theta_s \dot{u} - m\, \dot{v}_s \frac{h}{2} = 0$$

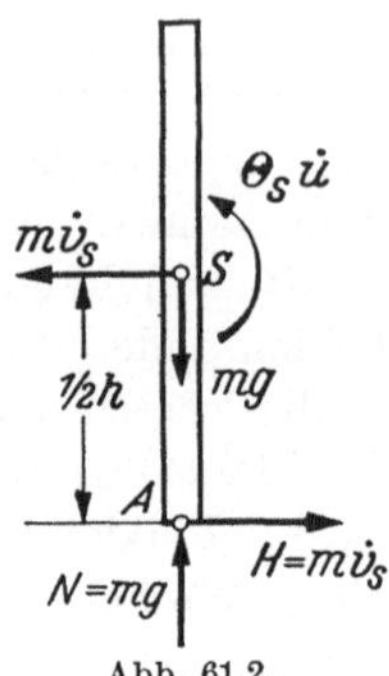

Abb. 61.2.

oder mit dem oben festgestellten Wert von $\dot{u}$ und mit $\Theta_s = \dfrac{m\,h^2}{12}$:

$$m \frac{h^2}{12} \frac{2}{h} (b + \dot{v}_s) = -m\, \dot{v}_s \frac{h}{2},$$

woraus die Beschleunigung des Körperschwerpunktes

$$\dot{v}_s = -\frac{b}{4}$$

(also — entgegen der ursprünglichen Annahme, Abb. 61.1 — negativ, d. h. mit dem Pfeil nach links) und die Winkelbeschleunigung

$$\dot{u} = \frac{2}{h} \left(b - \frac{b}{4} \right) = \frac{3b}{2h}$$

(also positiv, in Übereinstimmung mit der ursprünglichen Annahme) folgen.

Da $\dot{u} > 0$, ist der Drehpfeil des D'ALEMBERT-Moments der richtige, während die Pfeile der beiden Kräfte des Kräftepaars in Abb. 61.2 nachträglich umzukehren sind, da $\dot{v}_s < 0$ ist.

62. *Über eine reibungslos drehbare, volle Kreisscheibe vom Gewicht Q ist ein gewichtsloses Seil ohne Biegungssteifigkeit gelegt, an dessen linkem Ende ein Gewicht $G = \frac{1}{10} Q$ und an dessen rechtem Ende ein größeres Gewicht $n\,G$ hängt.*

1. Mit welcher Beschleunigung b bewegen sich die Gewichte?

2. Wie groß muß die Reibungszahl μ_0 zwischen Scheibe und Seil mindestens sein, damit selbst für $n \to \infty$ das Seil auf der Scheibe nicht gleitet?

1. Das rechte Gewicht $n\,G$ sinkt mit derselben Beschleunigung b, mit der das linke Gewicht G steigt. Wenn das Seil auf der Scheibe nicht

gleitet, dreht sich die Scheibe vom Halbmesser R mit der Winkelbeschleunigung $\varepsilon = \dfrac{b}{R}$ im Uhrzeigersinn.

In der Abb. 62.1, die das ruhende Ersatzsystem zeigt, sind die beiden Gewichte und die Scheibe frei gemacht. Das linke Gewicht ist im Gleichgewicht unter der Schwerkraft G, der Seilkraft S_0 und der D'ALEMBERT-Kraft vom Betrage $\dfrac{G}{g} b$, deren Pfeil — entgegen der nach oben gerichteten Beschleunigung b — nach unten zeigt, so daß

$$S_0 = G \left(1 + \frac{b}{g} \right) \qquad (1)$$

ist. Da das rechte Gewicht nach unten beschleunigt wird, ist die D'ALEMBERT-Kraft vom Betrage $\dfrac{n\,G}{g} b$ nach oben gerichtet. Aus der Abbildung liest man ab:

$$S_1 = nG \left(1 - \frac{b}{g} \right). \qquad (2)$$

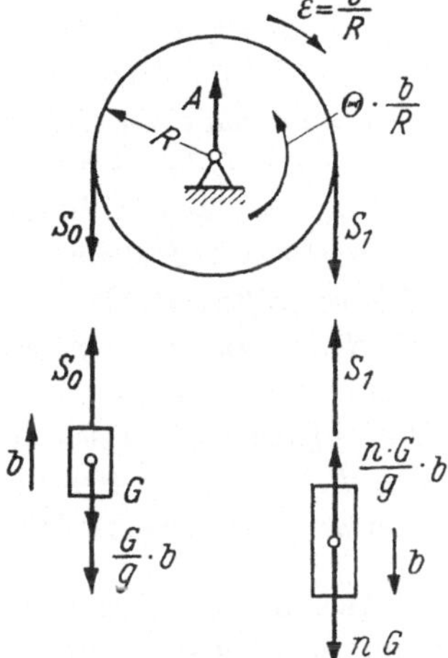

Abb. 62.1.

Die frei gemachte Scheibe ist im Gleichgewicht unter den Seilkräften S_0 und S_1, der Auflagerkraft $A = S_0 + S_1 + Q$ und dem D'ALEMBERT-Moment von der Größe $\Theta \dfrac{b}{R}$, dessen Drehpfeil entgegen dem Uhrzeigersinn gerichtet ist, da sich die Scheibe im Sinne des Uhrzeigers beschleunigt dreht. Das Momentengleichgewicht verlangt:

$$(S_1 - S_0)\,R - \Theta\,\frac{b}{R} = 0 \qquad (3)$$

oder mit den Gl. (1) und (2) sowie mit $\Theta = \dfrac{1}{2}\dfrac{Q}{g}\,R^2$

$$G \left[n\left(1 - \frac{b}{g} \right) - \left(1 + \frac{b}{g} \right) \right] = \frac{Q}{2}\frac{b}{g}.$$

Hieraus folgt

$$b = g\,\frac{n - 1}{n + 1 + \dfrac{Q}{2G}}. \qquad (4)$$

Mit $\dfrac{Q}{G} = 10$ wird $b = g\dfrac{n - 1}{n + 6}$.

2. Die Bedingung dafür, daß das Seil nicht auf der Scheibe gleitet, lautet:

$$S_1 \leqq S_0\,e^{\mu_0 \pi} \qquad (5)$$

oder

$$e^{\mu_0 \pi} \geqq \frac{S_1}{S_0} = \frac{n\left(2 + \dfrac{Q}{2G} \right)}{2n + \dfrac{Q}{2G}}, \qquad (6)$$

wenn man b nach Gl. (4) in die Gl. (1) und (2) einführt.

Für $\dfrac{Q}{G} = 10$ wird $e^{\mu_0\pi} \geqq \dfrac{7n}{2n+5}$. Geht $n \to \infty$, so muß
$e^{\mu_0\pi} \geqq 3{,}5$ und somit die Reibungszahl μ_0 mindestens gleich 0,4 sein.

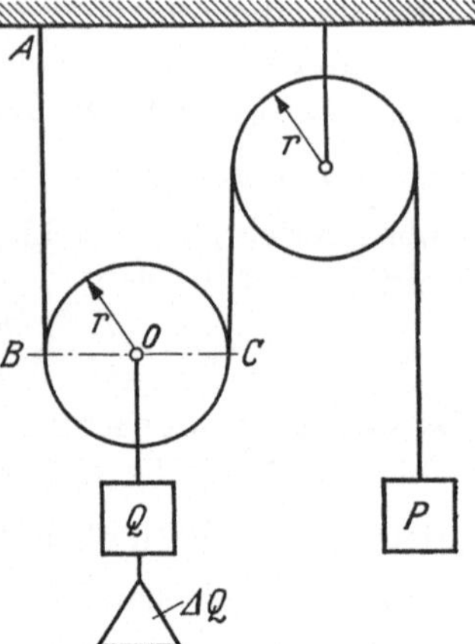

63. *An einem Flaschenzug mit einer festen und einer losen Rolle halten sich die Gewichte P und Q das Gleichgewicht.*

1. Mit Hilfe des Prinzips der virtuellen Arbeiten leite man die Beziehung ab, die zwischen P und Q bestehen muß.

2. Wie groß ist die Beschleunigung b, mit der das Gewicht P steigt, wenn die Last Q um ΔQ vergrößert wird?

Die Rollen sind als homogene Kreisscheiben vom Gewicht G anzusehen.

Die Aufgabe ist zu lösen nach dem Prinzip von d'Alembert in Verbindung mit dem Prinzip der virtuellen Arbeiten.

1. Man nehme eine unendlich kleine virtuelle Lagenänderung des Systems vor, bei der sich das Gewicht P am Seilende um δs senkt, und bestimme zunächst, um welchen Betrag sich dabei der Mittelpunkt der losen Rolle hebt.

Alle Punkte des Seils zwischen A und B bleiben in Ruhe und daher auch der Rollenpunkt B, der damit zum Momentanzentrum oder zum Pol der Bewegung der losen Rolle wird. Da sich der Rollenpunkt C um δs hebt, besteht die unendlich kleine Bewegung der losen Rolle in einer Drehung um B mit dem Drehwinkel $\delta\psi = \dfrac{\delta s}{2r}$. Der Rollenmittelpunkt 0 hebt sich daher um $r\,\delta\psi = \tfrac{1}{2}\,\delta s$. Die Bewegung der festen Rolle besteht in einer Drehung um ihre Achse mit dem Drehwinkel $\delta\varphi = \dfrac{\delta s}{r}$, wenn auch hier vorausgesetzt wird, daß das Seil relativ zur Rolle nicht gleitet. Es ist daher $\delta\psi = \tfrac{1}{2}\,\delta\varphi$.

Nach dem Prinzip der virtuellen Arbeiten muß im Gleichgewichtsfall die algebraische Summe der Arbeiten aller am System angreifenden äußeren Kräfte verschwinden. Von diesen leisten nur das Gewicht P am Seilende sowie die im Mittelpunkt 0 der losen Rolle angreifenden Gewichtskräfte Q und G eine Arbeit, so daß

$$P\,\delta s - (Q + G)\,\tfrac{1}{2}\,\delta s = 0$$

sein muß. Daraus folgt: $\quad P = \tfrac{1}{2}(Q + G).$

2. Abb. 63.1 stellt das ruhende Ersatzsystem dar, das nach dem Prinzip von d'ALEMBERT im Gleichgewicht sein muß unter den wirklichen äußeren

Kräften und den D'ALEMBERT-Kräften und -Momenten. Von den äußeren Kräften braucht nur das Übergewicht $\varDelta Q$ in die Figur aufgenommen zu werden, da P und $Q + G$ für sich ein Gleichgewichtssystem bilden und die Haltekräfte bei der virtuellen Lagenänderung des Systems (Senkung des Gewichts P um δs) keine Arbeit leisten. Aus Abb. 63.1 liest man die virtuellen Arbeiten aller eingetragenen Kräfte und Momente ab, deren Summe verschwinden muß.

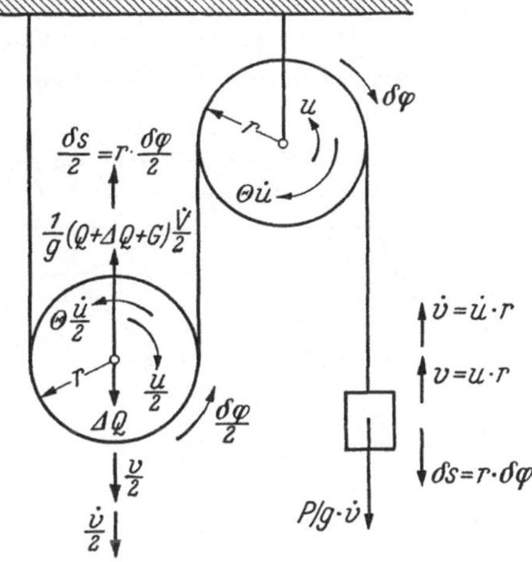

Abb. 63.1.

$$\frac{P}{g}\,\dot v\,r\,\delta\varphi + \Theta\,\dot u\,\delta\varphi +$$

$$+\frac{1}{g}(Q + \varDelta Q + G)\frac{1}{2}\,\dot v\,\frac{1}{2}\,r\,\delta\varphi - \varDelta Q\,\frac{r}{2}\,\delta\varphi + \Theta\,\frac{1}{2}\,\dot u\,\frac{1}{2}\,\delta\varphi = 0\,.$$

Mit $\dot u = \dfrac{\dot v}{r}$ geht die Gleichung über in:

$$\frac{P}{g}\,\dot v + \frac{\Theta}{r^2}\,\dot v + \frac{1}{g}(Q + \varDelta Q + G)\frac{\dot v}{4} - \frac{\varDelta Q}{2} + \frac{1}{4}\frac{\Theta}{r^2}\,\dot v = 0;$$

$$\dot v\left[\frac{P}{g} + \frac{5}{4}\frac{\Theta}{r^2} + \frac{1}{4g}(Q + \varDelta Q + G)\right] = \frac{\varDelta Q}{2}\ \text{(Bewegungsgleichung)}.$$

Hieraus folgt:

$$b = \dot v = \frac{\varDelta Q}{2\dfrac{P}{g} + \dfrac{5}{2}\dfrac{\Theta}{r^2} + \dfrac{1}{2g}(Q + \varDelta Q + G)}$$

oder wegen $\frac{1}{2}(Q + G) = P$ auch:

$$b = \dot v = \frac{\varDelta Q}{\dfrac{3P}{g} + \dfrac{5}{2}\dfrac{\Theta}{r^2} + \dfrac{\varDelta Q}{2g}}\,.$$

Mit $\ \Theta = \dfrac{1}{2}\dfrac{G}{g}\,r^2\ $ wird schließlich:

$$b = \dot v = \frac{\varDelta Q\,g}{3P + \dfrac{5}{4}G + \dfrac{1}{2}\varDelta Q}\,.$$

64. *(Fortsetzung der Aufgabe 6.) Der Block vor dem rechten Rad wird entfernt, so daß der Wagen durch das sinkende Gewicht P nach rechts beschleunigt wird.*

1. Mit Hilfe des Prinzips von d'Alembert ist die Beschleunigung b des Wagens sowie der Seilzug S für die beiden folgenden Fälle zu bestimmen:

a) Die Masse des Fahrgestells und der Räder wird vernachlässigt.

b) Nur das Fahrgestell wird als masselos angesehen, dagegen ist sowohl die Masse als auch das Trägheitsmoment der Räder zu berücksichtigen.

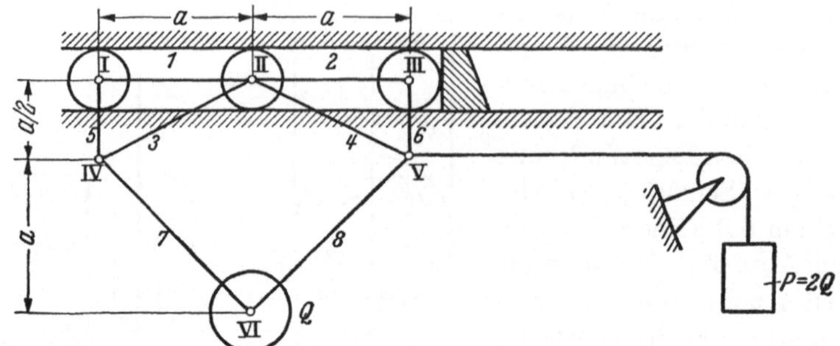

Das Gewicht eines Rades beträgt $G = Q/6 = 20$ *kg, sein Trägheits-moment* $\Theta = \dfrac{G}{g}\, r^2$, *wenn angenommen wird, daß die gesamte Radmasse im Radkranz vom mittleren Halbmesser* r *enthalten ist. Es werde vorausgesetzt, daß sämtliche Räder rollen und nicht außerdem auch gleiten.*

2. Man ermittle graphisch für den Fall b) die drei lotrechten Raddrücke D_I, D_{II}, D_{III} *nach Größe und Richtung, die von den Schienen auf die Räder während der beschleunigten Fahrt des Wagens ausgeübt werden, und gebe Größe und Vorzeichen der Stabkräfte an.*

3. Wie groß müßte die Haftreibungszahl μ_0 *zwischen Rad und Schiene mindestens sein, wenn die Voraussetzung, daß jedes Rad nur rollt und nicht auch gleitet, erfüllt sein soll?*

1. Die nach rechts gerichtete, gesuchte Beschleunigung b des Wagens ist ebenso groß wie die nach unten gerichtete des Gewichts P.

Die beschleunigende Kraft des Wagens ist der Seilzug S, der nach dem D'ALEMBERTschen Prinzip aus dem Gleichgewicht des frei gemachten, ruhenden Ersatzgewichtes P gefunden wird (Abb. 64.1). An ihm greifen drei Kräfte an, welche die lotrechte Seilrichtung als Wirkungslinie haben:

Das Gewicht P nach unten;

die Seilkraft S nach oben;

die der Beschleunigung entgegen gerichtete D'ALEMBERT-Kraft von der Größe $P\,\dfrac{b}{g}$ nach oben.

Abb. 64.1.

Das Gleichgewicht verlangt:

$$S + \frac{P}{g}\, b = P,$$

woraus

$$S = P\left(1 - \frac{b}{g}\right) = 2Q\left(1 - \frac{b}{g}\right)$$

folgt.

a) An dem vom Seil frei gemachten, ruhenden Ersatzwagen greift in horizontaler Richtung (Bewegungsrichtung) außer dem Seilzug S nach rechts nur die D'ALEMBERT-Kraft $-Q\dfrac{b}{g}$ nach links im Knotenpunkt VI an, da die Schienen nur vertikale Kräfte auf die (masselos gedachten) Räder ausüben können. Das Gleichgewicht gegen Verschieben des Ersatzwagens in horizontaler Richtung verlangt:

$$S = 2Q\left(1 - \frac{b}{g}\right) = \frac{Q}{g}\,b,$$

woraus die Beschleunigung

$$b = \tfrac{2}{3}\,g$$

folgt.

b) Auch in diesem Fall wird b aus der Gleichgewichtsbedingung $\sum H = 0$ für den Wagen bestimmt. Außer den Kräften $S = 2Q\left(1 - \dfrac{b}{g}\right)$ und $Q\dfrac{b}{g}$ greifen in horizontaler Richtung noch je eine D'ALEMBERT-Kraft vom Betrage $G\dfrac{b}{g}$ in den Radmittelpunkten I, II, III nach links an, herrührend von der Translationsträgheit jeder Radmasse G/g, sowie in den Berührungspunkten der Räder mit den Schienen je eine ebenfalls nach links gerichtete Reibungskraft F, die infolge der Rotationsträgheit der Räder notwendig ist, um ihnen die Winkelbeschleunigung b/r der reinen Rollbewegung zu erteilen. Mit welcher der beiden Schienen sich jedes der drei Räder während der beschleunigten Fahrt des Wagens in Berührung befindet, kann noch nicht gesagt werden, da die Pfeilrichtungen der Raddrücke noch unbekannt sind. Doch ist diese Unbestimmtheit ohne Bedeutung für die Berechnung der Reibungskräfte F, die für alle Räder die gleiche Größe haben müssen. Man isoliere irgendein Rad und nehme an, daß es seinen Druck $\mathfrak{D}$ von der unteren Schiene empfängt (Abb. 64.2), der mit der Reibungskraft F in der Beziehung $F = \mu\,D$ steht. $(0 < \mu < \mu_0)$. Bei der Verlegung von F nach dem Radmittelpunkt tritt das von F und $F'' = F$ gebildete Kräftepaar vom statischen Moment $F\,r$ auf, das

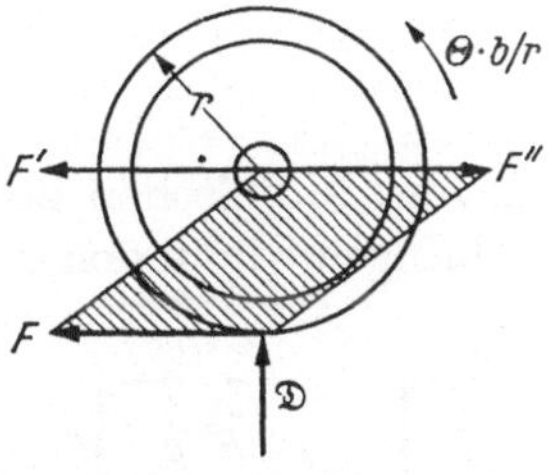

Abb. 64.2.

im Sinne der Rollbewegung dreht und dem Rad die Winkelbeschleunigung b/r erteilt. Diesem rechts drehenden Moment muß das links drehende D'ALEMBERT-Moment von der Größe $\Theta\dfrac{b}{r}$ das Gleichgewicht halten:

$$F\,r = \Theta\,\frac{b}{r} \quad \text{oder} \quad F = \Theta\,\frac{b}{r^2}\,.$$

Man überzeugt sich leicht, daß man zu derselben Gleichung geführt wird, wenn man annimmt, daß das Rad mit der oberen Schiene in Druckberührung steht (Abb. 64.3). Man beachte hierbei, daß sich das auf der oberen Schiene abrollende Rad bei Bewegung nach rechts *entgegen* dem Uhrzeigersinn dreht, so daß das D'ALEMBERT-Moment im Uhrzeigersinn anzubringen ist!

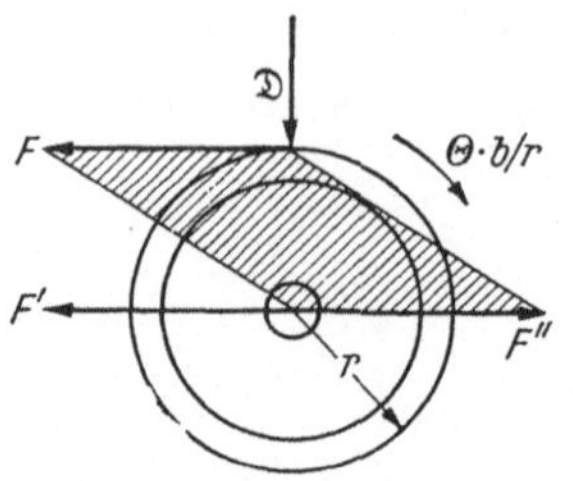

Im ganzen wirken also am ruhenden Ersatzwagen horizontal nach links folgende Kräfte:

$$\frac{Q}{g}\,b\,; \quad 3\,\frac{G}{g}\,b\,; \quad 3\,F,$$

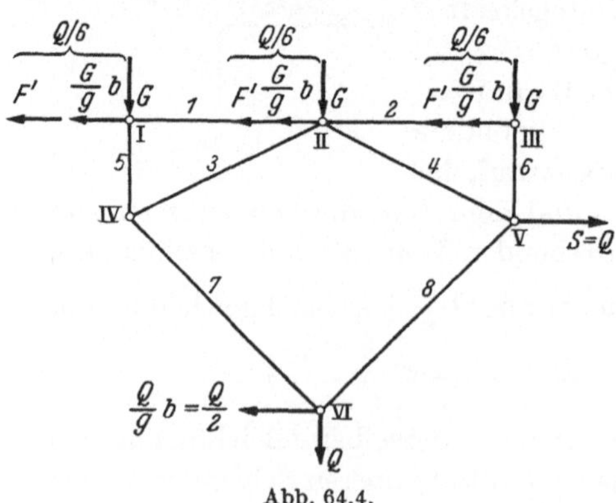

Abb. 64.3.

die dem nach rechts gerichteten Seilzug S das Gleichgewicht halten müssen:

$$\frac{Q}{g}\,b + 3\,\frac{G}{g}\,b + 3\,F = S = 2\,Q\left(1 - \frac{b}{g}\right).$$

Mit $G = Q/6$ und $\Theta = \frac{G}{g}\,r^2 = \frac{Q}{g}\,\frac{r^2}{6}$, sowie $F = \Theta\,\frac{b}{r^2} = \frac{Q}{g}\,\frac{b}{6}$ wird:

$$\frac{Q}{g}\,b\left(1 + \frac{1}{2} + \frac{1}{2}\right) = 2\,Q\left(1 - \frac{b}{g}\right);$$

oder:

$$\frac{b}{g} = 1 - \frac{b}{g},$$

woraus:

$$b = \frac{1}{2}\,g \quad \text{und} \quad S = Q = 120 \text{ kg}$$

folgt.

Auf den Halbmesser r der Räder kommt es also nicht an; er hat sich aus der Gleichung für F herausgehoben. Die Reibungskraft wird:

$$F = \frac{1}{12}\,Q = 10 \text{ kg}.$$

2. Zur graphischen Bestimmung der lotrechten Raddrücke $\mathfrak{D}_\mathrm{I}$, $\mathfrak{D}_\mathrm{II}$, $\mathfrak{D}_\mathrm{III}$ bringen wir in den Knotenpunkten des frei gemachten Fahrgestells (Abb. 64.4) die bekannten äußeren Kräfte an, mit denen die unbekannten Raddrücke Gleichgewicht halten müssen. In I, II und III wirkt jeweils das Radgewicht G vertikal nach abwärts, ferner die D'ALEMBERT-Kraft vom Betrage $\frac{G}{g}\,b = \frac{1}{2}\,G = \frac{1}{12}\,Q$ sowie die nach den Radmittelpunkten (Knotenpunkten) verlegte Reibungskraft

Abb. 64.4.

$F' = F = \frac{1}{12} Q$ horizontal nach links; im ganzen also an jedem der drei Knotenpunkte eine horizontale Kraft $Q/6$ nach links.

In V wirkt $S = Q$ nach rechts; und in VI greift Q nach abwärts und $\frac{Q}{g} b = \frac{Q}{2}$ nach links an (Abb. 64.4).

In Abb. 64.5 sind die geschlossenen Kraftecke für die einzelnen Gelenkbolzen gezeichnet in der Reihenfolge VI, IV, V, I, II, III. Die Pfeile

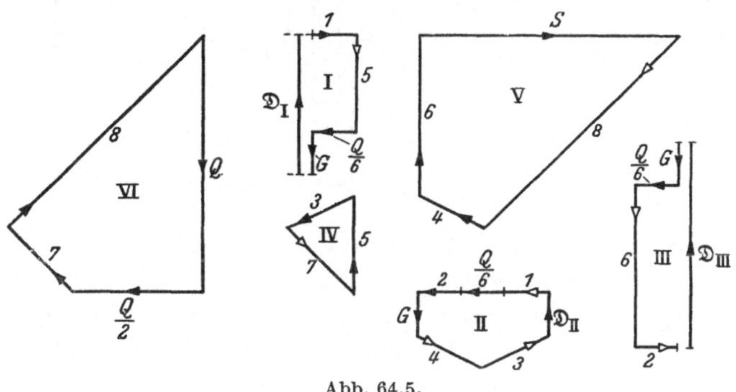

Abb. 64.5.

sämtlicher drei Raddrücke weisen nach oben, d. h. jedes Rad steht während der beschleunigten Fahrt des Wagens mit der *unteren* Schiene in Druckberührung. $D_I = 60$ kg, $D_{II} = 20$ kg, $D_{III} = 100$ kg. (Kontrolle: $D_I + D_{II} + D_{III} = 180$ kg $= Q + 3 G$.)

Beim beschleunigt bewegten Wagen ist das rechte Rad das am stärksten belastete, während beim blockierten Wagen das linke Rad den größten Druck erhielt. In der folgenden Tabelle sind die Stabkräfte des bewegten Wagens nach Größe und Vorzeichen angegeben.

Stab	1	2	3	4	5	6	7	8
kg	$+20$	-20	-34	$+34$	$+45$	$+75$	$+44$	$+126$

3. Die Gefahr des Gleitens ist stets bei demjenigen Rad am größten, welches den kleinsten Raddruck erhält; im vorliegenden Falle also bei Rad II.

$$F = \mu_0 D_{II} = \mu_0 \cdot 20;$$

und da $F = \frac{Q}{12} = 10$ kg ist, so müßte μ_0 mindestens gleich 0,5 sein.

65. *1. Das in Auf- und Seitenriß schematisch dargestellte Planetengetriebe besteht aus drei Zahnrädern. Rad I ist festgehalten. Die Achse 2 des Planetenrades II ist mit der Kurbel K fest verbunden, die durch einen Motor um die Antriebswelle 1 mit der Winkelgeschwindigkeit u gedreht wird. Das innen verzahnte Rad III, nach dessen Winkelgeschwindigkeit ω* *gefragt wird, ist fest aufgekeilt auf der Abtriebswelle 3, deren Achse mit der-jenigen der Antriebswelle 1 sowie der Achse des festgehaltenen Rades I zusammenfällt.*

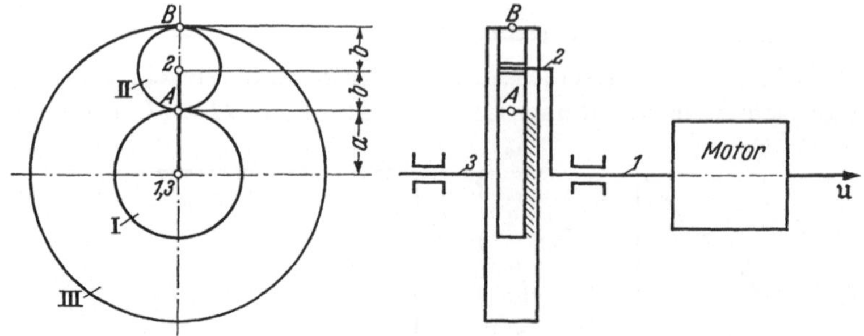

2. Die Antriebswelle 1 und damit auch die Kurbel soll in 10 sek vom Stillstand auf 1000 Umdrehungen pro Minute gebracht werden. Welches Drehmoment M_d und welche Motorleistung N sind zur Beschleunigung der Getriebemassen (Masse von II und Drehmassen von II und III) erforder-lich, wenn die Beschleunigung als konstant vorausgesetzt wird?

$a = b = 20\,cm$,   *Gewicht von Rad II*: $Q_2 = 5\,kg$,

Θ_2 *(bezüglich 2)* $= 2\ kg\,cm\,sek^2$, Θ_3 *(bezüglich 3)* $= 100\ kg\,cm\,sek^2$.

Die Aufgabe ist nach dem Prinzip von d'Alembert in Verbindung mit dem Prinzip der virtuellen Arbeiten zu lösen.

1. Das Planetenrad *II* wälzt sich im Uhrzeigersinn auf dem fest-gehaltenen Rad *I* ab. Sein augenblicklicher Bewegungszustand besteht in einer Drehung mit der Winkelgeschwindigkeit u_2 um seinen Pol *A*. Andererseits führt es zwei gleichzeitig erfolgende Drehungen um zwei verschiedene Achsen aus, nämlich:

1. zusammen mit der Kurbel um die Antriebsachse *1* mit der be-kannten Winkelgeschwindigkeit u und

2. relativ zur Kurbel um seine eigene Achse *2* mit der zunächst un-bekannten Winkelgeschwindigkeit v,

so daß

$$u_2 = u + v \tag{1}$$

sein muß. Die Geschwindigkeit v_2 der Achse 2 läßt sich ebenfalls auf zweierlei Art ausdrücken:

1. durch $b\,u_2$,

2. durch $(a + b)u$,

so daß aus

$$b\,u_2 = (a + b)\,u$$

die absolute Winkelgeschwindigkeit u_2 des Planetenrades folgt zu:

$$u_2 = \frac{a + b}{b}\,u.$$

Damit wird auch v aus (1) bekannt:

$$v = u_2 - u = \frac{a}{b}\,u\,.$$

Die gesuchte Winkelgeschwindigkeit ω der Drehung des Rades III um seine Achse 3 ergibt sich aus der Geschwindigkeit v_B des Punktes B, die sich ausdrücken läßt einerseits durch $(a + 2\,b)\,\omega$, andererseits durch $2\,b\,u_2 = 2\,(a + b)\,u$.

Aus der Gleichsetzung der beiden Werte folgt:

$$\omega = \frac{2\,(a + b)}{a + 2\,b}\,u\,.$$

2. Abb. 65.1 zeigt das ruhende, im Gleichgewicht befindliche Ersatzgetriebe, an dem außer den auch am beschleunigt bewegten System vorhandenen wirklichen äußeren Kräften und Momenten (Lagerkräfte V, H; Drehmoment M_d) noch die D'ALEMBERT-Kräfte und -Momente als äußere Kräfte anzubringen sind. Diese bestehen aus der Trägheitskraft des Planetenrades mit den beiden Komponenten $-m_2\,\dot{v}_2$ und Z (Zentrifugalkraft) sowie aus den D'ALEMBERT-Momenten $-\Theta_2\,\dot{u}_2$ am Planetenrad II und $-\Theta_3\,\dot{\omega}$ am Rad III.

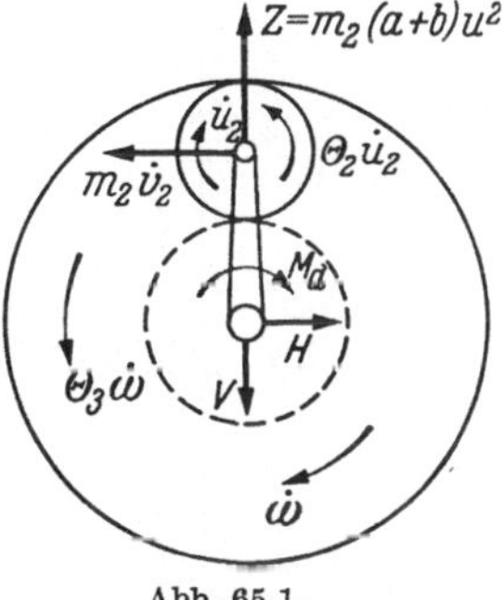

Abb. 65.1.

Zwecks Anwendung des Prinzips der virtuellen Arbeiten drehen wir die Motorwelle um den unendlich kleinen Winkel $\delta\varphi_1$ etwa im Sinne des Uhrzeigers. Während dieser Drehung dreht sich das Planetenrad um den absoluten Drehwinkel $\delta\varphi_2$ und Rad III um $\delta\varphi_3$, beide ebenfalls im Uhrzeigersinn. Identifizieren wir diese virtuellen Drehwinkel mit den wirklichen, die im Zeitelement dt vom laufenden Getriebe ausgeführt werden, so ist

$$\delta\varphi_1 = u\,dt,$$
$$\delta\varphi_2 = u_2\,dt = \frac{a+b}{b}\,u\,dt,$$
$$\delta\varphi_3 = \omega\,dt = \frac{2\,(a+b)}{a+2b}\,u\,dt$$

zu setzen, und die Arbeitsgleichung lautet mit

$$\dot{v}_2 = (a + b)\,\dot{u},$$
$$\dot{u}_2 = \frac{a+b}{b}\,\dot{u}, \qquad \dot{\omega} = \frac{2\,(a+b)}{a+2b}\,\dot{u}$$

nach Kürzung mit $u\,dt$:

$$M_d - m_2(a + b)^2\,\dot{u} - \Theta_2\frac{(a+b)^2}{b^2}\dot{u} - \Theta_3\frac{4\,(a+b)^2}{(a+2b)^2}\,\dot{u} = 0,$$

woraus M_d folgt. Da die Winkelbeschleunigung $\dot{u}$ der Motorwelle konstant sein soll, ist $u = \dot{u}\,t$ oder

$$\dot{u} = \frac{u}{t} = \frac{n\pi}{30t} = \frac{1000\,\pi}{30 \cdot 10} = 10{,}5 \ \ \text{sec}^{-2}.$$

Damit findet man:

$$M_d = 2030 \ \text{kg cm}.$$

Die augenblickliche Leistung des Motors ist:

$$N = M_d\,u = M_d\,\dot{u}\,t$$

und daher:

$$N_{\max} = M_d\,u_{\max} = 2030 \cdot 10{,}5 \cdot 10 = 213000 \ \text{kg cm/sec} = 28{,}4 \ PS.$$

66. *Eine mit zwei Zapfen 1, 2 versehene und als masselos zu denkende Pendelstange A ist am oberen Zapfen 1 drehbar aufgehängt. Auf dem unteren Zapfen 2 sitzt lose ein Zahnrad B vom Teilkreishalbmesser r. Es steht in Eingriff mit einem festen Zahnkranzsegment C vom Teilkreishalbmesser R, dessen Achse mit derjenigen des Zapfens 1 zusammenfällt.*

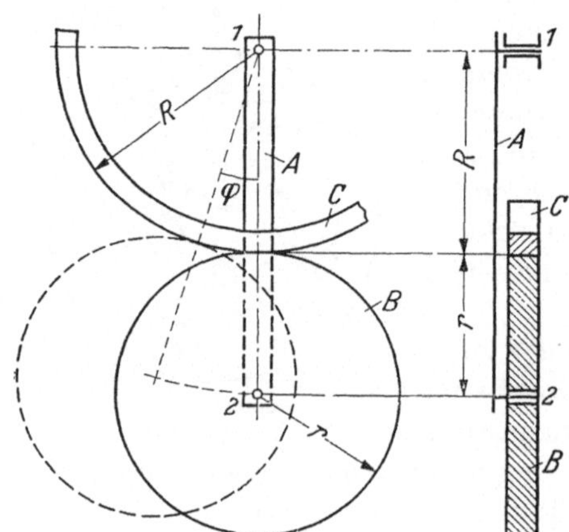

Die Stange mit dem Zahnrad führt Pendelschwingungen um den Zapfen 1 aus, wobei sich das als volle Kreisscheibe vom Halbmesser r anzunehmende Zahnrad wie ein Planetenrad auf dem festen Zahnkranz abwälzt.

I. Man drücke die Winkelgeschwindigkeit u_2 des Zahnrades relativ zur Pendelstange (Zapfen 2) in der Winkelgeschwindigkeit $u_1 = \dfrac{d\varphi}{dt} = \dot{\varphi}$ der Pendelstange aus.

II. Wie lautet die Bewegungsgleichung des Pendels?

III. Wie groß ist die Schwingungsdauer T des Pendels für kleine Schwingungen, wenn $R = 60$ cm und $r = 40$ cm ist?

Wie groß wäre sie, wenn das feste Zahnkranzsegment fehlte?

IV. Das Pendel schwinge mit einem größten Ausschlagwinkel $\varphi_{max} = 90°$. Welche Größe und Richtung hat der am Zahnrad angreifende Zahndruck K in der linken Umkehrlage $\varphi = +90°$?

I. Die Winkelgeschwindigkeit u des Zahnrads setzt sich zusammen aus der Winkelgeschwindigkeit der Pendelstange u_1 und der gefragten Winkelgeschwindigkeit u_2 relativ zur Pendelstange:

$$u = u_1 + u_2. \tag{1}$$

Mit der Winkelgeschwindigkeit u dreht sich das Zahnrad um seinen Momentanpol (Berührungspunkt seines Teilkreises mit demjenigen des Zahnkranzsegments). u_2 findet man, indem man die Geschwindigkeit v_2 des Zapfens 2 berechnet. Diese läßt sich sowohl in der Winkelgeschwindigkeit u_1 der Pendelstange ausdrücken, nämlich durch

$$v_2 = u_1(R + r),\qquad(2)$$

als auch in der Winkelgeschwindigkeit u um den Momentanpol:

$$v_2 = u\,r.\qquad(3)$$

Gleichsetzen von Gl. (2) und Gl. (3) ergibt zunächst:

$$u = u_1\frac{R+r}{r}.\qquad(4)$$

Mit diesem Wert erhält man für u_2 aus Gl. (1):

$$u_2 = u - u_1 = u_1\left(\frac{R+r}{r} - 1\right) = u_1\frac{R}{r}.\qquad(5)$$

II. Lösung nach dem Prinzip von D'ALEMBERT.

1. Man betrachte das dem wirklichen bewegten Pendel dynamisch gleichwertige, ruhende Ersatzpendel und mache es vom Zahnkranzsegment frei (Abb. 66.1). Dann muß es im Gleichgewicht sein unter dem Gewicht des Zahnrades $Q = mg$ in 2, der unbekannten Auflagerkraft L in 1, die in die Stangenrichtung fallen muß, dem unbekannten Zahndruck K am Zahnrad in Richtung senkrecht zur Stange (der unbekannte Richtungspfeil kann beliebig angenommen werden) sowie den am Zahnrad anzubringenden Trägheitskräften. Mit 2 als Bezugspunkt kann die augenblickliche Bewegung des Zahnrades beschrieben werden durch die Geschwindigkeit

$$v_2 = (R + r)\,u_1 = (R + r)\dot\varphi$$

des eine Kreisbahn durchlaufenden Bezugspunktes und die Winkelgeschwindigkeit

$$u = u_1 + u_2 = \left(1 + \frac{R}{r}\right)u_1 = \left(1 + \frac{R}{r}\right)\dot\varphi$$

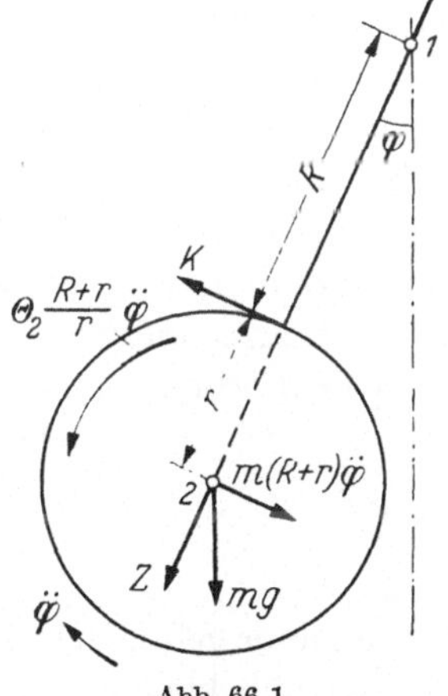
Abb. 66.1

der absoluten Drehung um den Bezugspunkt. Am Zahnrad ist daher außer der Fliehkraft $Z = m(R + r)\,u_1^2$ in Stangenrichtung die Trägheitskraft:

$$-m\frac{d v_2}{dt} = -m(R + r)\ddot\varphi$$

in 2 senkrecht zur Stange sowie das D'ALEMBERT-Moment:

$$-\Theta_2\frac{du}{dt} = -\Theta_2\frac{R + r}{r}\ddot\varphi$$

anzubringen. Wird $\ddot{\varphi}$ als positiv vorausgesetzt (im Sinne des wachsenden Winkels φ, d. h. hier im Uhrzeigersinne), so ist an den in Abb. 66.1 eingezeichneten Richtungs- bzw. Drehpfeil nur der Betrag der Trägheitskraft bzw. des D'ALEMBERT-Moments (ohne Vorzeichen) anzuschreiben, da die Minuszeichen bereits durch die nach den negativen Richtungen zeigenden Pfeile zum Ausdruck gebracht wurden.

Mit 1 als Momentenpunkt lautet die Bedingung für das Momentengleichgewicht des frei gemachten Ersatzpendels:

$$-\Theta_2 \frac{R+r}{r}\ddot{\varphi} - m\,(R+r)\,\ddot{\varphi}\,(R+r)$$
$$+ K\,R - mg\sin\varphi\,(R+r) = 0. \tag{6}$$

Das Momentengleichgewicht des Zahnrades bezüglich seiner Achse 2 verlangt:

$$K\,r = -\Theta_2\frac{R+r}{r}\ddot{\varphi}. \tag{7}$$

Damit und mit $\Theta_2 = \dfrac{m\,r^2}{2}$ geht Gl. (6) nach Umkehrung sämtlicher Vorzeichen und Kürzung mit m über in:

$$\ddot{\varphi}\left[\frac{r^2}{2}\frac{R+r}{r} + (R+r)^2 + \frac{r}{2}\frac{R+r}{r}R\right] + g\,(R+r)\sin\varphi = 0$$

oder nach Kürzung mit $(R+r)$ in:

$$\ddot{\varphi} = -\frac{2}{3}\frac{g}{R+r}\sin\varphi \quad \text{(Bewegungsgleichung)}. \tag{8}$$

2. Auf viel einfacherem Wege gelangt man zu der Bewegungsgleichung, wenn man den Pol 0 des Zahnrades sowohl als Bezugs- wie auch als Momentenpunkt wählt, da dann der unbekannte Zahndruck K in der Momentengleichung nicht auftritt. Diese nimmt jetzt nach Abb. 66.2 die einfache Form

$$-\Theta_0\frac{R+r}{r}\ddot{\varphi} - mg\,r\sin\varphi = 0$$

an und geht mit

$$\Theta_0 = \Theta_2 + m\,r^2 = \frac{3}{2}m\,r^2$$

in die zuvor gefundene Gl. (8) über. Denn mit 0 als Bezugspunkt besteht die augenblickliche Bewegung des Zahnrades nur in einer Drehung um die durch den Pol 0 gehende Achse mit der Winkelgeschwindigkeit

$$u = \frac{R+r}{r}\dot{\varphi}$$

und der Winkelbeschleunigung $\dfrac{du}{dt} = \dfrac{R+r}{r}\ddot{\varphi}$, die zu dem D'ALEMBERT-Moment $-\Theta_0\dfrac{R+r}{r}\ddot{\varphi}$ Anlaß gibt.

3. Ableitung der Bewegungsgleichung vom Standpunkt eines auf der Pendelstange (Fahrzeug) mitfahrenden Beobachters, der nur die Drehung

des Zahnrades mit der Winkelgeschwindigkeit u_2 wahrnimmt und der am Zahnrad die von der Fahrzeugbeschleunigung herrührenden Trägheitskräfte als wirkliche äußere Kräfte anzubringen hat (Abb. 66.3). Diese bestehen in den beiden Komponenten der Trägheitskraft, die schon in Abb. 66.1 einzutragen waren, sowie in einem D'ALEMBERT-Moment:

$$-\Theta_2 \frac{du_1}{dt} = -\Theta_2 \ddot{\varphi}.$$

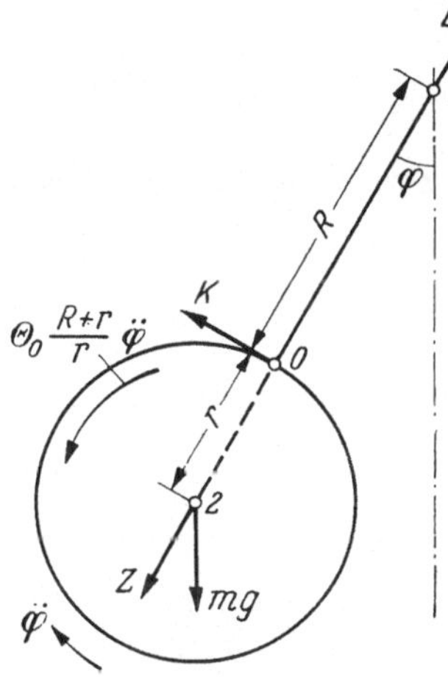

Abb. 66.2.

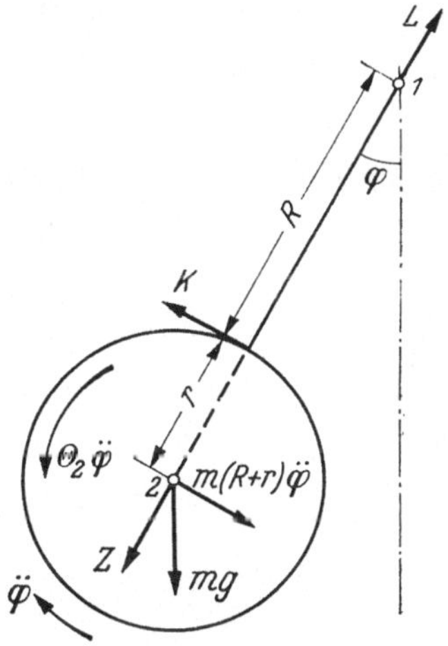

Abb. 66.3.

Für ihn dreht sich das Zahnrad um seine Achse 2 nach der dynamischen Grundgleichung für die Drehbewegung

$$\Theta_2 \frac{du_2}{dt} = -K r - \Theta_2 \ddot{\varphi}.$$

K folgt hier aus der Bedingung, daß die algebraische Summe aller Kräfte in Richtung senkrecht zur Stange verschwinden muß, zu

$$K = mg \sin\varphi + m(R + r)\ddot{\varphi}, \tag{9}$$

womit die Bewegungsgleichung unter Beachtung, daß nach Gl. (5):

$$u_2 = \frac{R}{r}\dot{\varphi} \quad \text{und} \quad \Theta_2 = \frac{mr^2}{2},$$

ist, zunächst übergeht in:

$$\frac{mr^2}{2}\frac{R}{r}\ddot{\varphi} = -mg\,r\sin\varphi - mr(R + r)\ddot{\varphi} - \frac{mr^2}{2}\ddot{\varphi}$$

und nach Kürzung mit $m\,r$ wiederum in:

$$\ddot{\varphi} = -\frac{2}{3}\frac{g}{R + r}\sin\varphi.$$

III. Mit $\sin \varphi \approx \varphi$ lautet die Bewegungsgleichung für kleine Schwingungen:

$$\ddot{\varphi} = -\frac{2}{3}\frac{g}{R+r}\,\varphi,$$

woraus folgt:

$$T = 2\pi\sqrt{\frac{3}{2}\frac{R+r}{g}} = \frac{\pi}{1{,}28} = 2{,}45 \text{ sek.}$$

Wenn das feste Zahnkranzsegment fehlt, ist $K = 0$, womit wegen Gl. (7) auch das erste Glied in Gl. (6) wegfällt, die daher für kleine Schwingungen lautet:

$$\ddot{\varphi} = -\frac{g}{R+r}\,\varphi.$$

Das um den Zapfen 2 frei drehbare Zahnrad wirkt daher wie ein Massenpunkt und seine Schwingungsdauer ist:

$$T_1 = 2\pi\sqrt{\frac{R+r}{g}} = 2{,}0 \text{ sek.}$$

IV. Mit $\varphi = 90^0$ wird nach Gl. (8) $\ddot{\varphi} = -\frac{2}{3}\frac{g}{R+r}$ und damit nach Gl. (9):

$$K = mg - \frac{2}{3}\,mg = \frac{1}{3}\,mg.$$

Der in den Abbildungen angenommene Richtungspfeil des Zahndrucks K ist daher richtig, da sich andernfalls für K ein negativer Wert ergeben hätte.

67. *Ein mit der Geschwindigkeit v_0 fahrender Eisenbahntriebwagen soll an seinen sämtlichen Achsen (Radsätzen mit Backenbremsen) abgebremst werden, derart, daß alle Räder rollen, ohne zu gleiten.*

Gesucht: a) Derjenige (günstigste) Bremsdruck N_{opt} pro Radsatz, der mit reinem Rollen der Räder noch verträglich ist.

b) Bremsdauer τ und kleinste Bremsstrecke s_{min} des Wagens.

Es bedeuten:

$Q = mg$ *Gewicht eines Radsatzes samt anteiligem Wagengewicht,*

Θ *Trägheitsmoment eines Radsatzes, bezogen auf seine Achse;*

$\frac{1}{2}N$ *Bremsdruck, den ein Bremsklotz auf den Radumfang ausübt;*

$\frac{1}{2}F_k = \mu_k\,\frac{1}{2}N$ *Reibungskraft zwischen Bremsklotz und Rad, F_k pro Radsatzseite;*

μ_k *Haftreibungskoeffizient zwischen Bremsklotz und Radumfang. Es werde $\mu_k = const$ gesetzt.*

$\frac{1}{2}F$ *die von der Schiene auf ein Rad ausgeübte Reibungskraft, F pro Radsatz, $F_{max} = F_0 = \mu_0\,Q$;*

F' *die nach dem Radmittelpunkt verlegte Kraft F (verzögernde Kraft pro Radsatz);*

$M_a = Q\,\mu_0'\,\varrho$ *Reibungsmoment in den beiden Achslagern,*
μ_0' *Zapfenreibungskoeffizient,*
ϱ *Halbmesser des Achszapfens.*
Die rollende Reibung ist zu vernachlässigen.

a) Lösung mit Hilfe des Prinzips von D'ALEMBERT (Abb. 67.1).

$$\sum H = 0: \quad F' + m\,\frac{dv}{dt} = 0; \tag{1}$$

$$\sum M = 0: \quad Fr - \Theta\,\frac{du}{dt} - F_k\,2r - M_a = 0. \tag{2}$$

Aus Gl. (1) folgt:

$$\frac{dv}{dt} = -\frac{F'}{m} = -\frac{F}{m}; \quad \left(\frac{dv}{dt}\right)_{\max} = -\frac{F_{\max}}{m} = -\frac{mg\,\mu_0}{m} = -g\,\mu_0.$$

Damit wird wegen $v = ru$:

$$\left(\frac{du}{dt}\right)_{\max} = \frac{1}{r}\left(\frac{dv}{dt}\right)_{\max} = -\frac{1}{r}\,g\,\mu_0.$$

Mit diesem Wert und mit $F = F_{\max}$ $= \mu_0\,mg$ sowie

$$F_k = (F_k)_{\mathrm{opt}} = \mu_k\,N_{\mathrm{opt}}$$

geht Gl. (2) über in

$$mg\,\mu_0\,r + \Theta\,\frac{g\,\mu_0}{r} - \mu_k\,N_{\mathrm{opt}}\,2r - M_a = 0.$$

Daraus folgt der günstigste Bremsdruck N_{opt} pro Radsatz, bei dem die Räder gerade noch rollen, ohne zu gleiten:

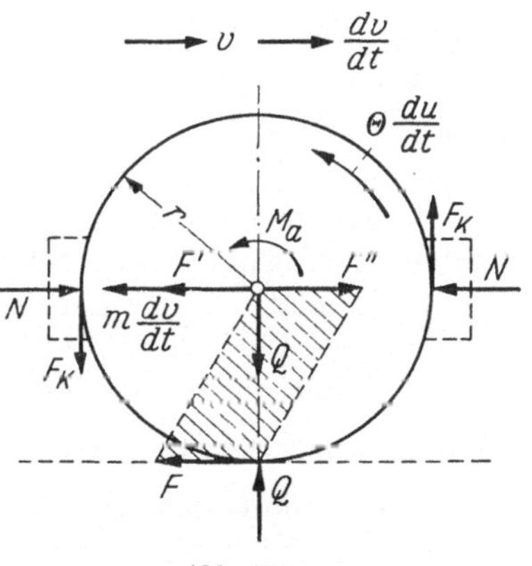

Abb. 67.1.

$$N_{\mathrm{opt}} = \frac{g\,\mu_0}{2\,\mu_k}\left(m + \frac{\Theta}{r^2}\right) - \frac{M_a}{2r\,\mu_k}.$$

b) Nach Gl. (1) ist mit $F' = F_{\max}$

$$m\,\frac{dv}{dt} = m\,\frac{d^2s}{dt^2} = -mg\,\mu_0 = \text{const.}$$

Zweimalige Integration nach t ergibt

$$s = -g\,\mu_0\,\frac{t^2}{2} + C_1\,t + C_2.$$

Bestimmung der Integrationskonstanten C_1 und C_2 aus den Anfangsbedingungen zur Zeit $t = 0$ (Bremsbeginn):

1. $s = 0;$ so daß $C_2 = 0$

2. $\dfrac{ds}{dt} = v_0;$ so daß $C_1 = v_0;$ denn $\dfrac{ds}{dt} = -g\,\mu_0\,t + C_1.$

Damit wird

$$s = -g\mu_0 \frac{t^2}{2} + v_0 t$$

und

$$\frac{ds}{dt} = v = -g\mu_0 t + v_0.$$

Die Bremsdauer τ ergibt sich aus der Gleichung

$$\left(\frac{ds}{dt}\right)_{t=\tau} = -g\mu_0 \tau + v_0 = 0$$

zu

$$\tau = \frac{v_0}{g\mu_0};$$

und die Bremsstrecke $s_{\min}$ zu:

$$s_{\min} = -g\mu_0 \frac{\tau^2}{2} + v_0 \tau = \frac{v_0^2}{2g\mu_0}.$$

Wird N größer als das berechnete N_{opt} für reines Rollen, so tritt neben dem Rollen auch ein Gleiten der Räder auf den Schienen ein. Die Umfangsgeschwindigkeit der Räder ist dann nicht mehr gleich der Fahrgeschwindigkeit v, sondern sie wird kleiner als v, die Rollgleichung $v = r u$ gilt nicht mehr. Wird die von der Rollbewegung herrührende Umfangsgeschwindigkeit der Räder mit v_r und die Gleitgeschwindigkeit der Räder relativ zur Schiene mit v_g bezeichnet, so ist $v_r + v_g = v$ oder $v_r = v - v_g$. Wird der Bremsdruck N so groß, daß $v_r = 0$, also $v_g = v$ wird, so sind die Räder blockiert; der Zug fährt ohne Drehung der Räder wie ein Schlitten nach Gl. (1): $m \dfrac{dv}{dt} = -m g \mu'$.

Da jetzt die Geschwindigkeit des Berührungspunktes des Rades mit der Schiene gleich der Fahrgeschwindigkeit v ist, so ist μ' — auf Grund von Versuchen — kleiner als μ_0, so daß die Bremsstrecke

$$s = \frac{v_0^2}{2g\mu'} > s_{\min}$$

wird, obwohl der Bremsdruck N größer als der berechnete Wert N_{opt} für reines Rollen ist.

68. *Ein auf waagrechter Schiene rollendes Rad 1 trifft mit der Geschwindigkeit v_0 auf ein gleiches, in Ruhe befindliches Rad 2 auf und übt auf dieses einen zentralen, elastischen Stoß aus. Der Außenhalbmesser der Räder ist a, das Trägheitsmoment eines Rades von der Masse m ist $\Theta = m a^2$, die Reibungszahl der Haftreibung bzw. der gleitenden Reibung zwischen Rad und Schiene ist μ_0.*

1. Wie groß sind unmittelbar nach dem Stoß die Schwerpunktsgeschwindigkeiten $(v_1)_\tau$, $(v_2)_\tau$ und die Winkelgeschwindigkeiten $(u_1)_\tau$, $(u_2)_\tau$? (Während der sehr kurzen Stoßzeit τ kann vom Einfluß der Reibung abgesehen werden.)

2. *Man stelle die Bewegungsgleichungen für jedes der beiden Räder nach Beendigung des Stoßes auf und weise nach, daß die Bewegung der beiden Räder gleichzeitig in eine reine Rollbewegung übergeht.*

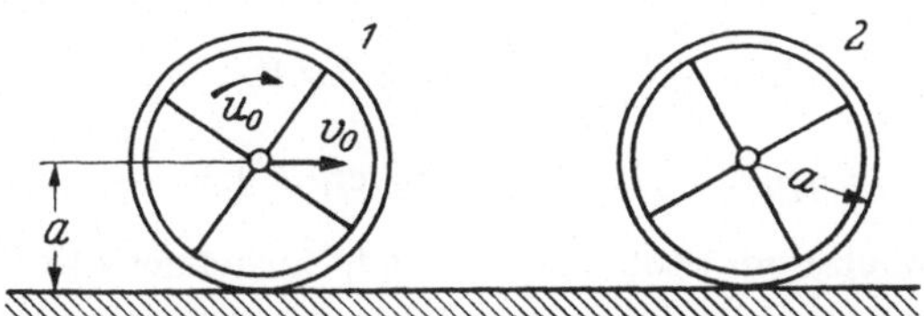

Wieviel Sekunden vergehen nach dem Stoß, bis dieser Übergang stattfindet? Welche Geschwindigkeiten v_1, v_2 besitzen die beiden Räder in diesem Augenblick und wie groß ist der Abstand l ihrer mit den Schwerpunkten zusammenfallenden Mittelpunkte, den sie dann weiterhin beibehalten?

Welcher Bruchteil der vor dem Stoß vorhandenen lebendigen Kraft ist infolge der gleitenden Reibung zwischen Rad und Schiene verlorengegangen?

$v_0 = 70 \ cm/sek; \quad a = 35 \ cm; \quad \mu_0 = 0{,}01; \quad g \approx 1000 \ cm/sek^2.$

1. $\qquad (v_1)_\tau = 0; \quad (v_2)_\tau = v_0 = 70 \ \mathrm{cm/sek}.$

(Austausch der Geschwindigkeiten wegen Massengleichheit)

$$(u_1)_\tau = u_0 = \frac{v_0}{a} = \frac{70}{35} = 2 \ \mathrm{sek^{-1}}, \quad (u_2)_\tau = 0.$$

2. Der Übergang in die reine Rollbewegung tritt bei Rad *1* nach t_1, bei Rad *2* nach t_2 sek ein.

Rad *1*. $0 < t < t_1$.

Unmittelbar nach dem Stoß zur Zeit $t = 0$ (Abb. 68.1) dreht sich Rad *1* mit u_0 auf der Stelle. Im Berührungspunkt A, dessen Geschwindigkeit $v_A = a\,u_0$ (nach links) ist, greift die Reibungskraft $F_0 = m\,g\,\mu_0$ (nach rechts) am Rad an.

Abb. 68.2 gibt den Bewegungszustand des Rades *1* zur Zeit t nach dem Stoß wieder. $a\,u > v$, daher F_0 in A nach rechts (beschleunigende Kraft).

I. Translation:

$$m\,\frac{dv}{dt} = F_0 = m\,g\,\mu_0$$

oder

$$\frac{dv}{dt} = g\,\mu_0;$$

$v = g\,\mu_0\,t, \quad$ da $\quad v(0) = (v_1)_\tau = 0.$

II. Rotation:

$$\Theta\,\frac{du}{dt} = -\,F_0\,a.$$

$$u = -\,\frac{m\,g\,\mu_0\,a}{\Theta}\,t + u_0, \quad \text{da} \quad u(0) = (u_1)_\tau = u_0.$$

Bedingung für reines Rollen: $v = a\,u$ zur Zeit $t = t_1$:

$$g\,\mu_0\,t_1 = -\frac{m\,g\,\mu_0\,a^2}{\Theta}\,t_1 + a\,u_0 = -g\,\mu_0\,t_1 + v_0 \quad \left(\text{mit}\ \ \frac{m}{\Theta} = \frac{1}{a^2}\right).$$

Daraus:

$$t_1 = \frac{v_0}{2g\,\mu_0} = \frac{70}{20} = 3{,}5\ \text{sek.}$$

$$v_1(t_1) = g\,\mu_0\,t_1 = 10 \cdot 3{,}5 = 35\ \text{cm/sek} = \frac{1}{2}\,v_0.$$

Der vom Rad *1* nach dem Stoß in der Zeit t_1 zurückgelegte Weg ist:

$$s_1 = \frac{1}{2}\,g\,\mu_0\,t_1^2 = \frac{1}{8}\,\frac{v_0^2}{g\,\mu_0} = 61{,}25\ \text{cm.}$$

Rad *2*: $0 < t < t_2$.

Abb. 68.3 zeigt den Bewegungszustand des Rades *2* zur Zeit t nach dem Stoß. $a\,u < v$, daher F_0 in A nach links (verzögernde Kraft).

I. Translation:

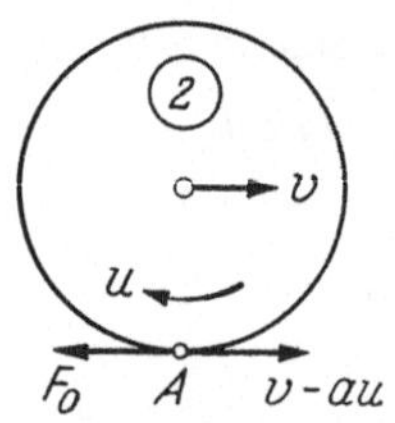

Abb. 68.3.

$$oder \qquad m\frac{dv}{dt} = -F_0 = -mg\,\mu_0$$

$$\frac{dv}{dt} = -g\,\mu_0;$$

$$v = v_0 - g\,\mu_0\,t, \quad \text{da}\quad v(0) = (v_2)_\tau = v_0.$$

II. Rotation:

$$\Theta\frac{du}{dt} = F_0\,a; \quad u = \frac{m\,g\,\mu_0\,a}{\Theta}\,t, \quad \text{da}\quad u(0) = (u_2)_\tau = 0.$$

Bedingung für reines Rollen: $v = a\,u$ zur Zeit $t = t_2$:

$$v_0 - g\,\mu_0\,t_2 = \frac{m\,g\,\mu_0\,a^2}{\Theta}\,t_2 = g\,\mu_0\,t_2.$$

Daraus:

$$t_2 = \frac{v_0}{2g\,\mu_0} = t_1\,!$$

$$v_2(t_2) = v_0 - g\,\mu_0\,t_2 = g\,\mu_0\,t_2 = v_1(t_1).$$

Der vom Rad *2* nach dem Stoß in der Zeit $t_2 = t_1$ zurückgelegte Weg ist:

$$s_2 = v_0\,t_2 - \frac{1}{2}\,g\,\mu_0\,t_2^2 = \frac{1}{2}\,\frac{v_0^2}{g\,\mu_0} - \frac{1}{8}\,\frac{v_0^2}{g\,\mu_0} = \frac{3}{8}\,\frac{v_0^2}{g\,\mu_0} = 183{,}75\ \text{cm.}$$

Also ist:

$$l = s_2 + 2a - s_1 = \frac{1}{4}\,\frac{v_0^2}{g\,\mu_0} + 2a = 192{,}5\ \text{cm.}$$

Energieverlust:

$$V = \frac{m}{2}\,v_0^2 + \frac{\Theta}{2}\,u_0^2 - 2\left[\frac{m}{2}\left(\frac{v_0}{2}\right)^2 + \frac{\Theta}{2}\left(\frac{u_0}{2}\right)^2\right]$$

mit

$$v_1(t_1) = v_2(t_1) = \frac{1}{2}\,v_0; \qquad u_1(t_1) = u_2(t_1) = \frac{1}{2}\,u_0.$$

$$V = \frac{1}{2}\left(\frac{m}{2}\,v_0^2 + \frac{\Theta}{2}\,u_0^2\right) = \frac{m}{2}\,v_0^2.$$

Unabhängig von der Reibungszahl μ_0 geht also die Hälfte der vor dem Stoß vorhandenen lebendigen Kraft verloren. Dieser Verlust an lebendiger Kraft muß gleich der von den Reibungskräften F_0 verbrauchten Arbeit sein:

$$V = F_0(s_1 + s_2) = mg\,\mu_0\left(\frac{1}{8}\,\frac{v_0^2}{g\,\mu_0} + \frac{3}{8}\,\frac{v_0^2}{g\,\mu_0}\right) = \frac{m}{2}\,v_0^2.$$

Zusammenfassung: Das am Stoßende in momentaner Translationsruhe befindliche Rad *1* wird durch die konstante Reibungskraft beschleunigt und läuft mit abnehmender Winkelgeschwindigkeit dem mit v_0 davongeeilten und bei zunehmender Winkelgeschwindigkeit langsamer werdenden Rad *2* nach. Das mit dem Rollen verbundene Gleiten der Räder auf der Schiene hört nach $t_1 = 3,5$ sek bei beiden Rädern auf. In diesem Augenblick beträgt der Abstand der Radmittelpunkte $l = 192,5$ cm, den die gleichförmig weiterrollenden Räder dann beibehalten.

Während t_1 und l um so größer werden, je geringer die Reibungszahl ist und umgekehrt, hat diese auf den Energieverlust keinen Einfluß.

69. *Eine kreisförmige Scheibe mit exzentrischem Loch ist auf einer vertikalen, in zwei Lagern laufenden Welle aufgekeilt, die außerdem noch eine Bremsscheibe trägt.*

Die zunächst mit gleichförmiger Winkelgeschwindigkeit u_0 rotierende Welle überträgt bei plötzlichem Anziehen der Backenbremse auf die Scheibe ein verzögerndes Kräftepaar, dessen statisches Moment M_0 konstant sein soll.

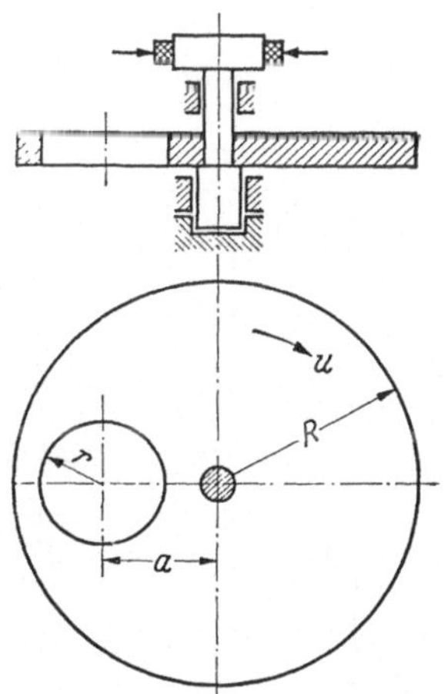

Gesucht ist nach Größe und Richtung die in die Scheibenmittelebene fallende Resultierende A der beiden Auflagerkräfte, welche die Führungslager auf die Welle ausüben:

a) für den Fall gleichförmiger Rotation,

b) im Augenblick des Anziehens der Bremse.

Die Aufgabe ist vektoriell zu lösen:

1. mit Hilfe des Satzes von der Bewegung des Schwerpunkts,

2. mit Hilfe des Prinzips von d'Alembert.

Schließlich berechne man noch den Bremsdrehwinkel γ der Scheibe. (Die Masse von Welle und Bremsscheibe sowie die Lagerreibung sind zu vernachlässigen.)

Gewicht der Scheibe $G = 200$ kg,

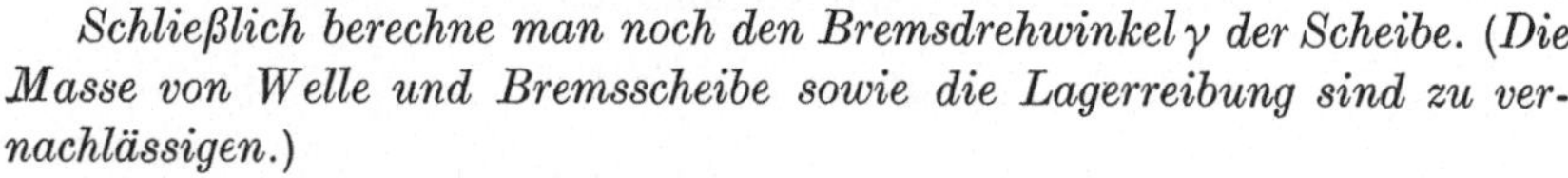

$$R = 100 \text{ cm}; \quad r = \frac{R}{3}; \quad a = 56 \text{ cm}; \quad u_0 = 10 \text{ sek}^{-1}; \quad M_0 = 2000 \text{ kgm}.$$

Im folgenden wird der aus Scheibe und Welle bestehende Körper betrachtet.

1. Nach dem Satz von der Bewegung des Schwerpunkts muß

$$m\,\frac{d\mathfrak{v}}{dt} = \mathfrak{A} \tag{1}$$

sein.

a) Bei gleichförmiger Rotation ist (s. Abb. 69.1)

$$d\mathfrak{v} = -\,\frac{\mathfrak{s}}{s}\,v\,d\varphi$$

oder mit $v = s\,u_0$ und $\dfrac{d\varphi}{dt} = u_0$

$$\frac{d\mathfrak{v}}{dt} = -\,\mathfrak{s}\,u_0^2.$$

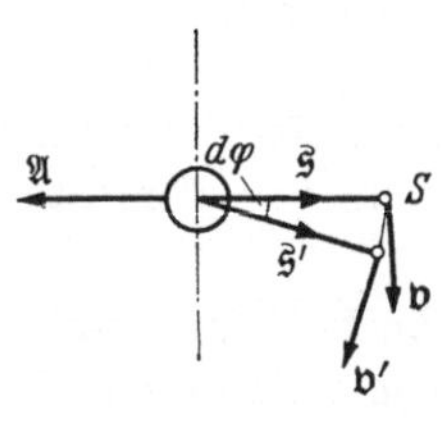

Abb. 69.1.

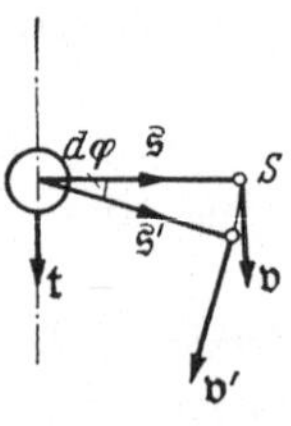

Abb. 69.2.

Damit wird nach Gl. (1)

$$\mathfrak{A} = -\,m\,\mathfrak{s}\,u_0^2,$$
$$A = m\,s\,u_0^2.$$

b) Bei ungleichförmiger Rotation ist (s. Abb. 69.2)

$$d\mathfrak{v} = (d\mathfrak{v})_1 + (d\mathfrak{v})_2,$$

$$(d\mathfrak{v})_1 = -\,\frac{\mathfrak{s}}{s}\,v\,d\varphi = -\,\mathfrak{s}\,u\,d\varphi \quad (\text{mit } v = s\,u),$$

$$(d\mathfrak{v})_2 = \mathfrak{t}\,dv = \mathfrak{t}\,s\,du \quad (\text{Richtungsfaktor } \mathfrak{t} \text{ s. Abb. 69.2}).$$

$$\frac{d\mathfrak{v}}{dt} = \frac{(d\mathfrak{v})_1}{dt} + \frac{(d\mathfrak{v})_2}{dt} = -\,\mathfrak{s}\,u^2 + \mathfrak{t}\,s\,\frac{du}{dt}. \tag{2}$$

Da:

$$\Theta_0\,\frac{du}{dt} = -\,M_0; \qquad \frac{du}{dt} = -\,\frac{M_0}{\Theta_0}$$

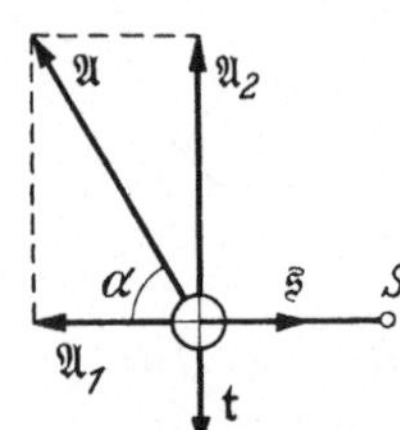

Abb. 69.3.

ist, wird nach Gl. (1) und (2)

$$\mathfrak{A} = -\,m\,\mathfrak{s}\,u^2 - \mathfrak{t}\,m\,s\,\frac{M_0}{\Theta_0} = \mathfrak{A}_1 + \mathfrak{A}_2 \quad (\text{Abb. 3}).$$

$$A = m\,s\,\sqrt{u^4 + \left(\frac{M_0}{\Theta_0}\right)^2}, \quad \operatorname{tg}\alpha = \frac{M_0}{\Theta_0\,u^2}.$$

Im Augenblick des Anziehens der Bremse ist $u = u_0$ zu setzen.

2a. $\mathfrak{A} + \mathfrak{Z} = 0; \qquad \mathfrak{A} = -\mathfrak{Z} = -m\,\mathfrak{s}\,u_0^2$
($\mathfrak{Z} \triangleq$ Zentrifugalkraft).

2b. Die Winkelbeschleunigung $\dfrac{d\mathfrak{u}}{dt}$ werde positiv angenommen.

An jedem Massenpunkt m_i der Scheibe (Abb. 69.4) ist die D'ALEMBERT-Kraft

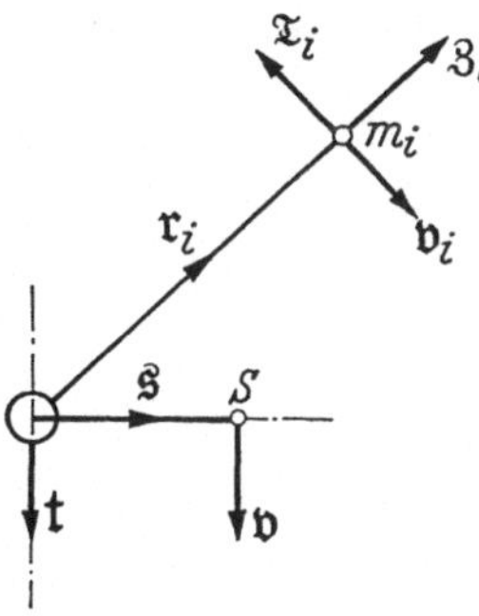

$$\mathfrak{H}_i = -m_i \frac{d^2\mathfrak{r}_i}{dt^2}$$

anzubringen:

$$\mathfrak{v}_i = \frac{d\mathfrak{r}_i}{dt} = -[\mathfrak{u}\mathfrak{r}_i],$$

$$\mathfrak{b}_i = \frac{d^2\mathfrak{r}_i}{dt^2} = -\left[\frac{d\mathfrak{u}}{dt}\,\mathfrak{r}_i\right] - \left[\mathfrak{u}\,\frac{d\mathfrak{r}_i}{dt}\right].$$

Abb. 69.4.

$$\mathfrak{H}_i = -m_i\frac{d^2\mathfrak{r}_i}{dt^2} = m_i\left[\frac{d\mathfrak{u}}{dt}\,\mathfrak{r}_i\right] + m_i[\mathfrak{u}\mathfrak{v}_i] = \mathfrak{T}_i + \mathfrak{Z}_i;$$

$$\mathfrak{A} + \sum\mathfrak{H}_i = 0; \qquad \mathfrak{A} = -\sum\mathfrak{H}_i = -\sum\mathfrak{T}_i - \sum\mathfrak{Z}_i;$$

$$\sum\mathfrak{T}_i = \sum m_i\left[\frac{d\mathfrak{u}}{dt}\,\mathfrak{r}_i\right] = \left[\frac{d\mathfrak{u}}{dt}\sum m_i\mathfrak{r}_i\right] = m\left[\frac{d\mathfrak{u}}{dt}\,\mathfrak{s}\right] = -\mathfrak{t}\,m\,\frac{du}{dt}\,s.$$

Wegen $\qquad \dfrac{du}{dt} = -\dfrac{M_0}{\Theta_0} \qquad$ ist $\qquad \sum\mathfrak{T}_i = \mathfrak{t}\,ms\,\dfrac{M_0}{\Theta_0};$

$$\sum\mathfrak{Z}_i = \sum m_i[\mathfrak{u}\mathfrak{v}_i] = \left[\mathfrak{u}\sum m_i\mathfrak{v}_i\right] = [\mathfrak{u}m\mathfrak{v}] = m[\mathfrak{u}\mathfrak{v}] = \frac{\mathfrak{s}}{s}musu = m\mathfrak{s}u^2.$$

$$\mathfrak{A} = -\sum\mathfrak{Z}_i - \sum\mathfrak{T}_i = -m\mathfrak{s}u^2 - \mathfrak{t}\,m\,s\,\frac{M_0}{\Theta_0} = \mathfrak{A}_1 + \mathfrak{A}_2$$

(wie zuvor unter 1b, s. Abb. 69.3).

Zahlenrechnung:

Exzentrizität s aus: $s\pi(R^2 - r^2) = a\,r^2\,\pi$.

$$s = \frac{a\,r^2}{R^2 - r^2} = 0{,}07\,R = 7\ \text{cm}.$$

$m =$ Masse der gelochten Scheibe,

$m_1 = m\,\dfrac{r^2}{R^2 - r^2} = \dfrac{1}{8}\,m =$ Masse der entfernten Kreisscheibe vom Halbmesser r.

Damit wird das auf die Wellenachse 0 bezogene Trägheitsmoment Θ_0 der gelochten Scheibe ($g \approx 1000\ \text{cm/sek}^2$):

$$\Theta_0 = (m + m_1)\frac{R^2}{2} - \left(\frac{m_1 r^2}{2} + m_1 a^2\right) = 1033\ \text{kg cm sek}^2,$$

$$A = ms\sqrt{u_0^4 + \left(\frac{M_0}{\Theta_0}\right)^2} = 305\ \text{kg},$$

$$\operatorname{tg}\alpha = \frac{M_0}{\Theta_0 u_0^2} = 1{,}94; \quad \alpha = 62°40'.$$

Bei gegebenen Abmessungen läßt sich damit die Beanspruchung der Welle auf Biegung und Schub berechnen.

Der Bremsdrehwinkel γ folgt aus:

$$\frac{du}{dt} = \frac{d^2\varphi}{dt^2} = -\frac{M_0}{\Theta_0},$$

$$u = \frac{d\varphi}{dt} = -\frac{M_0}{\Theta_0}\,t + u_0,$$

$$\varphi = -\frac{M_0}{\Theta_0}\,\frac{t^2}{2} + u_0 t.$$

Zunächst ist aus $u = 0$ die Bremszeit t_B zu bestimmen:

$$t_B = \frac{u_0\,\Theta_0}{M_0}.$$

Damit wird:

$$\gamma = \varphi\,(t_B) = \frac{u_0^2\,\Theta_0}{2\,M_0} = 0{,}258\,(\sim 15^\circ).$$

70. *Ein Balken ist durch zwei gelenkig befestigte Stangen von der Länge l pendelnd an einer Decke aufgehängt. Auf dem Balken befindet sich ein Schwungrad, das von einem Elektromotor angetrieben wird und n Umläufe pro Minute macht. Es besitzt eine Unbalanz in Form eines nicht ausgeglichenen, kleinen Gewichtes q im Abstand r von der Drehachse. Außerdem befindet sich auf dem Balken eine zwischen zwei gleichen Federn sitzende Masse m, die in waagerechter Richtung hin- und herschwingen*

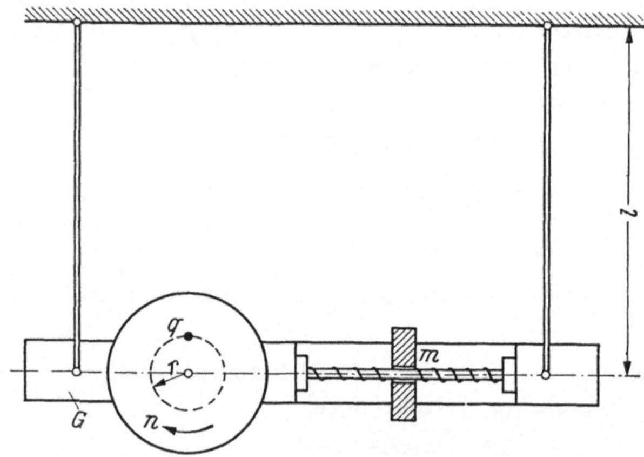

kann. Das Gewicht des Balkens, einschließlich aller auf ihm angebrachten Teile, beträgt $G = Mg$ kg. Die Stangen können als gewichts- und masselos angesehen werden.

1. Man berechne für den Fall, daß die Beweglichkeit von „m" unterbunden ist, die Amplitude a der erzwungenen Balkenschwingung. (Hier kann die kleine vertikale Komponente der Zentrifugalkraft gegen G vernachlässigt werden.)

2. Für den Fall, daß die Masse m frei schwingen kann, stelle man nach dem Prinzip von d'Alembert die Bewegungsgleichungen für den Balken und für die Masse m auf.

3. Wie groß muß die Federkonstante c jeder der beiden Federn sein, wenn der Balken in dauernder Ruhe verbleiben soll?

4. Mit welcher Amplitude schwingt dann die Masse m relativ zum Balken?

Von Reibung ist überall abzusehen.

$$G = 13\ kg;\quad q = 0{,}25\ kg;\quad mg = 2{,}5\ kg;\quad l = 26\ cm;$$
$$r = 10\ cm;\quad n = 120\ U/min.$$

1. $a = \dfrac{q\,r\,u^2\,l}{G\,(g - u^2\,l)}$.

2. Im Augenblick der Betrachtung sei der Pendelwinkel φ, der Schwingungsweg des Balkens in waagerechter Richtung $x \approx l\varphi$ (für kleine φ), der Ausschlag der Masse m relativ zum Balken y und der nach dem rotierenden Gewicht q gezogene Halbmesser r bilde mit der Waagrechten den Winkel ψ. Die Beschleunigungen $\ddot{x}$ und $\ddot{y}$ werden positiv angenommen (Abb. 70.1). An dem von den Stangen frei gemachten, ruhenden Ersatzsystem (Abb. 70.2) greifen in waagrechter Richtung die folgenden Kräfte an:

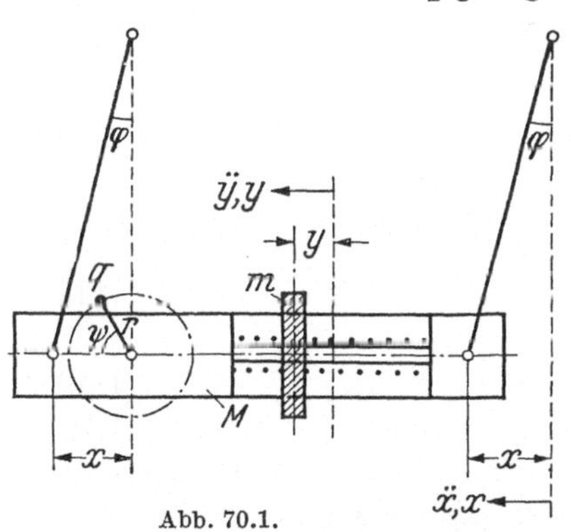

Abb. 70.1.

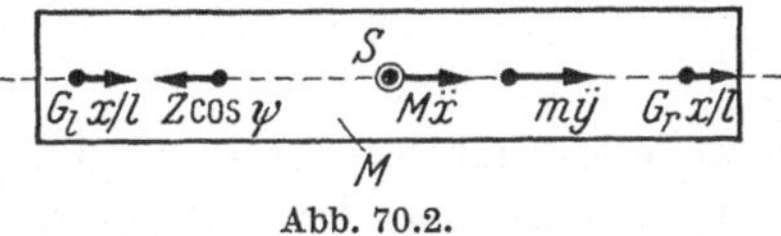

Abb. 70.2.

Die waagrechten Komponenten der Stangenkräfte:

$$(G_l + G_r)\,\frac{x}{l} = G\,\frac{x}{l},$$

die von der Beschleunigung $\ddot{x}$ der Gesamtmasse M herrührende Trägheitskraft $-\,M\,\ddot{x}$ im augenblicklichen Gesamtschwerpunkt S, die von der Relativbeschleunigung herrührende Trägheitskraft $-\,m\,\ddot{y}$ (in Abb. 70.2 sind nur die Beträge der beiden letzteren einzutragen, da die Minuszeichen bereits durch die in die negative Richtung weisenden Pfeile berücksichtigt wurden), und schließlich die waagrechte Komponente der an q anzubringenden Fliehkraft:

$$Z\cos\psi = \frac{q}{g}\,r\,u^2\cos ut \quad \left(\text{mit}\quad u = \frac{n\pi}{30}\right).$$

Die Bedingung, daß die algebraische Summe dieser Kräfte verschwinden muß, liefert die Bewegungsgleichung des Balkens:

$$M\,\ddot{x} + m\,\ddot{y} + G\,\frac{x}{l} - \frac{q}{g}\,r\,u^2\cos ut = 0. \tag{I}$$

Das Gleichgewicht der frei gemachten Masse m verlangt nach Abb. 70.3:

$$m\,(\ddot{x} + \ddot{y}) + 2\,c\,y = 0 \quad \text{(Bewegungsgleichung der Masse } m\text{)}. \tag{II}$$

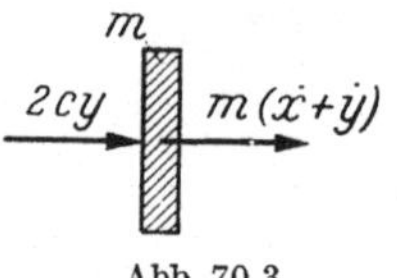

Abb. 70.3.

$\ddot{x} + \ddot{y}$ ist die absolute Beschleunigung der Masse m. In jeder der beiden Bewegungsgleichungen treten die Ausschläge x und y bzw. deren Ableitungen zusammen auf, woraus hervorgeht, daß sich die beiden Bewegungen gegenseitig beeinflussen (gekoppelte Schwingungen).

3. Bei dauernder Ruhe des Balkens muß $x = \dot{x} = \ddot{x} = 0$ sein. Damit gehen die Gl. (I) und (II) über in:

$$m\,\ddot{y} = \frac{q}{g}\,r\,u^2\cos ut, \tag{Ia}$$

$$m\,\ddot{y} = -\,2\,c\,y. \tag{IIa}$$

Nach zweimaliger Ableitung nach der Zeit lauten diese Gleichungen:

$$m\,\ddddot{y} = -\,\frac{q}{g}\,r\,u^4\cos ut, \tag{Ib}$$

$$m\,\ddddot{y} = -\,2\,c\,\ddot{y} = -\,2\,c\,\frac{q}{m\,g}\,r\,u^2\cos ut, \tag{IIb}$$

wenn in die letzte Gleichung der Wert von $\ddot{y}$ aus Gl. (Ia) eingesetzt wird. Gleichsetzen der rechten Seiten von (Ib) und (IIb) ergibt:

$$c = \frac{m\,u^2}{2} = 0{,}2 \text{ kg/cm.}$$

4. Gleichsetzen der rechten Seiten von (Ia) und (IIa) liefert:

$$y = -\,\frac{q}{2\,g\,c}\,r\,u^2\cos u\,t = -\,y_{\max}\cos u\,t.$$

Amplitude:

$$y_{\max} = \frac{q}{2\,g\,c}\,r\,u^2 = 1 \text{ cm.}$$

71. *Bei dem Antrieb der Exzenterwelle 1 einer Schwungradpresse ka nn das vom Elektromotor angetriebene Schwungrad, das lose auf der Antriebs - welle 2 sitzt, durch eine Reibungskupplung fest mit ihr verbunden werd en.*

Während des schnell erfolgenden Einrückvorgangs findet ein unelastischer Drehstoß zwischen dem Schwungrad ($\Theta_s = 40\ kg\ m\ sek^2$) und den auf den beiden Wellen fest aufgekeilten Körpern [$\Theta_1 = 250\ kg\ m\ sek^2$ (großes Zahnrad auf Welle 1) und $\Theta_2 = 2\ kg\ m\ sek^2$ (kleines Zahnrad, Bremsscheibe und Kupp-

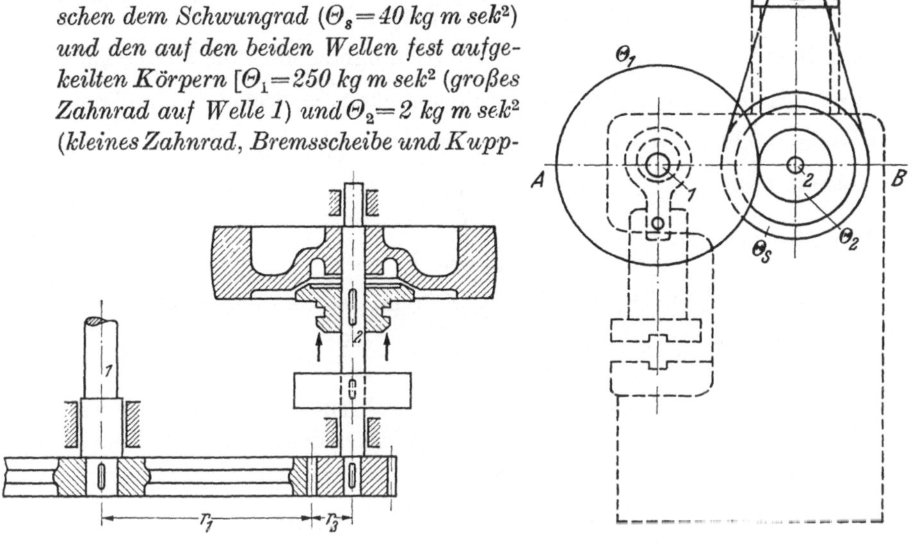

lungsmuffe auf Welle 2)] statt. *Die Drehzahl·des Schwungrads beträgt* $n_s = 650\ U/min$, *das Übersetzungsverhältnis* $i = r_1/r_2 = 10$.

1. Um wieviel Prozent sinkt die Schwungraddrehzahl während des Einrückvorgangs?

2. Wie groß ist der Stoßverlust in kWh für eine Einrückzahl von 10 000?

1. Während des Kupplungsvorgangs wirken weder von der An- noch von der Abtriebsseite her nennenswerte Drehmomente von außen auf das System ein, wenn man von der geringfügigen Steigerung des Motordrehmoments absieht und die Reibungsmomente unberücksichtigt läßt, die durch die entstehenden Zahndrücke in den Wellenlagern auftreten. Daher kann nach dem Flächensatz auch der Drall des betrachteten Systems keine merkliche Änderung erfahren.

Vor dem Einrücken der Kupplung ist der Drall des Systems gleich dem Schwungraddrall

$$B_0 = \Theta_s u_s, \quad \left(u_s = \frac{n_s \pi}{30}\right).$$

Nach dem Einrücken beträgt er

$$B_1 = (\Theta_s + \alpha\Theta_1 + \Theta_2)\,\omega,$$

wenn mit $\alpha\Theta_1$ das auf die Antriebswelle 2 reduzierte Trägheitsmoment des großen Zahnrades und mit ω diejenige Winkelgeschwindigkeit bezeichnet wird, welche die Welle 2 und mit ihr das Schwungrad nach Ablauf des Drehstoßes besitzt. Aus der Gleichsetzung von B_0 und B_1 folgt:

$$\omega = \frac{\Theta_s u_s}{\Theta_s + \alpha\,\Theta_1 + \Theta_2}.$$

Zur Bestimmung von α verhilft die Bedingung, daß die kinetische Energie des sich mit der Winkelgeschwindigkeit $\frac{\omega}{i}$ drehenden großen Zahnrades: $\frac{1}{2}\Theta_1\frac{\omega^2}{i^2}$ gleich $\frac{1}{2}\alpha\,\Theta_1\,\omega^2$ sein muß.

Daraus folgt

$$\alpha = \frac{1}{i^2}$$

und damit

$$\omega = 61{,}2\ \text{sek}^{-1}.$$

Die Schwungraddrehzahl sinkt somit während des Einrückvorgangs um

$$\frac{u_s - \omega}{u_s}\,100 = \frac{\alpha\,\Theta_1 + \Theta_2}{\Theta_s + \alpha\,\Theta_1 + \Theta_2}\,100 = \frac{450}{44{,}5} \approx 10\ \%.$$

2. Der CARNOTsche Stoßverlust V, der während des Kupplungsvorgangs entsteht, ist gleich dem Unterschied zwischen der kinetischen Energie des Systems vor und nach dem Stoß:

$$V = \frac{1}{2}\,\Theta_s\,u_s^2 - \frac{1}{2}\,(\Theta_s + \alpha\,\Theta_1 + \Theta_2)\,\omega^2.$$

Mit dem oben festgestellten Wert für ω wird

$$V = \frac{1}{2}\,\frac{\Theta_s(\alpha\,\Theta_1 + \Theta_2)}{\Theta_s + \alpha\,\Theta_1 + \Theta_1}\,u_s^2 = 9370\ \text{kg m}.$$

Bei einer Einrückzahl von 10000 wird daher mechanische Energie im Betrage von 255 kWh in Wärme umgesetzt.

72. *Ein Flugzeug durchfliegt eine waagrechte, kreisförmige Linkskurve vom Halbmesser R mit der Winkelgeschwindigkeit ω. Der vierflügelige Propeller macht n U/min. Die Flügel sind als Flachstäbe von je Q kg Gewicht und l cm Länge anzunehmen. Der Abstand des Flügelschwerpunkts S von der Propellerachse ist r.*

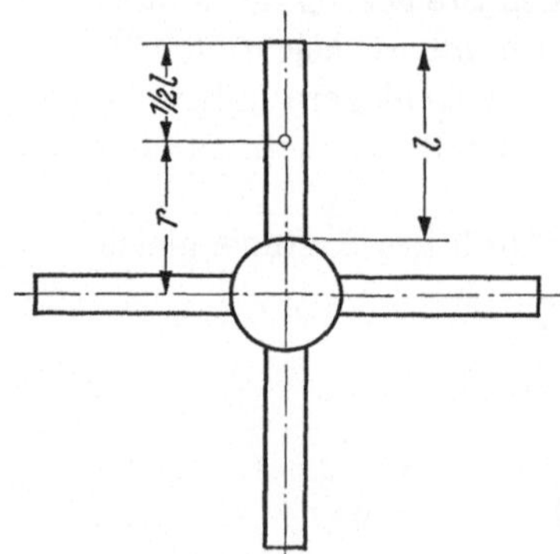

Gesucht sind:

1. das Kreiselmoment, das der Propeller auf das Flugzeug ausübt, wenn er sich — von vorn gesehen — im Uhrzeigersinn dreht.

2. die Schräglage des Flugzeugs in der Kurve (Neigungswinkel α der Flugzeugquerachse gegen die Waagerechte).

$$\omega = \frac{1}{2}\ sek^{-1};\quad n = 1000\ U/min;\quad l = 100\ cm;\quad r = 60\ cm;$$
$$R = 60\ m;\quad Q = 6\ kg.$$

1. Das Trägheitsmoment Θ des Propellers bezüglich seiner Drehachse ist nach dem STEINER-HUYGENSschen Satz:

$$\Theta = 4\,\frac{Q}{g}\left(\frac{i^2}{12} + r^2\right) = 106 \;\; \text{kg cm sek}^2.$$

Sein in der Propellerachse liegender, nach vorn gerichteter Drallvektor $\mathfrak{B}$ hat die Größe

$$B = \Theta\,\frac{n\pi}{30} = 11\,100 \;\; \text{kg cm sek}.$$

$\mathfrak{B}$ dreht sich im Zeitelement dt um den Winkel $\omega\,dt$, so daß die nach dem Mittelpunkt der Kreiskurve hin gerichtete kleine Dralländerung (Abb. 72.1) die Größe

$$dB = B\,\omega\,dt$$

besitzt. Die Änderungsgeschwindigkeit des Dralles ist somit:

$$\frac{dB}{dt} = B\,\omega = 11\,100\,\frac{1}{2} = 5\,550 \;\; \text{kg cm}.$$

Da das Kreiselmoment[1] $\mathfrak{K}_r = -\dfrac{d\mathfrak{L}}{dt}$ ist, hat es dieselbe Größe wie $\dfrac{dB}{dt}$. Sein Momentenvektor ist radial nach außen gerichtet (Abb. 72.1), so daß es das Flugzeug so um dessen Schwerpunktsquerachse zu drehen sucht, daß sich der Kopf senkt.

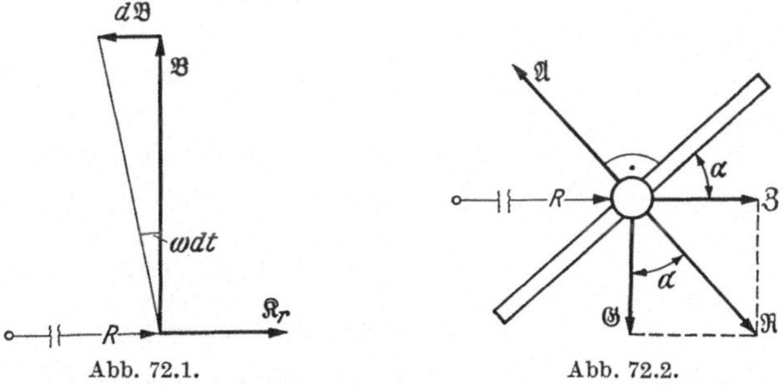

Abb. 72.1.
Abb. 72.2.

2. Die Resultierende $\mathfrak{R}$ des Flugzeuggewichts $\mathfrak{G}$ und der Zentrifugalkraft $\mathfrak{Z}$ muß dem senkrecht zur Tragfläche gerichteten Auftrieb $\mathfrak{A}$ das Gleichgewicht halten. Nach Abb. 72.2 ist

$$\operatorname{tg}\alpha = \frac{Z}{G} = \frac{m\,R\,\omega^2}{m\,g} = \frac{R\,\omega^2}{g} = \frac{6000}{4\cdot981} = 1{,}53, \quad \alpha = 56°50'.$$

---

[1] Siehe hierzu die Ausführungen auf S. 184 (unten) und 185 (oben).

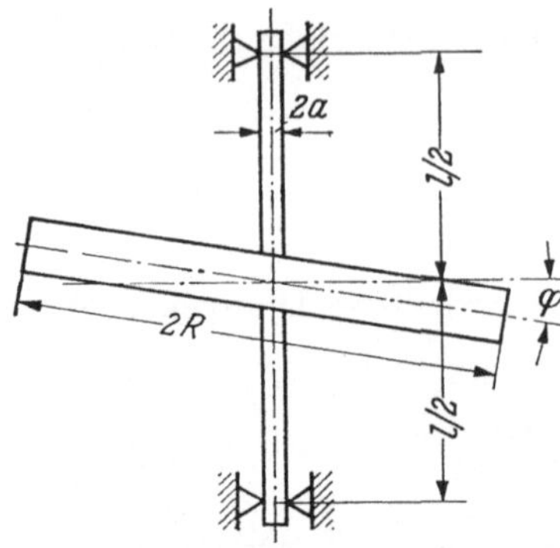

73. *Auf eine an ihren Enden frei drehbar gelagerte, biegsame Welle ist in der Mitte eine Kreisscheibe aufgekeilt, deren Ebene infolge ungenauer Fertigung einen kleinen Winkel φ mit der zur Wellenachse senkrechten Ebene einschließt,*

Gesucht ist das Kreiselmoment, das die mit n U/min umlaufende Scheibe auf die Welle ausübt, sowie die größte Biegungsspannung der Welle.

Gewicht der Scheibe $Q = 200$ kg; $l = 100$ cm; $a = 2$ cm;
$R = 50$ cm; $\varphi = 1° 30'$; $n = 900$ U/min; $E = 2 \cdot 10^6$ kg/cm²

Da die Wellenmittellinie als Drehachse keine freie Achse der schief aufgekeilten Scheibe ist, so müssen auf das System Welle—Scheibe äußere Zwangskräfte einwirken, die nur von den Lagern her auf die Welle ausgeübt werden können. Diese dynamisch erzeugten Kräfte müssen ein Kräftepaar bilden, das — vom Standpunkt eines mitrotierenden Beobachters — dem gesuchten Kreiselmoment Gleichgewicht hält. Es werde zunächst angenommen, daß die Welle starr sei.

Die Zerlegung des in die Wellenachse fallenden Vektors der Winkelgeschwindigkeit $\mathfrak{u}$ in seine beiden Komponenten $\mathfrak{u}_1$ und $\mathfrak{u}_2$ in Richtung der beiden Hauptträgheitsachsen x und y der Scheibe (Abb. 73.1) liefert

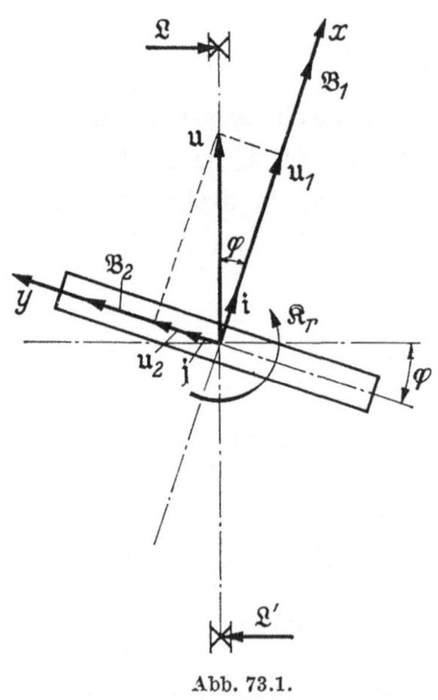

Abb. 73.1.

$$\mathfrak{u} = \mathfrak{u}_1 + \mathfrak{u}_2 = \mathfrak{i}\, u_1 + \mathfrak{j}\, u_2 ,$$

$$u_1 = u \cos\varphi , \qquad u_2 = u \sin\varphi .$$

Wird auch der nach Größe und Richtung zunächst noch unbekannte Drallvektor $\mathfrak{B}$ in seine beiden Komponenten $\mathfrak{B}_1$ und $\mathfrak{B}_2$ nach diesen Richtungen zerlegt, so ist

$$\mathfrak{B} = \mathfrak{B}_1 + \mathfrak{B}_2 = \mathfrak{i}\, B_1 + \mathfrak{j}\, B_2 ,$$

$$B_1 = u_1 \Theta_x = u \cos\varphi\, \Theta_x ,$$

$$B_2 = u_2 \Theta_y = u \sin\varphi\, \Theta_y ,$$

womit $\mathfrak{B} = \mathfrak{i}\, u_1 \Theta_x + \mathfrak{j}\, u_2 \Theta_y$ nach Größe und Richtung bekannt wird. Der Drallvektor $\mathfrak{B}$, der an der Scheibe festgeheftet zu denken ist, rotiert mit ihr um die raumfeste Wellenachse mit der Winkelgeschwindigkeit $\mathfrak{u}$, wobei er in jedem Augenblick seine Richtung ändert.

Nach dem Flächensatz ist

$$\frac{d\mathfrak{B}}{dt} = \frac{d\mathfrak{B}_1}{dt} + \frac{d\mathfrak{B}_2}{dt} = \mathfrak{M}\,.$$

$\mathfrak{M}$ ist der Momentenvektor des äußeren Kräftepaares, das aus den oben genannten Zwangslagerkräften gebildet wird. Die Spitzen der Vektoren $\mathfrak{B}_1$ und $\mathfrak{B}_2$ beschreiben bei der Drehung Kreise um die Wellenachse mit den Halbmessern $B_1 \sin\varphi$ bzw. $B_2 \cos\varphi$. Im Augenblick der Betrachtung ist $d\mathfrak{B}_1$ daher ein Vektor, der senkrecht auf der Zeichenebene steht und auf den Beschauer zu weist. Das Umgekehrte gilt für $d\mathfrak{B}_2$.

Da der zum Zeitelement dt gehörige Drehwinkel der Welle gleich $u\,dt$ ist, so wird also

$$|d\mathfrak{B}_1| = B_1 \sin\varphi\, u\,dt\,, \qquad |d\mathfrak{B}_2| = B_2 \cos\varphi\, u\,dt$$

und daher

$$\left|\frac{d\mathfrak{B}}{dt}\right| = |\mathfrak{M}| = M = (B_1 \sin\varphi - B_2 \cos\varphi)\, u = (u_1 \Theta_x \sin\varphi - u_2 \Theta_y \cos\varphi)\, u$$

$$= u^2 \sin\varphi \cos\varphi\, (\Theta_x - \Theta_y)\,.$$

Für eine schmale Kreisscheibe kann

$$\Theta_x \approx 2\, \Theta_y$$

gesetzt werden. Damit wird

$$M = \frac{u^2}{2}\, \Theta_y \sin 2\varphi \approx u^2 \Theta_y\, \varphi\,.$$

Da $\mathfrak{M}$ mit $\dfrac{d\mathfrak{B}}{dt} = \dfrac{d\mathfrak{B}_1}{dt} + \dfrac{d\mathfrak{B}_2}{dt}$ gleichgerichtet ist und der auf den Beschauer zu weisende Vektor $\dfrac{d\mathfrak{B}_1}{dt}$ größer ist als der entgegengesetzt gerichtete Vektor $\dfrac{d\mathfrak{B}_2}{dt}$, so hat der Momentenvektor $\mathfrak{M} = \dfrac{d\mathfrak{B}}{dt}$ dieselbe Richtung wie $\dfrac{d\mathfrak{B}_1}{dt}$, d. h. das aus den Lagerkräften $\mathfrak{L}$ und $\mathfrak{L}'$ gebildete Kräftepaar dreht im Sinne des Uhrzeigers.

Aus $\mathfrak{M} = \dfrac{d\mathfrak{B}}{dt}$ folgt: $\mathfrak{M} - \dfrac{d\mathfrak{B}}{dt} = 0$, so daß der Momentenvektor des gesuchten Kreiselmoments $\mathfrak{K}_r$

$$\mathfrak{K}_r = -\frac{d\mathfrak{B}}{dt} = -\mathfrak{M}$$

ist.

Für den Fall der starren Welle ist daher

$$K_r = M = u^2\, \Theta_y\, \varphi$$

Das Kreiselmoment, das für einen mitrotierenden Beobachter ein an der Scheibe angreifendes, äußeres Moment ist und das hier aus den an den Massenpunkten der Scheibe anzubringenden Fliehkräften gebildet wird, dreht also entgegen dem Uhrzeiger und sucht deshalb den Winkel φ zu verkleinern, was auch möglich ist, da die Welle ja in Wirklichkeit nicht starr, sondern biegsam ist. Infolge der Elastizität der Welle wird φ durch K_r um ψ verkleinert (Abb. 73.2), so daß für den Fall der biegsamen Welle

$$K_r = M = u^2\, \Theta_y\, (\varphi - \psi)$$

zu setzen ist.

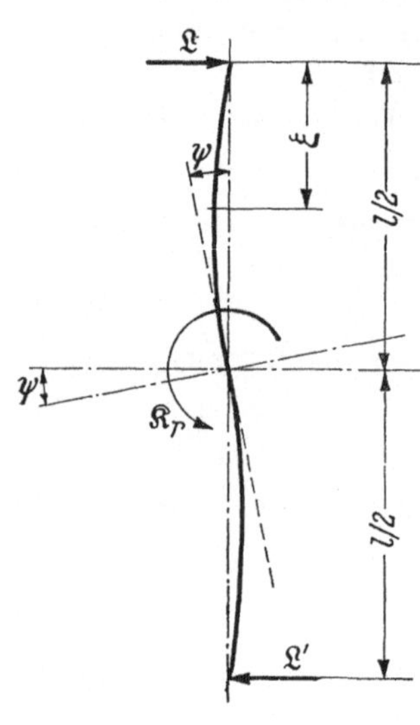

Abb. 73.2.

Berechnung des elastischen Winkels ψ:

Das Biegungsmoment im Abstand ξ vom oberen Lager ist mit $K_r = L \cdot l$

$$M(\xi) = L\,\xi = \frac{K_r}{l}\,\xi\,.$$

Da in beiden Wellenhälften dieselbe Formänderungsarbeit vorhanden ist, wird die gesamte Formänderungsarbeit (Biegungsarbeit) der Welle:

$$A = 2\,\frac{1}{2\,E\,J}\int_0^{l/2} M^2(\xi)\,d\xi\,.$$

Nach dem Satz von Castigliano ist

$$\psi = \frac{\partial A}{\partial K_r} = \frac{2}{E\,J}\int_0^{l/2} M(\xi)\,\frac{\partial M(\xi)}{\partial K_r}\,d\xi\,.$$

Mit $\dfrac{\partial M(\xi)}{\partial K_r} = \dfrac{\xi}{l}$ erhält man

$$\psi = \frac{2\,K_r}{E\,J\,l^2}\int_0^{l/2}\xi^2\,d\xi = \frac{2\,K_r}{E\,J\,l^2}\,\frac{l^3}{24} = \frac{K_r\,l}{12\,E\,J} = \frac{u^2\,\Theta_y\,(\varphi-\psi)\,l}{12\,E\,J}\,,$$

woraus folgt:

$$\psi = \varphi\,\frac{u^2\,\Theta_y\,l}{12\,E\,J + u^2\,\Theta_y\,l}\,.$$

Damit wird schließlich

$$K_r = u^2\,\Theta_y\,\varphi\left(1 - \frac{u^2\,\Theta_y\,l}{12\,E\,J + u^2\,\Theta_y\,l}\right) = u^2\,\Theta_y\,\varphi\,\frac{12\,E\,J}{12\,E\,J + u^2\,\Theta_y\,l}\,.$$

Zahlenrechnung:

$$J = \frac{\pi a^4}{4} = \frac{\pi \cdot 2^4}{4} = 4\pi \ \text{cm}^4, \qquad u = \frac{\pi}{30}\, n = \frac{\pi}{30}\, 900 = 30\pi \ \text{sek}^{-1},$$

$$\varphi = 1\tfrac{1}{2}^\circ = \frac{1,5\,\pi}{180} = \frac{\pi}{120},$$

$$\Theta_y = \frac{Q}{g}\,\frac{R^2}{4} = \frac{200}{981}\,\frac{50^2}{4} = 128 \ \text{kg cm sek}^2,$$

$$K_r = 21\,550 \ \text{kgcm (gegenüber } 29\,750 \ \text{kgcm bei starrer Welle),}$$

$$\sigma_{\max} = \frac{L\,\dfrac{l}{2}}{W} = \frac{\tfrac{1}{2}K_r}{\dfrac{\pi a^3}{4}} = 1715 \ \text{kg/cm}^2.$$

74. *Auf eine z-förmig gekröpfte Kurbelwelle, die mit der Winkelgeschwindigkeit u um die lotrechte Achse A—A umläuft, sind in gleichen Abständen a von ihrer Mitte zwei gleiche, schmale Kreisscheiben vom Halbmesser r aufgekeilt. Da ihre Ebenen senkrecht auf dem unter dem Winkel α gegen die Drehachse geneigten Kurbelzapfen C—C stehen, führen sie eine Taumeldrehung aus.*

In welchem Verhältnis muß a zu r stehen, damit die Drehachse A—A zu einer freien Achse wird?

(Die Kurbelwelle werde als starr und masselos angesehen.)

Die Aufgabe läßt sich auf zweierlei Art lösen:

1. auf Grund der Bedingung, daß das Kreiselmoment $\mathfrak{K}_r$ der Scheiben bzw. das ihm entgegengesetzt gleiche Moment $\mathfrak{M}$ des aus den Lagerkräften gebildeten Kräftepaares verschwinden muß;

2. durch Erfüllung der Forderung, daß der Drallvektor des Scheibensystems bezüglich des auf der Drehachse A—A liegenden Systemschwerpunktes in die Drehachse fallen muß.

1. Das statische Moment des Lagerkräftepaares

$$M = (B_1 \sin\alpha - B_2 \cos\alpha)\, u$$

(s. die Ableitung dieser Gleichung in der Lösung der vorhergehenden Aufgabe) verschwindet, wenn

$$\frac{B_2}{B_1} = \operatorname{tg}\alpha \tag{1}$$

ist.

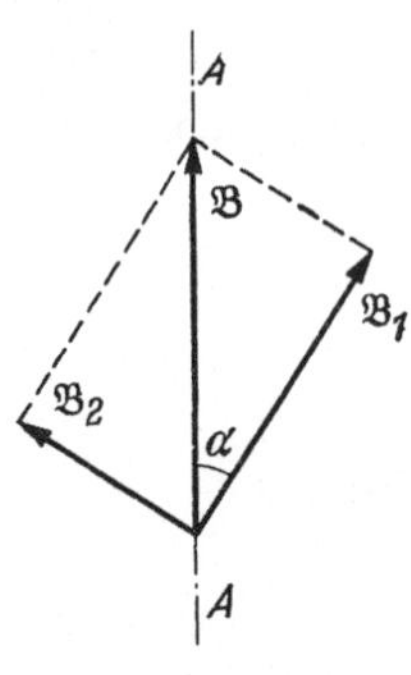

Abb. 74.1.

Die Drallkomponenten

$$B_1 = u \cos\alpha\, \Theta_x = u\, 2\, \frac{m\, r^2}{2} \cos\alpha,$$

$$B_2 = u \sin\alpha\, \Theta_y = u\, 2 \left(\frac{m\, r^2}{4} + m\, a^2\right) \sin\alpha$$

(nach dem STEINER-HUYGENSschen Satz) erfüllen Gl. (1), wenn

$$\frac{a}{r} = \frac{1}{2}$$

gemacht wird. Das Ergebnis ist vom Kröpfungswinkel α unabhängig. Nur für $\alpha = 0$ und $\alpha = 90°$ verschwindet

$$M = \frac{1}{2}\, u^2\, m \left(\frac{r^2}{2} - 2\, a^2\right) \sin 2\alpha$$

für beliebige Werte von a/r.

2. Aus Abb. **74**.1 liest man sofort die Gl. (1) ab.

75. *In den Abbildungen ist ein Pendelkreisel im Auf- und Seitenriß dargestellt. Er besteht aus einer Rundeisenstange (Länge L, Durchmesser 2r), die an ihrem oberen Ende an einer Achse von der Länge l pendelnd aufgehängt ist und die an ihrem unteren Ende ein Schwungrad trägt, dessen Drehachse mit der Stangenachse zusammenfällt. Das Schwungrad — mit dem auf seine Drehachse bezogenen Trägheitsmoment J_0 — dreht sich mit der konstanten Winkelgeschwindigkeit ω, von oben gesehen entgegen dem Uhrzeigersinn.*

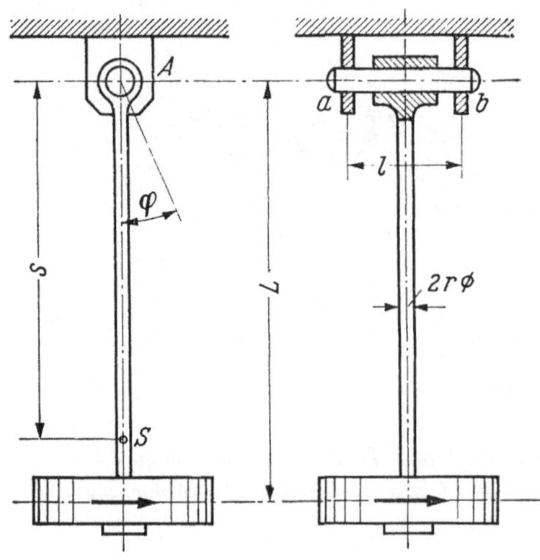

Das Gewicht des gesamten Pendels ist Q, sein Schwerpunkt S hat den Abstand s von der Aufhängeachse, sein Trägheitsmoment (Drehmasse), bezogen auf diese, ist Θ_A.

$r = 1\,cm$; $L = 100\,cm$; $s = 90\,cm$; $l = 10\,cm$; $Q = 15\,kg$; $\Theta_A = 150\,kg\,cm\,sek^2$;

$J_0 = 20\,kg\,cm\,sek^2$; $\omega = 75\,sek^{-1}$; $E = 2 \cdot 10^6\,kg/cm^2$.

I. Die Stange werde zunächst als starr vorausgesetzt.

1. Auf Grund des Flächensatzes entscheide man die Frage, ob die Schwingungsdauer T des Pendels von der Größe der Winkelgeschwindigkeit ω des Schwungrades abhängig ist oder nicht.

Wie groß ist T für kleine Schwingungen?

2. Das Pendel schwingt mit einem größten Ausschlag $\varphi_{max} = \alpha = 60°$. Welche Größe und welche Richtung haben die von den Lagern a und b auf die als starr vorausgesetzte Aufhängeachse ausgeübten dynamischen Lagerkräfte P im Augenblick des Durchgangs des Pendels durch seine lotrechte Gleichgewichtslage von links nach rechts? (Eine Einspannung in den Lagern ist nicht vorhanden.) Man trage diese Kräfte in die Seitenrißzeichnung der von den Lagern freigemachten Achse ein.

II. Man lasse die in Wirklichkeit nicht zutreffende Voraussetzung, daß die Stange starr sei, fallen, sehe sie also als biegsam an und beantworte für diesen Fall die beiden unter I. gestellten Fragen 1 und 2. Die Aufhängeachse sehe man auch weiterhin als starr an.*

Wie lautet die Bewegungsgleichung des Pendels für beliebig große Ausschläge in diesem Fall? — Von der Lagerreibung soll abgesehen werden.

I. 1. Die Pendelbewegung wird bei starrer Stange durch die Rotation des Schwungrades nicht beeinflußt und somit auch nicht die Schwingungsdauer.

Begründung: Wird der in die Stangenachse fallende und hier nach abwärts gerichtete Schwungraddrall mit $\mathfrak{B}$ bezeichnet, so steht sein geometrischer Zuwachs $d\mathfrak{B}$ bei einer Drehung um den kleinen Winkel $d\varphi$ senkrecht auf $\mathfrak{B}$, liegt also in der Pendelebene (Abb. 75.1). Nach dem Flächensatz ist $d\mathfrak{B}/dt$ dem statischen Moment des zugehörigen äußeren Kräftepaares gleich, dessen Momentenvektor $\mathfrak{M}$ mit $d\mathfrak{B}$ gleichgerichtet ist und das deshalb in einer zur Pendelebene senkrechten, die Stangenachse enthaltenden Ebene wirkt. Dieses Kräftepaar besteht aus den beiden Lagerkräften, die von den Lagern a und b auf die Aufhängeachse und damit auch auf die Stange ausgeübt werden. Es wird hervorgerufen durch den dynamischen Widerstand, den das Schwungrad der mit der Pendelbewegung verbundenen Drehung seiner Ebene entgegengesetzt und der bei Abwesenheit von Reibung keinen Einfluß auf die Schwingung haben kann, da er nicht

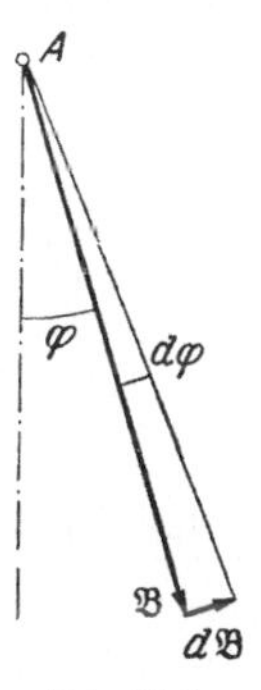

Abb. 75.1.

in der Schwingungsebene wirkt. Wie schnell auch das Schwungrad rotieren mag, die Schwingungsdauer wird davon nicht berührt. Sie beträgt für kleine Schwingungen:

$$T = 2\pi \sqrt{\frac{\Theta_A}{Q\,s}} = 2\pi \sqrt{\frac{150}{15 \cdot 90}} = \frac{2\pi}{3} = 2,1 \text{ sek.}$$

2. Allgemein ist hier $dB = B\,d\varphi$, da sich der Vektor des Schwungraddralles $B = J_0\,\omega$ um die Aufhängeachse dreht (Abb. 75.1). Also ist

$$\frac{dB}{dt} = B\frac{d\varphi}{dt} = J_0\,\omega\frac{d\varphi}{dt} = M.$$

Beim Durchgang durch die lotrechte Gleichgewichtslage ist die Winkelgeschwindigkeit $\dot{\varphi} = \dfrac{d\varphi}{dt}$ und damit auch das Moment M des aus den Lagerkräften P gebildeten Kräftepaares am größten. Bei der Bewegung von links nach rechts ist in diesem Augenblick $d\mathfrak{B}$ waagrecht nach rechts gerichtet, das genannte Kräftepaar dreht daher im Seitenriß entgegen dem Uhrzeigersinn (Abb. 75.2). Die Größe seines Moments ist:

$$M_0 = P\,l = J_0\,\omega\,\dot{\varphi}_0,$$

Abb. 75.2.   woraus $P = \dfrac{M_0}{l} = \dfrac{J_0\,\omega\,\dot{\varphi}_0}{l}$ folgt.

Die Größe von $\dot{\varphi}_0$ ergibt sich aus dem Satz von der lebendigen Kraft für die Drehbewegung eines starren Körpers um eine feste Achse, wonach die Arbeit A der äußeren Kräfte gleich ist der Änderung der kinetischen Energie. Zwischen Umkehr- und Gleichgewichtslage des Pendels wächst diese von Null auf $\dfrac{\Theta_A}{2}\dot{\varphi}_0^2$ an. Die einzige äußere Kraft, die Arbeit leistet, ist das Gewicht Q des Pendels, das in diesem Intervall den Weg $s\,(1-\cos\alpha)$ in vertikaler Richtung nach abwärts zurücklegt und daher die Arbeit

$$A = Q\,s\,(1 - \cos\alpha)$$

leistet. Aus der Gleichsetzung der beiden Energiebeträge:

$$Q\,s\,(1 - \cos\alpha) = \frac{\Theta_A}{2}\,\dot{\varphi}_0^2$$

folgt:

$$\dot{\varphi}_0 = \sqrt{\frac{2}{\Theta_A}\,Q\,s\,(1-\cos\alpha)} = \sqrt{\frac{2}{150}\cdot 15 \cdot 90\left(1 - \frac{1}{2}\right)} = 3\ \text{sek}^{-1}.$$

Damit wird

$$M_0 = 20 \cdot 75 \cdot 3 = 4500\ \text{kgcm}$$

und jede der beiden Lagerkräfte

$$P = \frac{M_0}{l} = 450\ \text{kg}.$$

Die Fliehkraft bewirkt eine geringfügige Verringerung der linken bzw. Vergrößerung der rechten Lagerkraft.

II. Nach dem Flächensatz ist vektoriell

$$\frac{d\mathfrak{B}}{dt} = \mathfrak{M} \quad \text{oder} \quad -\frac{d\mathfrak{B}}{dt} + \mathfrak{M} = 0.$$

$-\dfrac{d\mathfrak{B}}{dt} = \mathfrak{K}_r$ ist das Kreiselmoment des Schwungrads, welches das äußere Moment $\mathfrak{M}$ hervorruft und daher am ruhenden Ersatzpendel mit ihm im Gleichgewicht steht (Abb. 75.3, Seitenriß). Es stellt hier das resultierende Kräftepaar dar, zu dem sich die Corioliskräfte zusammenfassen lassen, die ein auf dem Schwungrad mitfahrender Beobachter außer den Fliehkräften an dessen Massenpunkten anzubringen hat, und die ihr Entstehen dem Umstand verdanken, daß sich die Massenpunkte relativ zur Pendelstange (Fahrzeug) bewegen und diese eine Drehbewegung mit der Winkelgeschwindigkeit $\dot\varphi$ ausführt. $\mathfrak{K}_r$ verbiegt die Stange, die an ihrem oberen Ende als fest eingespannt betrachtet werden kann, nach Abb. 75.3. In der Stange ist daher eine Formänderungsarbeit (Biegungsarbeit) vom Betrage

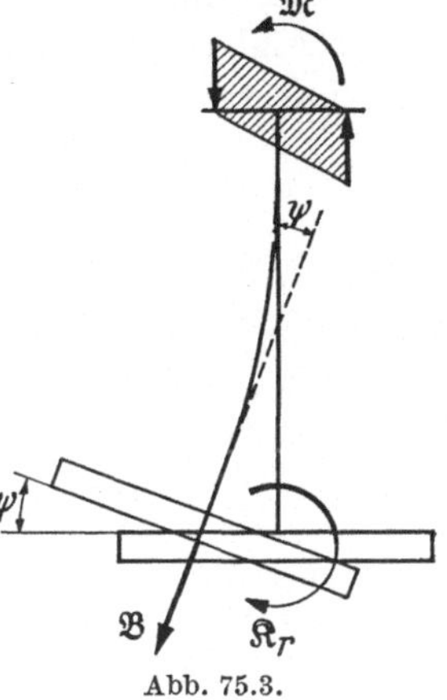

$$A = \frac{K_r^2 L}{2EJ}, \quad K_r = M = J_0\,\omega\,\dot\varphi$$

aufgespeichert $\left(J = \frac{r^4\pi}{4} = \frac{\pi}{4}\ \mathrm{cm}^4\right)$. Beim Durchgang durch die Gleichgewichtslage hat sie den Wert

$$A_0 = [J_0\,\omega\,\dot\varphi_0]^2\,\frac{L}{2EJ}.$$

Diese innere Arbeit, zusammen mit dem Zuwachs an kinetischer Energie $\frac{\Theta_A}{2}\,\dot\varphi_0^2$, muß aus der Arbeit, die das Gewicht Q im Intervall $\varphi = \alpha$

Abb. 75.3.

bis $\varphi = 0$ leistet, bestritten werden, so daß die Arbeitsgleichung jetzt lautet:

$$Qs(1 - \cos\alpha) = \frac{\Theta_A}{2}\,\dot\varphi_0^2 + (J_0\,\omega)^2\,\dot\varphi_0^2\,\frac{L}{2EJ}$$

$$= (\dot\varphi)_0^2\,\frac{1}{2}\left[\Theta_A + (J_0\,\omega)^2\,\frac{L}{EJ}\right],$$

woraus folgt:

$$\dot\varphi_0 = \sqrt{\frac{2Qs(1 - \cos\alpha)}{\Theta_A + (J_0\,\omega)^2\,\dfrac{L}{EJ}}} = \sqrt{\frac{2\cdot15\cdot90\cdot0{,}5}{150 + \dfrac{225\cdot10^4\cdot100\cdot4}{2\cdot10^6\,\pi}}} = 2{,}15\ \mathrm{sek}^{-1}.$$

Aus dem Vergleich der allgemeinen Ausdrücke, die für $\dot\varphi_0$ in den beiden Fällen I. und II. gefunden wurden, erkennt man den Einfluß, den die elastische Nachgiebigkeit der Stange auf die Pendelbewegung ausübt. Er besteht in einer scheinbaren Vergrößerung des Trägheitsmoments Θ_A um $(J_0\,\omega)^2\,\dfrac{L}{EJ}$, die für $\dot\varphi_0$ eine Verringerung von 3 auf 2,15 bedeutet. Das Pendel mit biegsamer Stange schwingt also langsamer als das mit starrer Stange. Seine Schwingungsdauer für kleine Schwingungen beträgt:

$$T' = 2\pi\sqrt{\frac{\Theta_A + (J_0\,\omega)^2\,\dfrac{L}{EJ}}{Qs}} = 2\pi\sqrt{\frac{293}{1\,350}}\,\frac{2\pi}{\sqrt{4{,}6}} = 2{,}92\ \mathrm{sek}.$$

Sie ist demnach um etwa 40% größer als bei starrer Stange. Dabei ist vorausgesetzt, daß die Aufhängeachse und die Lager nicht nachgeben, andernfalls müßte auch die Formänderungsarbeit dieser Teile berücksichtigt werden, womit sich die Schwingungsdauer noch weiter erhöhen würde. (Das Schwerkraftmoment und das D'ALEMBERT-Moment $-\Theta_A\,\ddot\psi$ im Seitenriß (Abb. 75.3) konnten gegenüber dem Kreiselmoment K_r als vernachlässigbar klein unberücksichtigt bleiben.)

Die Lagerkräfte reduzieren sich auf

$$P' = 450\,\frac{2{,}15}{3} = 322 \text{ kg.}$$

Die Bewegungsgleichung des Kreiselpendels mit nachgiebiger Stange erhält man, indem man an die Stelle von Θ_A das scheinbare Trägheitsmoment $\Theta'_A = \Theta_A + (J_0\,\omega)^2\,\dfrac{L}{2\,E\,J}$ setzt. Sie lautet somit für beliebig große Ausschläge

$$\left[\Theta_A + (J_0\,\omega)^2\,\frac{L}{E\,J}\right]\ddot\varphi = -\,Q\,s\,\sin\varphi\,.$$

Sie läßt sich auch auf andere Weise herleiten, ohne daß man von der Formänderungsarbeit Gebrauch macht, und zwar wie folgt: Bei beliebigem Pendelwinkel φ ist, wie Abb. 75.3 zeigt (Projektion des Pendels auf eine senkrecht auf der Aufrißebene stehende, zur Stangenrichtung parallele Seitenrißebene), die Schwungradebene infolge der Verbiegung der Stange durch das Kreiselmoment $\mathfrak{K}_r$ um den kleinen Winkel $\psi = \dfrac{K_r\,L}{E\,J}$ gegen die senkrecht auf der unverbogenen Stange stehende Ebene geneigt. (Nach der bekannten Formel für den Neigungswinkel der Endtangente an die elastische Linie eines einseitig eingespannten, am freien Ende durch ein Endmoment K_r belasteten Stabes.)

Im Zeitelement dt erfährt der um den Winkel ψ gegen die unverbogene Stange geneigte Schwungraddrall $\mathfrak{B}$ infolge der als positiv anzunehmenden Änderung $d\psi$

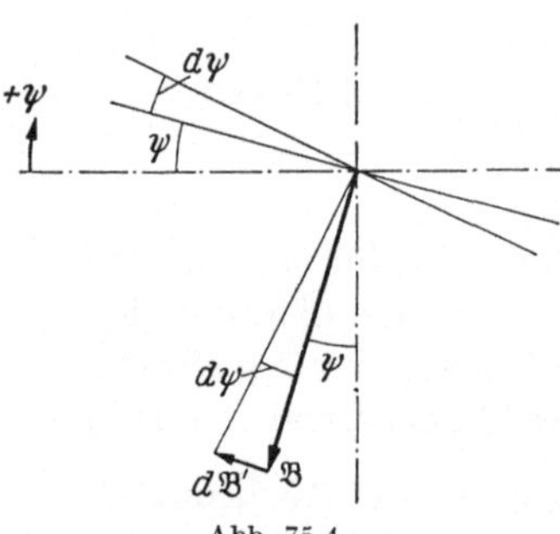

Abb. 75.4.

(Zunahme von ψ im Zeitelement dt) einen geometrischen Zuwachs $d\mathfrak{B}'$ senkrecht auf $\mathfrak{B}$, dessen Pfeilspitze im Seitenriß (Abb. 75.4) nach links, im Aufriß vom Beschauer weg, d. h. nach hinten, zeigt. Nach dem Flächensatz gehört zu $d\mathfrak{B}'$ ein äußeres Moment

$$\mathfrak{M}' = \frac{d\mathfrak{B}'}{dt}$$

von der Größe

$$M' = B\,\frac{d\psi}{dt}\,,$$

dessen Momentenvektor $\mathfrak{M}'$ dieselbe Richtung besitzt wie $d\mathfrak{B}'$ und das daher im Aufriß entgegen dem Uhrzeiger dreht. Jetzt wenden wir einen Kunstgriff[1] an. Wir denken uns dieses äußere Kräftepaar vom Momentenvektor $\mathfrak{M}'$ dadurch wirklich zustande gebracht, daß wir im Augenblick der Betrachtung das Pendel von außen her festhalten, so daß wir $\mathfrak{M}'$ als das „Festhaltemoment" oder „Festhalte-Kräftepaar" bezeichnen können. Lassen wir hierauf dieses Kräftepaar wieder

---

[1] s. A. FÖPPL: Vorl. ü. Techn. Mech. Bd. 6, S. 213, 5. Auflage.

fortfallen (denn in Wirklichkeit wird ja das Pendel nicht festgehalten), so erfährt das Pendel in der Aufrißebene eine Winkelbeschleunigung von derselben Größe und Richtung, als wenn ein Kräftepaar darauf einwirkte, dessen Momentenvektor $\mathfrak{M}''$ dem des Festhaltemoments $\mathfrak{M}'$ entgegengesetzt gleich ist:

$$\mathfrak{M}'' = -\mathfrak{M}' = -\frac{d\mathfrak{B}'}{dt}.$$

Dieses das Pendel beschleunigende Kräftepaar, zu dem die Corioliskräfte resultieren, die infolge der Winkelgeschwindigkeit $d\psi/dt$ des Stangenendes (Fahrzeug) an den Massenteilchen des Schwungrades auftreten, und das ein zweites Kreiselmoment darstellt, dreht daher im Uhrzeigersinn. An dem ruhenden Ersatzpendel halten sich also im Aufriß (Abb. 75.5) 3 Momente das Gleichgewicht:

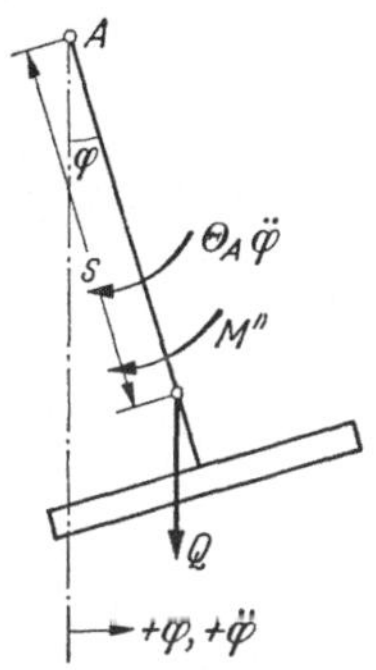

1. Das D'ALEMBERT-Moment $-\Theta_A\,\ddot\varphi$, das bei positiv angenommenem $\ddot\varphi\,(+\ddot\varphi$ in Abb. 75.5 entgegen dem Uhrzeiger drehend) im Sinne des Uhrzeigers dreht und an dessen Momentenpfeil nur $\Theta_A\,\ddot\varphi$ zu schreiben ist, da das negative Vorzeichen bereits durch den eingezeichneten Drehpfeil (entgegen $+\ddot\varphi$) zum Ausdruck gebracht wurde.

2. Das zweite Kreiselmoment $\mathfrak{M}''$ von der Größe

$$M'' = M' = B\frac{d\psi}{dt}$$

im Uhrzeigersinn und

3. das Schweremoment $Q\,s\sin\varphi$, ebenfalls in diesem Sinne.

Aus Abb. 75.5 liest man ab:

$$\Theta_A\,\ddot\varphi + Q\,s\sin\varphi + M'' = 0 \qquad \text{(Bewegungsgleichung)}.$$

Mit

$$\psi = \frac{K\cdot L}{E\,J} = B\frac{d\varphi}{dt}\frac{L}{E\,J}$$

wird

$$M'' = B\frac{d\psi}{dt} = B^2\frac{L}{E\,J}\frac{d^2\varphi}{dt^2} = (J_0\,\omega)^2\frac{L}{E\,J}\,\ddot\varphi,$$

so daß die Bewegungsgleichung übergeht in

$$\left[\Theta_A + (J_0\,\omega)^2\frac{L}{E\,J}\right]\ddot\varphi = -Q\,s\sin\varphi.$$

Abb. 75.5.

76. *In der Mitte einer waagrechten Welle a—b sitzt ein drehsymmetrischer Körper von der Gestalt eines rechtwinkligen Kreuzes, gebildet aus 4 masselosen Stäben mit je einem Massenpunkt m am freien Ende eines jeden Stabes. Die Welle ist an ihren Enden a, b in einem Kreisring (mittlerer Halbmesser R) gelagert und dreht sich mit der konstanten Winkelgeschwindigkeit ω. Der Kreisring dreht sich seinerseits um 2 feste, lotrechte Zapfen c, d mit der konstanten Winkelgeschwindigkeit μ. Sämtliche 4 Lager üben auf die Lagerzapfen keine Einspannmomente aus (Pendelkugellager).*

1. Mit Hilfe des Flächensatzes ist das Kreiselmoment nach Größe und Drehrichtung zu bestimmen, das der kreuzförmige Körper auf die Welle a—b ausübt. Sein Drehpfeil ist in die Aufrißzeichnung einzutragen.

2. Die durch das Kreiselmoment in den 4 Lagern a, b, c, d hervorgerufenen Lagerkräfte sind nach Größe und Richtung zu bestimmen und ihre Pfeile sind in eine Zeichnung des frei gemachten Ringes einzutragen.

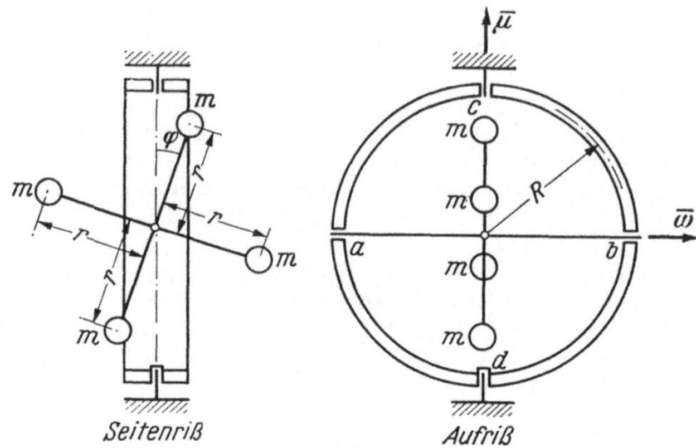

3. Wie groß ist das maximale Biegungsmoment des Ringes und an welchen Stellen tritt es auf?

4. Man wende auf die Bewegung der Massenpunkte die Lehre von der Relativbewegung an und zeige, daß die Corioliskräfte ein Kräftepaar bilden, dessen statisches Moment mit dem Kreiselmoment übereinstimmt, und zwar unabhängig vom momentanen Drehwinkel φ.

1. Das Trägheitsmoment des kreuzförmigen Körpers, bezogen auf die Drehachse a—b, ist $\Theta = 4\,m\,r^2$ und der zugehörige Drall: $B = \Theta\,\omega = 4\,m\,r^2\,\omega$.

Bei seiner Drehung mit μ um die Achse c—d ändert sich im Zeitelement dt der Drall $\mathfrak{B}$ um $d\mathfrak{B}$ (Abb. 76.1):

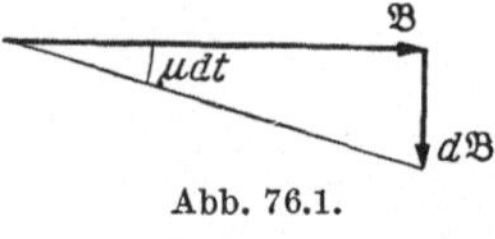

Abb. 76.1.

$$|d\mathfrak{B}| = B\,\mu\,dt$$

mit dem Pfeil nach vorn.

Das Kreiselmoment ist $\mathfrak{K}_r = -\dfrac{d\mathfrak{B}}{dt}$ mit dem Pfeil nach hinten:

$$K_r = B\,\mu = 4\,m\,r^2\,\omega\,\mu\,.$$

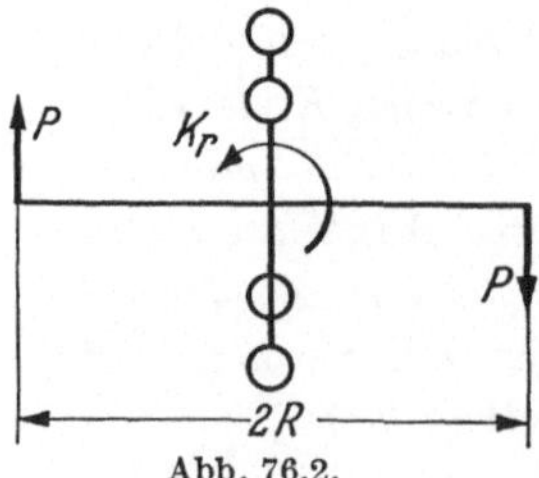

Abb. 76.2.

2. Es dreht entgegen dem Uhrzeigersinn und wird an der Welle im Gleichgewicht gehalten durch das im Uhrzeigersinn drehende Kräftepaar der lotrechten Lagerkräfte (Abb. 76.2)

$$P = \frac{K_r}{2\,R} = \frac{2\,m\,r^2\,\omega\,\mu}{R}\,.$$

Ihre Reaktionen am Ring bilden das den Ring belastende Kräftepaar vom Moment $P\,2\,R$, das entgegen dem Uhrzeiger dreht und in c und d

Lagerkräfte P hervorruft, die waagrecht gerichtet sind und am Ring ein im Uhrzeigersinn drehendes Kräftepaar vom Moment $P\,2\,R$ bilden.

Am frei gemachten Ring greifen also zwei sich das Gleichgewicht haltende Kräftepaare an (Abb. 76.3), die den Ring verbiegen.

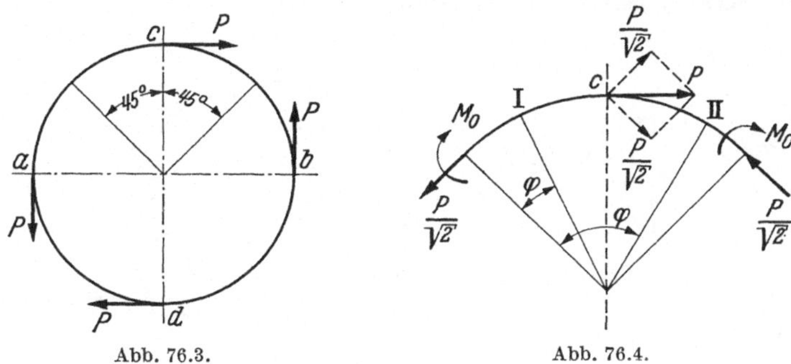

Abb. 76.3.   Abb. 76.4.

3. Man betrachte einen Ringquadranten, in dessen Mitte eine der vier Kräfte P angreift (Abb. 76.4). Da seine Endquerschnitte zu den Symmetrieschnitten durch den Ring gehören, können in ihnen keine Schubkräfte auftreten.

Die in den Endquerschnitten vorhandenen Biegungsmomente M_0 sind von gleicher Größe und haben den gleichen Drehpfeil. M_0 ist die statisch unbestimmte Größe.

Im linken Ast I ist:

$$M_\varphi^I = M_0 - \frac{P}{\sqrt 2}\, R\,(1 - \cos\varphi)\,.$$

Im rechten Ast II ist:

$$M_\varphi^{II} = M_0 - \frac{P}{\sqrt 2}\, R\,(1 - \cos\varphi) - \frac{P}{\sqrt 2}\, R\,(\sin\varphi - \sin 45^\circ)$$

$$+ \frac{P}{\sqrt 2}\, R\,(\cos 45^\circ - \cos\varphi)\,,$$

$$M_\varphi^{II} = M_0 - \frac{P}{\sqrt 2}\, R - \frac{P}{\sqrt 2}\, R\sin\varphi + PR\,.$$

$$\frac{\partial (A_I + A_{II})}{\partial M_0} = \frac{R}{EJ} \int_0^{\pi/4} \left[M_0 - \frac{PR}{\sqrt 2}\,(1 - \cos\varphi) \right] d\varphi +$$

$$+ \frac{R}{EJ} \int_{\pi/4}^{\pi/2} \left(M_0 - \frac{PR}{\sqrt 2} - \frac{PR}{\sqrt 2}\sin\varphi + PR \right) d\varphi = 0\,,$$

$$2\,M_0\,\frac{\pi}{4} - \frac{PR}{\sqrt 2}\,\frac{\pi}{4} + \frac{PR}{2} - \frac{PR}{\sqrt 2}\,\frac{\pi}{4} - \frac{PR}{2} + PR\,\frac{\pi}{4} = 0\,,$$

$$M_0 = \frac{PR}{2}\,(\sqrt 2 - 1) = M_{\max} \quad (M_{\varphi = \frac{\pi}{4}} = 0)\,.$$

$M_{\max}$ tritt an vier Stellen jeweils in der Mitte zwischen den Kräften P auf.

4. Von den beiden Ergänzungskräften der Relativbewegung, die an jedem der vier Massenpunkte anzubringen sind, tragen nur die Corioliskräfte zum Kräftepaar des Kreiselmoments bei.

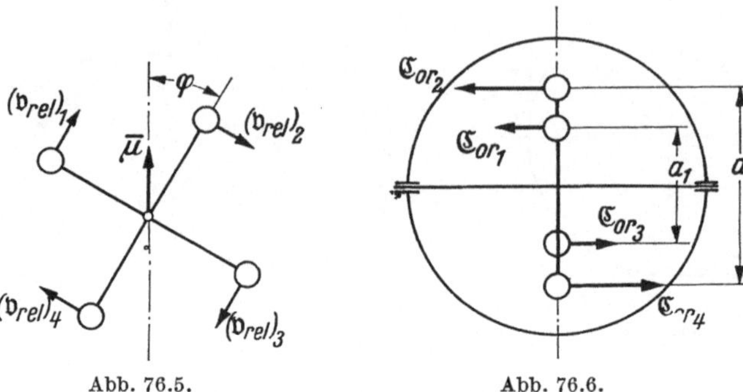

Abb. 76.5.   Abb. 76.6.

Die Relativgeschwindigkeit v_{rel} eines jeden Massenpunktes gegen den als Fahrzeug anzusehenden Ring hat die konstante Größe $v_{\mathrm{rel}} = r\,\omega$. Die 4 Vektoren $(\mathfrak{v}_{\mathrm{rel}})_\nu$ $(\nu = 1, 2, 3, 4)$ liegen sämtlich in der Ebene des Stabkreuzes, ebenso wie der konstante Vektor $\bar\mu$ der Winkelgeschwindigkeit des Fahrzeugs (Abb. 76.5). Die Corioliskräfte

$$\mathfrak{C}_{\mathrm{or}} = -2m\,[(\mathfrak{v}_{\mathrm{rel}})_\nu\,\bar\mu] \qquad (\nu = 1, 2, 3, 4)$$

sind in Abb. **76.6** eingezeichnet. Sie haben die Größen

$$(C_{\mathrm{or}})_1 = (C_{\mathrm{or}})_3 = 2m\,v_{\mathrm{rel}}\,\mu\,\sin\varphi\,,$$
$$(C_{\mathrm{or}})_2 = (C_{\mathrm{or}})_4 = 2m\,v_{\mathrm{rel}}\,\mu\,\cos\varphi$$

und .bilden ein Kräftepaar mit dem statischen Moment

$$\begin{aligned}
M_{\mathrm{Cor}} &= (C_{\mathrm{or}})_1\,a_1 + (C_{\mathrm{or}})_2\,a_2 \\
&= 2m\,v_{\mathrm{rel}}\,\mu\,\sin\varphi\;2r\,\sin\varphi + 2m\,v_{\mathrm{rel}}\,\mu\,\cos\varphi\;2r\,\cos\varphi \\
&= 4m\,v_{\mathrm{rel}}\,\mu\,r = 4m\,r^2\,\omega\mu\,,
\end{aligned}$$

das mit dem Kreiselmoment übereinstimmt.

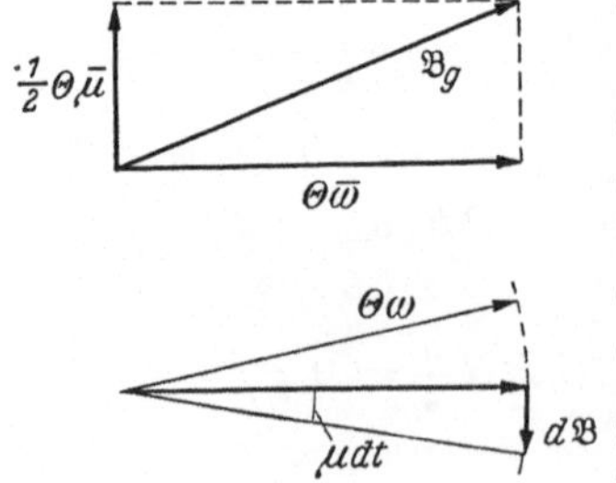

Abb. 76.7.

Zu Frage 1: Man kann die Aufgabe auch so lösen, daß man den Vektor $\mathfrak{B}$ des Gesamtdralles des Körpers nach Größe und Richtung bestimmt, der sich durch geometrische Addition des Dralles $\Theta\,\omega$ um die Figurenachse a—b und des Dralles $\tfrac{1}{2}\Theta\,\mu$ um die Drehachse c—d ergibt und der sich mit der Winkelgeschwindigkeit μ um die Achse c—d dreht.

$$\mathfrak{B}_g = \Theta\,\bar\omega + \tfrac{1}{2}\,\Theta\,\bar\mu.$$

Die Drallspitze beschreibt einen waagerechten Kreis um die Achse c—d mit dem Halbmesser $\Theta\,\omega$ (Abb. 76.7, Grundriß), und man erhält wieder:

$$K_r = \left|\frac{d\mathfrak{B}_g}{dt}\right| = \Theta\,\omega\mu = 4m r^2\,\omega\,\mu.$$

77*. *Das im Grund- und Seitenriß schematisch dargestellte Planetengetriebe besteht aus dem festgehaltenen Zahnrad I und den beiden Planetenrädern II und III. Deren Achsen 2 und 3 sind mit der Kurbel K fest verbunden, die um die Antriebsachse 1 mit konstanter Winkelgeschwindigkeit u im Uhrzeigersinn gedreht wird. Da alle drei Räder denselben Halbmesser r haben, ist die absolute Winkelgeschwindigkeit des Rades III gleich*

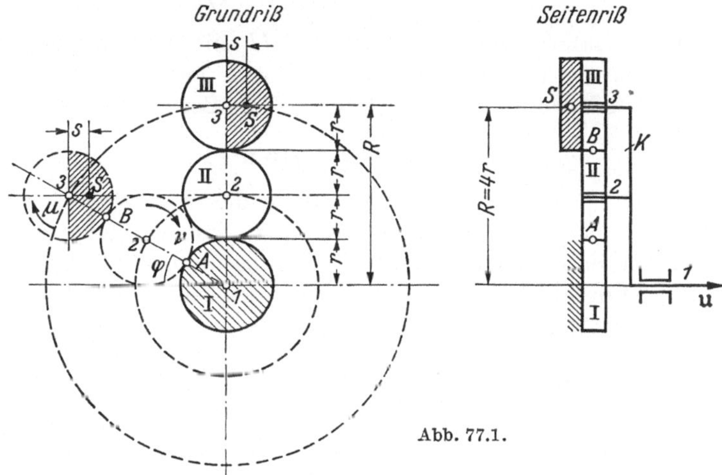

Null (um seine Achse dreht es sich mit der Winkelgeschwindigkeit u entgegen dem Uhrzeigersinn!). Das äußere Planetenrad III führt also eine kreisförmige Translationsbewegung um die Achse 1 aus, bei der jeder Radhalbmesser sich selbst parallel bleibt.

Das Planetenrad III trägt eine schwere, halbkreisförmige Scheibe vom Halbmesser r und der Masse m. (Die Planetenräder sollen als masselos angesehen werden.)

Man weise nach, daß das zur gleichförmigen Kurbeldrehung erforderliche Drehmoment in jedem Augenblick gleich Null ist, was nicht der Fall wäre, wenn die Radien der Räder I und III von verschiedener Größe sind, und bestimme die mit φ veränderliche Lagerkraft der Achse 1.

Da die Halbkreisscheibe eine reine Translationsbewegung ausführt, kann man sie unter dem Bilde eines Massenpunktes betrachten, ihre Masse m also im Schwerpunkt S konzentriert denken, der den Abstand

$s = \dfrac{4\,r}{3\,\pi}$ vom Randdurchmesser hat (Abb. 77.2). Es werde zunächst bewiesen, daß die absolute Winkelgeschwindigkeit des Rades *III* gleich Null ist, dieses Rad also eine kreisförmige Translationsbewegung ausführt.

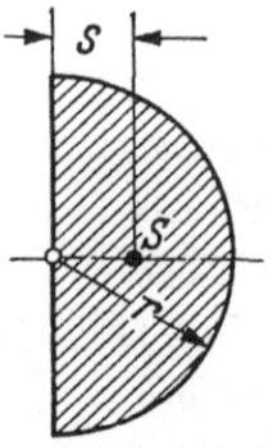

Beweis: (Im folgenden bedeutet v stets eine *absolute* Geschwindigkeit.)

Da $v_{A_I} = 0$ und $v_{A_{II}} = v_{A_I}$, ist: $v_{A_{II}} = 0$.

Wird mit v die unbekannte Drehgeschwindigkeit von Rad *II* relativ zur Kurbel (Eigendrehung v; in Abb. 77.1 rechtsdrehend angenommen) bezeichnet, so ist:

Abb. 77.2.

$$v_{B_{II}} = 2\,r_{II}\,(u + v), \tag{1}$$

da die augenblickliche Bewegung von Rad *II* mit A als Bezugspunkt nur in einer Momentandrehung um den Pol A mit $(u + v)$ besteht. Wählt man den Mittelpunkt *2* des Rades *II* als Bezugspunkt, so wird:

$$v_{B_{II}} = (r_I + r_{II})\,u + r_{II}\,(u + v), \tag{2}$$

wobei das erste Glied auf der rechten Seite die Geschwindigkeit des Bezugspunktes, das zweite diejenige relativ zu ihm darstellt und die davon herrührt, daß sich das Rad *II* mit der absoluten Winkelgeschwindigkeit $(u + v)$ dreht. Aus der Gleichsetzung der beiden Werte für $v_{B_{II}}$ folgt:

$$v = +\,\frac{r_I}{r_{II}}\,u,$$

so daß

$$u + v = \frac{r_I + r_{II}}{r_{II}}\,u.$$

Nun ist:

$$v_{B_{III}} = v_{B_{II}} = 2\,r_{II}\,(u + v) = 2\,(r_I + r_{II})\,u. \tag{3}$$

Mit dem Mittelpunkt *3* des Rades *III* als Bezugspunkt für die Bewegung dieses Rades wird:

$$v_{B_{III}} = (r_I + 2\,r_{II} + r_{III})\,u - r_{III}\,(u + \mu), \tag{4}$$

wenn die unbekannte Eigendrehung μ von Rad *III* rechtsdrehend angenommen wird.

Die Gleichsetzung von Gl. (3) und (4) ergibt:

$$\mu = -\,\frac{r_I}{r_{III}}\,u. \tag{5}$$

Das Minuszeichen rechts bedeutet: Die Eigendrehung μ erfolgt — entgegen der Annahme — entgegen dem Uhrzeiger!

Mit $r_I = r_{III}$ wird:

$$\bar{\mu} = -\,u,$$

womit die Behauptung bewiesen ist.

Die absolute Drehung des Rades *III* erfolgt also mit der Winkelgeschwindigkeit:

$$\mathfrak{u} + \bar{\mu} = \mathfrak{u} + (-\mathfrak{u}) = 0.$$

Wenn Rad *III* sich hiernach aber gegen den festen Raum *nicht dreht*, kann es nur eine *kreisförmige Translationsbewegung ausführen*, wobei jeder Punkt des Rades einen Kreis von gleichem Halbmesser beschreibt. Dieser muß gleich dem Halbmesser des von seinem Mittelpunkt *3* beschriebenen Kreises sein, d. h. gleich

$$r_I + 2\,r_{II} + r_{III} = 4\,r = R.$$

Jede auf dem Rad *III* gezogene Gerade bleibt bei dieser Bewegung sich selbst parallel, also auch die waagrechte Strecke *3—S = s*. Daher beschreibt auch *S* einen Kreis vom Halbmesser *R*, dessen Mittelpunkt *0* in waagrechter Richtung um die Strecke *s* gegen die Drehachse *1* der Kurbel verschoben ist (Abb. 77.3).

Damit sich der Massenpunkt *m* auf dem in Abb. 77.3 gestrichelt gezeichneten Kreis mit dem Halbmesser *R* mit

$$v = R\,u = \text{const}$$

bewegt, müssen die auf ihn einwirkenden, physikalisch existierenden Kräfte eine Resultierende liefern, welche gleich der notwendigen Zentripetalkraft

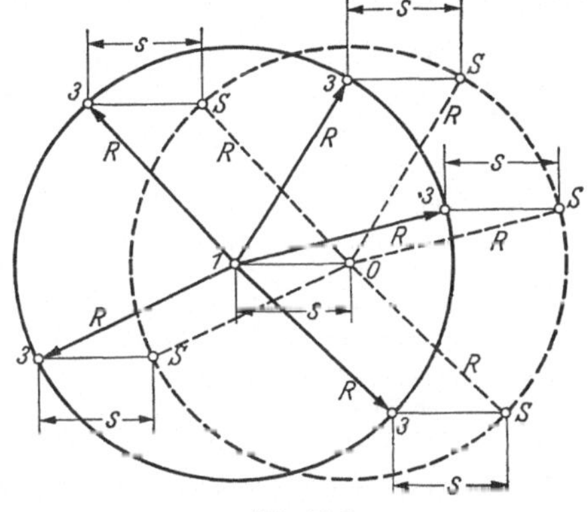

Abb. 77.3.

$$C = m\,R\,u^2$$

ist, die stets in die Richtung $S \rightarrow 0$ fällt.

Diese Kräfte können nur an denjenigen Stellen entstehen, an denen die zum bewegten System gehörenden Teile (Rad *II*, Rad *III* und die Kurbel) mit festen Körpern (Rad *I* und Kurbelwellenlager) in Berührung stehen und sich dort gegen diese abstützen. Es kann sich also hier bei diesen Kräften nur um den vom Rad *I* auf Rad *II* ausgeübten *Zahndruck* $\mathfrak{A}$ und die vom Lager auf die Kurbel ausgeübte Lagerkraft $\mathfrak{L}$ handeln, die über Rad *III* nach dem Massenpunkt *m* gelangen (Abb. 77 4). Da

$$\mathfrak{A} + \mathfrak{L} = \mathfrak{C}$$

sein muß, müssen sich jedenfalls $\mathfrak{A}$ und $\mathfrak{L}$ auf der Richtungslinie *S O* von $\mathfrak{C}$ schneiden. Da *S O* stets parallel zur Kurbel ist, so steht $\mathfrak{A}$ senkrecht auf *S O*.

Aus der Ähnlichkeit der beiden in Abb. 77.4 schraffierten Dreiecke folgt:

$$A : s \sin \varphi = C : r.$$

Danach ist:

$$A = \frac{C\, s \sin \varphi}{r} = \frac{m\, R u^2 s \sin \varphi}{r};$$

oder wegen $R/r = 4$

$$A = 4 m\, u^2 s \sin \varphi.$$

Damit wird L aus

$$A^2 + C^2 = L^2$$

bekannt:

$$L = 4\, m\, u^2 \sqrt{r^2 + s^2 \sin^2 \varphi}$$

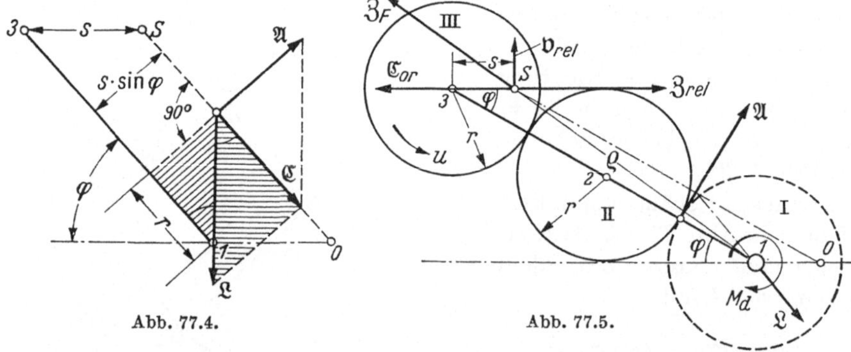

Abb. 77.4.   Abb. 77.5.

Betrachten wir jetzt das dem bewegten System dynamisch gleichwertige, ruhende Ersatzsystem (Abb. 77.5, in der s der Deutlichkeit halber vergrößert wurde). Dann ist nach der dynamischen Grundgleichung für die relative Bewegung des Massenpunktes m gegen die Kurbel, die das Fahrzeug darstellt:

$$\sum \mathfrak{P} - m \frac{d^2 \mathfrak{p}}{dt^2} - 2m[\mathfrak{v}_{\mathrm{rel}}\,\mathfrak{u}] - m \frac{d^2 \mathfrak{z}_{\mathrm{rel}}}{dt^2} = 0$$

oder

$$\mathfrak{A} + \mathfrak{L} + \mathfrak{Z}_F + \mathfrak{C}_{\mathrm{or}} + \mathfrak{Z}_{\mathrm{rel}} = 0.$$

Da $|\mathfrak{v}_{\mathrm{rel}}| = s\,u$ (vertikal nach oben), so ist die Corioliskraft nach links gerichtet und hat die Größe:

$$C_{\mathrm{or}} = 2\,m\,s\,u^2.$$

Wird mit ϱ die veränderliche Strecke $1\,S$ bezeichnet, so ist die von der Fahrzeugbeschleunigung

$$\left| \frac{d^2 \mathfrak{p}}{dt^2} \right| = \varrho\,u^2$$

herrührende D'ALEMBERTsche Zentrifugalkraft

$$Z_F = m\,\varrho\,u^2 \quad (\text{Richtung } 1 \to S),$$

während die von der Drehung $\bar{\mu} = -\mathfrak{u}$ [die m zusammen mit Rad *III*
gegen das Fahrzeug (Kurbel) ausführt) herrührende D'ALEMBERT-Kraft,
d. i. die Zentrifugalkraft $\mathfrak{Z}_\text{rel}$ (nach rechts), die Größe

$$Z_\text{rel} = m\,s\,u^2$$

besitzt.

Außer den fünf in die Abb. 77.5 eingezeichneten Kräften, deren geometrische Summe verschwinden muß, greift am ruhenden Ersatzsystem
noch das gesuchte Antriebsmoment M_d an der Kurbelwelle an. Das
Momentengleichgewicht verlangt, daß für jeden Momentenpunkt die
Summe der Momente der fünf Kräfte plus dem Antriebsmoment M_d
verschwinden muß. Für *1* als Momentenpunkt lautet die Momentengleichung:

$$+A\,r - C_\text{or}\,R\sin\varphi + Z_\text{rel}\,R\sin\varphi + M_d = 0$$

oder

$$4\,m\,r\,u^2\,s\sin\varphi - 2\,m\,s\,u^2\,R\sin\varphi + m\,s\,u^2\,R\sin\varphi + M_d = 0.$$

Wegen $R = 4\,r$ wird:

$$M_d = 0,$$

und zwar für jeden Winkel φ.

78. *Auf einer waagerechten Drehscheibe, die sich um ihre Figurenachse
mit der Winkelgeschwindigkeit $u = const$ dreht, ist ein längs eines Durchmessers verlaufendes Gleis befestigt, in dessen Mitte ein als Massenpunkt
anzusehender Wagen von der Masse m steht.*

*I. Zur Zeit $t = 0$ ($\varphi = 0$) erhält der in
der Mitte der Scheibe ruhende Wagen einen
Stoß mit der Anfangsgeschwindigkeit v_0 in der
eingezeichneten Richtung.*

*Nach Verlauf einer beliebigen Zeit t, zu
welcher der Drehwinkel φ der Scheibe gleich $u\,t$
ist, hat der Wagen relativ zur Scheibe den
Weg x zurückgelegt und seine Relativgeschwindigkeit ist $v_\text{rel} = \dot{x}$.*

*1. Gegen welche der beiden Schienen übt
der Wagen einen seitlichen Spurkranzdruck N
aus, und wie groß ist dieser zur Zeit t?*

2. Wie lautet die Gleichung der Relativbewegung $x = f(t)$ des Wagens?

*II. Sämtliche 4 Räder des Wagens seien
fest gebremst (blockiert), so daß sie, nachdem
der Wagen zur Zeit $t = 0$ den genannten Stoß
erhalten hat, auf den Schienen gleiten.*

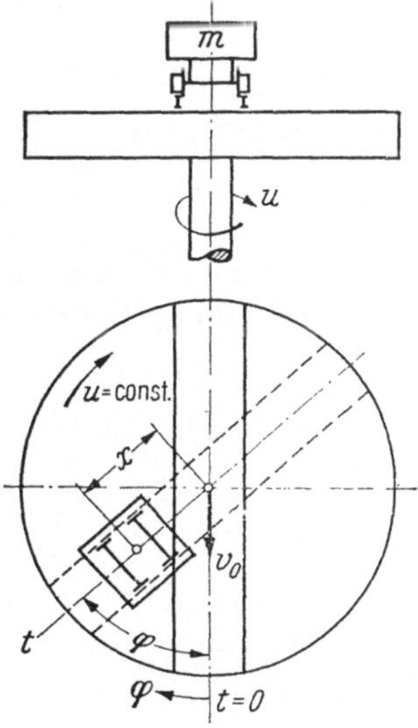

*1. Man stelle mit Hilfe des d'Alembertschen Prinzips die Gleichung der
Relativbewegung $x = f(t)$ des Wagens auf, unter Berücksichtigung der*

gleitenden Spurkranzreibung F, die dem seitlichen Spurkranzdruck N pro-
portional zu setzen ist (F = μ_0 N). Die vom Gewicht des Wagens herrührende
Reibungskraft soll gegenüber F vernachlässigt werden.

2. Sodann integriere man die Differentialgleichung und gebe unter
Beachtung der oben genannten Anfangsbedingungen zur Zeit t = 0 das
Gesetz x = f(t) der Relativbewegung des Wagens an.

Bei der Integration richte man sich nach dem bekannten Vorbild der
analog gebauten Differentialgleichung für die geradlinige, gedämpfte
Schwingung eines Massenpunktes mit einer der Geschwindigkeit proportio-
nalen Dämpfung.

Wird der Wagen nach dem Stoß schneller oder langsamer?

3. Um die konstante Winkelgeschwindigkeit u der Scheibe auch während
der Fahrt des Wagens aufrechtzuerhalten, muß auf sie von außen ein mit
der Zeit veränderliches Drehmoment M einwirken. Man gebe Größe und
Drehpfeil von M an.

I. 1. Die Corioliskraft $\mathfrak{C}_{\mathrm{or}} = -2\,m[\mathfrak{v}_{\mathrm{rel}}\,\mathfrak{u}]$ ist, in Fahrtrichtung gesehen,
nach links gerichtet. Der Wagen wird daher durch sie gegen die linke
Schiene gedrückt. Der seitliche Spurkranzdruck ist:

$$N = C_{\mathrm{or}} = 2\,m\,u\,\dot{x}.$$

2. Die beschleunigende Kraft ist die Fliehkraft $Z = m\,x\,u^2$. Die
Differentialgleichung der Relativbewegung lautet daher:

$$m\ddot{x} = m\,x\,u^2, \quad \text{oder} \quad \ddot{x} = x\,u^2.$$

$$x = A\,\mathfrak{Sin}\,ut + B\,\mathfrak{Cof}\,ut.$$

$$B = 0, \quad \text{da} \quad x(0) = 0; \quad A = \frac{v_0}{u}, \quad \text{da} \quad \dot{x}(0) = v_0.$$

$$x = \frac{v_0}{u}\,\mathfrak{Sin}\,ut.$$

II. 1. Die von dem seitlichen Spurkranzdruck $N = 2\,m\,u\,\dot{x}$ herrührende Reibungskraft ist:

$$F = 2\,m\,u\,\dot{x}\,\mu_0.$$

An dem Wagen greifen in Schienenrichtung drei Kräfte an: die
D'ALEMBERT-Kräfte $-m\,\ddot{x}$ und $Z = m\,x\,u^2$
und die Reibungskraft $F = 2\,m\,u\,\dot{x}\,\mu_0$, deren
algebraische Summe verschwinden muß. Aus
Abb. 78.1 liest man ab:

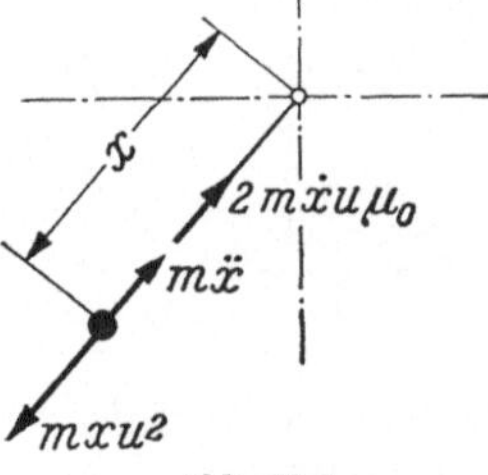

Abb. 78.1.

$$m\ddot{x} + 2\,m\,u\,\dot{x}\,\mu_0 - m\,x\,u^2 = 0$$

oder

$$\ddot{x} + 2\,u\,\mu_0\,\dot{x} - u^2\,x = 0 \qquad (1)$$

(Differentialgleichung der Relativbewegung).

Die analog gebaute Differentialgleichung für die gedämpfte Schwingung eines Massenpunkts lautet (mit $k \triangleq$ Dämpfungsfaktor und $c \triangleq$ Federkonstante):

$$\ddot{x} + \frac{k}{m}\,\dot{x} + \frac{c}{m}\,x = 0 \tag{2}$$

und ihre Lösung:

$$x = \frac{v_0}{\gamma}\,e^{-\frac{k}{2m}t}\,\mathfrak{Sin}\,\gamma t; \qquad \gamma = \sqrt{\left(\frac{k}{2m}\right)^2 - \frac{c}{m}}\,.$$

Die Gl. (1) und (2) gehen ineinander über, wenn gesetzt wird:

$$\frac{k}{m} = 2\,u\,\mu_0, \qquad \frac{c}{m} = -\,u^2\,.$$

Also lautet die Lösung der Gl. (1) mit $\gamma = u\,\sqrt{1 + \mu_0^2}$:

$$x = \frac{v_0}{u\sqrt{1 + \mu_0^2}}\,e^{-\mu_0 u t}\,\mathfrak{Sin}\,\sqrt{1 + \mu_0^2}\,u t\,.$$

(Mit $\mu_0 = 0$ geht diese Gleichung in die oben unter I angegebene über.)

Um zu entscheiden, ob der Wagen nach dem Stoß schneller oder langsamer wird, muß die Relativbeschleunigung $\ddot{x}$ gebildet werden:

$$\ddot{x} = v_0\,u\,\mu_0\left[\frac{1 + 2\mu_0^2}{\mu_0\,\sqrt{1 + \mu_0^2}}\,\mathfrak{Sin}\,\sqrt{1 + \mu_0^2}\,u t - 2\,\mathfrak{Cos}\,\sqrt{1 + \mu_0^2}\,u t\right]e^{-\mu_0 u t}\,.$$

Fur kleine t ist $\ddot{x}$ negativ, für große t ($\mathfrak{Sin} \approx \mathfrak{Cos}$) jedoch positiv, da der Faktor des $\mathfrak{Sin}$ stets größer ist als der des $\mathfrak{Cos}$.

Der Wagen wird daher nach dem Stoß zunächst langsamer, später aber schneller.

3. Das veränderliche äußere Drehmoment ist erforderlich, um in jedem Augenblick das mit x und $\dot{x}$ veränderliche Drehmoment der Corioliskraft auszugleichen (Abb. 78.2). Daher ist: $M = 2\,m\,u\,\dot{x}\,x$.

Bei positiver Geschwindigkeit ($\dot{x} > 0$) ist der Drehpfeil von M der des Uhrzeigers.

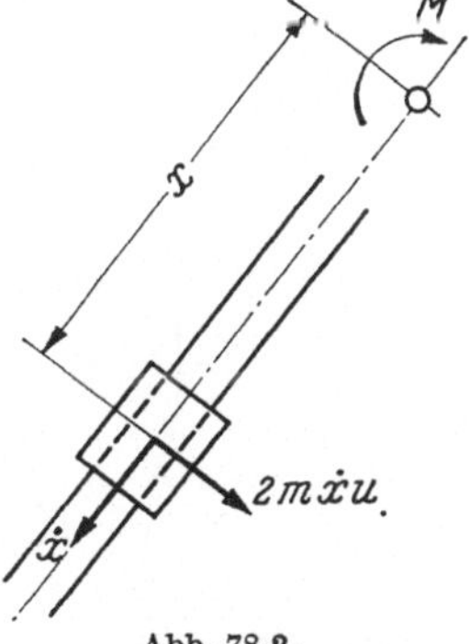

Abb. 78.2.

79. *An eine sich mit $\omega_0 =$ const drehende Scheibe ist im Abstand L von der Drehachse O eine masselos zu denkende Stange von der Länge l angelenkt, an derem Ende ein als Massenpunkt anzusehender Körper von der Masse m befestigt ist. Das aus Stange und Körper gebildete Pendel vermag unter dem Einfluß der Fliehkraft Schwingungen relativ zur rotierenden Scheibe in der Scheibenebene auszuführen (Fliehkraftpendel).*

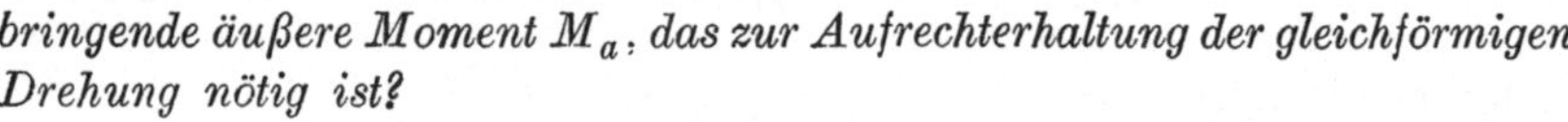

Der Einfluß der Schwerkraft sei bei vertikaler Scheibenebene vernachlässigbar klein oder durch Annahme einer horizontalen Scheibenebene ausgeschaltet.

1. Die Frage nach der Schwingungsdauer dieses Pendels für kleine Schwingungen soll vom Standpunkt eines auf der Scheibe mitfahrenden Beobachters beantwortet werden.

2. Wie lautet der allgemeine Ausdruck für das an der Scheibe anzubringende äußere Moment M_a, das zur Aufrechterhaltung der gleichförmigen Drehung nötig ist?

$$L = 10 \; cm; \quad l = 20 \; cm; \quad \omega_0 = 50 \; sek^{-1}.$$

1. Der mitfahrende Beobachter löst die Aufgabe mit Hilfe der dynamischen Grundgleichung für die relative Bewegung eines Massenpunktes:

$$m\,\mathfrak{b}_{rel} = \mathfrak{P} + \mathfrak{H} + \mathfrak{C}_{or} \quad (\text{Bewegungsgleichung}).$$

$\mathfrak{P} = \mathfrak{S}$ ist die von der Stange auf den frei gemachten Massenpunkt in ihrer Richtung ausgeübte Zugkraft.

$\mathfrak{H} = \mathfrak{Z}$ ist die von der Zentripetalbeschleunigung des mit dem bewegten Massenpunkt momentan zusammenfallenden Punktes des Fahrzeugraumes herrührende D'ALEMBERTsche Trägheitskraft (Zentrifugalkraft) in Richtung $O - m$.

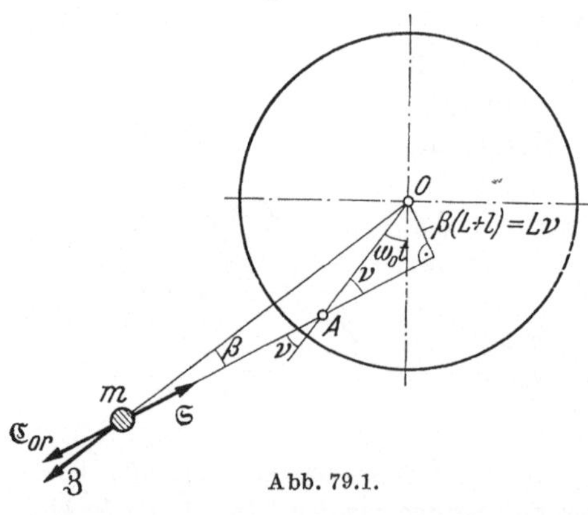

Abb. 79.1.

$\mathfrak{C}_{or} = -2m\,[\mathfrak{v}_{rel}\,\overline{\omega}_0]$ ist die Corioliskraft, die der Beobachter ebenso wie $\mathfrak{S}$ und $\mathfrak{Z}$ als äußere Kräfte am frei gemachten Massenpunkt anzubringen hat (in Richtung der Stange), Abb. 79.1. Ist v der relative Ausschlagwinkel des Pendels zur Zeit t, so ist für kleine v:

$$Z = m(L + l)\,\omega_0^2,$$
$$C_{or} = 2m\,l\,\dot{v}\,\omega_0$$

(mit $v_{rel} = l\,\dot{v}$).

Um die Bewegungsgleichung in skalarer Form zu erhalten, werden die Kräfte auf die augenblickliche, senkrecht zur Stange stehende Bahntangente projiziert. Da $\mathfrak{S}$ und $\mathfrak{C}_{or}$ in die Stangenrichtung fallen, besitzt nur $\mathfrak{Z}$ eine Komponente in Richtung der Bahntangente von der Größe

$Z \sin\beta \approx Z\beta$ (in Richtung des abnehmenden Winkels v). Aus Abb. 79.1 liest man ab:

$$\beta(L + l) = L v, \quad \text{so daß} \quad \beta = \frac{L}{L + l}\, v$$

ist. Die Komponente der Relativbeschleunigung $\mathfrak{b}_{\mathrm{rel}}$ in dieser Richtung ist

$$\frac{d v_{\mathrm{rel}}}{d t} = l\, \ddot{v},$$

so daß die Bewegungsgleichung lautet:

$$m\, l\, \ddot{v} = - Z\beta = - m(L + l)\, \omega_0^2\, \frac{L}{L + l}\, v = - m\, \omega_0^2\, L\, v$$

oder

$$\ddot{v} = - \alpha^2 v \quad \text{mit:} \quad \alpha = \omega_0 \sqrt{\frac{L}{l}}.$$

Damit wird die gesuchte Schwingungsdauer

$$T = \frac{2\pi}{\alpha} = \frac{2\pi}{\omega_0} \sqrt{\frac{l}{L}} = \frac{2\pi}{50} \sqrt{2} \approx 0{,}18\ \text{sek.}$$

2. Das vom Pendel auf die Scheibe ausgeübte Moment ist gleich dem Moment der Stangenkraft bezüglich des Scheibenmittelpunktes O.

ist.

$$M_s = S L v, \quad \text{so daß} \quad M_a = - M_s$$

$$S = C_{\mathrm{or}} + Z \cos\beta + Z_{\mathrm{rel}},$$

wo Z_{rel} die von der Relativdrehung v des Pendels herrührende Zentrifugalkraft ist ($Z_{\mathrm{rel}} = m\, l\, \dot{v}^2$). Mit $\cos\beta \approx 1$ wird

$$M_s = \left(2 m\, l\, \dot{v}\, \omega_0 + m(L + l)\, \omega_0^2 + m\, l\, \dot{v}^2\right) L v.$$

Bei kleinen Schwingungen sind das erste und dritte Glied gegenüber dem zweiten vernachlässigbar klein, so daß:

$$M_s \approx m(L + l)\, L\, \omega_0^2\, v.$$

Bei den praktischen Anwendungen ist $M_a = - M_s$ das erregende Moment

$$M_a = M_0 \sin\alpha\, t,$$

auf dessen Frequenz α das Pendel abgestimmt werden muß, damit es die Drehschwingungen der Scheibe bzw. der Welle tilgt ($\omega_0 = \text{const}!$).

Es schwingt dann mit der Amplitude:

$$v_{\max} = \frac{M_0}{m(L + l)\, L\omega_0^2}.$$

80. *Ein waagrechter Arm A dreht sich um eine senkrechte Achse B mit der konstanten Winkelgeschwindigkeit u (von oben gesehen im Uhrzeigersinn). Im Abstand R von der Achse ist auf dem Arm eine senkrechte Welle drehbar gelagert, an deren oberem Ende eine waagrechte Stange D befestigt ist. Am freien Ende der als masselos anzusehenden Stange sitzt im*

*Abstand r von der Welle C eine Kugel vom Gewicht Q = mg (materieller
Punkt). Durch ein Kegelradgetriebe wird die Welle C und mit ihr die
Stange D in gleichförmige Drehung versetzt mit der Winkelgeschwindig-
keit ω relativ zum Arm A (ebenfalls im Uhrzeigersinn).*

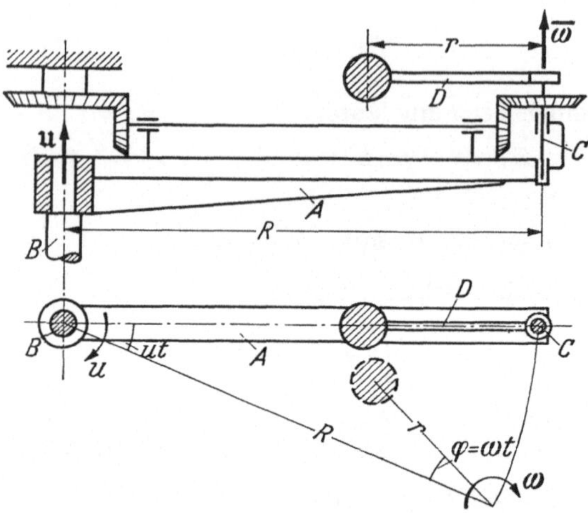

*Zwecks Bestimmung der veränderlichen, dynamischen Beanspruchung
der Stange sind die folgenden Fragen zu beantworten:*

*1. Welche Fernkräfte greifen an der Kugel außer der Schwerkraft
an, von einem Raum aus beurteilt, der die Bewegung der Stange mitmacht?*

*Welche allgemeinen Größen haben diese Kräfte in einem beliebigen
Augenblick, in dem die Stange den Winkel φ mit dem Arm bildet, und wie
sind sie gerichtet? (Man trage die Kraftpfeile in die Figur ein.)*

*2. Wie groß ist für einen beliebigen Winkel φ die Stabkraft S und
das größte Biegungsmoment M der Stange?*

Wie groß sind die Maxima von S und M?

3. Bei welchem Winkel φ erreicht die Gesamtzugspannung $\sigma = \dfrac{S}{F} + \dfrac{M}{W}$
ihr Maximum und wie groß ist es?

*Die Stange ist ein dünnwandiges Rohr vom Halbmesser ρ = 10 cm
und der Wandstärke s = 0,5 cm.*

$$u = 10 \ sek^{-1}; \quad \omega = 20 \ sek^{-1}; \quad R = 300 \ cm; \quad r = 100 \ cm;$$
$$Q = 100 \ kg; \quad g \approx 1000 \ cm/sek^2.$$

1. An der Kugel greifen vom Standpunkt eines auf der Stange mitfahrenden Beobachters die folgenden drei Trägheitskräfte als wirkliche
Fernkräfte an:

$\mathfrak{Z} = m\,a\,u^2, \quad Z = m\,a\,u^2$ (von der Drehung des Armes herrührende
                                    Zentrifugalkraft),

$\mathfrak{C}_{or} = -2m[\mathfrak{v}_{rel}\,\mathfrak{u}]; \quad C_{or} = 2m\,r\,w\,u$ (Corioliskraft),

$\mathfrak{Z}_{\mathrm{rel}} = m\,\mathfrak{r}\,\omega^2;\quad Z_{\mathrm{rel}} = m\,r\,\omega^2$ (von der Relativdrehung der Stange herrührende Zentrifugalkraft.).

In Abb. 80.1 sind die Kraftpfeile eingetragen.

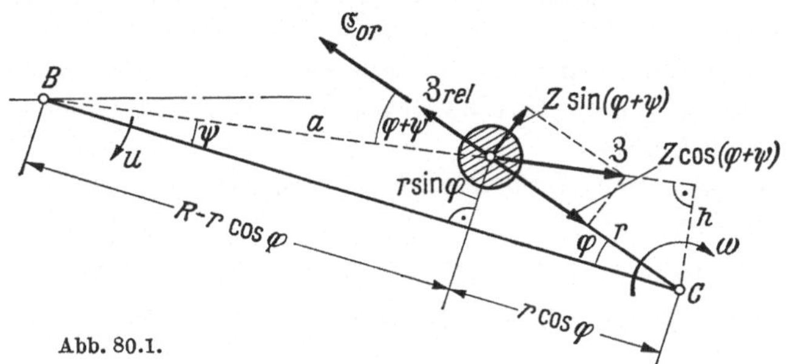

Abb. 80.1.

2. $\qquad S = C_{\mathrm{or}} + Z_{\mathrm{rel}} - Z\cos(\varphi + \psi) \qquad$ (Abb. 80.2),

$$\cos\psi = \frac{R - r\cos\varphi}{a}, \qquad \sin\psi = \frac{r\sin\varphi}{a} \qquad \text{(nach Abb. 80.1),}$$

$$\cos(\varphi + \psi) = \frac{R\cos\varphi - r}{a};$$

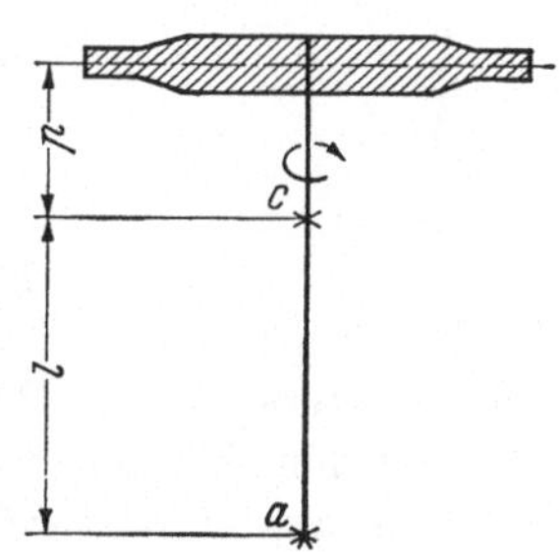

Abb. 80.2.

$$S = 2\,m\,r\,\omega\,u + m\,r\,\omega^2 - m\,u^2(R\cos\varphi - r),$$

$$M = Z\,h = Z\,R\sin\psi = m\,u^2\,R\,r\sin\varphi.$$

$$S_{\max} = S_{\varphi = \pi} = 2\,m\,r\,\omega\,u + m\,r\,\omega^2 +$$
$$+\, m\,u^2(R + r) = 12\,000\,\mathrm{kg},$$

$$M_{\max} = M_{\varphi = \pm\frac{\pi}{2}} = m\,u^2\,R\,r = 300\,000\,\mathrm{kg\,cm}.$$

3. $\dfrac{d\sigma}{d\varphi} = \dfrac{1}{F}\dfrac{dS}{d\varphi} + \dfrac{1}{W}\dfrac{dM}{d\varphi} = \dfrac{m\,u^2\,R\sin\varphi}{F} + \dfrac{m\,u^2\,R\,r\cos\varphi}{W} = 0$

oder

$$\operatorname{tg}\varphi = -\frac{F\,r}{W} = -\frac{2\varrho\,\pi\,s\,r}{\varrho^2\,\pi\,s} = -\frac{2r}{\varrho} = -20.$$

$$\varphi \approx 93^\circ \quad \text{bzw.} \quad 273^\circ.$$

$$\sigma_{\max} = \frac{1}{F}\,S_{\varphi = 93^\circ} + \frac{1}{W}\,M_{\varphi = 93^\circ} = \frac{1}{\pi}\left(\frac{9157}{10} + \frac{299\,600}{50}\right) = 2\,200\,\mathrm{kg/cm^2}.$$

81*. *Eine schnell laufende Turbinenwelle mit
fliegender Scheibe ist bei a und c frei drehbar gelagert. Die Turbinenscheibe (Gewicht Q, Masse m,
Trägheitsradius i) besitzt eine kleine Exzentrizität e.*

*1. Welchen Halbmesser r muß die Welle er-
halten, wenn die Betriebsdrehzahl n doppelt so
groß sein soll wie die kritische Drehzahl n_k des
„Gleichlaufs"?*

*Man prüfe nach, ob die kritische Drehzahl des „oberen Gegenlaufs"
weit genug von n entfernt ist.*

*2. Welche Größe haben die durch Fliehkraft und Kreiselmoment hervor-
gerufenen Lagerkräfte in a und c und wie groß ist die dynamische Biegungsbeanspruchung der Welle?*

*3. Welchen Abstand besitzt der Schwerpunkt der mit $n = 2\,n_k$ rotieren-
den Scheibe von der geometrischen Achse a—c (Verbindungsgerade der
beiden Lagermittelpunkte)?*

*Man berechne diesen Abstand auch für den Fall, daß die Welle mit
$n' = \tfrac{1}{2}\,n_k$ umläuft.*

$$l = 50 \ cm; \quad p = 25 \ cm; \quad i = 25 \ cm; \quad e = 0{,}5 \ mm;$$

$$Q = m\,g = 20 \ kg; \quad E = 2 \cdot 10^6 \ kg/cm^2; \quad n = 5000 \ U/min;$$

$$n_k = 2500 \ U/min.$$

Zunächst ist der allgemeine Ausdruck für die kritische Drehzahl n_k
bzw. die kritische Winkelgeschwindigkeit $u_k = \dfrac{\pi}{30}\,n_k$ einer zweifach gelagerten Welle mit fliegender Scheibe im „Gleichlauf" aufzustellen.

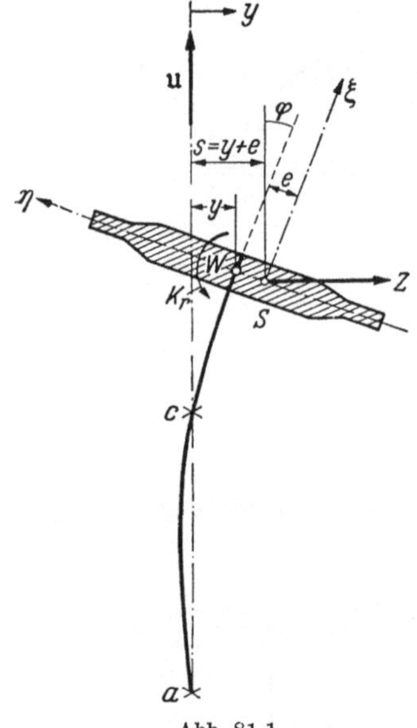

Abb. 81.1.

Abb. 81.1 zeigt die dynamisch ausgebogene,
mit einer beliebigen Winkelgeschwindigkeit u
rotierende Welle im „Gleichlauf". Da sich in
diesem Zustand die gebogene Welle zusammen
mit der Scheibe wie ein „erstarrtes Gebilde"
um die raumfeste, geometrische Achse a—c
dreht, liegt der Vektor u in dieser Achse. W ist
der Durchstoßpunkt der Wellenachse durch die
Scheibenmittelebene, S der Schwerpunkt der
Scheibe, y die Durchbiegung des Wellenendes
(Abstand des Punktes W von der geometrischen
Achse), φ der Neigungswinkel der Endtangente
an die elastische Linie gegen die Lotrechte.

Da ein mitrotierender Beobachter als Ur-
sache für die Verbiegung der Welle die in S
angreifende Fliehkraft Z sowie das Kreiselmoment K_r der Scheibe ansieht, setzt er

$$y = \alpha\,Z - \gamma\,K_r, \qquad \varphi = \delta\,Z - \beta\,K_r, \qquad (1)$$

wenn mit α, γ, δ, β die noch zu bestimmenden
Einflußzahlen für die Durchbiegung y bzw. für
den Neigungswinkel φ bezeichnet werden (nach dem Satz von Max-
well ist stets $\delta = \gamma$). Da das Kreiselmoment, wie später gezeigt wird,
entgegen dem Uhrzeigersinn dreht und infolgedessen im Sinne einer
Verkleinerung der Durchbiegung wirkt, mußten die von ihm her-

rührenden Anteile an y und φ mit negativem Vorzeichen versehen
werden.

Bestimmung des Kreiselmoments:

Die augenblickliche Bewegung der Scheibe läßt sich beschreiben
durch Angaben über die Bewegung ihres Schwerpunktes und über ihre
Drehung um eine durch den Schwerpunkt gehende Achse, durch die das
Kreiselmoment verursacht wird. Um die beiden Bewegungsanteile voneinander zu trennen, verlegen wir den Vektor $\mathfrak{u}$ parallel nach S. Das
dabei auftretende Drehpaar ist gleichwertig einer Translationsgeschwin-
digkeit vom Betrage $v = (y + e)u$, mit der sich S auf einem Kreise
mit dem Halbmesser $s = y + e$ um die raumfeste Achse a—c gleichförmig bewegt. Diese kreisförmige Translation mit der Winkelgeschwindigkeit u gibt Anlaß zur Fliehkraft

$$Z = m\, u^2 (y + e). \tag{2}$$

Die Drehung der Scheibe um ihren Schwerpunkt erfolgt mit der
Winkelgeschwindigkeit u um die parallel nach S verlegte, lotrechte
Drehachse, die keine Hauptträgheitsachse ist, so daß der Drallvektor $\mathfrak{B}$
nicht mit ihr zusammenfällt und daher zweckmäßig in seine beiden
Komponenten $\mathfrak{B}_1$ und $\mathfrak{B}_2$ in Richtung der Hauptträgheitsachsen ξ und η
zerlegt wird. Die Ermittlung des Kreiselmoments $\mathfrak{K}_r = -\dfrac{d\mathfrak{B}}{dt}$ nach Größe
und Richtung läßt sich nunmehr auf die gleiche Weise, wie in der Lösung
der Aufgabe 73 ausführlich gezeigt, durchführen, da an die Stelle des
dort mit φ bezeichneten, durch ungenaue Fertigung verursachten Auf-
keilwinkels hier der Neigungswinkel φ der Endtangente an die elastische
Linie tritt und wegen der außerordentlichen Kleinheit von e die Punkte W
und S als so gut wie zusammenfallend angesehen werden können. Daher
wird, ebenso wie dort,

$$K_r = \frac{1}{2}\, u^2\, \Theta_\xi\, \varphi = \frac{1}{2}\, u^2\, m\, i^2\, \varphi. \tag{3}$$

Der Drehsinn des Kreiselmoments (in Abb. 81.1 entgegen dem Uhrzeigersinn) stimmt gleichfalls mit dem in Aufgabe 73 festgestellten überein.

Bei Verwendung der Gl. (2) und (3) sowie mit $\delta = \gamma$ gehen die Gl. (1)
über in

$$y = \alpha\, m\, u^2 (y + e) - \gamma \tfrac{1}{2} m\, i^2\, u^2\, \varphi,$$

$$\varphi = \gamma\, m\, u^2 (y + e) - \beta \tfrac{1}{2} m\, i^2\, u^2\, \varphi.$$

Die Auflösung dieser Gleichungen nach $y + e = s$ und φ liefert

$$\left.\begin{aligned}
s = y + e &= \frac{e}{\varDelta}\left(1 + \beta\, \frac{1}{2}\, m\, i^2\, u^2\right), \\[2mm]
\varphi &= \frac{e}{\varDelta}\, \gamma\, m\, u^2
\end{aligned}\right\} \tag{4}$$

mit

$$\varDelta = (1 - \alpha\, m\, u^2)\, (1 + \beta\, \tfrac{1}{2}\, m\, i^2\, u^2) + \gamma^2\, \tfrac{1}{2}\, m^2\, i^2\, u^4. \tag{5}$$

Da für $\varDelta = 0$ sowohl s als auch φ theoretisch unendlich groß werden, berechnet sich u_k aus der Gleichung $\varDelta = 0$. Man erhält

$$\frac{1}{u_K^2} = \frac{m}{2}\left(\alpha - \beta\,\frac{i^2}{2}\right) \pm m\sqrt{\frac{1}{4}\left(\alpha - \beta\,\frac{i^2}{2}\right)^2 + (\alpha\beta - \gamma^2)\,\frac{i^2}{2}}\,. \qquad (6)$$

(Das negative Vorzeichen vor der Wurzel würde wegen $(\alpha\beta - \gamma^2)$ stets > 0 zu einer imaginären Winkelgeschwindigkeit führen und ist deshalb zu streichen.)

Die Bestimmung der Einflußzahlen α, β, γ nach den Sätzen von CASTIGLIANO erfolgt an Hand der Abb. 81.2, die einen Balken darstellt,

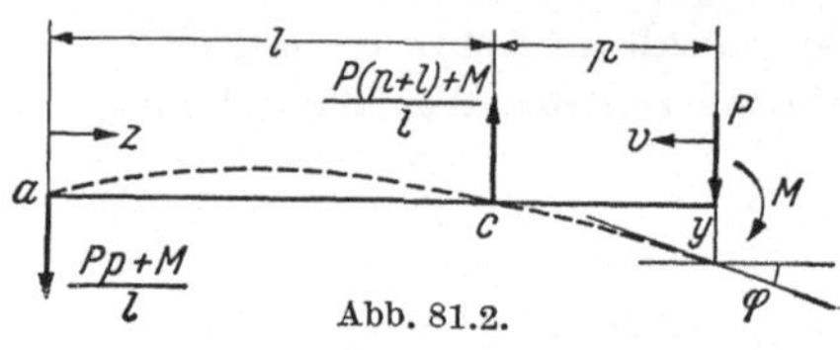

Abb. 81.2.

der die gleichen Abmessungen besitzt wie die Turbinenwelle, in der gleichen Weise gestützt ist wie diese und der an seinem freien, überstehenden Ende durch eine Kraft P und ein Kräftepaar vom Moment M belastet ist.

Das Biegungsmoment für einen Querschnitt im Abstand z vom linken Auflager $(O \leqq z \leqq l)$ ist

$$M_b(z) = -\frac{P\,p + M}{l}\,z$$

und für einen Querschnitt im Abstand v vom freien Ende $(O \leqq v \leqq p)$

$$M_b(v) = -M - P\,v.$$

Die im Balken aufgespeicherte Formänderungsarbeit (Biegungsarbeit) wird damit

$$A = \frac{1}{2EJ}\left[\int\limits_0^l M_b^2(z)\,dz + \int\limits_0^p M_b^2(v)\,dv\right].$$

Die Anwendung der Sätze von CASTIGLIANO liefert für die Durchbiegung y des freien Balkenendes, an dem die Belastung angreift, und für den Neigungswinkel φ der Endtangente an die elastische Linie die folgenden Ausdrücke:

$$y = \frac{\partial A}{\partial P} = \frac{1}{EJ}\left[M\,p\left(\frac{l}{3} + \frac{p}{2}\right) + P\,\frac{p^2}{3}\,(l + p)\right],$$

$$\varphi = \frac{\partial A}{\partial M} = \frac{1}{EJ}\left[M\left(p + \frac{l}{3}\right) + P\,p\left(\frac{l}{3} + \frac{p}{2}\right)\right].$$

Nach der Bedeutung der Einflußzahlen wird mit $\dfrac{p}{l} = \lambda$

$$\alpha = y_{M=0,\,P=1} = \frac{l^3}{3EJ}\,\lambda^2(1 + \lambda),$$

$$\beta = \varphi_{M=1,\,P=0} = \frac{l}{3EJ}\,(3\lambda + 1),$$

$$\gamma = y_{M=1,\,P=0} = \frac{l^2}{6EJ}\,\lambda(2 + 3\lambda),$$

$$\delta = \varphi_{M=0,\,P=1} = \gamma.$$

Mit diesen Werten, sowie mit $\frac{i}{l} = \varkappa$ und $Q = m\,g$ geht Gl. (6) über in

$$\frac{1}{u_k^2} = \frac{Q\,l^3}{6\,g\,E\,J}\left[\lambda^2 + \lambda^3 - \frac{1}{2}(3\,\lambda + 1)\varkappa^2 + \right.$$

$$\left. + \sqrt{\left[\lambda^2 + \lambda^3 - \frac{1}{2}(3\,\lambda + 1)\varkappa^2\right]^2 + \frac{\lambda^3}{2}(3\,\lambda + 4)\varkappa^2}\;\right]. \quad (7)$$

1. Nach der Aufgabe ist $\lambda = \frac{p}{l} = \frac{1}{2}$, $\varkappa = \frac{i}{l} = \frac{1}{2}$, so daß aus Gl. (7) für das Quadrat der kritischen Winkelgeschwindigkeit folgt:

$$u_k^2 = \frac{6\,g\,E\,J}{0{,}36\,Q\,l^3} = \frac{6\,g\,E\,\pi\,r^4}{4\cdot 0{,}36\,Q\,l^3}\,.$$

Daraus berechnet sich der gesuchte Wellenhalbmesser r zu

$$r = \sqrt{u_k}\;\sqrt[4]{\frac{2}{3}\,\frac{0{,}36}{\pi}\,\frac{Q\,l^3}{g\,E}} = \sqrt{\frac{\pi}{30}}\;2500\,\sqrt[4]{0{,}077\,\frac{20\cdot 125\cdot 10^3}{981\cdot 2\cdot 10^6}} = 1{,}62\;\text{cm.}$$

Im „Gegenlauf" ist das Kreiselmoment dreimal so groß wie im Gleichlauf und hat den entgegengesetzten Drehsinn, so daß sein Wert beim Einsetzen in die Gl. (1) mit dem negativen Vorzeichen zu versehen ist. Die analog verlaufende Rechnung führt auf die folgende Formel für die beiden kritischen Winkelgeschwindigkeiten u_g des „Gegenlaufs":

$$\frac{1}{u_g^2} = \frac{m}{2}\left(\alpha + 3\,\beta\,\frac{i^2}{2}\right) \pm m\,\sqrt{\frac{1}{4}\left(\alpha + 3\,\beta\,\frac{i^2}{2}\right)^2 - (\alpha\,\beta - \gamma^2)\,\frac{3\,i^2}{2}}\,.$$

Das negative Vorzeichen vor der Wurzel bezieht sich auf den kritischen Zustand des „oberen Gegenlaufs", für den die Zahlenrechnung mit dem gefundenen Wert von r eine Drehzahl $n_g = \frac{30}{\pi}\,u_g = 8770$ U/min ergibt, die um 75,5% höher liegt als die Betriebsdrehzahl n.

2. Die hier übergangene Zahlenrechnung liefert mit $\varDelta = -10{,}85$

$$s = y + e = -0{,}73\,e, \qquad \varphi = -1{,}78\,\frac{e}{l}\,,$$

womit

$$Z = 0{,}73\,m\,e\,u^2, \qquad K_r = 0{,}222\,m\,e\,u^2\,l$$

wird. Nach Abb. 81.3 ergeben sich die Lagerkräfte bei a und c zu

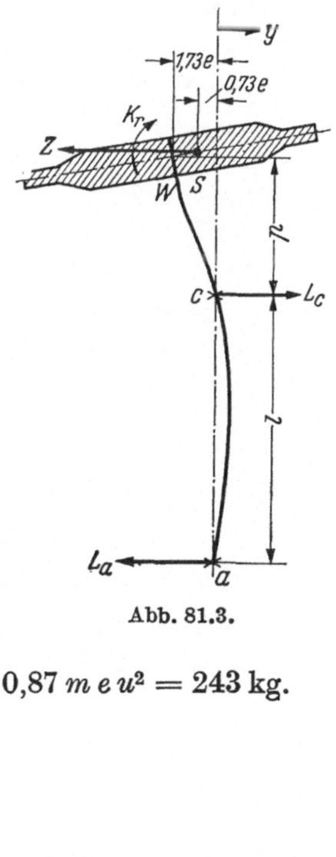

$$L_a = \frac{Z\,p - K_r}{l} = Z\,\lambda - \frac{K_r}{l}$$

$$= 0{,}143\,m\,e\,u^2 = 40\;\text{kg,}$$

Abb. 81.3.

$$L_c = \frac{Z(l + p) - K_r}{l} = Z(1 + \lambda) - \frac{K_r}{l} = 0{,}87\,m\,e\,u^2 = 243\;\text{kg.}$$

Das größte Biegungsmoment wirkt in dem unmittelbar an der Turbinenscheibe gelegenen Wellenquerschnitt. Es ist dem Kreiselmoment nahezu gleich und erzeugt die größte dynamische Biegungsspannung der Welle

$$(\sigma_b)_{\max} = \frac{4\,K_r}{\pi\,r^3} = 976 \text{ kg/cm}^2 \,.$$

3. Wie oben bereits angegeben, ist für $n = 2\,n_k = 5000$ U/min

$$s = y + e = -0{,}73\,e\,.$$

Da $|y| = 1{,}73\,e$ größer ist als $|s|$, liegt S im überkritischen Gebiet zwischen W und der geometrischen Achse (Abb. 81.3) und für $n \to \infty$ auf dieser selbst (Selbsteinstellung des Scheibenschwerpunkts).

Ist $n' = \tfrac{1}{2}\,n_k = 1250$ U/min, so wird $\varDelta' = 0{,}873$ und damit

$$s' = y' + e = 1{,}65\,e > |s|\,.$$